U0718888

"十二五"普通高等教育本科国家级规划教材

数学分析

第四版（下册）

复旦大学数学系
欧阳光中 朱学炎 金福临 陈传璋 编

高等教育出版社·北京

内容提要

本书在2007年出版的第三版的基础上作了全面修订。这次修订，主要在文字上作了不少修改，使概念的表述和定理的论证更清晰，读起来也更通顺流畅，适当补充了数字资源（以符号■标识）。

本书分上下两册，上册内容为极限初论、极限续论、单变量微分学、单变量积分学；下册内容为数项级数和反常积分、函数项级数、多元函数的极限与连续、多变量微分学、多变量积分学。

本书可作为一般院校数学类专业的教材，也可作为工科院校以及经济管理类院系中数学要求较高的专业的数学教材。

图书在版编目（CIP）数据

数学分析．下册／欧阳光中等编．--4版．--北京：高等教育出版社，2018.8（2021.12重印）
ISBN 978-7-04-049885-1

Ⅰ.①数… Ⅱ.①欧… Ⅲ.①数学分析-高等学校-教材 Ⅳ.①O17

中国版本图书馆 CIP 数据核字（2018）第120351号

项目策划 李艳馥 兰莹莹 李 蕊
策划编辑 兰莹莹 责任编辑 张晓丽 封面设计 张志奇 版式设计 杜微言
插图绘制 于 博 责任校对 刘丽娴 责任印制 刁 毅

出版发行	高等教育出版社	网　　址	http://www.hep.edu.cn
社　　址	北京市西城区德外大街4号		http://www.hep.com.cn
邮政编码	100120	网上订购	http://www.hepmall.com.cn
印　　刷	河北鹏盛贤印刷有限公司		http://www.hepmall.com
开　　本	787mm×1092mm 1/16		http://www.hepmall.cn
印　　张	18.5	版　　次	1978年5月第1版
字　　数	380千字		2018年8月第4版
购书热线	010-58581118	印　　次	2021年12月第5次印刷
咨询电话	400-810-0598	定　　价	41.80元

物 料 号 49885-00

数学分析

第四版（下册）

复旦大学数学系

欧阳光中　朱学炎　金福临　陈传璋　编

1. 计算机访问http://abook.hep.com.cn/127965，或手机扫描二维码、下载并安装Abook应用。
2. 注册并登录，进入“我的课程”。
3. 输入封底数字课程账号（20位密码，刮开涂层可见），或通过Abook应用扫描封底数字课程账号二维码，完成课程绑定。
4. 单击“进入课程”按钮，开始本数字课程的学习。

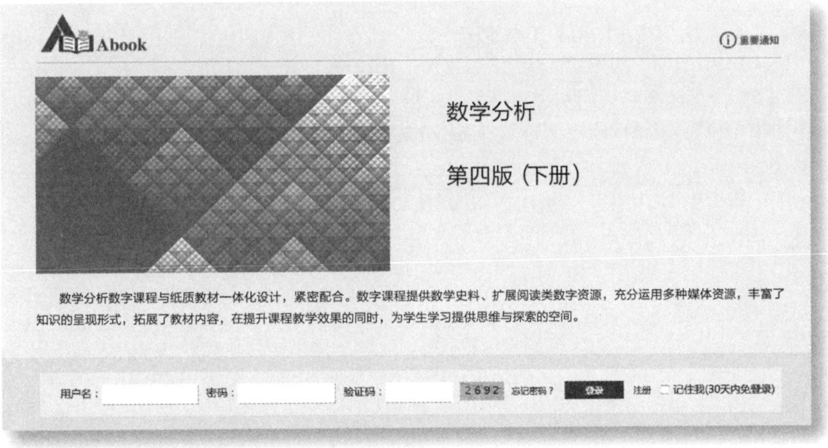

课程绑定后一年为数字课程使用有效期。受硬件限制，部分内容无法在手机端显示，请按提示通过计算机访问学习。

如有使用问题，请发邮件至abook@hep.com.cn。

扫描二维码
下载Abook应用

数学分析简史（上）

数学分析简史（下）

http://abook.hep.com.cn/127965

目录

第三篇 级　　数

第一部分 数项级数和反常积分

第九章 数项级数 …… 3

§1 预备知识:上极限和下极限 …… 3

习题 …… 5

§2 级数的收敛性和基本性质 …… 6

习题 …… 11

§3 正项级数 …… 11

习题 …… 16

§4 任意项级数 …… 17

一、绝对收敛和条件收敛 …… 17

二、交错级数 …… 19

三、阿贝尔(Abel)判别法和狄利克雷判别法 …… 21

习题 …… 25

§5 绝对收敛级数和条件收敛级数的性质 …… 25

习题 …… 31

第十章 反常积分 …… 32

§1 无穷限的反常积分 …… 32

一、无穷限反常积分的概念 …… 32

二、无穷限反常积分和数项级数的关系 …… 35

三、无穷限反常积分的收敛性判别法 …… 36

*四、阿贝尔判别法和狄利克雷判别法 …… 37

习题 …… 41

§2 无界函数的反常积分 …… 42

一、无界函数反常积分的概念,柯西判别法 …… 42

*二、阿贝尔判别法和狄利克雷判别法 …… 45

三、反常积分的主值 …… 45

习题 …… 46

注　带有*号的部分,可视教学需要进行取舍.

第二部分 函数项级数

第十一章 函数项级数、幂级数 …… 51

§1 函数项级数的一致收敛 …… 51

一、函数项级数的概念 …… 51

二、一致收敛的定义 …… 52

三、一致收敛级数的性质 …… 55

四、一致收敛级数的判别法 …… 57

习题 …… 59

§2 幂级数 …… 61

一、收敛半径 …… 61

二、幂级数的性质 …… 64

三、函数的幂级数展开 …… 65

习题 …… 68

第十二章 傅里叶级数和傅里叶变换 …… 70

§1 函数的傅里叶级数展开 …… 70

一、傅里叶级数的引进 …… 70

二、三角函数系的正交性 …… 70

三、傅里叶系数 …… 71

四、收敛判别法 …… 72

五、傅里叶级数的复数形式 …… 76

六、收敛判别法的证明 …… 77

*七、傅里叶级数的性质 …… 83

习题 …… 84

§2 傅里叶变换 …… 85

一、傅里叶变换的概念 …… 85

二、傅里叶变换的一些性质 …… 88

习题 …… 89

第四篇 多变量微积分学

第一部分 多元函数的极限论

第十三章 多元函数的极限和连续 …… 93

§1 平面点集 …… 93

一、邻域、点列的极限 …… 93

二、开集、闭集、区域 …… 94

三、平面点集的几个基本定理 …… 95

习题 …… 96

§2 多元函数的极限和连续性 …… 97

一、多元函数的概念 …… 97

二、二元函数的极限 …… 98

三、二元函数的连续性 …… 99

四、有界闭区域上连续函数的性质 …… 100
五、二重极限和二次极限 …… 101
习题 …… 103

第二部分　多变量微分学

第十四章　偏导数和全微分 …… **107**
§1　偏导数和全微分的概念 …… 107
一、偏导数的定义 …… 107
二、全微分的定义 …… 109
三、高阶偏导数与高阶全微分 …… 111
习题 …… 113
§2　复合函数偏导数的链式法则 …… 114
习题 …… 118
§3　由方程(组)所确定的函数的求导法 …… 119
一、一个方程 $F(x,y,z)=0$ 的情形 …… 119
二、方程组的情形 …… 120
习题 …… 124
第十五章　偏导数的应用 …… **127**
§1　空间曲线的切线和法平面 …… 127
习题 …… 129
§2　曲面的切平面和法线 …… 130
习题 …… 132
§3　方向导数和梯度 …… 132
一、方向导数 …… 132
二、梯度 …… 135
习题 …… 137
§4　泰勒公式 …… 138
习题 …… 139
§5　极值 …… 139
习题 …… 143
§6　最小二乘法 …… 144
习题 …… 146
§7　条件极值 …… 146
习题 …… 151
第十六章　隐函数存在定理 …… **153**
§1　隐函数存在定理 …… 153
一、$F(x,y)=0$ 情形 …… 153
二、多变量情形 …… 157
三、方程组情形 …… 157
习题 …… 159
§2　函数行列式的性质 …… 160
习题 …… 162

第三部分　含参变量的积分和反常积分

第十七章　含参变量的积分 …… **165**
习题 …… 169
第十八章　含参变量的反常积分 …… **171**
一、一致收敛的定义 …… 171
二、一致收敛积分的判别法 …… 172
三、一致收敛积分的性质 …… 172
*四、阿贝尔判别法、狄利克雷判别法 …… 175
五、欧拉积分，B 函数和 Γ 函数 …… 178
习题 …… 180

第四部分　多变量积分学

第十九章　积分(二重、三重积分，第一类曲线、曲面积分)的定义和性质 …… **185**
§1　二重积分、三重积分、第一类曲线积分、第一类曲面积分的概念 …… 185
§2　积分的性质 …… 188
习题 …… 189
第二十章　重积分的计算和应用 …… **191**
§1　二重积分的计算 …… 191
一、化二重积分为二次积分 …… 191
二、用极坐标计算二重积分 …… 196
三、二重积分的一般变量替换 …… 198
习题 …… 203
§2　三重积分的计算 …… 205
一、化三重积分为三次积分 …… 205
二、三重积分的变量替换 …… 208
习题 …… 211
§3　积分在物理上的应用 …… 212
一、质心 …… 212
二、矩 …… 214
三、引力 …… 215
习题 …… 216
§4　反常重积分 …… 216
习题 …… 219
§5　外积和重积分的变量替换 …… 220
一、外积 …… 220
二、重积分的变量替换 …… 223
第二十一章　曲线积分和曲面积分的计算 …… **225**
§1　第一类曲线积分的计算 …… 225
习题 …… 227
§2　第一类曲面积分的计算 …… 228
一、曲面的面积 …… 228

二、化第一类曲面积分为二重积分 …… 231
习题 …… 234
§3 第二类曲线积分 …… 235
一、变力作功与第二类曲线积分的定义 …… 235
二、第二类曲线积分的计算 …… 237
三、两类曲线积分的联系 …… 239
习题 …… 241
§4 第二类曲面积分 …… 242
一、曲面的侧 …… 242
二、第二类曲面积分的定义 …… 244
三、两类曲面积分间的联系 …… 246
四、第二类曲面积分的计算 …… 246
习题 …… 250
第二十二章 各种积分间的联系和场论初步 …… 252
§1 各种积分间的联系 …… 252
一、格林(Green)公式 …… 252
二、高斯(Gauss)公式 …… 254
三、斯托克斯(Stokes)公式 …… 257
习题 …… 260
§2 曲线积分和路径的无关性 …… 261
习题 …… 266
§3 场论初步 …… 267
一、场的概念 …… 267
二、向量场的散度与旋度 …… 268
三、保守场 …… 273
习题 …… 273

附录 向量值函数的导数 …… 275
索引 …… 281

第三篇 级　数

第一部分 数项级数和反常积分

第九章
数项级数

§1 预备知识:上极限和下极限

先来叙述本篇的一个预备知识,即数列的上极限和下极限. 就其内容来说,这属于极限论的范围.

对于一个有界数列$\{a_n\}$,去掉它的最初 k 项以后,剩下来的仍旧是一个有界数列,记这个数列的上确界为 β_k,下确界为 α_k,亦即

$$\beta_k=\sup_{n>k}\{a_n\}=\sup\{a_{k+1},a_{k+2},a_{k+3},\cdots\},$$

$$\alpha_k=\inf_{n>k}\{a_n\}=\inf\{a_{k+1},a_{k+2},a_{k+3},\cdots\},$$

可见 $\alpha_k\leqslant\beta_k$. 令 $k=1,2,3,\cdots$,于是得到一列$\{\beta_k\}$和一列$\{\alpha_k\}$. 显然数列$\{\beta_k\}$是单调减少的,$\{\alpha_k\}$是单调增加的,所以这两个数列的极限都存在. 我们称$\{\beta_k\}$的极限是$\{a_n\}$的上极限,记它是 H. $\{\alpha_k\}$的极限是$\{a_n\}$的下极限,记它是 h. 并分别将上极限和下极限记为$\overline{\lim\limits_{n\to\infty}}a_n$ 和$\underline{\lim\limits_{n\to\infty}}a_n$. 也就是

$$H=\overline{\lim_{n\to\infty}}a_n=\lim_{k\to\infty}\sup_{n>k}\{a_n\}=\lim_{k\to\infty}\beta_k,$$

$$h=\underline{\lim_{n\to\infty}}a_n=\lim_{k\to\infty}\inf_{n>k}\{a_n\}=\lim_{k\to\infty}\alpha_k,$$

由于 $\alpha_k\leqslant\beta_k$,得 $h\leqslant H$.

如果数列$\{a_n\}$无上界,我们就说 $H=\overline{\lim\limits_{n\to\infty}}a_n=+\infty$;如果数列$\{a_n\}$无下界,就说 $h=\underline{\lim\limits_{n\to\infty}}a_n=-\infty$.

下面给出上极限和下极限的重要性质.

定理 1 设 $H=\overline{\lim\limits_{n\to\infty}}a_n$,则

(i) 当 H 为有限时,对于 H 的任何 ε 邻域$(H-\varepsilon,H+\varepsilon)$,在数列$\{a_n\}$中有无穷多个项属于这个邻域,而在$(H+\varepsilon,+\infty)$中最多只有有限多个项(包括一项也没有)(如图 9-1);

(ii) 当 $H=+\infty$ 时,对任何数 $N>0$,在$\{a_n\}$中必有无穷多个项大于 N;

(iii) 当 $H=-\infty$ 时,数列$\{a_n\}$以$-\infty$为极限.

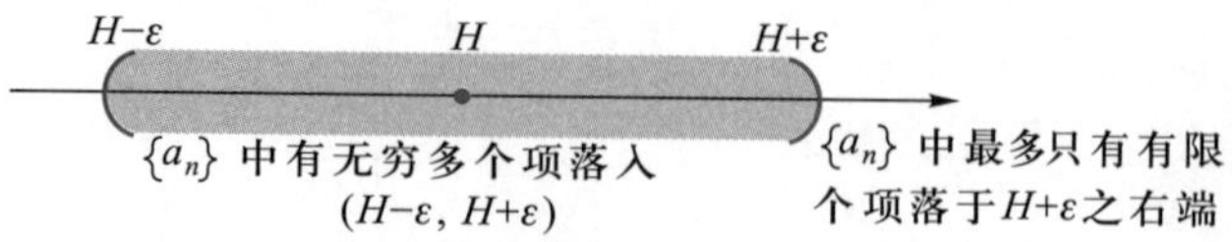

图 9-1

证明　(i) 当$-\infty<H<+\infty$时,假设存在某一正数ε_0,使得在$\{a_n\}$中只有有限多个项大于$H-\varepsilon_0$,那么必存在n_0,当$n>n_0$时,一切a_n皆有$a_n\leqslant H-\varepsilon_0$. 于是上确界

$$\beta_n=\sup\{a_{n+1},a_{n+2},\cdots\}\leqslant H-\varepsilon_0\quad(n>n_0),$$

因此

$$H=\overline{\lim_{n\to\infty}}a_n=\lim_{n\to\infty}\beta_n\leqslant H-\varepsilon_0,$$

这与定理的假设矛盾,这就证明了对任何$\varepsilon>0$,在$\{a_n\}$中必有无穷多个项大于$H-\varepsilon$.

再来证明,在$\{a_n\}$中最多只有有限多个项大于$H+\varepsilon$. 由于$\lim\limits_{n\to\infty}\beta_n=H$,故存在$N$,当$n>N$时有$\beta_n<H+\varepsilon$,而$\beta_n$又是$\{a_{n+1},a_{n+2},a_{n+3},\cdots\}$的上确界,所以当$n>N$时,对一切正整数$k$成立$a_{n+k}\leqslant\beta_n<H+\varepsilon$,这样就证明了大于$H+\varepsilon$的$a_n$只可能有有限多个(包括一个也没有).

(ii) 当$H=+\infty$时,数列$\{a_n\}$无上界,由此便获得所要的结论.

(iii) 当$H=-\infty$时,对任何$G>0$,存在n_0,当$n>n_0$时

$$a_{n+1}\leqslant\beta_n<-G,$$

这表明$\{a_n\}$的极限为$-\infty$.

到此定理全部证毕.

定理 2　设$h=\underline{\lim_{n\to\infty}}a_n$,则

(i) 当h为有限时,对h的任何ε邻域$(h-\varepsilon,h+\varepsilon)$,在数列$\{a_n\}$中有无穷多个项属于这个邻域,而最多只有有限多个小于$h-\varepsilon$(包括一项也没有);

(ii) 当$h=-\infty$时,对任何数$N>0$,在数列$\{a_n\}$中有无穷多个项小于$-N$;

(iii) 当$h=+\infty$时,数列$\{a_n\}$的极限为$+\infty$.

证明与定理 1 完全相仿.

定理 3　设H为$\{a_n\}$的上极限,那么,在$\{a_n\}$中必存在一个子列,其极限为H,并且H是$\{a_n\}$中所有收敛子列的极限中的最大值. 设h为$\{a_n\}$的下极限,那么,在$\{a_n\}$中必存在一个子列,其极限为h,并且h是$\{a_n\}$中所有收敛子列的极限中的最小值.

证明　仅以上极限H来证明如下. 分三种情形来考察:

(i) $-\infty<H<+\infty$,由定理 1 知道,必有一个子列$\{a_{n_k}\}$收敛于H. 此外,对任意$\varepsilon>0$,在$\{a_n\}$中只可能有有限多个项大于$H+\varepsilon$,这就表明所有收敛子列的极限绝不会大于$H+\varepsilon$,再由ε的任意性,便得到所有收敛子列的极限必不大于H.

(ii) 当$H=+\infty$时,按定理 1,存在子列$a_{n_k}\to+\infty$,而其他一切收敛子列的极限当然不会大于$+\infty$.

(iii) 当$H=-\infty$时,此时$\lim\limits_{n\to\infty}a_n=-\infty$,故数列$\{a_n\}$的一切子列都以$-\infty$为极限.

这样便证明了定理.

这一定理表明,在一个有界数列$\{a_n\}$中,它的所有收敛子列的极限所组成的数集必有最大值和最小值,并且这个最大(小)值正是$\{a_n\}$的上(下)极限.

推论 $\lim\limits_{n\to\infty}a_n=A$(有限或无穷大)的充要条件为

$$\overline{\lim_{n\to\infty}}a_n=\underline{\lim_{n\to\infty}}a_n=A.$$

这个推论容易从定理3得到.

例1 $a_n=n+(-1)^n n\ (n=1,2,3,\cdots)$.

它只有两个具有极限的子数列(包括极限为∞的情形):a_{2k}和$a_{2k+1}(k=1,2,3,\cdots)$. 前者极限为$+\infty$,后者极限为0,于是

$$\overline{\lim_{n\to\infty}}a_n=+\infty,\ \underline{\lim_{n\to\infty}}a_n=0.$$

例2 $a_n=\cos\dfrac{n}{4}\pi\ (n=0,1,2,\cdots)$.

由于$-1\leqslant\cos\dfrac{n}{4}\pi\leqslant1$,当$n=8k\ (k=1,2,\cdots)$时,$a_{8k}\to1\ (k\to\infty)$,当$n=4(2k+1)\ (k=1,2,3,\cdots)$时,$a_{4(2k+1)}\to-1\ (k\to\infty)$,于是有

$$\overline{\lim_{n\to\infty}}a_n=1,\ \underline{\lim_{n\to\infty}}a_n=-1.$$

习题

1. 证明:

(1) $\overline{\lim\limits_{n\to\infty}}(x_n+y_n)\leqslant\overline{\lim\limits_{n\to\infty}}x_n+\overline{\lim\limits_{n\to\infty}}y_n$;

(2) $\underline{\lim\limits_{n\to\infty}}(x_n+y_n)\geqslant\underline{\lim\limits_{n\to\infty}}x_n+\underline{\lim\limits_{n\to\infty}}y_n$.

2. 设$x_n\geqslant0,y_n\geqslant0$,证明:

(1) $\overline{\lim\limits_{n\to\infty}}x_ny_n\leqslant\overline{\lim\limits_{n\to\infty}}x_n\cdot\overline{\lim\limits_{n\to\infty}}y_n$;

(2) $\underline{\lim\limits_{n\to\infty}}x_ny_n\geqslant\underline{\lim\limits_{n\to\infty}}x_n\cdot\underline{\lim\limits_{n\to\infty}}y_n$.

3. 若$\lim\limits_{n\to\infty}x_n$存在,则对任何数列$\{y_n\}$成立:

(1) $\overline{\lim\limits_{n\to\infty}}(x_n+y_n)=\lim\limits_{n\to\infty}x_n+\overline{\lim\limits_{n\to\infty}}y_n$;

(2) $\overline{\lim\limits_{n\to\infty}}(x_n\cdot y_n)=\lim\limits_{n\to\infty}x_n\cdot\overline{\lim\limits_{n\to\infty}}y_n$,若$\lim\limits_{n\to\infty}x_n>0$.

4. 求下列数列的上极限与下极限:

(1) $a_n=\dfrac{1}{2^{-n}+(-1)^n}\quad(n=1,2,\cdots)$;

(2) $a_n=(-1)^n\left(1+\dfrac{1}{n}\right)\quad(n=1,2,\cdots)$;

(3) $a_n=\dfrac{(-1)^n}{n}\quad(n=1,2,\cdots)$;

（4）$a_n=\sin\frac{n\pi}{5}\quad(n=1,2,\cdots)$.

5. 证明：若 $\overline{\lim\limits_{n\to\infty}}\sqrt[n]{|a_n|}=a$，则 $\overline{\lim\limits_{n\to\infty}}\sqrt[n]{|a_{k_0+n}|}=a$，此处 k_0 是任意固定的整数.

6. 若 $\overline{\lim\limits_{n\to\infty}}a_n=a<b$，证明：必存在 N，当 $n>N$ 时，有 $a_n<b$. 又如果 $\underline{\lim\limits_{n\to\infty}}a_n=a<b$. 情况如何？

§2　级数的收敛性和基本性质

将一系列无穷多个数 $u_1,u_2,u_3,\cdots,u_n,\cdots$ 写成和式，即

$$u_1+u_2+u_3+\cdots+u_n+\cdots$$

这个和式就称为**无穷级数**，并记为 $\sum\limits_{n=1}^{\infty}u_n$. 这仅仅是一种形式上的相加，这种加法是不是具有"和数"呢？这个"和数"的确切意义又是什么呢？为了回答这个问题，我们先令

$$S_1=u_1,S_2=u_1+u_2,S_3=u_1+u_2+u_3,\cdots,$$
$$S_n=u_1+u_2+u_3+\cdots+u_n=\sum_{k=1}^{n}u_k,\cdots,$$

这样，对任何一个无穷级数 $\sum\limits_{n=1}^{\infty}u_n$，总可以作出一个数列 $S_n=\sum\limits_{k=1}^{n}u_k(n=1,2,3,\cdots)$，并称 S_n 为级数 $\sum\limits_{n=1}^{\infty}u_n$ 的 n **次部分和**（简称**部分和**），称数列 $\{S_n\}$ 为级数的**部分和数列**. 反之，从一个数列 $\{S_n\}$，也可以作出一个级数，使这个级数的部分和数列恰恰就是 $\{S_n\}$，实际上这只要取

$$u_1=S_1,u_2=S_2-S_1,u_3=S_3-S_2,\cdots,$$
$$u_n=S_n-S_{n-1},\cdots,$$

而级数 $\sum\limits_{n=1}^{\infty}u_n$ 就是所要求的级数.

定义　若级数 $\sum\limits_{n=1}^{\infty}u_n$ 的部分和数列 $\{S_n\}$ 收敛于有限值 S，即

$$\lim_{n\to\infty}S_n=\lim_{n\to\infty}\sum_{k=1}^{n}u_k=S,$$

则称级数 $\sum\limits_{n=1}^{\infty}u_n$ **收敛**，记为

$$\sum_{n=1}^{\infty}u_n=S,$$

并称此值 S 为级数的和数. 若部分和数列 $\{S_n\}$ 发散，则称级数 $\sum\limits_{n=1}^{\infty}u_n$ **发散**. 当级数收敛时，又称

$$r_n = S - S_n = \sum_{k=n+1}^{\infty} u_k = u_{n+1} + u_{n+2} + u_{n+3} + \cdots$$

为**级数的余和**.

例 1　级数 $\sum_{n=1}^{\infty}\left(\frac{1}{2}\right)^{n-1}$ 的部分和

$$S_n = \sum_{k=1}^{n}\left(\frac{1}{2}\right)^{k-1} = 1+\frac{1}{2}+\cdots+\left(\frac{1}{2}\right)^{n-1}$$

$$=\frac{1-\left(\frac{1}{2}\right)^n}{1-\frac{1}{2}}=2\left[1-\left(\frac{1}{2}\right)^n\right].$$

由于

$$\lim_{n\to\infty} S_n = \lim_{n\to\infty} 2\left[1-\left(\frac{1}{2}\right)^n\right]=2,$$

所以级数 $\sum_{n=1}^{\infty}\left(\frac{1}{2}\right)^{n-1}$ 收敛,其和为 2,亦即

$$\sum_{n=1}^{\infty}\left(\frac{1}{2}\right)^{n-1}=2.$$

例 2　级数 $\sum_{n=1}^{\infty}(-1)^{n+1}=1-1+1-1+\cdots$ 的部分和数列为

$$S_1=1,\ S_2=0,\cdots,S_{2n-1}=1,\ S_{2n}=0,\cdots,$$

部分和数列发散,故级数 $\sum_{n=1}^{\infty}(-1)^{n+1}$ 发散.

由此可见,研究无穷级数的收敛问题,实质上就是研究部分和数列的收敛问题,这就能够应用已经知道的有关数列极限的知识来研究无穷级数.

首先,给出收敛级数的一些基本性质.

性质 1　若级数 $\sum_{n=1}^{\infty} u_n$ 收敛,a 为任一常数,则 $\sum_{n=1}^{\infty} au_n$ 亦收敛,并且有

$$\sum_{n=1}^{\infty} au_n = a\sum_{n=1}^{\infty} u_n.$$

证明　设级数 $\sum_{n=1}^{\infty} u_n$ 的部分和为 S_n,由假设

$$\lim_{n\to\infty} S_n = S,$$

S 为一有限数. 又设级数 $\sum_{n=1}^{\infty} au_n$ 的部分和为 S_n',显然有 $S_n'=aS_n$,再按数列极限性质知道

$$\lim_{n\to\infty} S_n' = \lim_{n\to\infty} aS_n = aS,$$

这就是

$$\sum_{n=1}^{\infty} au_n = aS = a\sum_{n=1}^{\infty} u_n.$$

性质 2　若两个级数 $\sum_{n=1}^{\infty} u_n$ 和 $\sum_{n=1}^{\infty} v_n$ 都收敛,则 $\sum_{n=1}^{\infty}(u_n \pm v_n)$ 也收敛,并且有

$$\sum_{n=1}^{\infty}(u_n \pm v_n)=\sum_{n=1}^{\infty}u_n \pm \sum_{n=1}^{\infty}v_n.$$

利用数列极限的运算法则即可获得证明.

性质 3 一个收敛级数 $\sum_{n=1}^{\infty}u_n$，对其项任意加括号后所成级数

$$(u_1+u_2+\cdots+u_{i_1})+(u_{i_1+1}+\cdots+u_{i_2})+\cdots$$

仍为收敛,且其和不变.

证明 设 $\sum_{n=1}^{\infty}u_n$ 的部分和数列为 $\{S_n\}$，加括号后的级数的部分和数列为 $\{A_n\}$，明显有

$$A_1=u_1+u_2+\cdots+u_{i_1}=S_{i_1},$$

$$A_2=(u_1+u_2+\cdots+u_{i_1})+(u_{i_1+1}+u_{i_1+2}+\cdots+u_{i_2})=S_{i_2},$$

$$\cdots$$

$$A_n=(u_1+u_2+\cdots+u_{i_1})+(u_{i_1+1}+u_{i_1+2}+\cdots+u_{i_2})+\cdots+ (u_{i_{n-1}+1}+u_{i_{n-1}+2}+\cdots+u_{i_n})=S_{i_n},$$

$$\cdots,$$

可见，$\{A_n\}$ 实际上是 $\{S_n\}$ 的一个子数列，故由 $\{S_n\}$ 的收敛性立即推得 $\{A_n\}$ 也收敛，且其极限值相同.

要注意的是:加括号后的级数为收敛时，不能断言原来未加括号的级数也收敛，例如级数

$$1-1+1-1+\cdots$$

加括号后成为

$$(1-1)+(1-1)+(1-1)+\cdots,$$

它收敛于零，但原来未加括号的级数是发散的.

性质 4(收敛的必要条件) 若级数 $\sum_{n=1}^{\infty}u_n$ 收敛，则 $u_n\to 0(n\to\infty)$. 亦即收敛级数的一般项必趋于 0.

证明 设级数 $\sum_{n=1}^{\infty}u_n$ 的部分和数列为 $\{S_n\}$，且 $\lim\limits_{n\to\infty}S_n=S$，由于

$$u_n=S_n-S_{n-1},$$

得

$$\lim_{n\to\infty}u_n=\lim_{n\to\infty}(S_n-S_{n-1})=S-S=0.$$

这一性质告诉我们，当考察一个级数是否收敛时，首先应该考察当 $n\to\infty$ 时，这个级数的一般项 u_n 是否趋于零，如果 u_n 不趋于零，那么立即可以断言这个级数是发散的. 但要注意的是:一般项 u_n 趋于零只是级数收敛的必要条件，不是充分条件. 例如级数

$$1+\underbrace{\frac{1}{2}+\frac{1}{2}}_{\text{共2项}}+\underbrace{\frac{1}{3}+\frac{1}{3}+\frac{1}{3}}_{\text{共3项}}+\cdots+\underbrace{\frac{1}{n}+\frac{1}{n}+\cdots+\frac{1}{n}}_{\text{共}n\text{项}}+$$

$$\frac{1}{n+1}+\cdots,$$

它的一般项 $u_n \to 0\ (n\to\infty)$,但此级数是发散的,这是因为,如果这个级数是收敛的,那么加括号后的级数

$$1+\left(\frac{1}{2}+\frac{1}{2}\right)+\left(\frac{1}{3}+\frac{1}{3}+\frac{1}{3}\right)+\cdots+$$
$$\left(\frac{1}{n}+\frac{1}{n}+\cdots+\frac{1}{n}\right)+\left(\frac{1}{n+1}+\cdots\right)+\cdots$$

也应该是收敛的,但此级数中,每个括号内的数相加后等于 1,因而它是发散的.

定理（柯西收敛原理） 级数 $\sum\limits_{n=1}^{\infty} u_n$ 收敛的充要条件是:对任意给定的正数 ε,总存在 N,使得当 $n>N$ 时,对于任意的正整数 $p=1,2,3,\cdots$,都成立着

$$|u_{n+1}+u_{n+2}+\cdots+u_{n+p}|<\varepsilon.$$

这个充要条件也可以换一种方式来叙述:对任意给定的正数 ε,总存在 N,使得对于任何两个大于 N 的正整数 m 及 n（不妨假设 $n<m$）,都成立

$$|S_m-S_n|=|u_{n+1}+u_{n+2}+\cdots+u_m|<\varepsilon,$$

这里 S_n 为级数 $\sum\limits_{n=1}^{\infty} u_n$ 的部分和.

定理的证明是很明显的,因为这就是数列 $\{S_n\}$ 收敛的充要条件(亦即数列的柯西收敛原理).

由柯西收敛原理立即知道,在一个无穷级数内,去掉或者添上有限多个项,不会影响此级数的敛散性.

例 3 利用柯西收敛原理来判断级数 $\sum\limits_{n=1}^{\infty}\frac{1}{n^2}$ 的收敛性.

解 对任何正整数 p,

$$\begin{aligned}|S_{n+p}-S_n| &= \frac{1}{(n+1)^2}+\frac{1}{(n+2)^2}+\cdots+\frac{1}{(n+p)^2}\\ &< \frac{1}{n(n+1)}+\frac{1}{(n+1)(n+2)}+\cdots+\\ &\quad \frac{1}{(n+p-1)(n+p)}\\ &= \left(\frac{1}{n}-\frac{1}{n+1}\right)+\left(\frac{1}{n+1}-\frac{1}{n+2}\right)+\cdots+\\ &\quad \left(\frac{1}{n+p-1}-\frac{1}{n+p}\right)=\frac{1}{n}-\frac{1}{n+p}\\ &< \frac{1}{n},\end{aligned}$$

于是对任意 $\varepsilon>0$,存在 $N=\left[\frac{1}{\varepsilon}\right]$,当 $n>N$ 时,对任何 $p=1,2,3,\cdots$,总成立

$$|S_{n+p}-S_n|<\frac{1}{n}<\varepsilon,$$

按柯西收敛原理,级数 $\sum_{n=1}^{\infty}\frac{1}{n^2}$ 收敛.

例 4　判别级数 $\sum_{n=1}^{\infty}\frac{1}{n}$ 发散.

解　考虑

$$\begin{aligned}|S_{n+p}-S_n|&=\frac{1}{n+1}+\frac{1}{n+2}+\cdots+\frac{1}{n+p}\\&>\frac{1}{n+p}+\frac{1}{n+p}+\cdots+\frac{1}{n+p}\ (\text{共 } p \text{ 项})\\&=\frac{p}{n+p}.\end{aligned}$$

今特别取 $p=n$,得

$$|S_{2n}-S_n|>\frac{1}{2},$$

故级数 $\sum_{n=1}^{\infty}\frac{1}{n}$ 必为发散. 这是因为如果取 $\varepsilon=\frac{1}{2}$,不论 n 怎样大,总不能使

$$|S_{2n}-S_n|<\frac{1}{2}.$$

例 5　证明级数 $\sum_{n=1}^{\infty}\frac{(-1)^{n+1}}{n}$ 收敛.

证明　对任何正整数 p,有

$$|S_{n+p}-S_n|=\frac{1}{n+1}-\frac{1}{n+2}+\frac{1}{n+3}-\cdots+(-1)^{p-1}\frac{1}{n+p},$$

当 p 是奇数时,

$$\begin{aligned}|S_{n+p}-S_n|&=\frac{1}{n+1}-\left(\frac{1}{n+2}-\frac{1}{n+3}\right)-\cdots-\\&\quad\left(\frac{1}{n+p-1}-\frac{1}{n+p}\right)\\&<\frac{1}{n+1},\end{aligned}$$

当 p 是偶数时,

$$\begin{aligned}|S_{n+p}-S_n|&=\frac{1}{n+1}-\left(\frac{1}{n+2}-\frac{1}{n+3}\right)-\cdots-\\&\quad\left(\frac{1}{n+p-2}-\frac{1}{n+p-1}\right)-\frac{1}{n+p}\\&<\frac{1}{n+1},\end{aligned}$$

于是对任何正数 ε,取 $N=\left[\frac{1}{\varepsilon}\right]+1$,那么当 $n>N$ 时总成立

$$|S_{n+p}-S_n|<\varepsilon.$$

故级数 $\sum_{n=1}^{\infty}\frac{(-1)^{n+1}}{n}$ 收敛.

最后还要指出,在具体问题中直接利用柯西收敛原理来判断级数的收敛性,往往是相当困难的. 所以,在级数的理论中还需要建立一系列的判别法,利用它们就可以比较简便地来判别相当广泛的一类级数的收敛性. 建立这些判别法,是以下各节的主要任务之一.

习　题

1. 讨论下列级数的敛散性:

(1) $\frac{1}{1\cdot 6}+\frac{1}{6\cdot 11}+\cdots+\frac{1}{(5n-4)(5n+1)}+\cdots$;

(2) $1+\frac{2}{3}+\frac{3}{5}+\cdots+\frac{n}{2n-1}+\cdots$;

(3) $\left(\frac{1}{2}+\frac{1}{3}\right)+\left(\frac{1}{2^2}+\frac{1}{3^2}\right)+\cdots+\left(\frac{1}{2^n}+\frac{1}{3^n}\right)+\cdots$;

(4) $\frac{1}{1\cdot 4}+\frac{1}{4\cdot 7}+\cdots+\frac{1}{(3n-2)(3n+1)}+\cdots$;

(5) $\cos\frac{\pi}{3}+\cos\frac{\pi}{4}+\cos\frac{\pi}{5}+\cdots$.

2. 利用柯西收敛原理判别下列级数是收敛还是发散:

(1) $a_0+a_1q+a_2q^2+\cdots+a_nq^n+\cdots,|q|<1,|a_n|\leqslant A\ (n=0,1,2,\cdots)$;

(2) $1+\frac{1}{2}-\frac{1}{3}+\frac{1}{4}+\frac{1}{5}-\frac{1}{6}+\cdots$.

3. 设有正项级数 $\sum_{n=1}^{\infty}a_n$ (即每一项 $a_n>0$),试证明若对其项加括号后所组成的级数收敛,则 $\sum_{n=1}^{\infty}a_n$ 亦收敛.

4. 确定使下列级数收敛的 x 的范围:

(1) $\sum_{n=0}^{\infty}\frac{1}{(1+x)^n}$;　　　(2) $\sum_{n=1}^{\infty}(\ln x)^n$.

§3　正项级数

每一项都是非负的级数称为**正项级数**. 本节专门考虑正项级数的收敛问题,并建立若干最常用的判别法.

设正项级数 $\sum_{n=1}^{\infty}u_n(u_n\geqslant 0,n=1,2,3,\cdots)$ 的部分和为 S_n,显然部分和数列 $\{S_n\}$ 为单调增加的,也就是

$$S_1\leqslant S_2\leqslant S_3\leqslant\cdots\leqslant S_n\leqslant\cdots.$$

如果这个数列具有上界,那么它的极限必存在. 如果这个数列没有上界,那么它发

散到$+\infty$. 根据这一基本事实,便获得正项级数收敛的基本定理.

基本定理 如果正项级数的部分和数列具有上界,则此级数收敛. 如果正项级数的部分和数列无上界,则此级数发散到$+\infty$.

从基本定理出发,立即可以建立一个基本的判别法.

正项级数的比较判别法

若两个正项级数 $\sum_{n=1}^{\infty} u_n$ 和 $\sum_{n=1}^{\infty} v_n$ 之间成立着关系:存在常数$c>0$,使

$$u_n \leqslant cv_n \quad (n=1,2,3,\cdots),$$

或者自某项以后(即存在 N,当 $n>N$ 时)成立以上关系式,那么

(i) 当级数 $\sum_{n=1}^{\infty} v_n$ 收敛时,级数 $\sum_{n=1}^{\infty} u_n$ 亦收敛.

(ii) 当级数 $\sum_{n=1}^{\infty} u_n$ 发散时,级数 $\sum_{n=1}^{\infty} v_n$ 亦发散.

这个判别法是容易证明的. 设 $\sum_{n=1}^{\infty} u_n$ 和 $\sum_{n=1}^{\infty} v_n$ 的部分和分别为 U_n 和 V_n,于是成立着 $U_n \leqslant cV_n$,当 $\sum_{n=1}^{\infty} v_n$ 收敛时,V_n 为有界,故 U_n 亦必有界,得知 $\sum_{n=1}^{\infty} u_n$ 收敛. 当 $\sum_{n=1}^{\infty} u_n$ 发散时,U_n 无上界,于是 V_n 亦无上界,故 $\sum_{n=1}^{\infty} v_n$ 发散.

下面给出比较判别法的极限形式,它在应用时更为方便些.

比较判别法(极限形式)

给定两正项级数 $\sum_{n=1}^{\infty} u_n$ 和 $\sum_{n=1}^{\infty} v_n$,若有

$$\lim_{n\to\infty} \frac{u_n}{v_n} = l \quad (0<l<+\infty),$$

那么这两个级数同时收敛或同时发散.

利用极限存在的定义,立即可知,存在 N,当 $n>N$ 时成立着

$$\frac{l}{2} v_n < u_n < \frac{3}{2} l v_n,$$

再利用比较判别法,便证明了结论.

又当 $l=0$ 或 $l=+\infty$ 时的情形,请读者考虑.

例 1 判定级数 $\sum_{n=1}^{\infty} \sin \frac{1}{n}$的敛散性.

解 因为

$$\lim_{n\to\infty} \frac{\sin \frac{1}{n}}{\frac{1}{n}} = 1,$$

而级数 $\sum_{n=1}^{\infty} \frac{1}{n}$是发散的. 由比较判别法知道,级数 $\sum_{n=1}^{\infty} \sin \frac{1}{n}$亦发散.

利用比较判别法,把要判定的级数与几何级数比较,就可建立两个很有用的判别法,即柯西判别法和达朗贝尔(J. d'Alembert)判别法.

这里的几何级数是指形如 $\sum_{n=1}^{\infty} q^n$ （$q>0$）的级数，它的部分和

$$S_n = \sum_{k=1}^{n} q^k = q(1+q+\cdots+q^{n-1})$$
$$= q\cdot\frac{1-q^n}{1-q}\ (q\neq 1),$$

则有

$$\lim_{n\to\infty} S_n = \frac{q}{1-q}\ (q<1),$$

而当 $q\geqslant 1$ 时级数的一般项不趋于 0. 归纳得：几何级数 $\sum_{n=1}^{\infty} q^n$ 当$q<1$时收敛，当 $q\geqslant 1$ 时发散.

柯西判别法

设 $\sum_{n=1}^{\infty} u_n$ 为正项级数. 若从某一项起（即存在 N，当 $n>N$ 时）成立着 $\sqrt[n]{u_n}\leqslant q<1$（$q$ 为某确定的常数），则级数 $\sum_{n=1}^{\infty} u_n$ 收敛. 若从某一项起成立着 $\sqrt[n]{u_n}\geqslant 1$，则级数 $\sum_{n=1}^{\infty} u_n$ 发散.

证明　若当 $n>N$ 时成立 $\sqrt[n]{u_n}\leqslant q<1$，那么有

$$u_n \leqslant q^n,$$

而级数 $\sum_{n=1}^{\infty} q^n(q<1)$ 是收敛的，再根据比较判别法得知 $\sum_{n=1}^{\infty} u_n$ 收敛.

若当 $n>N$ 时成立 $\sqrt[n]{u_n}\geqslant 1$，那么有

$$u_n \geqslant 1,$$

因此级数的一般项 u_n 不趋于零，故级数 $\sum_{n=1}^{\infty} u_n$ 发散.

这个判别法也可写成如下的应用更方便的极限形式.

柯西判别法（极限形式）

对于正项级数 $\sum_{n=1}^{\infty} u_n$，设

$$r = \overline{\lim_{n\to\infty}}\sqrt[n]{u_n},$$

那么，当 $r<1$ 时此级数必为收敛，当 $r>1$ 时此级数发散，而当 $r=1$ 时此级数的收敛性需进一步判定.

证明　(i) 先证明当 $r<1$ 时的情形.

由于 $r<1$，总可选取适当小的一个正数 ε_0 使 $r+\varepsilon_0<1$. 再按照本章 §1 上（下）极限的定理 1，在数列 $\{u_n\}$ 中最多只有有限多个项，其 n 次根大于或等于 $r+\varepsilon_0$，换句话说，存在正整数 N，当 $n>N$ 时有

$$\sqrt[n]{u_n} < r+\varepsilon_0 < 1.$$

应用刚才已经证明的柯西判别法,这里 $q=r+\varepsilon_0$,立即得知,级数 $\sum_{n=1}^{\infty} u_n$ 收敛.

(ii) 再证明 $r>1$ 时的情形.

由于 $r>1$,总可选取适当小的一个正数 ε_0 使 $r-\varepsilon_0>1$. 再按照本章 §1 上(下)极限定理 1,在数列中将有无穷多个项,它的 n 次根大于或等于 $r-\varepsilon_0$,换句话说,将有无穷多个如此的 u_n,记它们为 $u_{n_k}(k=1,2,3,\cdots)$,使得

$$u_{n_k} > (r-\varepsilon_0)^{n_k} > 1,$$

于是,级数 $\sum_{n=1}^{\infty} u_n$ 的一般项 u_n 必不趋于零,因而此级数发散.

(iii) 最后考虑 $r=1$ 时的情形.

为了表明级数 $\sum_{n=1}^{\infty} u_n$ 的敛散性尚需进一步判定,我们举两个例子说明之. 例如级数

$$\sum_{n=1}^{\infty} \frac{1}{n} \text{ 和 } \sum_{n=1}^{\infty} \frac{1}{n^2},$$

这两个级数的 r 都等于 1,但前者发散,后者收敛.

达朗贝尔判别法

设 $\sum_{n=1}^{\infty} u_n$ 为正项级数,若从某一项起成立着 $\frac{u_n}{u_{n-1}} \leqslant q<1$ (q 为确定的数,$n>N$),则级数 $\sum_{n=1}^{\infty} u_n$ 收敛. 若从某一项起 $\frac{u_n}{u_{n-1}} \geqslant 1$ ($n>N$),则级数 $\sum_{n=1}^{\infty} u_n$ 发散.

它的证明留给读者去完成.

在实际应用时,下面的极限形式往往显得更方便些.

达朗贝尔判别法(极限形式)

对于正项级数 $\sum_{n=1}^{\infty} u_n$,当

$$\overline{\lim_{n\to\infty}} \frac{u_n}{u_{n-1}} = \bar{r} < 1$$

时,级数 $\sum_{n=1}^{\infty} u_n$ 收敛. 当

$$\underline{\lim_{n\to\infty}} \frac{u_n}{u_{n-1}} = \underline{r} > 1$$

时,级数 $\sum_{n=1}^{\infty} u_n$ 发散. 而当

$$\bar{r} = 1 \text{ 或者 } \underline{r} = 1$$

时,级数 $\sum_{n=1}^{\infty} u_n$ 的敛散性需进一步判定.

它的证明和柯西判别法的极限形式的证明完全相仿. 这里不重复了.

例 2　判定级数 $\sum_{n=1}^{\infty} \left(\frac{\alpha}{n}\right)^n$ ($\alpha>0$) 的敛散性.

解　因为
$$\lim_{n\to\infty}\sqrt[n]{\left(\frac{\alpha}{n}\right)^n}=\lim_{n\to\infty}\frac{\alpha}{n}=0,$$
根据柯西判别法的极限形式，此时 $r=0<1$，故级数收敛.

例 3　考察级数 $\sum\limits_{n=1}^{\infty}\frac{\alpha^n}{n^s}$（$s>0,\alpha>0$）的敛散性.

解　应用达朗贝尔判别法
$$\lim_{n\to\infty}\frac{u_{n+1}}{u_n}=\lim_{n\to\infty}\frac{\alpha^{n+1}}{(n+1)^s}\cdot\frac{n^s}{\alpha^n}=\alpha\cdot\lim_{n\to\infty}\left(\frac{n}{n+1}\right)^s=\alpha,$$
因此，当 $\alpha<1$ 时级数收敛. 当 $\alpha>1$ 时级数发散. 而当 $\alpha=1$ 时，级数为 $\sum\limits_{n=1}^{\infty}\frac{1}{n^s}$，它的敛散性需要进一步判断（参见本节例 5）.

例 4　考察级数 $\sum\limits_{n=1}^{\infty}x^n(x\geqslant 0)$ 的敛散性.

解　此级数是一个几何级数，这里利用柯西判别法来判别它的敛散性.

因为
$$\lim_{n\to\infty}\sqrt[n]{x^n}=x,$$
按照柯西判别法，当 $x<1$ 时级数收敛，当 $x>1$ 时级数发散. 而当 $x=1$ 时，级数为 $1+1+1+\cdots$，显然是发散的.

柯西积分判别法

对于正项级数 $\sum\limits_{n=1}^{\infty}u_n$，设 $\{u_n\}$ 为单调减少的数列，作一个连续的单调减少的正值函数 $f(x)$（$x>0$），使得当 x 等于正整数 n 时，其函数值恰为 u_n，亦即 $f(n)=u_n$. 那么，级数 $\sum\limits_{n=1}^{\infty}u_n$ 与数列 $\{A_n\}$，这里 $A_n=\int_1^n f(x)\mathrm{d}x$，同为收敛或同为发散.

证明　由于
$$u_{k-1}=\int_{k-1}^{k}u_{k-1}\mathrm{d}x\geqslant\int_{k-1}^{k}f(x)\mathrm{d}x\geqslant\int_{k-1}^{k}u_k\mathrm{d}x=u_k,$$
所以
$$\sum_{k=2}^{n}u_{k-1}\geqslant\sum_{k=2}^{n}\int_{k-1}^{k}f(x)\mathrm{d}x=\int_1^n f(x)\mathrm{d}x\geqslant\sum_{k=2}^{n}u_k,$$
由此即得证明.

柯西积分判别法有一个明显的几何解释（如图 9-2）：积分 $\int_1^n f(x)\mathrm{d}x$ 表示在曲线 $y=f(x)$ 之下，区间 $[1,n]$ 之上的一块面积，而 $\lim\limits_{n\to\infty}\int_1^n f(x)\mathrm{d}x$ 可以看作当图形无限向右端延伸时面积的表达式. 另一方面，级数 $\sum\limits_{n=2}^{\infty}u_n$ 表示无限多个小矩形的面积之和，这些小矩形的高为 u_n，底边长为 1，皆位于曲线 $y=f(x)$ 之下，称它们是下接矩形，亦即图中阴影部分. 而级数 $\sum\limits_{n=2}^{\infty}u_{n-1}$ 则为另

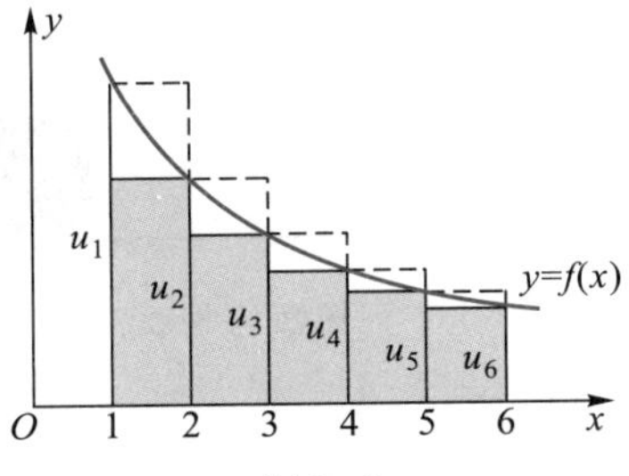

图 9-2

外一些小矩形面积之和,这些小矩形的高为 u_{n-1},底边长为 1,是曲线的上接矩形.这就使得上面所确定的结果完全可从直观上来了解:如果曲线图形的面积是有限的,那么在它的下面的下接矩形面积之和也将为有限的,此即级数 $\sum_{n=2}^{\infty} u_n$ 收敛,当然 $\sum_{n=1}^{\infty} u_n$ 也收敛.反之,若曲线图形的面积是无穷大,那么包含这曲线图形的上接矩形的面积之和也将为无穷大,此即级数 $\sum_{n=1}^{\infty} u_n$ 为发散.

例 5 考察级数 $\sum_{n=1}^{\infty} \frac{1}{n^p}$ 的敛散性($p>0$),这个级数通常称为 p 级数.

解 作 $f(x)=\frac{1}{x^p}$,考虑积分($p\neq 1$).

$$\lim_{n\to\infty}\int_1^n \frac{1}{x^p}\mathrm{d}x=\frac{1}{1-p}\lim_{n\to\infty}(n^{1-p}-1)$$

$$=\begin{cases}\dfrac{1}{p-1}, & \text{当 } p>1 \quad (\text{收敛}),\\ \infty, & \text{当 } p<1 \quad (\text{发散}),\end{cases}$$

而当 $p=1$ 时,级数 $\sum_{n=1}^{\infty}\frac{1}{n}$ 已知是发散的. 因此对于 p 级数来说,当 $0<p\leqslant 1$ 时发散,当 $p>1$ 时收敛.

例 6 证明级数 $\sum_{n=2}^{\infty}\frac{1}{n\ln n}$发散,级数 $\sum_{n=2}^{\infty}\frac{1}{n(\ln n)^2}$收敛.

证明 因为

$$\lim_{n\to\infty}\int_2^n\frac{\mathrm{d}x}{x\ln x}=\lim_{n\to\infty}[\ln\ln n-\ln\ln 2]=\infty,$$

所以级数 $\sum_{n=2}^{\infty}\frac{1}{n\ln n}$为发散. 又因为

$$\lim_{n\to\infty}\int_2^n\frac{\mathrm{d}x}{x(\ln x)^2}=\lim_{n\to\infty}\left(\frac{1}{\ln 2}-\frac{1}{\ln n}\right)=\frac{1}{\ln 2},$$

所以级数 $\sum_{n=2}^{\infty}\frac{1}{n(\ln n)^2}$为收敛.

习 题

1. 判定下列级数的收敛和发散:

(1) $\sum_{n=1}^{\infty}\frac{1}{\sqrt{n^2+n}}$; (2) $\sum_{n=1}^{\infty}\frac{1}{(2n-1)\cdot 2^{2n-1}}$;

(3) $\sum_{n=1}^{\infty}\frac{n-\sqrt{n}}{2n-1}$; (4) $\sum_{n=1}^{\infty}\sin\frac{\pi}{2^n}$;

(5) $\sum_{n=1}^{\infty}\frac{1}{1+a^n}$ $(a>1)$; (6) $\sum_{n=1}^{\infty}\frac{1}{n\cdot\sqrt[n]{n}}$;

(7) $\sum_{n=1}^{\infty}\left(\frac{1}{2n+1}\right)^n$;　　(8) $\sum_{n=1}^{\infty}\frac{1}{[\ln(n+1)]^n}$;

(9) $\sum_{n=1}^{\infty}\frac{2+(-1)^n}{2^n}$;　　(10) $\sum_{n=1}^{\infty}2^n\sin\frac{\pi}{3^n}$;

(11) $\sum_{n=1}^{\infty}\frac{n^n}{n!}$;　　(12) $\sum_{n=1}^{\infty}\frac{x^n}{(1+x)(1+x^2)\cdots(1+x^n)}\ (x\geqslant 0)$;

(13) $\sum_{n=1}^{\infty}\left(\frac{b}{a_n}\right)^n$，其中 $a_n\to a$，a_n,b,a 皆正数，$a\neq 0$.

2. 若正项级数 $\sum_{n=1}^{\infty}u_n$ 收敛，证明 $\sum_{n=1}^{\infty}u_n^2$ 也收敛，其逆如何？

3. 设 $\sum_{n=1}^{\infty}u_n$ 和 $\sum_{n=1}^{\infty}v_n$ 为两正项级数，$\lim_{n\to\infty}\frac{u_n}{v_n}=0$，证明：当 $\sum_{n=1}^{\infty}v_n$ 收敛时，$\sum_{n=1}^{\infty}u_n$ 也收敛. 又若 $\sum_{n=1}^{\infty}v_n$ 发散时，$\sum_{n=1}^{\infty}u_n$ 如何？如果 $\lim_{n\to\infty}\frac{u_n}{v_n}=\infty$，那么 $\sum_{n=1}^{\infty}u_n$ 和 $\sum_{n=1}^{\infty}v_n$ 的敛散性之间有什么关系？

4. 若两正项级数 $\sum_{n=1}^{\infty}u_n$ 和 $\sum_{n=1}^{\infty}v_n$ 发散，$\sum_{n=1}^{\infty}\max(u_n,v_n)$，$\sum_{n=1}^{\infty}\min(u_n,v_n)$ 两级数如何？

5. 利用级数收敛的必要条件证明：

(1) $\lim_{n\to\infty}\frac{n^n}{(n!)^2}=0$;　　(2) $\lim_{n\to\infty}\frac{(2n)!}{a^{n!}}=0\ (a>1)$.

6. 讨论下列级数的收敛性：

(1) $\sum_{n=2}^{\infty}\frac{1}{n\cdot(\ln n)^p}$;　　(2) $\sum_{n=2}^{\infty}\frac{1}{n\cdot\ln n\cdot\ln\ln n}$;

(3) $\sum_{n=2}^{\infty}\frac{1}{n\cdot(\ln n)^{1+\sigma}\ln\ln n}\ (\sigma>0)$;　　(4) $\sum_{n=2}^{\infty}\frac{1}{n\cdot(\ln n)^p(\ln\ln n)^q}$.

7. 若 $\sum_{n=1}^{\infty}u_n$ 是收敛的正项级数，并且数列 $\{u_n\}$ 单调下降. 证明

$$\lim_{n\to\infty}nu_n=0.$$

8. 设级数 $\sum_{n=1}^{\infty}a_n$ 和 $\sum_{n=1}^{\infty}c_n$ 都收敛，又设 $a_n\leqslant b_n\leqslant c_n(n=1,2,3\cdots)$，问：级数 $\sum_{n=1}^{\infty}b_n$ 是否也收敛.

9. 证明达朗贝尔判别法及其极限形式.

§4　任意项级数

现在讨论正负项可以任意出现的级数的收敛问题.

一、绝对收敛和条件收敛

对于级数 $\sum_{n=1}^{\infty}u_n$，如果其每一项加上绝对值以后所组成的正项级数

$\sum_{n=1}^{\infty}|u_n|$ 收敛，则称级数 $\sum_{n=1}^{\infty}u_n$ 为**绝对收敛**. 如果 $\sum_{n=1}^{\infty}|u_n|$ 发散但 $\sum_{n=1}^{\infty}u_n$ 却是收敛的，则称级数 $\sum_{n=1}^{\infty}u_n$ 为**条件收敛**. 条件收敛的级数是存在的，例如级数 $\sum_{n=1}^{\infty}\frac{(-1)^{n+1}}{n}$ 就是一个条件收敛级数.

绝对收敛和收敛之间有着下面的重要关系：

定理 绝对收敛级数必为收敛级数. 但反之不然.

证明 设级数 $\sum_{n=1}^{\infty}u_n$ 为绝对收敛，也就是级数 $\sum_{n=1}^{\infty}|u_n|$ 收敛. 按照柯西收敛原理，对任意 $\varepsilon>0$，存在 N，当 $n>N$ 时，对一切正整数 p 成立着

$$|u_{n+1}|+|u_{n+2}|+\cdots+|u_{n+p}|<\varepsilon.$$

再对级数 $\sum_{n=1}^{\infty}u_n$ 应用柯西收敛原理，由于

$$|u_{n+1}+u_{n+2}+\cdots+u_{n+p}|\leqslant|u_{n+1}|+|u_{n+2}|+\cdots+|u_{n+p}|<\varepsilon.$$

根据柯西收敛原理，级数 $\sum_{n=1}^{\infty}u_n$ 为收敛.

定理的第二个论断：反之不然，可以由 $\sum_{n=1}^{\infty}\frac{(-1)^{n+1}}{n}$ 得知.

从定义可见，判别一个级数 $\sum_{n=1}^{\infty}u_n$ 是否绝对收敛，实际上就是判别一个正项级数 $\sum_{n=1}^{\infty}|u_n|$ 的收敛性. 但要注意，当级数 $\sum_{n=1}^{\infty}|u_n|$ 为发散时，只能断定级数 $\sum_{n=1}^{\infty}u_n$ 非绝对收敛，而不能断定它必为发散. 例如级数 $\sum_{n=1}^{\infty}\left|\frac{(-1)^{n+1}}{n}\right|$ 虽然是发散的，但 $\sum_{n=1}^{\infty}\frac{(-1)^{n+1}}{n}$ 却是收敛的. 因此，当判断出级数 $\sum_{n=1}^{\infty}|u_n|$ 为发散时，还得进一步重新判断级数 $\sum_{n=1}^{\infty}u_n$ 的敛散性，若它为收敛，就是条件收敛.

但要注意的是：当运用已经给出的柯西判别法和达朗贝尔判别法来判别正项级数 $\sum_{n=1}^{\infty}|u_n|$ 而获得 $\sum_{n=1}^{\infty}|u_n|$ 为发散时，却可以断言级数 $\sum_{n=1}^{\infty}u_n$ 亦发散. 这是因为利用柯西判别法和达朗贝尔判别法来判定一个正项级数 $\sum_{n=1}^{\infty}|u_n|$ 为发散时，是根据这个级数的一般项 $|u_n|$ 当 $n\to\infty$ 时不趋于零，因此对级数 $\sum_{n=1}^{\infty}u_n$ 而言，它的一般项 u_n 当 $n\to\infty$ 时也不会趋于零，所以级数 $\sum_{n=1}^{\infty}u_n$ 是发散的.

例 1 判别级数 $\sum_{n=1}^{\infty}(-1)^n\frac{1}{n}x^n\ (x>0)$ 的敛散性.

解　考察级数

$$\sum_{n=1}^{\infty}\left|\frac{(-1)^n}{n}x^n\right|=\sum_{n=1}^{\infty}\frac{x^n}{n}.$$

由达朗贝尔判别法判出：当 $x<1$ 时级数 $\sum\limits_{n=1}^{\infty}\frac{x^n}{n}$ 收敛，而当 $x>1$ 时级数为发散．因此可以断言：

当 $x<1$ 时，级数 $\sum\limits_{n=1}^{\infty}\frac{(-1)^n}{n}x^n$ 绝对收敛；

当 $x>1$ 时，级数 $\sum\limits_{n=1}^{\infty}\frac{(-1)^n}{n}x^n$ 发散；

当 $x=1$ 时，级数 $\sum\limits_{n=1}^{\infty}\left|\frac{(-1)^n}{n}\right|$ 发散而 $\sum\limits_{n=1}^{\infty}\frac{(-1)^n}{n}$ 收敛，故为条件收敛．

二、交错级数

凡正负项相间的级数，也就是形如

$$u_1-u_2+u_3-u_4+\cdots+(-1)^{n+1}u_n+\cdots$$

的级数，其中 $u_n>0$ $(n=1,2,\cdots)$，称为**交错级数**．

对于交错级数，有下面的定理．

莱布尼茨定理　如果一个交错级数 $\sum\limits_{n=1}^{\infty}(-1)^{n+1}u_n$ 的项满足以下两个条件：

(i) 单调减少 $u_n\geqslant u_{n+1}$　$(n=1,2,3,\cdots)$；

(ii) $\lim\limits_{n\to\infty}u_n=0$，

则　1° 级数 $\sum\limits_{n=1}^{\infty}(-1)^{n+1}u_n$ 收敛；

2° 它的余和 r_n 的符号与余和第一项的符号相同，并且余和的绝对值不超过余和的第一项的绝对值：$|r_n|\leqslant u_{n+1}$．

注：凡满足定理条件(i)，(ii)的交错级数称为**莱布尼茨型级数**．于是定理又可以这样叙述：莱布尼茨型的级数必收敛，且其余和的符号相同于余和第一项的符号，余和的绝对值不超过余和第一项的绝对值．

证明　设级数 $\sum\limits_{n=1}^{\infty}(-1)^{n+1}u_n$ 的部分和为 S_n，现在考察由偶数个项所组成的部分和数列 $\{S_{2m}\}$ 及由奇数个项所组成的部分和数列 $\{S_{2m+1}\}$．

对于偶数个项的部分和数列 $\{S_{2m}\}$ 有

$$S_{2m}=(u_1-u_2)+(u_3-u_4)+\cdots+(u_{2m-1}-u_{2m}),$$

$$S_{2m+2}=(u_1-u_2)+(u_3-u_4)+\cdots+(u_{2m-1}-u_{2m})+(u_{2m+1}-u_{2m+2}),$$

由定理的条件(i)，即对一切 n 成立 $u_{n-1}-u_n\geqslant 0$，所以数列 $\{S_{2m}\}$ 为单调增加的数列．另一方面

$$S_{2m}=u_1-(u_2-u_3)-\cdots-(u_{2m-2}-u_{2m-1})-u_{2m}\leqslant u_1,$$

可见数列 $\{S_{2m}\}$ 是有界的. 按照单调有界数列必有极限的定理，数列 $\{S_{2m}\}$ 极限存在

$$\lim_{m\to\infty} S_{2m} = S.$$

对于奇数个项的部分和数列 $\{S_{2m+1}\}$ 有

$$S_{2m+1} = S_{2m} + u_{2m+1}.$$

再由定理的条件(ii)，得到

$$\lim_{m\to\infty} S_{2m+1} = \lim_{m\to\infty} S_{2m} + \lim_{m\to\infty} u_{2m+1} = S.$$

这样一来，证明了对数列 $\{S_n\}$ 而言，它的两个子列 $\{S_{2m}\}$ 及 $\{S_{2m+1}\}$ 都收敛于 S，不难证明数列 $\{S_n\}$ 本身亦应收敛于 S，到此便证明了定理的第一个论断，莱布尼茨型级数必收敛.

由刚才的证明容易知道，对于莱布尼茨型级数 $\sum\limits_{n=1}^{\infty}(-1)^{n+1}u_n$ 必有

$$0 \leqslant \sum_{n=1}^{\infty}(-1)^{n+1}u_n \leqslant u_1,$$

同样地，对于形如 $\sum\limits_{n=1}^{\infty}(-1)^{n}u_n$ 的莱布尼茨型级数，只要在上式乘上一个 -1 的因子，就得到

$$-u_1 \leqslant \sum_{n=1}^{\infty}(-1)^{n}u_n \leqslant 0.$$

这样便获得了一个重要事实：莱布尼茨型级数，其和的符号与这个级数的第一项的符号相同，其和的绝对值将不超过第一项的绝对值.

利用上面的这一事实，立即可以证明定理的第二个论断：因为莱布尼茨型级数 $\sum\limits_{n=1}^{\infty}(-1)^{n+1}u_n$ 的余和 $r_n=\sum\limits_{k=n+1}^{\infty}(-1)^{k+1}u_n$ 也是一个莱布尼茨型级数，所以余和 r_n 的符号与余和中第一项的符号相同，并且 $|r_n| \leqslant u_{n+1}$. 到此，定理全部证明完毕.

例 2　级数 $\sum\limits_{n=1}^{\infty}\dfrac{(-1)^{n+1}}{n^s}$ $(s>0)$ 是一个莱布尼茨型级数，因此它是收敛的. 再利用柯西积分判别法知道，当 $s>1$ 时，级数绝对收敛，而当 $0<s\leqslant 1$ 时级数条件收敛.

例 3　考虑级数 $\sum\limits_{n=1}^{\infty}\dfrac{(-\alpha)^{n}}{n^s}$ $(s>0,\alpha>0)$.

应用达朗贝尔判别法，当 $\alpha<1$ 时级数绝对收敛，当 $\alpha>1$ 时级数发散. 而当 $\alpha=1$ 时级数是一个莱布尼茨型级数，和例 2 的级数仅差一符号，此时当 $s>1$ 时为绝对收敛，当 $s\leqslant 1$ 时为条件收敛. 总结得

当 $\alpha<1$ 时，级数 $\sum\limits_{n=1}^{\infty}\dfrac{(-\alpha)^{n}}{n^s}$ $(s>0,\alpha>0)$ 绝对收敛；

当 $\alpha>1$ 时，级数发散；

当 $\alpha=1$，而 $s>1$ 时，级数绝对收敛；

当 $\alpha=1$，而 $s\leqslant 1$ 时，级数条件收敛.

三、阿贝尔(**Abel**)判别法和狄利克雷判别法

考虑形如 $\sum_{n=1}^{\infty} a_n b_n$ 的级数. 先引进一个重要的变换. 这一变换有明显的几何解释(如图 9-3),将在下面给出.

阿贝尔变换　对下面的和数

$$S = \sum_{i=1}^{m} a_i b_i = a_1 b_1 + a_2 b_2 + \cdots + a_m b_m,$$

阿贝尔给出了一个初等的变换. 设:

$$B_1 = b_1,\ B_2 = b_1 + b_2, B_3 = b_1 + b_2 + b_3, \cdots,$$
$$B_m = b_1 + b_2 + \cdots + b_m,$$

于是 $b_1=B_1, b_2=B_2-B_1, b_3=B_3-B_2, \cdots, b_m=B_m-B_{m-1}$,这样,就可以把和数 S 写为

$$\begin{aligned} S &= \sum_{i=1}^{m} a_i b_i \\ &= a_1 B_1 + a_2(B_2 - B_1) + a_3(B_3 - B_2) + \cdots + a_m(B_m - B_{m-1}) \\ &= (a_1 - a_2)B_1 + (a_2 - a_3)B_2 + \cdots + (a_{m-1} - a_m)B_{m-1} + a_m B_m \\ &= \sum_{i=1}^{m-1}(a_i - a_{i+1})B_i + a_m B_m, \end{aligned}$$

这个变换式
$$\sum_{i=1}^{m} a_i b_i = \sum_{i=1}^{m-1}(a_i - a_{i+1})B_i + a_m B_m,$$
就是所要的阿贝尔变换.

阿贝尔变换有一个明显的几何解释(如图 9-3). 考虑 $m=4$ 的情形. $\sum_{i=1}^{4} a_i b_i$ 可以看作边长为 a_i 和 $b_i(i=1,2,3,4)$ 的 4 个矩形面积之和,如图 9-3(a)所示.

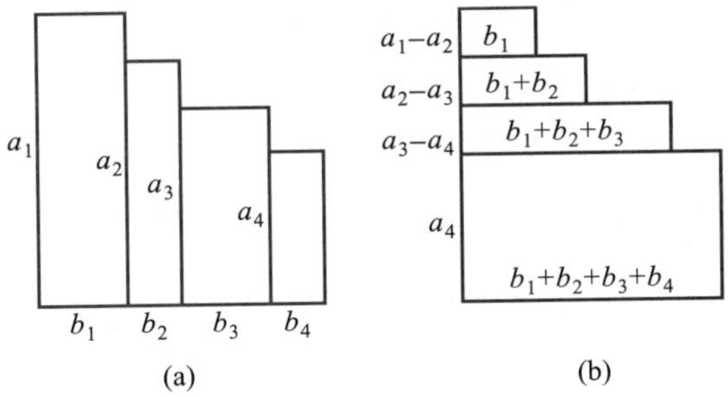

图 9-3

也可以用另一种方法分割这四个矩形,如图 9-3(b)所示,其面积为

$$(a_1-a_2)b_1+(a_2-a_3)(b_1+b_2)+(a_3-a_4)(b_1+b_2+b_3)+a_4(b_1+b_2+b_3+b_4),$$

所以有

$$\sum_{i=1}^{4} a_i b_i = \sum_{i=1}^{3}(a_i - a_{i+1})B_i + a_4 B_4,$$

这就是阿贝尔变换($m=4$)的一个明显的几何说明.

阿贝尔变换有什么作用呢？将级数 $\sum_{n=1}^{\infty} a_n b_n$ 和积分 $\int_a^b f(x)g(x)\mathrm{d}x$ 作一个对比，就会发现它们在形式上有不少相似之处. 在积分中，分部积分法是一个重要的方法，现在将阿贝尔变换改写成

$$\sum_{i=1}^{m} a_i b_i = a_m B_m - \sum_{i=1}^{m-1} (a_{i+1} - a_i) B_i,$$

它和积分学中的分部积分公式是十分相像的. 为了说明这一点，考察 $\int_a^b f(x)g(x)\mathrm{d}x$. 并设 $G(x) = \int_a^x g(t)\mathrm{d}t$，利用分部积分公式，有

$$\begin{aligned}\int_a^b f(x)g(x)\mathrm{d}x &= f(x)G(x)\Big|_a^b - \int_a^b G(x)\mathrm{d}f(x) \\ &= f(b)G(b) - \int_a^b G(x)\mathrm{d}f(x),\end{aligned}$$

再把它和阿贝尔变换式作比较，就会发现，阿贝尔变换式中的 B_i 相当于分部积分公式中的 $G(x)$，而差 $a_{i+1}-a_i$ 相当于微分 $\mathrm{d}f(x)$，和式相当于积分.

以这个变换公式为基础，就可以给出一种对和数 $S = \sum_{i=1}^{m} a_i b_i$ 作估计的方法，就是下面的阿贝尔引理.

阿贝尔引理　如果

(i) $\{a_i\}$ $(i=1,2,\cdots,m)$ 为单调(增加或减少)的；

(ii) $B_i = b_1+b_2+\cdots+b_i$，$\{B_i\}$ $(i=1,2,\cdots,m)$ 有界，$|B_i| \leqslant M$，

则
$$|S| = \left|\sum_{i=1}^{m} a_i b_i\right| \leqslant M(|a_1| + 2|a_m|).$$

证明　利用阿贝尔变换

$$|S| = \left|\sum_{i=1}^{m} a_i b_i\right| \leqslant \sum_{i=1}^{m-1} |a_i - a_{i+1}| \cdot |B_i| + |a_m B_m|,$$

由于每一个 $a_i - a_{i+1}$ $(i=1,2,\cdots,m-1)$ 都是同号的，$|B_i| \leqslant M$ $(i=1,2,\cdots,m)$，于是有

$$|S| \leqslant M \cdot \left|\sum_{i=1}^{m-1} (a_i - a_{i+1})\right| + M \cdot |a_m| \leqslant M(|a_1| + 2|a_m|).$$

直接利用阿贝尔变换又可得到下列推论.

推论　如果 $a_i \geqslant 0$ $(i=1,2,\cdots,m)$，$a_1 \geqslant a_2 \geqslant a_3 \geqslant \cdots \geqslant a_m$，那么

$$|S| \leqslant M a_1.$$

下面应用阿贝尔引理来建立比莱布尼茨判别法更为一般的收敛判别法——阿贝尔判别法和狄利克雷判别法. 这两个判别法都是用来判别级数

$$\sum_{n=1}^{\infty} a_n b_n = a_1 b_1 + a_2 b_2 + \cdots + a_n b_n + \cdots$$

的收敛性的.

阿贝尔判别法　如果

(i) 级数 $\sum_{n=1}^{\infty} b_n$ 收敛；

(ii) 数列$\{a_n\}$单调有界,$|a_n|\leqslant K$ $(n=1,2,3,\cdots)$,

则级数 $\sum\limits_{n=1}^{\infty}a_nb_n$ 收敛.

证明　利用阿贝尔引理来估计和数

$$\sum_{k=n+1}^{n+m}a_kb_k=\sum_{i=1}^{m}a_{n+i}b_{n+i}.$$

由条件(i),级数 $\sum\limits_{n=1}^{\infty}b_n$ 是收敛的,按照柯西收敛原理,对任何 $\varepsilon>0$,存在 N,使当 $n>N$ 时,对不论怎样的正整数 p,成立

$$|b_{n+1}+b_{n+2}+\cdots+b_{n+p}|<\varepsilon,$$

因而,可以取这个 ε 为引理中提到的数 M,于是当 $n>N$ 时,对任何正整数 m,应用引理,有

$$\left|\sum_{k=n+1}^{n+m}a_kb_k\right|\leqslant\varepsilon(|a_{n+1}|+2|a_{n+m}|)\leqslant 3K\varepsilon,$$

这样便证明了级数 $\sum\limits_{n=1}^{\infty}a_nb_n$ 收敛.

狄利克雷判别法

如果(i) 级数 $\sum\limits_{n=1}^{\infty}b_n$ 的部分和 B_n 有界,$|B_n|\leqslant M$ $(n=1,2,\cdots)$;

(ii) 数列$\{a_n\}$单调趋于零,

则级数 $\sum\limits_{n=1}^{\infty}a_nb_n$ 收敛.

证明　仍旧应用阿贝尔引理来估计和数 $\sum\limits_{k=n+1}^{n+m}a_kb_k$. 由条件(ii)$a_n\to0\ (n\to\infty)$,则对任意给定正数 ε,存在 N,当 $n>N$ 时,有

$$|a_n|<\varepsilon.$$

此外,由于条件(i),显然有

$$|b_{n+1}+b_{n+2}+\cdots+b_{n+p}|=|B_{n+p}-B_n|\leqslant 2M,$$

于是引理中的数 M 就是这里的 $2M$,所以当 $n>N$ 时,对任何正整数 m 成立

$$\left|\sum_{k=n+1}^{n+m}a_kb_k\right|\leqslant 2M(|a_{n+1}|+2|a_{n+m}|)<6M\cdot\varepsilon,$$

这就证明了级数 $\sum\limits_{n=1}^{\infty}a_nb_n$ 的收敛性.

这两个判别法还有着下面的关系:从狄利克雷判别法可以推导出阿贝尔判别法,事实上,由阿贝尔判别法的假设可以知道数列$\{a_n\}$极限存在,设此极限为 a. 如今考虑两个级数的和

$$\sum_{n=1}^{\infty}(a_n-a)b_n+a\sum_{n=1}^{\infty}b_n.$$

由所给条件和狄利克雷判别法,这两个级数都是收敛的. 而它们的和正是级数

$\sum_{n=1}^{\infty} a_n b_n$，因此它是收敛的.

另外，交错级数的莱布尼茨定理也可以作为狄利克雷判别法的一个特别情况. 这是因为，对于莱布尼茨型的级数 $\sum_{n=1}^{\infty}(-1)^{n+1}u_n$，也可以看成形为 $\sum_{n=1}^{\infty} a_n b_n$ 的级数，其中 $a_n=u_n$，$b_n=(-1)^{n+1}$ $(n=1,2,\cdots)$，再利用狄利克雷判别法，即得莱布尼茨定理.

上面的事实说明，狄利克雷判别法包含了阿贝尔判别法，狄利克雷判别法还包含了交错级数的莱布尼茨定理，因而从理论上说，只要有狄利克雷判别法，就用不着阿贝尔判别法和交错级数的莱布尼茨定理. 然而在许多具体的级数的判别中，运用后两个判别法会更直截了当，会更方便.

例 4 若级数 $\sum_{n=1}^{\infty} u_n$ 收敛，则级数 $\sum_{n=1}^{\infty}\frac{u_n}{n}$，$\sum_{n=1}^{\infty}\frac{u_n}{\sqrt{n}}$，$\sum_{n=1}^{\infty}\frac{nu_n}{n+1}$ 都收敛. 这只要应用一下阿贝尔判别法即得.

例 5 若数列 $\{a_n\}$ 单调趋于零，那么级数

$$\sum_{n=1}^{\infty} a_n \sin nx \quad 和 \quad \sum_{n=1}^{\infty} a_n \cos nx,$$

前者对任何 x 都收敛，后者对任何 $x\neq 2k\pi$ 都收敛. 而当 $x=2k\pi$ 时，需根据 a_n 的性质作进一步判别.

先考虑当 $x\neq 2k\pi$ 时，级数 $\sum_{k=1}^{\infty}\sin kx$ 的部分和 $\sum_{k=1}^{n}\sin kx$，利用和差化积的公式

$$\sin A\cdot\sin B=\frac{1}{2}[\cos(A-B)-\cos(A+B)]$$

立即得到当 $x\neq 2k\pi$ 时

$$\begin{aligned}&2\sin\frac{x}{2}(\sin x+\sin 2x+\cdots+\sin nx)\\&=\cos\frac{x}{2}-\cos\frac{2n+1}{2}x,\end{aligned}$$

于是部分和

$$\left|\sum_{k=1}^{n}\sin kx\right|\leqslant\frac{2}{2\left|\sin\frac{x}{2}\right|}=\frac{1}{\left|\sin\frac{x}{2}\right|}.$$

用同样方法，也可以得到级数 $\sum_{n=1}^{\infty}\cos nx$ 的部分和满足

$$\left|\sum_{k=1}^{n}\cos kx\right|\leqslant\frac{1}{\left|\sin\frac{x}{2}\right|}\quad(x\neq 2k\pi),$$

这样，再根据狄利克雷判别法，当 $x\neq 2k\pi$ 时，级数 $\sum_{n=1}^{\infty} a_n\sin nx$ 和 $\sum_{n=1}^{\infty} a_n\cos nx$ 都收敛. 而当 $x=2k\pi$ 时，第一个级数显然是收敛的，而第二个级数则变为 $\sum_{n=1}^{\infty} a_n$，需视 a_n

的性质进一步判别它是否收敛.

习题

1. 讨论下列级数的收敛性(包括条件收敛或绝对收敛):

(1) $\frac{1}{2}-\frac{3}{10}+\frac{1}{2^2}-\frac{3}{10^3}+\frac{1}{2^3}-\frac{3}{10^5}+\cdots$;

(2) $1-\frac{1}{2}+\frac{1}{3!}-\frac{1}{4}+\frac{1}{5!}-\cdots$;

(3) $\sum_{n=2}^{\infty}(-1)^{n-1}\frac{\ln n}{n}$;　(4) $\sum_{n=1}^{\infty}(-1)^{n-1}\frac{n^3}{2^n}$;

(5) $\sum_{n=1}^{\infty}(-1)^{n+1}\frac{n}{(n+1)^2}$;　(6) $\sum_{n=1}^{\infty}(-1)^n\sin\frac{x}{n}\ (x\neq 0)$;

(7) $\frac{1}{\sqrt{2}-1}-\frac{1}{\sqrt{2}+1}+\frac{1}{\sqrt{3}-1}-\frac{1}{\sqrt{3}+1}+\cdots+\frac{1}{\sqrt{n}-1}-\frac{1}{\sqrt{n}+1}+\cdots$.

2. 证明:若级数的项加括号后所成的级数收敛,并且在同一个括号内项的符号相同,那么去掉括号后,此级数亦收敛;并由此考察级数

$$\sum_{n=1}^{\infty}\frac{(-1)^{[\sqrt{n}]}}{n}$$

的收敛性.

3. 讨论下列级数是否绝对收敛或条件收敛:

(1) $\sum_{n=1}^{\infty}\frac{(-1)^n}{n+x}$;　(2) $\sum_{n=1}^{\infty}\frac{\sin(2^n x)}{n!}$;

(3) $\sum_{n=1}^{\infty}\frac{\sin nx}{n}\ (0<x<\pi)$;　(4) $\sum_{n=1}^{\infty}\frac{\cos nx}{n^p}\ (0<x<\pi)$.

4. 若级数 $\sum_{n=1}^{\infty}a_n$ 收敛,并且 $\lim_{n\to\infty}\frac{a_n}{b_n}=1$,能否断定 $\sum_{n=1}^{\infty}b_n$ 也收敛?

5. 若正项级数 $\sum_{n=1}^{\infty}a_n$ 收敛,证明 $\sum_{n=1}^{\infty}a_n^2$ 也收敛. 又若 $\sum_{n=1}^{\infty}a_n$ 收敛但它不是正项级数,那么结论又如何.

6. 证明:若 $\sum_{n=1}^{\infty}\frac{a_n}{n^{x_0}}$ 收敛,那么当 $x>x_0$ 时 $\sum_{n=1}^{\infty}\frac{a_n}{n^x}$ 也收敛.

7. 设 $\{na_n\}$ 收敛, $\sum_{n=1}^{\infty}n(a_n-a_{n-1})$ 收敛,则 $\sum_{n=1}^{\infty}a_n$ 也收敛.

8. 若 $\sum_{n=1}^{\infty}(a_n-a_{n-1})$ 绝对收敛, $\sum_{n=1}^{\infty}b_n$ 收敛,那么 $\sum_{n=1}^{\infty}a_nb_n$ 收敛.

9. 利用柯西收敛原理证明交错级数的莱布尼茨定理.

§5　绝对收敛级数和条件收敛级数的性质

不论是绝对收敛级数或者是条件收敛级数,都具有本章 §2 中所给出的性质 1

至性质4. 除了这些性质以外，对于这两种不同的收敛级数，还具有各自不同的重要特性.

下面的定理 1 给出了绝对收敛级数和条件收敛级数的一个本质性差别.

定理 1　对于级数 $\sum_{n=1}^{\infty} u_n$，将它的所有正项保留而将负项换为零，组成一个级数记为 $\sum_{n=1}^{\infty} v_n$. 将它的所有负项变号（乘上因子 -1）而将正项换为零，也组成一个正项级数记为 $\sum_{n=1}^{\infty} w_n$. 亦即

$$v_n=\frac{|u_n|+u_n}{2}=\begin{cases}u_n, & u_n>0,\\ 0, & u_n\leqslant 0,\end{cases}$$

$$w_n=\frac{|u_n|-u_n}{2}=\begin{cases}-u_n, & u_n<0,\\ 0, & u_n\geqslant 0,\end{cases}$$

那么

（i）若级数 $\sum_{n=1}^{\infty} u_n$ 绝对收敛，则级数 $\sum_{n=1}^{\infty} v_n$ 和 $\sum_{n=1}^{\infty} w_n$ 都收敛；

（ii）若级数 $\sum_{n=1}^{\infty} u_n$ 条件收敛，则级数 $\sum_{n=1}^{\infty} v_n$ 和 $\sum_{n=1}^{\infty} w_n$ 都发散.

证明　（i）若级数 $\sum_{n=1}^{\infty} u_n$ 绝对收敛，由于

$$0\leqslant v_n\leqslant |u_n|,0\leqslant w_n\leqslant |u_n|,$$

按比较判别法，级数 $\sum_{n=1}^{\infty} v_n$ 和 $\sum_{n=1}^{\infty} w_n$ 都收敛.

（ii）若 $\sum_{n=1}^{\infty} u_n$ 为条件收敛，我们用反证法来证明定理的第二个结论. 假设级数 $\sum_{n=1}^{\infty} v_n$ 和 $\sum_{n=1}^{\infty} w_n$ 中至少有一个是收敛的，不妨假设 $\sum_{n=1}^{\infty} v_n$ 为收敛级数，那么，由于

$$w_n=v_n-u_n,$$

于是得知 $\sum_{n=1}^{\infty} w_n$ 亦必为收敛. 又由于 $|u_n|=v_n+w_n$，所以

$$\sum_{n=1}^{\infty}|u_n|=\sum_{n=1}^{\infty} v_n+\sum_{n=1}^{\infty} w_n,$$

得知级数 $\sum_{n=1}^{\infty} u_n$ 绝对收敛，此与已知条件矛盾，因此证明了两级数 $\sum_{n=1}^{\infty} v_n$ 及 $\sum_{n=1}^{\infty} w_n$ 都发散.

在未讲定理 2 以前，先要叙述一下更序级数的概念. 对于一个级数 $\sum_{n=1}^{\infty} u_n$，它的更序级数就是把它的项重新排列后所得到的级数. 例如 $u_5+u_6+u_1+u_2+u_{10}+u_3+u_7+\cdots$ 就是原来级数 $\sum u_n$ 的一个更序级数. 在普通的加法里，交换律是成立的，但

在无穷级数中,交换律是否也成立呢?也就是说,若收敛级数 $\sum_{n=1}^{\infty} u_n = S$,那么它的更序级数 $\sum_{n=1}^{\infty} u'_n$ 是否仍收敛并且有 $\sum_{n=1}^{\infty} u'_n = S$ 呢?一般说来,这不一定是成立的,但有以下定理.

定理 2　绝对收敛级数 $\sum_{n=1}^{\infty} u_n$ 的更序级数 $\sum_{n=1}^{\infty} u'_n$ 仍为绝对收敛,且其和相同,$\sum_{n=1}^{\infty} u_n = \sum_{n=1}^{\infty} u'_n$.

证明　(i) 先证明当 $\sum_{n=1}^{\infty} u_n$ 为收敛的正项级数(当然为绝对收敛)的情形.

考虑更序级数 $\sum_{n=1}^{\infty} u'_n$ 的部分和 S'_k. 因为

$$u'_1 = u_{n_1}, u'_2 = u_{n_2}, \cdots, u'_k = u_{n_k},$$

所以,取 n 大于所有下标 $n_1, n_2, \cdots, n_k$ 后,显然有

$$S'_k = u'_1 + u'_2 + \cdots + u'_k \leqslant u_1 + u_2 + u_3 + \cdots + u_n = S_n.$$

又由于正项级数 $\sum_{n=1}^{\infty} u_n = S$,于是对一切 k 成立

$$S'_k \leqslant S,$$

按照正项级数收敛的基本定理,更序级数 $\sum_{n=1}^{\infty} u'_n$ 亦收敛,设其和为 S', 故有 $S' \leqslant S$.

另一方面,级数 $\sum_{n=1}^{\infty} u_n$ 也可以视为级数 $\sum_{n=1}^{\infty} u'_n$ 的更序级数. 由刚才的讨论,故又有 $S \leqslant S'$,得知

$$S = S'.$$

(ii) 再来证明 $\sum_{n=1}^{\infty} u_n$ 为一般的绝对收敛级数的情形.

按照定理 1 中所采用的记号,仍旧记级数 $\sum_{n=1}^{\infty} v_n$ 和 $\sum_{n=1}^{\infty} w_n$ 分别为 $\sum_{n=1}^{\infty} u_n$ 的所有正项和所有负项所组成的级数. 由定理 1 知道,这两个级数都收敛. 设它们的和分别是 V 和 W,则有

$$\sum_{n=1}^{\infty} u_n = V - W, \quad \sum_{n=1}^{\infty} |u_n| = V + W.$$

由(i)中已经证明的结论知道,$\sum_{n=1}^{\infty} |u_n|$ 的更序级数 $\sum_{n=1}^{\infty} |u'_n|$ 成立着

$$\sum_{n=1}^{\infty} |u'_n| = V + W,$$

这就表明了更序级数 $\sum_{n=1}^{\infty} u'_n$ 是绝对收敛的.

再设 $\sum_{n=1}^{\infty} v'_n$ 和 $\sum_{n=1}^{\infty} w'_n$ 分别为级数 $\sum_{n=1}^{\infty} v_n$ 和 $\sum_{n=1}^{\infty} w_n$ 的更序级数. 由(i)的结论

知道

$$\sum_{n=1}^{\infty} v'_n = \sum_{n=1}^{\infty} v_n = V, \quad \sum_{n=1}^{\infty} w'_n = \sum_{n=1}^{\infty} w_n = W,$$

而 $u'_n = v'_n - w'_n$,所以

$$\sum_{n=1}^{\infty} u'_n = \sum_{n=1}^{\infty} (v'_n - w'_n) = V - W = \sum_{n=1}^{\infty} u_n.$$

这样就证明了定理.

注意:这个定理对条件收敛级数而言,却不一定成立,例如莱布尼茨型级数

$$1 - \frac{1}{2} + \frac{1}{3} - \frac{1}{4} + \frac{1}{5} - \frac{1}{6} + \frac{1}{7} - \frac{1}{8} + \frac{1}{9} - \cdots = S$$

是条件收敛的.

两端乘上因子$\frac{1}{2}$得

$$\frac{1}{2} - \frac{1}{4} + \frac{1}{6} - \frac{1}{8} + \frac{1}{10} - \frac{1}{12} + \cdots = \frac{S}{2},$$

也可以写为

$$0 + \frac{1}{2} + 0 - \frac{1}{4} + 0 + \frac{1}{6} + 0 - \frac{1}{8} + 0 + \frac{1}{10} + \cdots = \frac{S}{2},$$

将它和第一个级数相加(对应项相加),得到

$$1 + 0 + \frac{1}{3} - \frac{1}{2} + \frac{1}{5} + 0 + \frac{1}{7} - \frac{1}{4} + \frac{1}{9} + 0 + \cdots = \frac{3}{2}S,$$

从而

$$1 + \frac{1}{3} - \frac{1}{2} + \frac{1}{5} + \frac{1}{7} - \frac{1}{4} + \frac{1}{9} + \cdots = \frac{3}{2}S,$$

而这个级数正是第一个级数 $\sum_{n=1}^{\infty} \frac{(-1)^{n+1}}{n}$的更序级数. 两者虽然都收敛,但其和数却不相同.

关于条件收敛级数,有一个很有趣的性质(黎曼定理):若级数 $\sum_{n=1}^{\infty} u_n$ 条件收敛,那么,总可以适当地更换原来级数的次序而组成一个级数,使它收敛于任何预先给定的数 S (包括∞的情形).

我们只给出证明的大意,设 S 是有限数. 要证明这一定理需要利用条件收敛级数的两个性质:(1)由所有正项所组成的级数 $\sum v_n$ 发散到$+\infty$,由所有负项所组成的级数 $\sum(-w_n)$ $(w_n>0)$发散到$-\infty$,(2)一般项 $u_n \to 0$ $(n\to\infty)$.

不妨设 $S>0$,先在 $\sum v_n$ 中自前往后一项一项地相加起来,加到某一项刚好超过 S,例如 $v_1+\cdots+v_{n_1}>S$,而 $v_1+\cdots+v_{n_1-1}\leqslant S$. 这时,记下 $v_1+\cdots+v_{n_1}$,再从 $\sum(-w_n)$ 中自前往后取出一项又一项地加到 $v_1+\cdots+v_{n_1}$ 中去成为 $v_1+\cdots+v_{n_1}-w_1-w_2-\cdots$,一直加到某一项使它刚小于 S,例如 $v_1+\cdots+v_{n_1}-w_1-\cdots-w_{m_1}<S$,而 $v_1+\cdots+v_{n_1}-w_1-\cdots-w_{m_1-1}\geqslant S$,记下 $v_1+\cdots+v_{n_1}-\cdots-w_{m_1}$. 再从 $\sum_{n_1+1} v_n$ 中自前往后取出一

项又一项加到 $v_1+\cdots-w_{m_1}$ 中去,使得 $v_1+\cdots+v_{n_1}-w_1-\cdots-w_{m_1}+v_{n_1+1}+\cdots+v_{n_2}$ 刚超过 S. 又从 $\sum_{m_1+1}^{\infty}(-w_n)$ 中自前往后取出一项又一项加到 $v_1+\cdots+v_{n_2}$ 中去,使得 $v_1+\cdots+v_{n_1}-\cdots-w_{m_1}$ $+\cdots+v_{n_2}-\cdots-w_{m_2}$ 刚小于 S. 如此一直下去,可以证明所得级数即为所求.

定理中的其他情形的证明与此相仿.

最后讨论级数的乘法运算. 主要是回答这样的问题:在什么条件下,两级数相乘可以像有限项和一样来逐项相乘.

设两个收敛的级数 $\sum_{n=1}^{\infty}u_n$ 和 $\sum_{n=1}^{\infty}v_n$,仿照两个有限项和数乘积的规则,这里也同样作出这两个级数的项的所有可能成对的乘积 u_iv_k ($i,k=1,2,3,\cdots$),这些乘积就是

$$u_1v_1, u_1v_2, u_1v_3, \cdots, u_1v_i, \cdots$$
$$u_2v_1, u_2v_2, u_2v_3, \cdots, u_2v_i, \cdots$$
$$u_3v_1, u_3v_2, u_3v_3, \cdots, u_3v_i, \cdots$$
$$\cdots\cdots\cdots$$
$$u_kv_1, u_kv_2, u_kv_3, \cdots, u_kv_i, \cdots$$
$$\cdots\cdots\cdots$$

这些乘积可以用很多的方式将它们排列成一个数列. 例如可以按"对角线法"或按"正方形法"将它们排列成下面形状的数列:

对角线法　　　　　　正方形法

$$\begin{array}{cccc} u_1v_1 & u_1v_2 & u_1v_3 & u_1v_4 \cdots \\ u_2v_1 & u_2v_2 & u_2v_3 & u_2v_4 \cdots \\ u_3v_1 & u_3v_2 & u_3v_3 & u_3v_4 \cdots \\ u_4v_1 & u_4v_2 & u_4v_3 & u_4v_4 \cdots \\ \end{array} \qquad \begin{array}{ccc} u_1v_1 & u_1v_2 & u_1v_3 \cdots \\ u_2v_1 & u_2v_2 & u_2v_3 \cdots \\ u_3v_1 & u_3v_2 & u_3v_3 \cdots \\ \end{array}$$

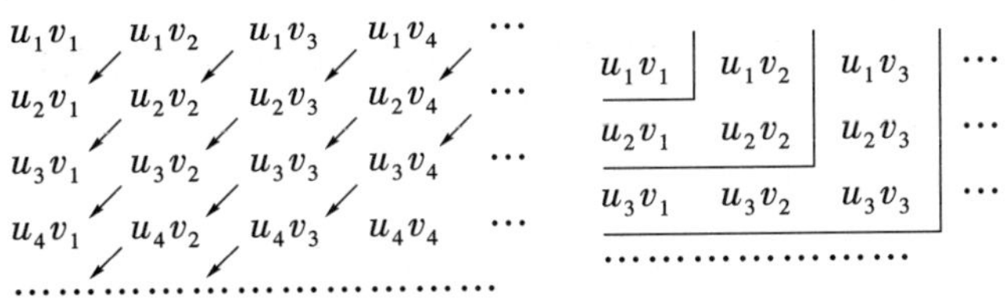

（对角线法）　$u_1v_1; u_1v_2, u_2v_1; u_1v_3, u_2v_2, u_3v_1; \cdots$

（正方形法）　$u_1v_1; u_1v_2, u_2v_2, u_2v_1; u_1v_3, u_2v_3, u_3v_3, u_3v_2, u_3v_1;$
　　　　　　　$\cdots$

把上面排列好的数列用加号相连,就组成无穷级数. 如果是按照对角线法所组成的级数 $\sum_{n=1}^{\infty}c_n$,这里,一般项

$$c_n = u_1v_n + u_2v_{n-1} + u_3v_{n-2} + \cdots + u_{n-1}v_2 + u_nv_1.$$

我们称级数 $\sum_{n=1}^{\infty}c_n$ 为两级数 $\sum_{n=1}^{\infty}u_n$ 和 $\sum_{n=1}^{\infty}v_n$ 的**柯西乘积**.

定理 3(柯西定理)　若级数 $\sum_{n=1}^{\infty}u_n$ 和 $\sum_{n=1}^{\infty}v_n$ 都绝对收敛,其和分别为 U 和 V,则它们各项之积 u_iv_k($i,k=1,2,3,\cdots$) 按照任何方法排列所构成的级数也绝对收敛,且其和为 UV.

证明　用 $w_1, w_2, w_3, \cdots, w_n, \cdots$ 来表示按某一种次序排列 u_iv_k ($i,k=1,2,3,\cdots$)

所成的一个数列. 考虑级数

$$|w_1|+|w_2|+|w_3|+\cdots+|w_n|+\cdots,$$

设 S_n^* 是它的部分和

$$S_n^*=\sum_{k=1}^{n}|w_k|=\sum_{k=1}^{n}|u_{n_k}v_{m_k}|.$$

记

$$\nu=\max(n_1,m_1,n_2,m_2,\cdots,n_n,m_n),$$

又记 $U_\nu^*=|u_1|+|u_2|+\cdots+|u_\nu|$,亦即 $\sum_{n=1}^{\infty}|u_n|$ 的部分和,

$V_\nu^*=|v_1|+|v_2|+\cdots+|v_\nu|$,亦即 $\sum_{n=1}^{\infty}|v_n|$ 的部分和.

由于级数 $\sum_{n=1}^{\infty}u_n$ 和 $\sum_{n=1}^{\infty}v_n$ 都绝对收敛,所以 U_ν^* 及 V_ν^* 都有界.

此外

$$\begin{aligned}S_n^*&=|u_{n_1}v_{m_1}|+|u_{n_2}v_{m_2}|+\cdots+|u_{n_n}v_{m_n}|\\&\leqslant(|u_1|+|u_2|+\cdots+|u_\nu|)(|v_1|+|v_2|+\cdots+|v_\nu|)\\&=U_\nu^*\cdot V_\nu^*,\end{aligned}$$

于是知道 S_n^* 亦有界,这样便证明了级数 $\sum_{n=1}^{\infty}w_n$ 绝对收敛. 再应用定理 2,级数 $\sum_{n=1}^{\infty}w_n$ 的更序级数 $\sum_{n=1}^{\infty}w'_n$ 亦绝对收敛,并且它们的和数相同,亦即 $\sum_{n=1}^{\infty}w_n=\sum_{n=1}^{\infty}w'_n$,也就是说,由 $u_iv_k(i,k=1,2,3,\cdots)$ 按照任何方式排列所构成的级数皆绝对收敛,并且都收敛于同一和数.

下面再证明这个和数恰为 UV.

考虑由正方形法排列所构成的级数,并加括号如下

$$\sum_{n=1}^{\infty}a_n=u_1v_1+(u_1v_2+u_2v_2+u_2v_1)+$$
$$(u_1v_3+u_2v_3+u_3v_3+u_3v_2+u_3v_1)+\cdots,$$

由收敛级数的基本性质知道,加括号后并不影响和的数值.

记级数 $\sum_{n=1}^{\infty}u_n$ 和 $\sum_{n=1}^{\infty}v_n$ 的部分和分别为 U_n 和 V_n. 级数 $\sum_{n=1}^{\infty}a_n$ 的部分和为 A_n,那么有

$$A_n=U_nV_n,$$

于是

$$\lim_{n\to\infty}A_n=\lim_{n\to\infty}(U_nV_n)=UV,$$

这就证明了 $\sum_{n=1}^{\infty}a_n=UV$. 定理全部证毕.

若级数 $\sum_{n=1}^{\infty}u_n$ 和 $\sum_{n=1}^{\infty}v_n$ 中仅有一个是绝对收敛,其和为 A,另一个是条件收敛,其和为 B,将这两个级数相乘又有何结果呢? 这里不加证明地引入梅尔滕斯(Mertens)定理,定理指出它们的柯西乘积组成的级数仍收敛,其和为 AB.

例　级数($|q|<1$)

$$1+q+q^2+\cdots+q^n+\cdots=\frac{1}{1-q}$$

绝对收敛. 将这个级数自乘,可得

$$1+2q+3q^2+\cdots=\sum_{n=1}^{\infty}nq^{n-1}=\frac{1}{(1-q)^2}.$$

定理 2 和定理 3 告诉我们,绝对收敛级数具有相仿于普通有限项和数的两个性质——交换律和分配律成立.

习　题

1. 设$|x|<1$,$|y|<1$,证明:
$$\sum_{\nu=1}^{\infty}(x^{\nu-1}+x^{\nu-2}y+\cdots+y^{\nu-1})=\frac{1}{(1-x)(1-y)}.$$
2. 证明:
$$\sum_{n=0}^{\infty}\frac{x^n}{n!}\sum_{n=0}^{\infty}\frac{y^n}{n!}=\sum_{n=0}^{\infty}\frac{(x+y)^n}{n!}.$$
3. 证明:可以作出条件收敛级数的更序级数,使其发散到$+\infty$.

本章小结

第十章
反常积分

§1 无穷限的反常积分

在定积分中，总是假定积分区间是有限的，而被积函数（如果可积的话）一定是有界的. 但在理论上或实际应用中都有需要去掉这两个限制，把定积分的概念拓广为

(i) 无限区间上的积分；

(ii) 无界函数的积分.

本节将讨论无限区间上的积分，下一节再讨论无界函数的积分.

一、无穷限反常积分的概念

设函数 $f(x)$ 在 $[a,\infty)$ 有定义，或者在 $(-\infty,a]$，$(-\infty,+\infty)$ 有定义，称

$$\int_a^{+\infty} f(x)\,\mathrm{d}x \text{ 或} \int_{-\infty}^{a} f(x)\,\mathrm{d}x,\int_{-\infty}^{+\infty} f(x)\,\mathrm{d}x$$

是无穷限**反常积分**. 如何理解这种形式的积分，它是否存在，现在讨论如下.

先考察位于曲线 $y=\dfrac{1}{x^2}$ 之下，x 轴之上而夹在直线 $x=1$，$x=A$ 之间的区域的面积（如图 10-1）

$$I(A)=\int_1^A \frac{\mathrm{d}x}{x^2}=1-\frac{1}{A},$$

当 $A\to+\infty$ 时，有

$$\lim_{A\to+\infty} I(A)=1.$$

自然，可以把这一极限理解为位于曲线 $y=\dfrac{1}{x^2}$ 之下，x 轴之上，直线 $x=1$ 之右向右无限延展的区域的面积.

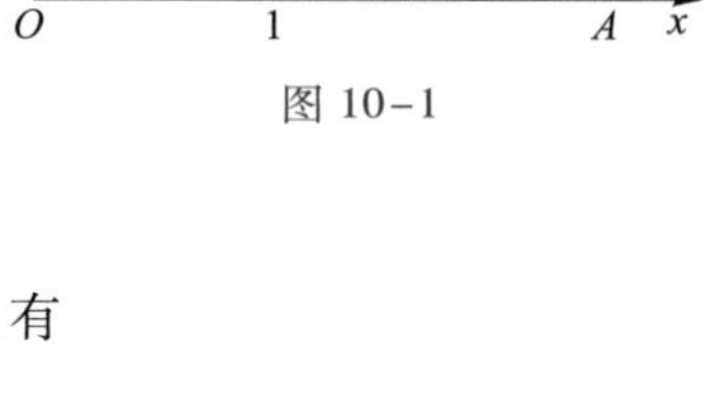

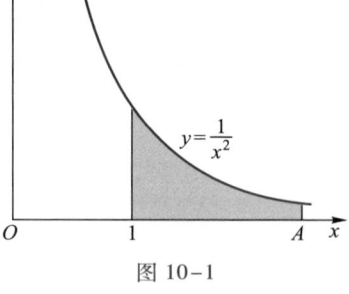

图 10-1

但是，如果对曲线 $y=\dfrac{1}{x}$，$x>1$ 考察同样的问题，有

$$\int_1^A \frac{1}{x}\mathrm{d}x=\ln A\to+\infty\quad(A\to+\infty).$$

在这情形下,无限延展的区域就没有有限的面积了.

一般的有下列定义:

定义　设函数$f(x)$在$[a,+\infty)$有定义,并且对于任意的$A(A>a)$在区间$[a,A]$上可积.当极限

$$\lim_{A\to+\infty}\int_a^A f(x)\,\mathrm{d}x$$

存在时,称这极限值为$f(x)$在区间$[a,+\infty)$上(或是从a到$+\infty$)的**反常积分**的积分值,记作

$$\int_a^{+\infty} f(x)\,\mathrm{d}x=\lim_{A\to+\infty}\int_a^A f(x)\,\mathrm{d}x,$$

这时也称积分$\int_a^{+\infty} f(x)\,\mathrm{d}x$是收敛的,它的值就是上述极限值.有时又称函数$f(x)$在$[a,+\infty)$可积.如果上述的极限不存在,称积分$\int_a^{+\infty} f(x)\,\mathrm{d}x$是发散的.

类似地可定义反常积分$\int_{-\infty}^{b} f(x)\,\mathrm{d}x$的收敛和发散.

对反常积分$\int_{-\infty}^{+\infty} f(x)\,\mathrm{d}x$,当$\int_a^{+\infty} f(x)\,\mathrm{d}x$和$\int_{-\infty}^{a} f(x)\,\mathrm{d}x$都收敛时($a$是一个任意固定的数),就说$\int_{-\infty}^{+\infty} f(x)\,\mathrm{d}x$收敛,并且有

$$\int_{-\infty}^{+\infty} f(x)\,\mathrm{d}x=\int_{-\infty}^{a} f(x)\,\mathrm{d}x+\int_a^{+\infty} f(x)\,\mathrm{d}x,$$

这时,显然有

$$\int_{-\infty}^{+\infty} f(x)\,\mathrm{d}x=\lim_{\substack{A\to+\infty\\A'\to-\infty}}\int_{A'}^{A} f(x)\,\mathrm{d}x.$$

必须注意的是:这里$A\to+\infty$和$A'\to-\infty$两者之间是独立变化的.如果上式右边的极限不存在,就称$\int_{-\infty}^{+\infty} f(x)\,\mathrm{d}x$发散.

由定义不难知道,如果$f(x)$在$[a,+\infty)$连续,$F(x)$是$f(x)$的原函数,并且$F(+\infty)=\lim\limits_{A\to+\infty}F(A)$存在,那么

$$\int_a^{+\infty} f(x)\,\mathrm{d}x=F(+\infty)-F(a).$$

对$\int_{-\infty}^{a} f(x)\,\mathrm{d}x$和$\int_{-\infty}^{+\infty} f(x)\,\mathrm{d}x$也有相仿的结论.

例1　讨论积分$\int_0^{+\infty}\frac{\mathrm{d}x}{1+x^2},\int_{-\infty}^{0}\frac{\mathrm{d}x}{1+x^2},\int_{-\infty}^{+\infty}\frac{\mathrm{d}x}{1+x^2}$的收敛性.

解　$$\int_0^A\frac{\mathrm{d}x}{1+x^2}=\arctan x\Big|_0^A=\arctan A-\arctan 0$$

$$=\arctan A\to\frac{\pi}{2}\quad(A\to+\infty),$$

所以积分$\int_0^{+\infty}\frac{\mathrm{d}x}{1+x^2}$收敛,数值等于$\frac{\pi}{2}$.

同样

$$\int_{-\infty}^{0}\frac{\mathrm{d}x}{1+x^2}=\lim_{A'\to-\infty}(\arctan 0-\arctan A')=-\left(-\frac{\pi}{2}\right)=\frac{\pi}{2},$$

因此

$$\int_{-\infty}^{+\infty}\frac{\mathrm{d}x}{1+x^2}=\int_{-\infty}^{0}\frac{\mathrm{d}x}{1+x^2}+\int_{0}^{+\infty}\frac{\mathrm{d}x}{1+x^2}=\frac{\pi}{2}+\frac{\pi}{2}=\pi.$$

例 2　讨论 $\int_a^{+\infty}\frac{\mathrm{d}x}{x^p}(a>0)$ 的收敛情形，这里 p 是实数.

解　设 $p\neq1$，

$$\int_a^A\frac{\mathrm{d}x}{x^p}=\frac{1}{1-p}x^{1-p}\Big|_a^A=\frac{1}{1-p}(A^{1-p}-a^{1-p})=I_p(A),$$

可见

$$\lim_{A\to+\infty}I_p(A)=\begin{cases}+\infty, & p<1,\\ -\dfrac{1}{1-p}a^{1-p}, & p>1.\end{cases}$$

当 $p=1$ 时，$\int_a^A\frac{\mathrm{d}x}{x}=\ln A-\ln a\to+\infty\ (A\to+\infty)$，

所以积分 $\int_a^{+\infty}\frac{\mathrm{d}x}{x^p}$ 当 $p>1$ 时收敛，并且有

$$\int_a^{+\infty}\frac{\mathrm{d}x}{x^p}=\frac{1}{p-1}a^{1-p},$$

当 $p\leqslant1$ 时积分发散.

例 3　$\int_{-\infty}^{+\infty}\sin x\mathrm{d}x$ 是发散的积分. 这是因为对任何 A 和 A'，

$$\int_{A'}^{A}\sin x\mathrm{d}x=-\cos A+\cos A',$$

当 A 与 A' 独立，并且 $A\to+\infty$，$A'\to-\infty$ 时，上述极限显然不存在.

但如果取 $A'=-A$，这时有

$$\int_{-A}^{A}\sin x\mathrm{d}x=0,$$

从而又有

$$\lim_{A\to+\infty}\int_{-A}^{A}\sin x\mathrm{d}x=0,$$

却不能断言 $\int_{-\infty}^{+\infty}\sin x\mathrm{d}x$ 收敛. 这是因为 $A\to+\infty$ 和 $A'\to-\infty$ 不是独立的.

以后对于无穷限积分的讨论，仅对 $\int_a^{+\infty}f(x)\mathrm{d}x$ 型的积分来进行，因为一切结论很容易推断到 $\int_{-\infty}^{b}f(x)\mathrm{d}x$，$\int_{-\infty}^{+\infty}f(x)\mathrm{d}x$ 型的积分去.

从无穷限积分的定义容易看出它有以下的简单性质：

1° 设 $f(x)$ 在 $[a,+\infty)$ 可积，k 是常数，那么 $kf(x)$ 也可积，并且

$$\int_a^{+\infty}kf(x)\mathrm{d}x=k\int_a^{+\infty}f(x)\mathrm{d}x.$$

2° 设 $f(x)$，$g(x)$ 在 $[a,+\infty)$ 可积，那么 $f(x)\pm g(x)$ 也可积，并且

$$\int_a^{+\infty}(f(x)\pm g(x))\mathrm{d}x=\int_a^{+\infty}f(x)\mathrm{d}x\pm\int_a^{+\infty}g(x)\mathrm{d}x.$$

3° 设 $u(x),v(x),u'(x),v'(x)$ 在 $[a,+\infty)$ 连续，又如果下面的等式中有两项存在，那么第三项也存在，并且等式

$$\int_a^{+\infty}u\mathrm{d}v=uv\Big|_a^{+\infty}-\int_a^{+\infty}v\mathrm{d}u$$

成立. 这就是反常积分的分部积分法.

4° 对无穷限积分，也有换元法则.

这些结论都容易从定义得到.

由于 $\int_a^{+\infty}f(x)\mathrm{d}x$ 的收敛问题就是函数 $I(A)=\int_a^A f(x)\mathrm{d}x$ 当 $A\to+\infty$ 的收敛问题，所以根据函数极限存在的充要条件就可以得到反常积分收敛的充要条件如下：

柯西收敛原理　$\int_a^{+\infty}f(x)\mathrm{d}x$ 收敛的充要条件是：对任意给定的 $\varepsilon>0$，存在 $A>0$，当 $A',A''>A$ 时，总有

$$\left|\int_{A'}^{A''}f(x)\mathrm{d}x\right|<\varepsilon.$$

和无穷级数相仿，在反常积分中也有绝对收敛和条件收敛的概念：设对任何 $A>a$，$f(x)$ 在 $[a,A]$ 可积，并且 $\int_a^{+\infty}|f(x)|\mathrm{d}x$ 收敛，就称 $\int_a^{+\infty}f(x)\mathrm{d}x$ **绝对收敛**. 收敛但不绝对收敛的反常积分称为**条件收敛**. 不难证明下面的定理.

定理　绝对收敛的反常积分必收敛. 但反之不然，见本节例 8.

证明留给读者.

二、无穷限反常积分和数项级数的关系

无穷限反常积分和无穷级数有着密切的联系. 设 $I(A)=\int_a^A f(x)\mathrm{d}x$. 由函数极限和数列极限的关系知道：$\lim\limits_{A\to+\infty}I(A)$ 存在的充要条件是对任何单调增加的数列 $\{A_n\}$，$A_n\to+\infty$，数列 $\{I(A_n)\}$ 收敛，并且有同一极限值.

现在任意取一个单调数列 $\{A_n\}$，$A_n\to+\infty$，并设 $A_0=a$，那么

$$\int_a^{A_n}f(x)\mathrm{d}x=\int_{A_0}^{A_1}f(x)\mathrm{d}x+\int_{A_1}^{A_2}f(x)\mathrm{d}x+\cdots+\int_{A_{n-1}}^{A_n}f(x)\mathrm{d}x,$$

记 $u_k=\int_{A_{k-1}}^{A_k}f(x)\mathrm{d}x$，于是

$$\int_a^{A_n}f(x)\mathrm{d}x=u_1+u_2+\cdots+u_n=\sum_{k=1}^n u_k,$$

因此，如果积分 $\int_0^{+\infty}f(x)\mathrm{d}x$ 收敛于 L，那么每一个这样的级数 $\sum\limits_{k=1}^{\infty}u_k$ 也收敛于 L. 反之，如果每一个这样的级数 $\sum\limits_{n=1}^{\infty}u_n$ 都收敛于 L，那么反常积分 $\int_a^{+\infty}f(x)\mathrm{d}x$ 也收敛于 L.

由此又得到以下推论：如果找到一个数列$\{A_n\}$，使所作出的级数$\sum\limits_{k=1}^{\infty} u_k$不收敛，或是找到两个数列，使所作出的两个级数不收敛于同一值，就能断定$\int_a^{+\infty} f(x)\mathrm{d}x$不收敛.

另一方面，每一无穷级数$\sum\limits_{k=1}^{\infty} u_k$，可以看作一个阶梯函数的无穷限积分(如图 10-2). 这只要置$f(x)=u_k, k\leqslant x<k+1$，因而

$$\sum_{k=1}^{\infty} u_k = \int_1^{+\infty} f(x)\mathrm{d}x.$$

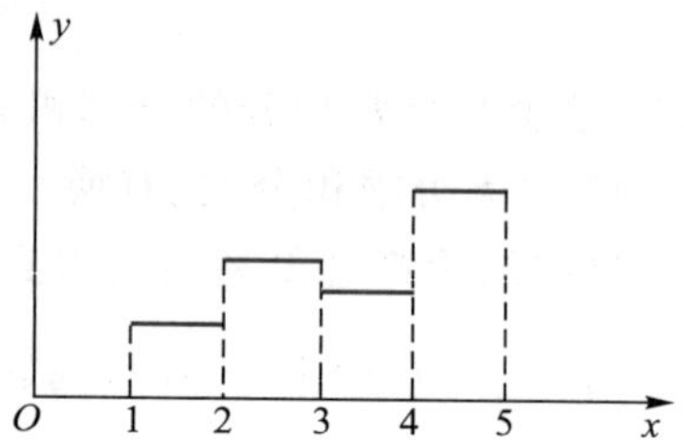

图 10-2

这样一来，如果我们已经熟悉了数项级数的知识，那么，这必然会启发我们去考察反常积分的有关问题.

三、无穷限反常积分的收敛性判别法

在积分$\int_a^A f(x)\mathrm{d}x$ (A 为任何大于 a 的数)存在的假定下，有以下基本的判别法；请读者把它们和级数的收敛性判别法加以对比.

1. 比较判别法

如果对充分大的 x(亦即存在 x_0，当 $x\geqslant x_0$ 时)有$|f(x)|\leqslant\varphi(x)$，而积分$\int_a^{+\infty}\varphi(x)\mathrm{d}x$收敛，那么积分$\int_a^{+\infty} f(x)\mathrm{d}x$绝对收敛；又如果对充分大的 x 有$|f(x)|\geqslant\varphi(x)\geqslant 0$，而积分$\int_a^{+\infty}\varphi(x)\mathrm{d}x$发散，那么积分$\int_a^{+\infty}|f(x)|\mathrm{d}x$发散.

这个判别法可直接从收敛性定义推出，同时它有下面的极限形式.

2. 比较判别法的极限形式

如果$\lim\limits_{x\to+\infty}\dfrac{|f(x)|}{\varphi(x)}=l, 0\leqslant l<+\infty$，且$\int_a^{+\infty}\varphi(x)\mathrm{d}x$收敛，那么积分$\int_a^{+\infty} f(x)\mathrm{d}x$绝对收敛.

如果$\lim\limits_{x\to+\infty}\dfrac{|f(x)|}{\varphi(x)}=l, 0<l\leqslant+\infty$，且$\int_a^{+\infty}\varphi(x)\mathrm{d}x$发散，那么积分$\int_a^{+\infty}|f(x)|\mathrm{d}x$发散.

证明　如果$\lim\limits_{x\to+\infty}\dfrac{|f(x)|}{\varphi(x)}=l\neq 0$，那么对于 ε(使 $l-\varepsilon>0$)，存在 x_0，当 $x\geqslant x_0$ 时

$$0<l-\varepsilon<\frac{|f(x)|}{\varphi(x)}<l+\varepsilon,$$

即

$$(l-\varepsilon)\varphi(x)<|f(x)|<(l+\varepsilon)\varphi(x)$$

成立，显然$\int_a^{+\infty}\varphi(x)\mathrm{d}x$与$\int_a^{+\infty}|f(x)|\mathrm{d}x$同时收敛或发散.

在 $l=0, l=\infty$ 时可以类似地证明.

3. 柯西判别法

在上面的比较判别法中,取 $\varphi(x)=\frac{c}{x^p}(c>0)$,就得到柯西判别法:

如果 $|f(x)|\leqslant\frac{c}{x^p},p>1$,那么 $\int_a^{+\infty}f(x)\mathrm{d}x$ 绝对收敛.

如果 $|f(x)|\geqslant\frac{c}{x^p},p\leqslant1$,那么积分 $\int_a^{+\infty}|f(x)|\mathrm{d}x$ 发散.

4. 柯西判别法的极限形式

如果 $\lim\limits_{x\to+\infty}\frac{|f(x)|}{\frac{1}{x^p}}=\lim\limits_{x\to+\infty}x^p|f(x)|=l\ (0\leqslant l<+\infty,p>1)$,那么积分 $\int_a^{+\infty}f(x)\mathrm{d}x$ 绝对收敛.

如果 $\lim\limits_{x\to+\infty}x^p|f(x)|=l$,而 $0<l\leqslant+\infty,p\leqslant1$,那么 $\int_a^{+\infty}|f(x)|\mathrm{d}x$ 发散.

例 4　判定 $\int_1^{+\infty}\frac{\sin x}{x\sqrt{1+x^2}}\mathrm{d}x$ 的收敛性.

解　因为

$$\left|\frac{\sin x}{x\sqrt{1+x^2}}\right|\leqslant\frac{1}{x^{\frac{3}{2}}},$$

所以积分绝对收敛.

例 5　对于任何 α,$\int_1^{+\infty}x^\alpha\mathrm{e}^{-x}\mathrm{d}x$ 收敛.

因为对于任何固定的 α,$\lim\limits_{x\to+\infty}x^2(x^\alpha\mathrm{e}^{-x})=0$,由柯西判别法的极限形式知积分收敛.

例 6　讨论积分 $\int_2^{+\infty}\frac{\mathrm{d}x}{x^\lambda\ln x}$ 的收敛性.

解　当 $\lambda>1$ 时,有 $\frac{1}{x^\lambda\ln x}<\frac{1}{x^\lambda}$(其中 $x>\mathrm{e}$),而 $\int_2^{+\infty}\frac{\mathrm{d}x}{x^\lambda}$ 收敛,所以 $\int_2^{+\infty}\frac{\mathrm{d}x}{x^\lambda\ln x}$ 收敛.

当 $\lambda<1$ 时,存在 β 满足 $\lambda<\beta<1$,由 $\lim\limits_{x\to+\infty}x^\beta\cdot\frac{1}{x^\lambda\ln x}=+\infty$,得出 $\int_2^{+\infty}\frac{\mathrm{d}x}{x^\lambda\ln x}$ 发散.

当 $\lambda=1$ 时,$\int_2^{+\infty}\frac{\mathrm{d}x}{x\ln x}=\ln\ln x\Big|_2^{+\infty}=+\infty$,所以积分发散. 综合起来,$\int_2^{+\infty}\frac{\mathrm{d}x}{x^\lambda\ln x}$ 当 $\lambda>1$ 时收敛,当 $\lambda\leqslant1$ 时发散.

* 四、阿贝尔判别法和狄利克雷判别法

考虑形如 $\int_a^{+\infty}f(x)g(x)\mathrm{d}x$ 的反常积分. 为了讨论这一形式的反常积分的收敛问题,由柯西收敛原理知道,只要考虑 $\left|\int_A^{A'}f(x)g(x)\mathrm{d}x\right|$ 当 A,A'(其中 $A<A'$)都充分大时是否充分小就可以了. 为此必须将 $\int_A^{A'}f(x)g(x)\mathrm{d}x$ 化为一个较为便于估计的形

式，这就需要利用下面的积分第二中值定理，其作用相当于级数中的阿贝尔变换，并由此引入阿贝尔判别法和狄利克雷判别法.

第二中值定理　设$f(x)$在$[a,b]$上可积，而$g(x)$在$[a,b]$上单调，那么在$[a,b]$上存在ξ，使

$$\int_a^b f(x)g(x)\mathrm{d}x=g(a)\int_a^{\xi} f(x)\mathrm{d}x+g(b)\int_{\xi}^b f(x)\mathrm{d}x. \tag{1}$$

特别，如果$g(x)$单调增加并且$g(a)\geqslant 0$，那么有ξ，使

$$\int_a^b f(x)g(x)\mathrm{d}x=g(b)\int_{\xi}^b f(x)\mathrm{d}x; \tag{2}$$

如果$g(x)$单调减少并且$g(b)\geqslant 0$，那么有ξ，使

$$\int_a^b f(x)g(x)\mathrm{d}x=g(a)\int_a^{\xi} f(x)\mathrm{d}x. \tag{3}$$

证明　由假定，$f(x)$，$g(x)$在区间$[a,b]$上都是可积的，因而$f(x)g(x)$可积. 我们先在$g(x)$非负、单调增加的假定下证明(2)，然后再推出一般情形的公式(1).

在$[a,b]$上取一列分点$a=x_0<x_1<\cdots<x_{i-1}<x_i<\cdots<x_n=b$，记$\Delta x_i=x_i-x_{i-1}$，$\omega_i$是$g(x)$在$[x_{i-1},x_i]$上的振幅，即$\omega_i=g(x_i)-g(x_{i-1})$，把所讨论的积分作如下改变：

$$\begin{aligned}\int_a^b f(x)g(x)\mathrm{d}x &= \sum_{i=1}^n\int_{x_{i-1}}^{x_i} f(x)g(x)\mathrm{d}x\\ &= \sum_{i=1}^n g(x_i)\int_{x_{i-1}}^{x_i} f(x)\mathrm{d}x+\\ &\quad \sum_{i=1}^n\int_{x_{i-1}}^{x_i} f(x)[g(x)-g(x_i)]\mathrm{d}x,\end{aligned}$$

记上式右端的和为$\sigma+\rho$，因为$f(x)$在$[a,b]$上有界：$|f(x)|\leqslant L$. 估计

$$\begin{aligned}|\rho| &= \left|\sum_{i=1}^n\int_{x_{i-1}}^{x_i} f(x)[g(x)-g(x_i)]\mathrm{d}x\right|\\ &\leqslant \sum_{i=1}^n\int_{x_{i-1}}^{x_i} |f(x)||g(x)-g(x_i)|\mathrm{d}x\\ &\leqslant L\sum_{i=1}^n\int_{x_{i-1}}^{x_i}\omega_i\mathrm{d}x=L\sum_{i=1}^n\omega_i\Delta x_i,\end{aligned}$$

由于$g(x)$可积，所以当$\lambda=\max\Delta x_i\to 0$时，$\sum\limits_{i=1}^n\omega_i\Delta x_i\to 0$；因此，$\lim\limits_{\lambda\to 0}\rho=0$，从而

$$\int_a^b f(x)g(x)\mathrm{d}x=\lim_{\lambda\to 0}\sigma=\lim_{\lambda\to 0}\sum_{i=1}^n g(x_i)\int_{x_{i-1}}^{x_i} f(x)\mathrm{d}x.$$

记$F(x)=\int_x^b f(x)\mathrm{d}x$，那么$F(x)$是$[a,b]$上的连续函数，有最大值$M$和最小值$m$，$m\leqslant F(x)\leqslant M$，显然有

$$\int_{x_{i-1}}^{x_i} f(x)\mathrm{d}x=F(x_{i-1})-F(x_i),F(x_n)=F(b)=0,$$

从而

$$
\begin{aligned}
\sigma &= \sum_{i=1}^{n} g(x_i)[F(x_{i-1}) - F(x_i)] \\
&= \sum_{i=1}^{n} g(x_i)F(x_{i-1}) - \sum_{i=1}^{n} g(x_i)F(x_i) \\
&= g(x_1)F(x_0) + \sum_{i=2}^{n} g(x_i)F(x_{i-1}) - \sum_{i=1}^{n-1} g(x_i)F(x_i) \\
&= g(x_1)F(x_0) + \sum_{i=1}^{n-1} [g(x_{i+1}) - g(x_i)]F(x_i).
\end{aligned}
$$

因为 $g(x_1)\geqslant g(x_0)=g(a)\geqslant 0, g(x_{i+1})-g(x_i)\geqslant 0$，所以

$$
\begin{aligned}
& m\left\{g(x_1) + \sum_{i=1}^{n-1}(g(x_{i+1}) - g(x_i))\right\} \\
\leqslant\ & \sigma \leqslant M\left\{g(x_1) + \sum_{i=1}^{n-1}(g(x_{i+1}) - g(x_i))\right\},
\end{aligned}
$$

$$
mg(b) \leqslant \sigma \leqslant Mg(b),
$$

因此 $\lim\limits_{\lambda\to 0}\sigma=\mu g(b)$，而 μ 在 m,M 之间. 因为 $F(x)$ 连续，在 $[a,b]$ 内必存在 ξ，使 $\mu=F(\xi)=\int_{\xi}^{b} f(x)\,\mathrm{d}x$，从而公式(2)

$$
\int_a^b f(x)g(x)\,\mathrm{d}x = g(b)\int_{\xi}^{b} f(x)\,\mathrm{d}x
$$

得到证明. 对 $g(x)$ 单调减少且 $g(b)\geqslant 0$ 情形的公式(3)的证明是相仿的.

在 $g(x)$ 是一般的单调增加情形，作 $\psi(x)=g(x)-g(a)$，$\psi(x)$ 为单调增加且 $\psi(a)\geqslant 0$，公式(2)对 $\psi(x)$ 成立，即有 ξ，使

$$
\int_a^b f(x)[g(x) - g(a)]\,\mathrm{d}x = [g(b) - g(a)]\int_{\xi}^{b} f(x)\,\mathrm{d}x
$$

成立，这就是公式(1)

$$
\int_a^b f(x)g(x)\,\mathrm{d}x = g(a)\int_a^{\xi} f(x)\,\mathrm{d}x + g(b)\int_{\xi}^{b} f(x)\,\mathrm{d}x,
$$

当 $g(x)$ 是一般的单调减少情形，这时应用公式(3)，同样可得公式(1).

下面给出阿贝尔判别法和狄利克雷判别法.

阿贝尔判别法

如果 $f(x)$ 在 $[a,+\infty)$ 上可积，$g(x)$ 单调有界，那么积分 $\int_a^{+\infty} f(x)g(x)\,\mathrm{d}x$ 收敛.

证明　依假定，可以利用第二中值定理，在任何 $[A,A']$ 上，存在 ξ，使

$$
\int_A^{A'} f(x)g(x)\,\mathrm{d}x = g(A)\int_A^{\xi} f(x)\,\mathrm{d}x + g(A')\int_{\xi}^{A'} f(x)\,\mathrm{d}x,
$$

因为 $\int_a^{+\infty} f(x)\,\mathrm{d}x$ 收敛，所以对于任何 $\varepsilon>0$，存在 $A_0\geqslant a$，使得当 $A',A\geqslant A_0$ 时，成立

$$
\left|\int_A^{\xi} f(x)\,\mathrm{d}x\right| < \varepsilon,\quad \left|\int_{\xi}^{A'} f(x)\,\mathrm{d}x\right| < \varepsilon,
$$

又 $g(x)$ 有界，设 $|g(x)|<L$，所以当 $A',A\geqslant A_0$ 时，有

$$
\left|\int_A^{A'} f(x)g(x)\,\mathrm{d}x\right|
$$

$$\leqslant |g(A)|\left|\int_A^{\xi} f(x)\mathrm{d}x\right| + |g(A')|\left|\int_{\xi}^{A'} f(x)\mathrm{d}x\right| \leqslant 2L\varepsilon,$$

根据柯西收敛原理推知积分 $\int_a^{+\infty} f(x)g(x)\mathrm{d}x$ 收敛.

狄利克雷判别法

如果对任何 $A>a$, $F(A)=\int_a^A f(x)\mathrm{d}x$ 有界：$\left|\int_a^A f(x)\mathrm{d}x\right| \leqslant K$，$g(x)$ 单调且当 $x\to+\infty$ 时趋向于零，那么积分 $\int_a^{+\infty} f(x)g(x)\mathrm{d}x$ 收敛.

证明　因为 $g(x)\to 0\ (x\to+\infty)$，故对任何 $\varepsilon>0$，有 A_0，当 $A'>A\geqslant A_0$ 时，$|g(A)|<\varepsilon$，$|g(A')|<\varepsilon$. 又因 $\left|\int_a^A f(x)\mathrm{d}x\right| \leqslant K$，所以

$$\left|\int_A^{\xi} f(x)\mathrm{d}x\right| = \left|\int_a^{\xi} f(x)\mathrm{d}x - \int_a^A f(x)\mathrm{d}x\right| \leqslant 2K,$$

同样有

$$\left|\int_{\xi}^{A'} f(x)\mathrm{d}x\right| \leqslant 2K,$$

利用第二中值定理，得到只要 $A', A\geqslant A_0$，就有

$$\left|\int_A^{A'} f(x)g(x)\mathrm{d}x\right|$$

$$\leqslant |g(A)|\left|\int_A^{\xi} f(x)\mathrm{d}x\right| + |g(A')|\left|\int_{\xi}^{A'} f(x)\mathrm{d}x\right| \leqslant 4K\varepsilon,$$

所以积分 $\int_a^{+\infty} f(x)g(x)\mathrm{d}x$ 收敛.

例 7　积分 $\int_1^{+\infty} \frac{\sin x}{x}\mathrm{d}x$ 收敛，而不绝对收敛.

因为 $\left|\int_1^A \sin x\mathrm{d}x\right| = |\cos A - \cos 1| \leqslant 2$，又由 $\frac{1}{x}$ 单调而且当 $x\to+\infty$ 时趋于零，由狄利克雷判别法知 $\int_1^{+\infty} \frac{\sin x}{x}\mathrm{d}x$ 收敛. 但

$$\frac{|\sin x|}{x} \geqslant \frac{\sin^2 x}{x} = \frac{1}{2x} - \frac{\cos 2x}{2x},$$

考虑 $\int_1^{+\infty} \frac{\cos 2x}{2x}\mathrm{d}x$，因为 $\left|\int_1^A \cos 2x\mathrm{d}x\right| = \frac{1}{2}|\sin 2A - \sin 2| \leqslant 1$ 以及 $\frac{1}{2x}\to 0\ (x\to+\infty$ 时，单调地趋于 0)，应用狄利克雷判别法得 $\int_1^{+\infty} \frac{\cos 2x}{2x}\mathrm{d}x$ 收敛，然而 $\int_1^{+\infty} \frac{\mathrm{d}x}{2x}$ 发散，所以 $\int_1^{+\infty} \frac{|\sin x|}{x}\mathrm{d}x$ 发散.

作为习题，请读者证明 $\int_1^{+\infty} \frac{\sin x}{x^{\lambda}}\mathrm{d}x$ 和 $\int_1^{+\infty} \frac{\cos x}{x^{\lambda}}\mathrm{d}x$ 当 $0<\lambda<1$ 时收敛，但非绝对收敛.

例 8　积分 $\int_1^{+\infty} \frac{\sin x\cdot \arctan x}{x^{\lambda}}\mathrm{d}x\ (0<\lambda\leqslant 1)$ 收敛.

因为$\int_1^{+\infty}\frac{\sin x}{x^\lambda}dx$收敛，又 arctan x 在$[1,+\infty)$上单调有界，由阿贝尔判别法知道所讨论的积分是收敛的.

例 9 积分$\int_0^{+\infty}\sin(x^2)dx$和$\int_0^{+\infty}\cos(x^2)dx$都收敛.

考虑第一个积分. 作代换 $t=x^2$，

$$\int_0^{+\infty}\sin(x^2)dx=\frac{1}{2}\int_0^{+\infty}\frac{\sin t}{\sqrt{t}}dt,$$

对任何 $A>0$，$\left|\int_0^A\sin t dt\right|\leqslant 2$，并且$\frac{1}{\sqrt{t}}$在$[0,+\infty)$内单调，$\frac{1}{\sqrt{t}}\to 0\ (t\to+\infty)$，由狄利克雷判别法，得$\int_0^{+\infty}\frac{\sin t}{\sqrt{t}}dt$收敛，所以$\int_0^{+\infty}\sin(x^2)dx$也收敛.

同样可以得到$\int_0^{+\infty}\cos(x^2)dx$收敛.

这个例子还表明一个事实：若$\int_0^{+\infty}f(x)dx$收敛，但未必有$\lim\limits_{x\to+\infty}f(x)=0$.

习 题

1. 求下列反常积分的值：

(1) $\int_2^{+\infty}\frac{1}{x^2-1}dx$； (2) $\int_0^{+\infty}\frac{1}{(x^2+p)(x^2+q)}dx\ (p,q>0)$；

(3) $\int_0^{+\infty}e^{-ax^2}xdx\ (a>0)$； (4) $\int_0^{+\infty}e^{-ax}\sin bxdx\ (a>0)$.

2. 讨论下列积分的收敛性：

(1) $\int_0^{+\infty}\frac{dx}{\sqrt[3]{x^4+1}}$； (2) $\int_1^{+\infty}\frac{x\arctan x}{1+x^3}dx$；

(3) $\int_1^{+\infty}\sin\frac{1}{x^2}dx$； (4) $\int_0^{+\infty}\frac{dx}{1+x|\sin x|}$；

(5) $\int_0^{+\infty}\frac{x}{1+x^2\sin^2 x}dx$； (6) $\int_0^{+\infty}\frac{x^m}{1+x^n}dx\ (n>0,m>0)$.

3. 证明绝对收敛的反常积分必收敛，但反之不然.

4. 证明对于无穷限积分，分部积分公式成立(当公式中各部分有意义时)

$$\int_a^{+\infty}f(x)g'(x)dx=f(x)g(x)\Big|_a^{+\infty}-\int_a^{+\infty}g(x)f'(x)dx.$$

5. 证明：设$f(x)$为$[0,+\infty)$上的一致连续函数，并且积分$\int_0^{+\infty}f(x)dx$收敛，则$\lim\limits_{x\to+\infty}f(x)=0$；如果仅仅积分$\int_0^{+\infty}f(x)dx$收敛以及$f(x)$在$[a,+\infty)$连续，$f(x)\geqslant 0$，是否仍旧成立

$$\lim_{x\to+\infty}f(x)=0?$$

6. 证明：若$f(x)$，$g(x)$在任何区间$[a,A]$上可积，又设$f^2(x)$，$g^2(x)$在$[a,+\infty)$积分收敛，那么$[f(x)+g(x)]^2$和$|f(x)\cdot g(x)|$在$[a,+\infty)$上皆可积.

7. 对无穷限反常积分，讨论平方可积和绝对可积的关系. 考察例子：$\int_1^{+\infty}\frac{dx}{x^{3/2}}$和$\int_1^{+\infty}f(x)dx$，

其中 $f(x)=n^2\left(当 n\leqslant x<n+\frac{1}{n^4}\right)$，$f(x)=0\left(当 n+\frac{1}{n^4}\leqslant x<n+1\right)$.

8. 讨论下列积分的绝对收敛性及条件收敛性：

(1) $\int_0^{+\infty}\frac{\sqrt{x}\cos x}{x+100}\mathrm{d}x$；　　(2) $\int_1^{+\infty}\frac{\cos x}{x^\lambda}\mathrm{d}x$，$\int_1^{+\infty}\frac{\sin x}{x^\lambda}\mathrm{d}x$；

(3) $\int_a^{+\infty}\frac{P_m(x)}{Q_n(x)}\sin x\mathrm{d}x$，$P_m(x)$，$Q_n(x)$ 各为 m,n 次多项式，且当 $x\geqslant a$ 时 $Q_n(x)\neq 0$；

(4) $\int_2^{+\infty}\frac{\ln\ln x}{\ln x}\sin x\mathrm{d}x$.

§2　无界函数的反常积分

一、无界函数反常积分的概念，柯西判别法

本节讨论定积分概念在另一个方面的拓广，即假定积分区间 $[a,b]$ 仍为有限，但被积函数在 $[a,b]$ 上是无界的．现在引进无界函数反常积分的定义：

定义　设函数 $f(x)$ 在 $x=b$ 点的任一左邻域无界（称 b 点为 $f(x)$ 的奇点），但对于任意充分小的正数 η，$f(x)$ 在 $[a,b-\eta]$ 上可积，则称积分

$$\int_a^b f(x)\mathrm{d}x$$

是无界函数 $f(x)$ 在 $[a,b]$ 上的反常积分．这一积分是否存在，以及它的积分值是多少，现在讨论如下．令

$$\phi(\eta)=\int_a^{b-\eta}f(x)\mathrm{d}x,$$

如果 $\lim\limits_{\eta\to 0}\phi(\eta)$ 存在，则称此极限是上述反常积分的积分值，亦即

$$\int_a^b f(x)\mathrm{d}x=\lim_{\eta\to 0}\int_a^{b-\eta}f(x)\mathrm{d}x.$$

并称无界函数 $f(x)$ 在 $[a,b]$ 上可积，又称反常积分 $\int_a^b f(x)\mathrm{d}x$ **收敛**．如果上述的极限不存在，就说积分 $\int_a^b f(x)\mathrm{d}x$ **发散**．

如果 $x=a$ 是 $f(x)$ 的奇点，可以相仿地给出定义．另外，如果 $f(x)$ 在 $[a,b]$ 内部有一个奇点 c，$a<c<b$，就分别考察 $\int_a^c f(x)\mathrm{d}x$ 和 $\int_c^b f(x)\mathrm{d}x$，如果后两者都收敛，就称 $\int_a^b f(x)\mathrm{d}x$ 收敛，并且 $\int_a^b f(x)\mathrm{d}x=\int_a^c f(x)\mathrm{d}x+\int_c^b f(x)\mathrm{d}x$．即

$$\int_a^b f(x)\mathrm{d}x=\lim_{\eta\to+0}\int_a^{c-\eta}f(x)\mathrm{d}x+\lim_{\eta'\to+0}\int_{c+\eta'}^b f(x)\mathrm{d}x,$$

其中 η 和 η' 是相互独立地趋于 $+0$.

例 1　讨论积分 $\int_a^b\frac{\mathrm{d}x}{(x-a)^p}(p>0)$ 的收敛性.

当 $p>0$ 时,$x=a$ 是 $\frac{1}{(x-a)^p}$ 的奇点.

当 $p\neq 1$ 时

$$\int_{a+\eta}^{b}\frac{\mathrm{d}x}{(x-a)^p}=\frac{1}{1-p}(x-a)^{1-p}\Big|_{a+\eta}^{b}$$

$$=\frac{1}{1-p}[(b-a)^{1-p}-\eta^{1-p}],$$

$$\lim_{\eta\to+0}\int_{a+\eta}^{b}\frac{\mathrm{d}x}{(x-a)^p}=\begin{cases}\frac{1}{1-p}(b-a)^{1-p}, & p<1,\\ +\infty, & p>1.\end{cases}$$

当 $p=1$ 时

$$\int_{a+\eta}^{b}\frac{\mathrm{d}x}{x-a}=\ln(x-a)\Big|_{a+\eta}^{b}$$

$$=\ln(b-a)-\ln\eta\to+\infty\ (\eta\to+0).$$

所以,当 $p<1$ 时,积分 $\int_a^b\frac{\mathrm{d}x}{(x-a)^p}$ 收敛于 $\frac{1}{1-p}(b-a)^{1-p}$,亦即

$$\int_a^b\frac{\mathrm{d}x}{(x-a)^p}=\frac{1}{1-p}(b-a)^{1-p};$$

当 $p\geqslant 1$ 时,积分发散.

对于积分 $\int_a^b\frac{\mathrm{d}x}{(b-x)^p}$ 的收敛性有相仿的结论.

并由此不难获得 $\int_a^b\frac{\mathrm{d}x}{(x-a)^p(b-x)^q}(p>0,q>0)$,只有当 $p<1,q<1$ 时收敛,其他情形都发散.

例 2 讨论积分 $\int_0^1\frac{\mathrm{d}x}{\sqrt{1-x^2}}$ 的收敛性.

$x=1$ 是被积函数的奇点.

$$\int_0^{1-\eta}\frac{\mathrm{d}x}{\sqrt{1-x^2}}=\arcsin x\Big|_0^{1-\eta}=\arcsin(1-\eta)\to\frac{\pi}{2}(\eta\to 0).$$

所讨论的积分收敛,并且 $\int_0^1\frac{\mathrm{d}x}{\sqrt{1-x^2}}=\frac{\pi}{2}$.

和无穷限反常积分相仿,无界函数反常积分有以下性质:

1° 定积分的一些性质包括分部积分法和换元法对无界函数的反常积分也成立.

2° **(柯西收敛原理)** 若 $f(x)$ 在 $x=a$ 有奇点,$\int_a^b f(x)\mathrm{d}x$ 收敛的充要条件是:对任意给定的 $\varepsilon>0$,存在 $\delta>0$,当 $0<\eta,\eta'<\delta$ 时总有 $\left|\int_{a+\eta}^{a+\eta'}f(x)\mathrm{d}x\right|<\varepsilon$.

3° 同样可以引进绝对收敛和条件收敛的概念,并有:绝对收敛必收敛,但反之

不然.

4°（柯西判别法） 设 $x=a$ 是 $f(x)$ 的奇点，如果 $|f(x)|\leqslant\frac{c}{(x-a)^p}(c>0)$，$p<1$，那么 $\int_a^b f(x)\mathrm{d}x$ 绝对收敛.

如果 $|f(x)|\geqslant\frac{c}{(x-a)^p}(c>0)$，$p\geqslant1$，那么 $\int_a^b|f(x)|\mathrm{d}x$ 发散.

柯西判别法的极限形式为：设

$$\lim_{x\to a}(x-a)^p|f(x)|=k,$$

如果 $0\leqslant k<\infty$，$p<1$，那么 $\int_a^b f(x)\mathrm{d}x$ 为绝对收敛；

如果 $0<k\leqslant\infty$，$p\geqslant1$，那么 $\int_a^b|f(x)|\mathrm{d}x$ 发散.

5° 两种反常积分之间有着密切的联系. 设 $\int_a^b f(x)\mathrm{d}x$ 中的 $f(x)$ 有奇点 a，作变换 $y=\frac{1}{x-a}$，就有

$$\int_a^b f(x)\mathrm{d}x=\int_{\frac{1}{b-a}}^{+\infty}\frac{f\left(a+\frac{1}{y}\right)}{y^2}\mathrm{d}y,$$

而后者是无穷限反常积分.

例 3 讨论 $\int_0^1\frac{\ln x}{\sqrt{x}}\mathrm{d}x$ 的收敛性.

因为 $\lim_{x\to+0}x^{3/4}\frac{\ln x}{\sqrt{x}}=\lim_{x\to+0}x^{1/4}\ln x=0$，所以 $\int_0^1\frac{\ln x}{\sqrt{x}}\mathrm{d}x$ 收敛.

例 4 讨论积分 $\int_0^{+\infty}\frac{\ln x\mathrm{d}x}{x^p|1-x|^q}$ $(p>0,q>0)$ 的敛散性.

将积分写为

$$\int_0^{+\infty}\frac{\ln x\mathrm{d}x}{x^p|1-x|^q}=\left\{\int_0^{1/2}+\int_{1/2}^1+\int_1^2+\int_2^{+\infty}\right\}\frac{\ln x\mathrm{d}x}{x^p|1-x|^q}$$
$$=I_1+I_2+I_3+I_4,$$

在 I_1 中 0 是奇点，在 I_2 和 I_3 中 1 是奇点，I_4 是无穷限反常积分.

讨论 I_1，当 $p\geqslant1$ 时 I_1 发散. 当 $p<1$ 时，取 α 使 $p<\alpha<1$，有 $\frac{\ln x}{x^p}=\frac{1}{x^\alpha}x^{\alpha-p}\ln x$，而 $x^{\alpha-p}\ln x\to0(x\to+0)$，所以 $\frac{\ln x}{x^p}<\frac{1}{x^\alpha}$，而 $\int_0^{1/2}\frac{\mathrm{d}x}{x^\alpha}$ 收敛，故 $p<1$ 时 I_1 收敛.

讨论 I_2，因为 $\ln x=\ln[1+(x-1)]\sim x-1$ $(x\to1)$，所以 $\frac{\ln x}{|x-1|^q}\sim\frac{-1}{|x-1|^{q-1}}$ $(x\to1-0)$，于是当 $q-1<1$ 即 $q<2$ 时 I_2 收敛，$q\geqslant2$ 时 I_2 发散.

讨论 I_3，和 I_2 相同，当 $q<2$ 时 I_3 收敛，当 $q\geqslant2$ 时 I_3 发散.

讨论 I_4，因为 $x^p|x-1|^q\sim x^{p+q}(x\to+\infty)$，得 $p+q>1$ 时 I_4 收敛（这是因为对任何 α

>0, $\ln x << x^{\alpha}$ $(x\to+\infty)$, 与 x^{p+q} 相比, $\ln x$ 可以不予考虑). 当 $p+q\leqslant 1$ 时 I_4 发散.

概括起来, 当 $p<1$, $q<2$, $p+q>1$ 时积分收敛, 其他情形积分发散.

* 二、阿贝尔判别法和狄利克雷判别法

1. 阿贝尔判别法

设 $f(x)$ 在 $x=a$ 有奇点, $\int_a^b f(x)\mathrm{d}x$ 收敛, $g(x)$ 单调有界, 那么积分 $\int_a^b f(x)g(x)\mathrm{d}x$ 收敛.

2. 狄利克雷判别法

设 $f(x)$ 在 $x=a$ 有奇点, $\int_{a+\eta}^b f(x)\mathrm{d}x$ 是 η 的有界函数, $g(x)$ 单调且当 $x\to a$ 时趋于零, 那么积分 $\int_a^b f(x)g(x)\mathrm{d}x$ 收敛.

对 $\int_{a+\eta}^{a+\eta'} f(x)g(x)\mathrm{d}x$ 应用第二中值定理可以证明上面的两个结论.

例 5　讨论积分 $\int_0^1 \frac{\sin\frac{1}{x}}{x^r}\mathrm{d}x$ $(0<r\leqslant 2)$ 的收敛情形.

当 $0<r<1$, $\left|\frac{\sin\frac{1}{x}}{x^r}\right|\leqslant\frac{1}{x^r}$, 积分绝对收敛.

又

$$\left|\int_\eta^1 \frac{1}{x^2}\sin\frac{1}{x}\mathrm{d}x\right|\leqslant\left|\cos 1-\cos\frac{1}{\eta}\right|\leqslant 2,$$

$$\int_0^1 \frac{\sin\frac{1}{x}}{x^r}\mathrm{d}x=\int_0^1 x^{2-r}\frac{1}{x^2}\sin\frac{1}{x}\mathrm{d}x$$

当 $2-r>0$ 即 $r<2$ 时, 由狄利克雷判别法, 从 x^{2-r} 单调趋向于零 $(x\to 0)$ 推知积分收敛.

当 $r=2$ 时, $\int_\eta^1 \frac{1}{x^2}\sin\frac{1}{x}\mathrm{d}x=\cos\frac{1}{\eta}-\cos 1$, 当 $\eta\to 0$ 时无极限, 所以积分 $\int_0^1\frac{\sin\frac{1}{x}}{x^2}\mathrm{d}x$ 发散.

三、反常积分的主值

设 $f(x)$ 在 $[a,b]$ 内无界, c 是唯一奇点, $a<c<b$, 如果

$$\lim_{\eta\to 0}\left[\int_a^{c-\eta} f(x)\mathrm{d}x+\int_{c+\eta}^b f(x)\mathrm{d}x\right]$$

存在 (注意, $c-\eta$ 与 $c+\eta$ 中的 η 是同一个正数), 就称此极限是反常积分 $\int_a^b f(x)\mathrm{d}x$ 的**柯西主值**, 记为

$$\mathrm{P.\,V.}\int_a^b f(x)\mathrm{d}x=\lim_{\eta\to 0}\left[\int_a^{c-\eta} f(x)\mathrm{d}x+\int_{c+\eta}^b f(x)\mathrm{d}x\right].$$

P. V. 是 Principal Value 的缩写.

同样的，对于无穷限的反常积分，柯西主值为

$$\text{P. V.}\int_{-\infty}^{+\infty} f(x)\,\mathrm{d}x = \lim_{A\to+\infty}\int_{-A}^{A} f(x)\,\mathrm{d}x.$$

例 6 设 $a<c<b$，求 $\int_a^b \frac{\mathrm{d}x}{x-c}$ 的主值.

解 容易知道，这一反常积分是发散的，但

$$\begin{aligned}\text{P. V.}\int_a^b \frac{\mathrm{d}x}{x-c} &= \lim_{\eta\to0}\left[\int_a^{c-\eta}\frac{\mathrm{d}x}{x-c}+\int_{c+\eta}^{b}\frac{\mathrm{d}x}{x-c}\right]\\ &= \lim_{\eta\to0}\left[\ln(c-x)\Big|_a^{c-\eta}+\ln(x-c)\Big|_{c+\eta}^{b}\right]\\ &= \ln\frac{b-c}{c-a}.\end{aligned}$$

习 题

1. 下列积分是否收敛？如果收敛，求其值.

(1) $\int_0^{\frac{1}{2}}\cot x\,\mathrm{d}x$； (2) $\int_0^1 \ln x\,\mathrm{d}x$.

2. 讨论下列积分的收敛性：

(1) $\int_0^1 \frac{\sin x}{x^{\frac{3}{2}}}\mathrm{d}x$； (2) $\int_0^1 \frac{\mathrm{d}x}{\sqrt[3]{x^2(1-x)}}$；

(3) $\int_0^1 \frac{\ln x}{1-x^2}\mathrm{d}x$； (4) $\int_0^{\frac{\pi}{2}} \frac{\mathrm{d}x}{\sin^2 x\cdot\cos^2 x}$；

(5) $\int_0^1 |\ln x|^p\,\mathrm{d}x$； (6) $\int_0^{\frac{\pi}{2}} \frac{1-\cos x}{x^m}\mathrm{d}x$；

(7) $\int_0^1 x^{a-1}(1-x)^{b-1}\,\mathrm{d}x$； (8) $\int_0^1 x^{a-1}(1-x)^{b-1}\ln x\,\mathrm{d}x$.

3. 证明无界函数反常积分的柯西判别法及其极限形式.

4. 讨论下列积分的收敛性：

(1) $\int_0^{+\infty} \frac{\mathrm{d}x}{\sqrt[3]{(x-1)^2x(x-2)}}$； (2) $\int_0^{+\infty} \frac{\ln(1+x)}{x^{\alpha}}\mathrm{d}x$；

(3) $\int_0^{+\infty} \frac{\mathrm{d}x}{x^p+x^q}$； (4) $\int_0^{+\infty} \frac{\arctan x}{x^{\alpha}}\mathrm{d}x$；

(5) $\int_1^{+\infty} \frac{\mathrm{d}x}{x^p\ln^q x}$； (6) $\int_{-\infty}^{+\infty} \frac{\mathrm{d}x}{|x-a_1|^{p_1}|x-a_2|^{p_2}\cdots|x-a_n|^{p_n}}$.

5. 设 $f(x)$ 当 $x\to+0$ 时单调趋向于 $+\infty$，试证明：若 $\int_0^1 f(x)\,\mathrm{d}x$ 收敛，必须 $\lim\limits_{x\to0} xf(x)=0$ $\left[\text{提示：考虑积分}\int_{\frac{x}{2}}^{x} f(x)\,\mathrm{d}x\right]$.

6. 讨论下列积分的绝对收敛和条件收敛性：

(1) $\int_0^{+\infty} \frac{x^p\sin x}{1+x^q}\mathrm{d}x\ (q\geqslant 0)$； (2) $\int_0^{+\infty} \frac{\varepsilon^{\sin x}\sin 2x}{x^{\lambda}}\mathrm{d}x\ (\lambda>0)$；

(3) $\int_0^{+\infty} \frac{\sin\left(x+\frac{1}{x}\right)}{x^n}\mathrm{d}x$.

7. 设 $f(x)$ 单调减少，$\lim\limits_{x\to+\infty} f(x)=0$，如果导数 $f'(x)$ 在 $[0,+\infty)$ 上连续，那么积分 $\int_0^{+\infty} f'(x)\sin^2 x\mathrm{d}x$ 收敛.

8. 在无界函数的反常积分(积分限为有限)中,证明平方可积一定绝对可积,但反之不然.

9. 计算下列积分的柯西主值:

(1) $\int_0^3 \frac{\mathrm{d}x}{1-x}$;　　(2) $\int_{-\infty}^{+\infty} \sin x\mathrm{d}x$.

10. 证明反常积分及其柯西主值之间的关系:

(1) 若 $\int_{-\infty}^{+\infty} f(x)\mathrm{d}x$ 收敛,其值为 A,则柯西主值 P. V. $\int_{-\infty}^{+\infty} f(x)\mathrm{d}x$ 存在,且等于 A,但反之不然;

(2) 若 $f(x)\geqslant 0$,P. V. $\int_{-\infty}^{+\infty} f(x)\mathrm{d}x$ 存在,其值为 A,则 $\int_{-\infty}^{+\infty} f(x)\mathrm{d}x$ 收敛,且收敛于 A.

本章小结

第二部分
函数项级数

第十一章 函数项级数、幂级数

§1 函数项级数的一致收敛

一、函数项级数的概念

设 $u_n(x)$ $(n=1,2,3,\cdots)$是定义在实数集 X 上的函数，称

$$\sum_{n=1}^{\infty} u_n(x) = u_1(x) + u_2(x) + \cdots + u_n(x) + \cdots$$

是**函数项级数**，并称

$$S_n(x) = \sum_{k=1}^{n} u_k(x)$$

是这一级数的 n **次部分和**.

如果对 X 中的一点 x_0，数项级数

$$\sum_{n=1}^{\infty} u_n(x_0) = u_1(x_0) + u_2(x_0) + \cdots + u_n(x_0) + \cdots$$

收敛，就说函数项级数在 x_0 点收敛，否则就说它在 x_0 点发散. 如果对 X 中任何一点 x，级数 $\sum\limits_{n=1}^{\infty} u_n(x)$ 收敛，就说函数项级数 $\sum\limits_{n=1}^{\infty} u_n(x)$ 在 X 上收敛(即在每一点都收敛). 这时，对每一点$x \in X$，级数 $\sum\limits_{n=1}^{\infty} u_n(x)$ 有和，记此和为 $S(x)$，即

$$\sum_{n=1}^{\infty} u_n(x) = S(x),$$

可见，$S(x)$是 X 上的函数. 例如级数

$$\sum_{n=0}^{\infty} x^n = 1 + x + x^2 + \cdots$$

在 $X=(-1,1)$内收敛，其和为$\dfrac{1}{1-x}$. 这就表明，函数项级数在某点 x 的收敛问题实质上是数项级数的收敛问题. 因此，就可以应用已经学过的数项级数的有关知识来考察函数项级数的收敛问题.

与数项级数一样，给定了一个函数项级数 $\sum\limits_{n=1}^{\infty} u_n(x)$ $(x \in X)$，可以得到一个部分

和序列$\{S_n(x)\}$,它是一个定义在X上的函数序列. 反过来,给定一个定义在X上的函数序列$\{f_n(x)\}$,总可以作出一个函数项级数$\sum\limits_{n=1}^{\infty}u_n(x)\ (x\in X)$,使得这一级数的部分和序列正好就是$\{f_n(x)\}$. 这样一来,就可以把对函数项级数的研究化为对函数序列的研究,这样做有时会更方便些.

二、一致收敛的定义

先说明为什么要引进一致收敛的概念. 我们知道,有限个连续函数的和仍为连续函数,有限个可导函数之和仍为可导函数,并且其和的导数等于每一个函数的导数之和. 对于积分也有类似的性质. 然而,现在遇到的不是有限个函数之和,而是函数项级数$\sum\limits_{n=1}^{\infty}u_n(x)$. 如果每一项$u_n(x)$在$X$上连续,并且级数在$X$上收敛,其和为$S(x)$,现在要问:$S(x)$是否也在$X$上连续? 再如果每一项$u_n(x)$在$X$上可导,继续要问:$S(x)$是否也在$X$上可导? 以及如果$S(x)$可导,等式

$$u'_1(x)+u'_2(x)+\cdots+u'_n(x)\cdots=S'(x)$$

是否成立? 又如果每一项$u_n(x)$在X内的一个区间$[a,b]$上可积,要问$S(x)$是否也在$[a,b]$上可积? 是否等式

$$\int_a^b u_1(x)\mathrm{d}x+\int_a^b u_2(x)\mathrm{d}x+\cdots+\int_a^b u_n(x)\mathrm{d}x+\cdots=\int_a^b S(x)\mathrm{d}x$$

仍旧成立?

答案是:都不一定.

例 1　$\sum\limits_{n=1}^{\infty}u_n(x)=x+(x^2-x)+(x^3-x^2)+\cdots,$

它的每一项在$0\leqslant x\leqslant 1$上都连续,其n次部分和为$S_n(x)=x^n$. 很明显有

$$\lim_{n\to\infty}S_n(x)=S(x)=\begin{cases}0,\ 0\leqslant x<1,\\1,\ x=1,\end{cases}$$

级数的和$S(x)$在$x=1$不连续,因此,它不是$[0,1]$上的连续函数. 这个例子还进一步表明,上述级数的每一项都在$[0,1]$上可导,但它的和函数$S(x)$在$x=1$不可导.

例 2　考察函数序列$\{S_n(x)\}$,其中$S_n(x)=2n^2xe^{-n^2x^2}$. 对任何x

$$\lim_{n\to\infty}S_n(x)=S(x)=0,$$

故

$$\int_0^1 S(x)\mathrm{d}x=0.$$

但

$$\int_0^1 S_n(x)\mathrm{d}x=1-e^{-n^2}\to 1\quad(n\to\infty),$$

这表明:在本例中,虽然

$$\lim_{n\to\infty}S_n(x)=S(x),$$

但

$$\lim_{n\to\infty}\int_0^1 S_n(x)\mathrm{d}x\neq\int_0^1 S(x)\mathrm{d}x.$$

这就提出了一个问题:设级数$\sum\limits_{n=1}^{\infty}u_n(x)$在$X$上收敛于$S(x)$,又设级数的每一

项 $u_n(x)$ 在 X 上连续. 我们要问:在什么条件下才可以保证其和 $S(x)$ 也在 X 上连续?对于求导和求积,也有类似的问题. 要回答这些问题,必须引进一个非常重要的概念——**一致收敛**.

函数列 $\{S_n(x)\}$(可以把它看作函数项级数 $\sum\limits_{n=1}^{\infty} u_n(x)$ 的部分和序列)在 X 上收敛于 $S(x)$,就是在 X 上每一点 x_0 收敛于 $S(x_0)$. 按数列极限的定义,也就是,对任给的 $\varepsilon>0$,在每一点 x_0 都能找到正整数 N,使当 $n>N$ 时,恒有

$$|S_n(x_0)-S(x_0)|<\varepsilon$$

$\left(\text{对函数项级数,此式还可写为 } |r_n(x_0)| = \left|\sum\limits_{k=n+1}^{\infty} u_k(x_0)\right| < \varepsilon\right)$.

一般来说,这种 N 不仅依赖于 ε,并且也依赖于 x_0,记它为 $N(\varepsilon,x_0)$. 一致收敛要求能找到只依赖于 ε 而不依赖于 x_0 的 $N(\varepsilon)$,也就是对 X 上每点都适用的公共的 $N(\varepsilon)$,于是可给出下面的定义.

定义 1　设有函数列 $\{S_n(x)\}$ $\left(\text{或函数项级数 } \sum\limits_{n=1}^{\infty} u_n(x) \text{ 的部分和序列}\right)$. 若对任给的 $\varepsilon>0$,存在只依赖于 ε 的正整数 $N(\varepsilon)$,使 $n>N(\varepsilon)$ 时,不等式

$$|S_n(x)-S(x)|<\varepsilon$$

$\left(\text{对函数项级数,此式也可写为 } |r_n(x)| = \left|\sum\limits_{k=n+1}^{\infty} u_k(x)\right| < \varepsilon\right)$ 对 X 上一切 x 都成立,则称 $\{S_n(x)\}$ $\left(\sum\limits_{n=1}^{\infty} u_n(x)\right)$ 在 X 上**一致收敛**于 $S(x)$.

一致收敛的定义还可以用下面的方式来表达.

定义 2　设 $\|S_n-S\|=\sup\limits_{x\in X}|S_n(x)-S(x)|$,如果

$$\lim_{n\to\infty}\|S_n-S\|=0,$$

就称 $S_n(x)$ 在 X 上**一致收敛**于 $S(x)$.

这两个定义的等价性请读者证明.

例 3　$S_n(x)=\dfrac{x}{1+n^2x^2}$ 在 $X=(-\infty,+\infty)$ 一致收敛.

显然 $S(x)=0$,现在来看能否找到定义 1 中的 $N(\varepsilon)$,由于

$$|S_n(x)-S(x)|=\frac{|x|}{1+n^2x^2}=\frac{1}{2n}\cdot\frac{2n|x|}{1+n^2x^2}\leqslant\frac{1}{2n},$$

因此对任意 $\varepsilon>0$,只要取 $N(\varepsilon)=\left[\dfrac{1}{2\varepsilon}\right]$ 便证明了结论.

这个函数列的图形为图 11-1,由图可知,只要 N 相当大时,从第 N 项以后,在 $(-\infty,+\infty)$ 内每一条曲线 $y=S_n(x)$ 整个位于曲线 $y=S(x)+\varepsilon$ 和 $y=S(x)-\varepsilon$ 之间,这也是一般的一致收敛函数列或一致收敛级数的几何解释(如图 11-2).

也可以用定义 2 来考察例 3 中函数列的一致收敛性.

$$\|S_n-S\|=\sup_{x\in(-\infty,+\infty)}|S_n(x)-S(x)|=\sup_{x\in(-\infty,+\infty)}\left|\frac{x}{1+n^2x^2}\right|,$$

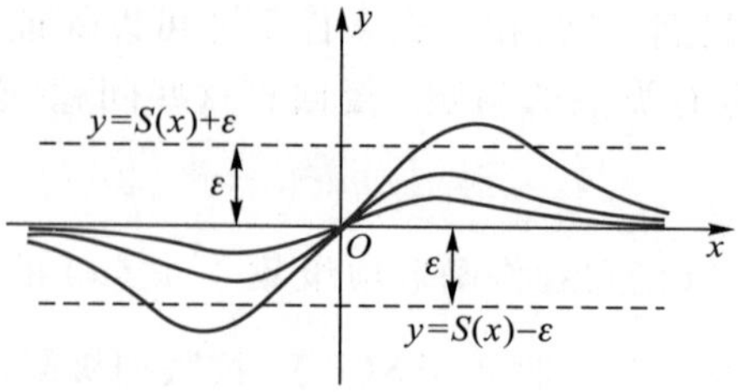

图 11-1

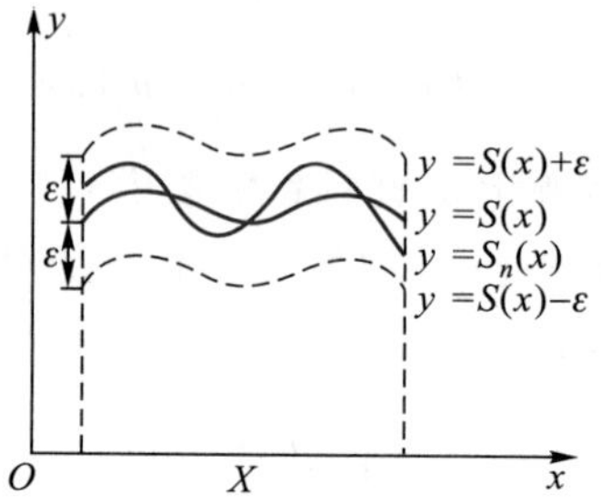

图 11-2

利用求极值的方法可以求得 $|S_n(x)|$ 的最大值是 $\frac{1}{2n}$，于是有

$$\|S_n - S\| = \frac{1}{2n} \to 0\ (n \to \infty),$$

故
$$S_n(x) = \frac{x}{1 + n^2x^2}$$
在 $(-\infty, +\infty)$ 内一致收敛于零.

例 4　讨论
$$S_n(x) = \frac{nx}{1+n^2x^2}$$
在 $X=[0,1]$ 的一致收敛性.

由于 $S(x)=0$，故

$$\|S_n - S\| = \max_{0\leqslant x\leqslant 1} |S_n(x)| = \left|S_n\left(\frac{1}{n}\right)\right| = \frac{1}{2},$$

不收敛于零，故在 $[0,1]$ 上非一致收敛（如图 11-3）.

例 5　以例 1 的函数列

$$S_n(x) = x^n, X = [0,1]$$

为例，因为

$$|S_n(x) - S(x)| = \begin{cases} x^n, & 0 \leqslant x < 1, \\ 0, & x = 1, \end{cases}$$

故 $\sup\limits_X |S_n(x) - S(x)| = 1$，亦即 $\|S_n - S\| = 1$，因此 $\{x^n\}$ 在 $[0,1]$ 上不一致收敛.

还可看到 $S_n(x)=x^n$ 在 $(0,1)$ 也不是一致收敛的，但它在任意一个区间 $[0,c]$

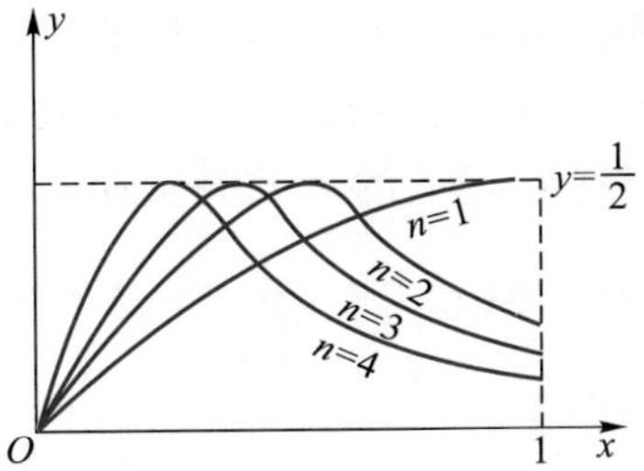

图 11-3

(c 是小于 1 的任一正数)却是一致收敛的,这是因为

$$\sup_{0\leqslant x\leqslant c}|S_n(x)-S(x)|=\sup_{0\leqslant x\leqslant c}x^n=c^n\to 0\ (\text{当 } n\to\infty \text{ 时}).$$

同理可知 $S_n(x)=\dfrac{nx}{1+n^2x^2}$ 在任一区间 $[c,1]$ (c 为小于 1 的任一正数)一致收敛,但在 $(0,1)$ 非一致收敛. 这说明了一致收敛性与所讨论的区间有关,当 $S_n(x)$ 在某一区间一致收敛时,它当然在含于这区间内的任一区间一致收敛. 另一方面,这两个例子也说明了 $\{S_n(x)\}$ 虽然在 (a,b) 内的任一闭区间上一致收敛,但 $S_n(x)$ 在区间 (a,b) 却不一定一致收敛. 当 $S_n(x)$ 在 (a,b) 内任一闭区间上一致收敛时,称 $S_n(x)$ 在区间 (a,b) **内闭一致收敛**. 因此在 (a,b) 一致收敛一定内闭一致收敛,但反之不然. 但从 $S_n(x)$ 在 (a,b) 内闭收敛,却可得到它在区间 (a,b) 也收敛,这是因为对 (a,b) 上每一点,总可取 (a,b) 内的一个闭区间包含这个点,于是从 $S_n(x)$ 在这闭区间上的收敛性就得到它在这个点收敛. 这正是由于一致收敛是整体性质而收敛是局部性质的缘故.

例 6　$S_n(x)=2n^2xe^{-n^2x^2}$ 在 $(0,1)$ 非一致收敛.

事实上,$S_n(x)\to S(x)=0$,若取 $x_n=\dfrac{1}{n}$,则

$$\|S_n-S\|\geqslant |S_n(x_n)-S(x_n)|=2ne^{-1}\to\infty,$$

但 $S_n(x)$ 在 $(0,1)$ 内闭一致收敛于零.

从一致收敛概念和柯西收敛原理很容易得到一致收敛的柯西充要条件.

定理 1　函数列 $\{S_n(x)\}$ 在 X 上一致收敛的充要条件为,对任给的 $\varepsilon>0$,可得正整数 $N=N(\varepsilon)$,使 $n>N$ 时,不等式

$$|S_{n+p}(x)-S_n(x)|<\varepsilon$$

对任意的正整数 p 和 X 上任意的 x 都成立.

定理的证明留给读者去完成. 在级数的情形下,定理中的 $|S_{n+p}(x)-S_n(x)|<\varepsilon$,即

$$|u_{n+1}(x)+u_{n+2}(x)+\cdots+u_{n+p}(x)|<\varepsilon.$$

三、一致收敛级数的性质

有了一致收敛的概念,就可以回答上一段中所提出的问题.

定理 2　若在$[a,b]$上，函数列$\{S_n(x)\}$的每一项$S_n(x)$都连续，并且$S_n(x)$一致收敛于$S(x)$，则其极限函数$S(x)$也在$[a,b]$上连续.

证明　由于$S_n(x)$在$[a,b]$上一致收敛于$S(x)$，故对$\varepsilon>0$可得N(N是一个仅与ε有关的确定的项数，它与$[a,b]$上的x无关)，使

$$|S_N(x)-S(x)|<\frac{\varepsilon}{3}\quad(a\leqslant x\leqslant b),$$

对$[a,b]$上任一点x_0，显然也有

$$|S_N(x_0)-S(x_0)|<\frac{\varepsilon}{3},$$

再由$S_N(x)$在点x_0的连续性，可得$\eta>0$，使$|x-x_0|<\eta$时

$$|S_N(x)-S_N(x_0)|<\frac{\varepsilon}{3},$$

于是当$|x-x_0|<\eta$时

$$\begin{aligned}|S(x)-S(x_0)|&\leqslant|S(x)-S_N(x)|+|S_N(x)-S_N(x_0)|+\\&\quad|S_N(x_0)-S(x_0)|\\&<\varepsilon.\end{aligned}$$

这样便证明了定理.

这个定理表明：在定理的条件下，对$[a,b]$上任一点x_0，有

$$\lim_{x\to x_0}\lim_{n\to\infty}S_n(x)=S(x_0)=\lim_{n\to\infty}\lim_{x\to x_0}S_n(x),$$

即两个极限运算(一个对$x\to x_0$取极限，另一个对$n\to\infty$取极限)可以交换顺序.

定理 3　设$\{S_n(x)\}$在$[a,b]$上一致收敛于$S(x)$，每一$S_n(x)$都在$[a,b]$上连续，那么

$$\lim_{n\to\infty}\int_a^b S_n(x)\,\mathrm{d}x=\int_a^b S(x)\,\mathrm{d}x=\int_a^b\lim_{n\to\infty}S_n(x)\,\mathrm{d}x,$$

亦即极限号与积分号可以互换. 又函数列$\int_a^x S_x(t)\,\mathrm{d}t$也在$[a,b]$上一致收敛于$\int_a^x S(t)\,\mathrm{d}t$.

证明　由定义对任给的$\varepsilon>0$，可得$N(\varepsilon)$，使$n>N$时

$$|S_n(x)-S(x)|<\varepsilon\quad(a\leqslant x\leqslant b).$$

现由于$S_n(x)$及$S(x)$连续，故它们在$[a,b]$上的积分存在，并且当$n>N$时

$$\left|\int_a^b S_n(x)\mathrm{d}x-\int_a^b S(x)\mathrm{d}x\right|\leqslant\int_a^b|S_n(x)-S(x)|\mathrm{d}x<\varepsilon(b-a),$$

又若将积分上限b换为x，则当$a\leqslant x\leqslant b$时上式仍旧成立. 这样便证明了定理 3.

定理 4　若在$[a,b]$上函数列$\{S_n(x)\}$的每一项都有连续导数，$\{S_n(x)\}$收敛于$S(x)$，并且$\{S'_n(x)\}$一致收敛于$\sigma(x)$，则

$$S'(x)=\sigma(x),$$

亦即

$$\frac{\mathrm{d}}{\mathrm{d}x}\lim_{n\to\infty}S_n(x)=\lim_{n\to\infty}\frac{\mathrm{d}}{\mathrm{d}x}S_n(x),$$

也就是极限号与求导数号可以交换. 又此时$S_n(x)$在$[a,b]$上也是一致收敛的.

证明　由于 $S'_n(x)$ 一致收敛于 $\sigma(x)$，故 $\sigma(x)$ 连续，由定理 3

$$\int_a^x \sigma(t)\,\mathrm{d}t = \lim_{n\to\infty}\int_a^x S'_n(t)\,\mathrm{d}t$$
$$= \lim_{n\to\infty}\{S_n(x) - S_n(a)\} = S(x) - S(a),$$

由于左边的导数存在，故 $S'(x)$ 存在且 $\sigma(x)=S'(x)$，又从

$$S_n(x) = S_n(a) + \int_a^x S'_n(t)\,\mathrm{d}t$$

及定理 3 即得 $S_n(x)$ 的一致收敛性.

把上面各定理中的 $S_n(x)$ 都作为函数项级数的 n 项部分和看待，就得到函数项级数相类似的定理.

定理 5（和的连续性）　若在 $[a,b]$ 上级数 $\sum\limits_{n=1}^{\infty} u_n(x)$ 的每项 $u_n(x)$ 都连续，并且 $\sum\limits_{n=1}^{\infty} u_n(x)$ 一致收敛于 $S(x)$，则 $S(x)$ 也在 $[a,b]$ 上连续.

定理 6（逐项求积）　设 $\sum\limits_{n=1}^{\infty} u_n(x)$ 在 $[a,b]$ 上一致收敛于 $S(x)$，并且每一 $u_n(x)$ 都在 $[a,b]$ 上连续，则

$$\sum_{n=1}^{\infty}\int_a^b u_n(x)\,\mathrm{d}x = \int_a^b S(x)\,\mathrm{d}x = \int_a^b \sum_{n=1}^{\infty} u_n(x)\,\mathrm{d}x,$$

亦即和号可以与积分号交换. 又在 $[a,b]$ 上，函数项级数 $\sum\limits_{n=1}^{\infty}\int_a^x u_n(t)\,\mathrm{d}t$ 也一致收敛于 $\int_a^x S(t)\,\mathrm{d}t$.

定理 7（逐项求导）　若在 $[a,b]$ 上，$\sum\limits_{n=1}^{\infty} u_n(x)$ 的每一项都具有连续导数 $u'_n(x)$，并且 $\sum\limits_{n=1}^{\infty} u'_n(x)$ 一致收敛于 $\sigma(x)$，又 $\sum\limits_{n=1}^{\infty} u_n(x)$ 收敛于 $S(x)$，则 $S'(x)=\sigma(x)$，亦即

$$\frac{\mathrm{d}}{\mathrm{d}x}\sum_{n=1}^{\infty} u_n(x) = \sum_{n=1}^{\infty}\frac{\mathrm{d}}{\mathrm{d}x}u_n(x)$$

且 $\sum\limits_{n=1}^{\infty} u_n(x)$ 一致收敛于 $S(x)$.

这定理说明了和号与求导运算可以交换，但要注意的是，仅仅在条件“$\sum\limits_{n=1}^{\infty} u_n(x)$ 一致收敛”之下，即使 $u'(x)$ 存在且连续，也不能保证和号与求导数号可以交换（参见本节习题 13）.

四、一致收敛级数的判别法

如何判别一个级数是不是一致收敛呢？这里引进一个最常用的重要判别法：魏尔斯特拉斯判别法.

定理 8（魏尔斯特拉斯判别法）　若对充分大的 n，存在实数 a_n，使得

$|u_n(x)|\leqslant a_n$ 对 X 上任意的 x 都成立，并且数项级数 $\sum\limits_{n=1}^{\infty} a_n$ 收敛，则 $\sum\limits_{n=1}^{\infty} u_n(x)$ 在 X 上一致收敛.

证明　由 $\sum\limits_{n=1}^{\infty} a_n$ 的收敛性，对任给的 $\varepsilon>0$，可得 $N(\varepsilon)$，使$n>N(\varepsilon)$时

$$a_{n+1}+a_{n+2}+\cdots+a_{n+p}<\varepsilon \quad (p=1,2,\cdots),$$

对 X 上一切的 x 有

$$\begin{aligned}|u_{n+1}(x)+\cdots+u_{n+p}(x)| &\leqslant |u_{n+1}(x)|+\cdots+|u_{n+p}(x)|\\ &\leqslant a_{n+1}+\cdots+a_{n+p}<\varepsilon,\end{aligned}$$

由一致收敛的柯西充要条件即得定理的结论.

由定理的证明还可以看到满足定理条件的级数 $\sum\limits_{n=1}^{\infty} u_n(x)$ 在 X 上是绝对收敛的，亦即函数项级数 $\sum\limits_{n=1}^{\infty} |u_n(x)|$ 是收敛的.

例 7　若 $\sum\limits_{n=1}^{\infty} a_n$ 绝对收敛，则 $\sum\limits_{n=1}^{\infty} a_n\sin nx$ 和 $\sum\limits_{n=1}^{\infty} a_n\cos nx$ 在$(-\infty,+\infty)$内都是绝对收敛和一致收敛的级数.

事实上，

$$|a_n\sin nx|\leqslant|a_n|, \quad |a_n\cos nx|\leqslant|a_n|,$$

由魏尔斯特拉斯判别法即可得证.

定理 9(阿贝尔判别法)　若在 X 上 $\sum\limits_{n=1}^{\infty} b_n(x)$一致收敛，又对 X 中每一固定的 x，数列 $a_n(x)$单调. 而对任意的 n 和 X 中每个 x，有$|a_n(x)|\leqslant L$(不依赖于 x 和 n 的定数)，那么 $\sum\limits_{n=1}^{\infty} a_n(x)b_n(x)$在 X 上一致收敛.

这个定理与数项级数的阿贝尔定理相似，其证明也大体相同，只要利用阿贝尔引理即可. 事实上，由 $\sum\limits_{n=1}^{\infty} b_n(x)$的一致收敛性，对任意给定的 $\varepsilon>0$，可得 $N(\varepsilon)$，使 $n>N(\varepsilon)$时恒有

$$|b_{n+1}(x)+\cdots+b_{n+p}(x)|<\varepsilon \quad (p=1,2,\cdots),$$

固定 x，由上式及 $a_n(x)$的单调性，利用阿贝尔引理得到

$$\begin{aligned}&|a_{n+1}(x)b_{n+1}(x)+\cdots+a_{n+p}(x)b_{n+p}(x)|\\ &<\varepsilon(|a_{n+1}(x)|+2|a_{n+p}(x)|)\\ &\leqslant 3L\varepsilon\ (n>N(\varepsilon);p=1,2,\cdots).\end{aligned}$$

再从一致收敛的柯西充要条件即得.

例 8　若 $\sum\limits_{n=1}^{\infty} a_n$ 收敛，则 $\sum\limits_{n=1}^{\infty} a_nx^n$ 在$[0,1]$上一致收敛.

事实上，$b_n(x)=x^n$ 对每一固定的 x，x^n 单调，又对任意的 x 和 n，$|b_n(x)|\leqslant 1$ $(0\leqslant x\leqslant 1)$，应用阿贝尔判别法即得.

在定理中，条件“对任意的 n 和 X 中的每一个 x，$|a_n(x)|\leqslant L$”称为函数列

$\{a_n(x)\}$在 X 上一致有界,需要注意的是:由函数列的每一项 $a_n(x)$ 在 X 上有界不能推出$\{a_n(x)\}$在 X 上一致有界,事实上,$|a_n(x)|$在 X 上的上确界 M_n 是随 n 而变的,可能$\{M_n\}$是一个无界的数列,例如

$$a_n(x)=nx$$

在任意的有限区间$[a,b]$上有界,但$\{a_n(x)\}$非一致有界.

定理 10(狄利克雷判别法)　设 $\sum_{n=1}^{\infty}b_n(x)$ 的部分和

$$B_n(x)=\sum_{i=1}^{n}b_i(x)$$

在 X 上一致有界,又对 X 内每一 x,数列 $a_n(x)$ 单调,并且函数列$\{a_n(x)\}$在 X 上一致收敛于零,则 $\sum_{n=1}^{\infty}a_n(x)b_n(x)$ 在 X 上一致收敛.

证明　设 $\left|\sum_{i=1}^{n}b_i(x)\right|\leqslant L$(不依赖于 n 和 x 的定数),那么对 X 上任意的 x 和任意的正整数 p 恒有

$$\left|\sum_{i=n+1}^{n+p}b_i(x)\right|\leqslant\left|\sum_{i=1}^{n+p}b_i(x)\right|+\left|\sum_{i=1}^{\infty}b_i(x)\right|\leqslant 2L.$$

因此,利用阿贝尔引理

$$\left|\sum_{i=n+1}^{n+p}a_i(x)b_i(x)\right|\leqslant 2L(|a_{n+1}(x)|+2|a_{n+p}(x)|),$$

再由 $a_n(x)$ 一致收敛于零即得.

例 9　若 a_n 单调地趋于零,则 $\sum_{n=1}^{\infty}a_n\sin nx$ 在$[\delta,2\pi-\delta]$上一致收敛,这里 δ 是小于 π 的任一正数.

事实上,当 $x\in[\delta,2\pi-\delta]$时

$$\left|\sum_{k=1}^{n}\sin kx\right|=\left|\frac{\cos\frac{1}{2}x-\cos\left(n+\frac{1}{2}\right)x}{2\sin\frac{1}{2}x}\right|$$

$$\leqslant\frac{1}{\left|\sin\frac{1}{2}x\right|}\leqslant\frac{1}{\sin\frac{1}{2}\delta},$$

故满足定理 10 的条件.

在历史上曾经有一段时间,人们认为连续函数可能除个别点外都是可导的,甚至一些大数学家也这样认为. 可是后来,魏尔斯特拉斯首先利用函数项级数构造出一个和函数,它在$(-\infty,+\infty)$连续,但在任何点都不可导.

习　题

1. 讨论下列函数序列在所示区域内的一致收敛性:

(1) $f_n(x)=\sqrt{x^2+\frac{1}{n^2}}$,　　$-\infty<x<+\infty$;

(2) $f_n(x)=x^n-x^{2n}$,　　$0\leqslant x\leqslant 1$;

(3) $f_n(x)=\sin\frac{x}{n}$,

(i) $-l<x<l$,　　(ii) $-\infty<x<+\infty$;

(4) $f_n(x)=x^n(1-x)$,　　$0\leqslant x\leqslant 1$;

(5) $f_n(x)=\frac{nx}{1+nx}$,　　$0\leqslant x\leqslant 1$;

(6) $f_n(x)=\frac{x}{n}\ln\frac{x}{n}$,　　$0<x<1$.

2. 讨论下列级数的一致收敛性:

(1) $\sum_{n=0}^{\infty}(1-x)x^n$,　　$0\leqslant x\leqslant 1$;

(2) $\sum_{n=1}^{\infty}\frac{(-1)^{n-1}x^2}{(1+x^2)^n}$,　　$-\infty<x<+\infty$;

(3) $\sum_{n=1}^{\infty}\frac{\sin nx}{\sqrt[3]{n^4+x^4}}$,　　$-\infty<x<+\infty$;

(4) $\sum_{n=1}^{\infty}\frac{x}{1+n^4x^2}$,　　$-\infty<x<+\infty$;

(5) $\sum_{n=1}^{\infty}\frac{\sin nx\sin x}{\sqrt{n+x}}$,　　$0\leqslant x\leqslant 2\pi$;

(6) $\sum_{n=1}^{\infty}\frac{(-1)^n(1-\mathrm{e}^{-nx})}{n^2+x^2}$,　　$0\leqslant x<+\infty$;

(7) $\sum_{n=1}^{\infty}2^n\sin\frac{1}{3^nx}$,　　$0<x<+\infty$.

3. 证明一致收敛定义 1 和定义 2 的等价性.

4. 试证级数 $\sum_{n=1}^{\infty}\frac{\ln(1+nx)}{nx^n}$在任何区间$[1+a,\infty)$,$a>0$ 为一致收敛.

5. 若 $\sum_{n=1}^{\infty}u_n(x)$ 的一般项 $|u_n(x)|\leqslant c_n(x)$,并且 $\sum_{n=1}^{\infty}c_n(x)$ 在 X 上一致收敛,则 $\sum_{n=1}^{\infty}u_n(x)$ 在 X 上亦一致收敛且绝对收敛.

6. 证明级数 $\sum_{n=1}^{\infty}(-1)^{n-1}\frac{1}{n+x^2}$ 关于 x 在$(-\infty,+\infty)$上为一致收敛,但对任何 x 并非绝对收敛,而级数 $\sum_{n=1}^{\infty}\frac{x^2}{(1+x^2)^n}$ 虽在 $x\in(-\infty,+\infty)$ 上绝对收敛,但并不一致收敛.

7. 证明:

(1) 如果 $\sum_{n=1}^{\infty}|f_n(x)|$在$[a,b]$上一致收敛,那么 $\sum_{n=1}^{\infty}f_n(x)$ 在$[a,b]$ 上也一致收敛;

(2) 如果 $\sum_{n=1}^{\infty}f_n(x)$ 在$[a,b]$上一致收敛,但 $\sum_{n=1}^{\infty}|f_n(x)|$未必一致收敛,以 $\sum_{n=1}^{\infty}(-1)^n(x^n-x^{n+1})$,$0\leqslant x\leqslant 1$ 为例来说明.

8. 设每一项 $\varphi_n(x)$ 都是$[a,b]$上的单调函数,如果 $\sum_{n=1}^{\infty}\varphi_n(x)$ 在$[a,b]$的端点为绝对收敛,那么这级数在$[a,b]$上一致收敛.

9. 下列函数列是否一致收敛?

(1) $f_n(x)=(\sin x)^n$,　　$0\leqslant x\leqslant \pi$;

(2) $f_n(x)=(\sin x)^{\frac{1}{n}}$,

(i) $0\leqslant x\leqslant \pi$,　　(ii) $\delta\leqslant x\leqslant \pi-\delta$　$(\delta>0)$;

(3) $f_n(x)=\dfrac{x^n}{1+x^n}$,

(i) $0\leqslant x\leqslant 1-\varepsilon$, (ii) $1-\varepsilon<x<1+\varepsilon$, (iii) $1+\varepsilon\leqslant x<\infty$　$(\varepsilon>0)$.

10. 证明 $\sum\limits_{n=1}^{\infty} n\mathrm{e}^{-nx}$ 在 $(0,+\infty)$ 内连续.

11. 证明函数 $f(x)=\sum\limits_{n=1}^{\infty}\dfrac{\sin nx}{n^3}$ 在 $(-\infty,+\infty)$ 连续,并有连续导函数.

12. 证明函数 $\zeta(x)=\sum\limits_{n=1}^{\infty}\dfrac{1}{n^x}$ 在 $(1,+\infty)$ 连续,并有连续的各阶导函数.

13. 试证级数 $\sum\limits_{n=1}^{\infty}\dfrac{\sin(2^n\pi x)}{2^n}$ 在整个实数轴上一致收敛,但在任何区间内不能逐项求导.

§2　幂　级　数

一、收敛半径

形如 $\sum\limits_{n=0}^{\infty} a_n(x-x_0)^n=a_0+a_1(x-x_0)+a_2(x-x_0)^2+\cdots$ 的函数项级数称为**幂级数**. 它的部分和是多项式,它的一般项为 $a_n(x-x_0)^n(n=0,1,2,\cdots)$. 它是一种比较简单的函数项级数,因而具有一些特殊的性质.

根据柯西判别法,如果级数 $\sum\limits_{n=1}^{\infty} u_n(x)$ 在某个 x 处有

$$\overline{\lim_{n\to\infty}}\sqrt[n]{|u_n(x)|}<1,$$

那么它在 x 处绝对收敛,而当 $\overline{\lim\limits_{n\to\infty}}\sqrt[n]{|u_n(x)|}>1$ 时,它发散. 对一般的函数项级数来说,解这个不等式不是很容易的,但对幂级数来说,却容易多了,它取决于

$$\overline{\lim_{n\to\infty}}\sqrt[n]{|a_n(x-x_0)^n|}=|x-x_0|\overline{\lim_{n\to\infty}}\sqrt[n]{|a_n|}$$

小于 1 或大于 1. 也就是,当 $|x-x_0|<\dfrac{1}{\overline{\lim\limits_{n\to\infty}}\sqrt[n]{|a_n|}}$ 时幂级数绝对收敛,而当 $|x-x_0|>\dfrac{1}{\overline{\lim\limits_{n\to\infty}}\sqrt[n]{|a_n|}}$ 时发散. 又当 $\overline{\lim\limits_{n\to\infty}}\sqrt[n]{|a_n|}=0$ 时,幂级数在每点都绝对收敛. 当 $\overline{\lim\limits_{n\to\infty}}\sqrt[n]{|a_n|}=\infty$ 时,除点 x_0 外,它在每点都发散. 假若规定

$$R=\begin{cases}\dfrac{1}{\overline{\lim\limits_{n\to\infty}}\sqrt[n]{|a_n|}}, & 0<\overline{\lim\limits_{n\to\infty}}\sqrt[n]{|a_n|}<\infty,\\ \infty, & \overline{\lim\limits_{n\to\infty}}\sqrt[n]{|a_n|}=0,\\ 0, & \overline{\lim\limits_{n\to\infty}}\sqrt[n]{|a_n|}=\infty,\end{cases}$$

那么可把上述结果归结为下面的定理.

定理 1(柯西-阿达马(Hadamard)定理)　幂级数

$$\sum_{n=0}^{\infty}a_n(x-x_0)^n$$

在 $|x-x_0|<R$ 内绝对收敛,在 $|x-x_0|>R$ 内发散.

由此可见,对任何一个幂级数,都存在一个以 x_0 为中心,以 R 为半径的区间,在这个区间内幂级数绝对收敛,而在区间外,幂级数发散. 在区间的端点 $x=x_0-R$ 和 $x=x_0+R$ 处,幂级数的敛散性尚需作进一步的判别. 称此 R 是幂级数的**收敛半径**.

由定理 1 即可得到下面的结论.

定理 2(阿贝尔第一定理)　若 $\sum\limits_{n=0}^{\infty}a_n(x-x_0)^n$ 在点 $x=\xi$ 收敛,那么它必在 $|x-x_0|<|\xi-x_0|$ 内绝对收敛,又若 $\sum\limits_{n=0}^{\infty}a_n(x-x_0)^n$ 在 $x=\xi$ 发散,则它必在 $|x-x_0|>|\xi-x_0|$ 也发散.

事实上,在前一情况下,$|\xi-x_0|\leqslant R$,而在后一情况下,$|\xi-x_0|\geqslant R$. 这里加上等号是因为在区间(x_0-R,x_0+R)的端点,幂级数可能收敛也可能发散.

例 1　判断 $\sum\limits_{n=1}^{\infty}\dfrac{x^n}{n}$ 的敛散性.

解　由于 $\lim\limits_{n\to\infty}n^{\frac{1}{n}}=1$,故

$$R=\frac{1}{\overline{\lim\limits_{n\to\infty}}\sqrt[n]{\dfrac{1}{n}}}=\frac{1}{\dfrac{1}{\lim\limits_{n\to\infty}n^{\frac{1}{n}}}}=1,$$

于是级数在 $|x|<1$ 内绝对收敛,在 $|x|>1$ 内发散. 在端点处,级数在一个端点 $x=-1$ 收敛,而在另一端点 $x=1$ 发散.

例 2　$\sum\limits_{n=1}^{\infty}n^nx^n$ 在不等于零的点都发散.

事实上,

$$R=\frac{1}{\overline{\lim\limits_{n\to\infty}}\sqrt[n]{n^n}}=\frac{1}{\overline{\lim\limits_{n\to\infty}}n}=0.$$

例 3　$\sum\limits_{n=0}^{\infty}\dfrac{x^n}{n!}$ 在任何点绝对收敛.

对这种情况,用达朗贝尔判别法较好,因为对任一 x,有

$$\lim_{n\to\infty}\left|\frac{u_{n+1}}{u_n}\right|=\lim_{n\to\infty}\frac{|x|}{n+1}=0,$$

所以 $\sum_{n=0}^{\infty}\frac{x^n}{n!}$在任何点绝对收敛.

例 3 告诉我们这样一个事实:对幂级数 $\sum_{n=0}^{\infty}a_n(x-x_0)^n$,如果$\lim_{n\to\infty}\left|\frac{a_{n+1}}{a_n}\right|$存在,则此级数的收敛半径 R 是

$$R=\frac{1}{\lim_{n\to\infty}\left|\frac{a_{n+1}}{a_n}\right|}=\lim_{n\to\infty}\left|\frac{a_n}{a_{n+1}}\right|.$$

又若$\lim_{n\to\infty}\left|\frac{a_{n+1}}{a_n}\right|=0$,则 $R=+\infty$,若$\lim_{n\to\infty}\left|\frac{a_{n+1}}{a_n}\right|=\infty$,则 $R=0$. 其证明与利用柯西判别法导出收敛半径相仿,只不过这里是利用达朗贝尔判别法.

例 4　$\sum_{n=0}^{\infty}(3+(-1)^n)^nx^n$ 在$\left(-\frac{1}{4},\frac{1}{4}\right)$绝对收敛,在其他点发散.

事实上,

$$\overline{\lim_{n\to\infty}}\sqrt[n]{|a_n|}=\overline{\lim_{n\to\infty}}[3+(-1)^n]=4,$$

因此 $R=\frac{1}{4}$. 又当 $x=\pm\frac{1}{4}$时,级数的一般项不趋于零,因此在收敛区间的两个端点上,级数发散.

定理 3(阿贝尔第二定理)　若 $\sum_{n=0}^{\infty}a_n(x-x_0)^n$ 的收敛半径为 R,则此级数在(x_0-R,x_0+R)内的任一个闭区间$[a,b]$上一致收敛,也就是在(x_0-R,x_0+R)内闭一致收敛;又若级数在x_0+R点收敛,则它必在$[a,x_0+R]$一致收敛. 同理,当级数在x_0-R收敛时可得类似结论.

证明　不妨就 $\sum_{n=0}^{\infty}a_nx^n$ 的情形来证明,这不过是把上面的$x-x_0$ 作为这里的 x.

设 $\xi=\max\{|a|,|b|\}$,由于在$[a,b]$上任一点 x,恒有

$$|a_nx^n|\leqslant|a_n\xi^n|,$$

而 $\sum_{n=0}^{\infty}a_n\xi^n$ 绝对收敛,按魏尔斯特拉斯判别法即得定理的第一部分.

现若 $\sum_{n=0}^{\infty}a_nR^n$ 收敛,先证明级数在$[0,R]$上一致收敛. 由

$$\sum_{n=0}^{\infty}a_nx^n=\sum_{n=0}^{\infty}\frac{x^n}{R^n}a_nR^n$$

及$\frac{x^n}{R^n}$在$[0,R]$上一致有界,且对每一 x,$\frac{x^n}{R^n}$单调,按函数项级数的阿贝尔判别法,$\sum_{n=0}^{\infty}a_nx^n$ 在$[0,R]$上一致收敛,因此若 $a>0$,级数在$[a,R]$上也一致收敛,再考虑

$-R<a<0$ 的情形，利用上面已证得的结果：$\sum_{n=0}^{\infty} a_n x^n$ 在 $[a,0]$ 一致收敛，故级数在 $[a,R]$ 上一致收敛.

二、幂级数的性质

由收敛半径的定义和阿贝尔第二定理容易证明幂级数具有以下性质：

性质 1　设幂级数 $\sum_{n=0}^{\infty} a_n(x-x_0)^n$ 的收敛半径为 R，则其和函数 $S(x)$ 在 (x_0-R,x_0+R) 内连续. 又若幂级数在 x_0-R（或 x_0+R）收敛，则 $S(x)$ 在 $[x_0-R,x_0+R)$（或 $(x_0-R,x_0+R]$）连续.

性质 2　设幂级数 $\sum_{n=0}^{\infty} a_n(x-x_0)^n$ 的收敛半径为 R，其和函数为 $S(x)$，则在 (x_0-R,x_0+R) 内幂级数可以逐项积分和逐项微分. 即对 (x_0-R,x_0+R) 内任意一点 x，有

$$\sum_{n=0}^{\infty}\int_{x_0}^{x} a_n(x-x_0)^n \mathrm{d}x=\sum_{n=0}^{\infty}\frac{a_n}{n+1}(x-x_0)^{n+1}=\int_{x_0}^{x} S(x)\mathrm{d}x$$

以及

$$\sum_{n=0}^{\infty}\frac{\mathrm{d}}{\mathrm{d}x}[a_n(x-x_0)^n]=\sum_{n=1}^{\infty} n a_n(x-x_0)^{n-1}=\frac{\mathrm{d}}{\mathrm{d}x}S(x),$$

并且逐项积分和逐项求导后的级数（显然是幂级数），其收敛半径仍为 R.

这两个性质的证明都很明显，留给读者去证.

例 5　由于在 $(-1,1)$ 内

$$1-x+x^2-x^3+\cdots=\frac{1}{1+x},$$

故在此区间内逐项积分得

$$x-\frac{x^2}{2}+\frac{x^3}{3}-\frac{x^4}{4}+\cdots=\ln(1+x).$$

又由于左边的级数在 $x=1$ 也是收敛的，因此它的和 $S(x)$ 在这点左连续，故

$$\begin{aligned}S(1)&=1-\frac{1}{2}+\frac{1}{3}-\frac{1}{4}+\cdots\\&=\lim_{x\to 1-0}S(x)=\lim_{x\to 1-0}\ln(1+x)=\ln 2.\end{aligned}$$

例 6　求级数 $\sum_{n=1}^{\infty}\frac{2n-1}{2^n}$ 的和.

解　由于 $\sum_{n=1}^{\infty}\frac{2n-1}{2^n}=2\sum_{n=1}^{\infty}(n+1)\left(\frac{1}{2}\right)^n-3\sum_{n=1}^{\infty}\left(\frac{1}{2}\right)^n$，考虑幂级数

$$1+\sum_{n=1}^{\infty}x^n=\frac{1}{1-x}$$

的收敛半径为 1，在 $(-1,1)$ 内逐项求导，得

$$1+\sum_{n=1}^{\infty}(n+1)x^n=\frac{1}{(1-x)^2}.$$

将 $x=\frac{1}{2}$ 代入上面两个幂级数中,得

$$\sum_{n=1}^{\infty}\left(\frac{1}{2}\right)^{n}=1,\quad \sum_{n=1}^{\infty}(n+1)\left(\frac{1}{2}\right)^{n}=3,$$

所以 $\sum_{n=1}^{\infty}\frac{2n-1}{2^{n}}=3.$

三、函数的幂级数展开

幂级数不仅形式简单,而且有很多特殊的性质,这就使我们想到,能否把一个函数表示为幂级数来进行研究. 首先,假若函数 $f(x)$ 在某点 x_0 及其某一邻域 $(x_0-\delta,x_0+\delta)$ 内能表示为幂级数,也就是在 $(x_0-\delta,x_0+\delta)$ 内恒有

$$f(x)=a_0+a_1(x-x_0)+a_2(x-x_0)^2+\cdots,$$

那么,它在这个邻域内必有任意阶的导数,并且

$$f^{(n)}(x)=n!a_n+\frac{(n+1)!}{1!}a_{n+1}(x-x_0)+\cdots\quad(n=0,1,2,\cdots).$$

在此式两端令 $x=x_0$,即得

$$f(x_0)=a_0,\quad f'(x_0)=1!a_1,\quad f''(x_0)=2!a_2,\cdots$$

这说明了函数 $f(x)$ 在 x_0 点的幂级数展开式的系数为

$$a_0=f(x_0),\ a_1=\frac{f'(x_0)}{1!},\ a_2=\frac{f''(x_0)}{2!},\cdots$$

这时

$$f(x)=f(x_0)+f'(x_0)(x-x_0)+\frac{f''(x_0)}{2!}(x-x_0)^2+\cdots+\frac{f^{(n)}(x_0)}{n!}(x-x_0)^n+\cdots.$$

要注意的是:在假定 $f(x)$ 可以表示为幂级数的前提下,才获得上述结果的. 现在要问:如果 $f(x)$ 在 x_0 点的某个邻域 $(x_0-\delta,x_0+\delta)$ 内有任意阶的导数,是否成立

$$f(x)=f(x_0)+f'(x_0)(x-x_0)+\frac{f''(x_0)}{2!}(x-x_0)^2+\cdots+\frac{f^{(n)}(x_0)}{n!}(x-x_0)^n+\cdots?$$

回答是否定的. 例如

$$f(x)=\begin{cases}e^{-\frac{1}{x^2}}, & x\neq 0,\\ 0, & x=0,\end{cases}$$

可以验证它在原点的任何一个邻域内有任意阶导数,并且对任何 n, $f^{(n)}(0)=0$. 将它代入上述表示式的右端

$$f(0)+f'(0)x+\cdots+\frac{f^{(n)}(0)}{n!}x^n+\cdots$$

中得到系数全为零的幂级数,因而整个右端为零,但当 $x\neq 0$ 时,它显然不等于 $f(x)$. 那么,在怎样的条件下,一个任意阶可导的函数能够表示为一个幂级数呢?

设

$$R_n(x)=f(x)-\left[f(x_0)+f'(x_0)(x-x_0)+\cdots+\frac{f^{(n)}(x_0)}{n!}(x-x_0)^n\right],$$

由级数收敛的概念知道,如果在某个区间 (x_0-R,x_0+R) 内 $R_n(x)\to 0\ (n\to\infty)$,那么

$$f(x)=f(x_0)+f'(x_0)(x-x_0)+\cdots+\frac{f^{(n)}(x_0)}{n!}(x-x_0)^n+\cdots,$$

这就是函数$f(x)$的幂级数展开，上式右端的幂级数称为$f(x)$的**泰勒级数**. 因此，一个函数在某个区间内是否可以展开成幂级数，关键在于考察余项$R_n(x)$在这一区间内是否趋于零.

在本书上册(第六章§2)中曾经给出了$R_n(x)$的拉格朗日形式

$$R_n(x)=\frac{f^{(n+1)}(\xi)}{(n+1)!}(x-x_0)^{n+1},$$

其中ξ是介于x_0和x之间的一个数.

在实际应用中，为了简单起见，往往取$x_0=0$，这时的泰勒级数

$$f(0)+\frac{f'(0)}{1!}x+\frac{f''(0)}{2!}x^2+\cdots$$

称为**麦克劳林级数**.

1) e^x的展开式

由于e^x在$x=0$的任意阶导数等于1，因此

$$e^x=1+x+\frac{1}{2!}x^2+\cdots+\frac{1}{n!}x^n+R_n(x),$$

$$R_n(x)=\frac{e^{\theta x}}{(n+1)!}x^{n+1}.$$

因为对任意固定的x，$e^{\theta x}$在1与e^x之间变动，从而$n\to\infty$时，$e^{\theta x}$保持有界. 另一方面，当$n\to\infty$时，$\frac{x^{n+1}}{(n+1)!}\to 0$，因此

$$\lim_{n\to\infty}R_n(x)=\lim_{n\to\infty}\frac{e^{\theta x}}{(n+1)!}x^{n+1}=0,$$

这就证明了　$e^x=1+x+\frac{x^2}{2!}+\frac{x^3}{3!}+\cdots\quad(-\infty<x<+\infty)$.

2) $\sin x$和$\cos x$的展开式

对于$f(x)=\sin x$，显然有

$$f^{(n)}(x)=\sin\left(\frac{n\pi}{2}+x\right),$$

因此　$f(0)=0,\ f'(0)=1,\ f''(0)=0,\ f'''(0)=-1,\cdots,$

$$f^{(2m)}(0)=0,\ f^{(2m+1)}(0)=(-1)^m,$$

取$n=2k+2$，因为

$$f^{(2k+2)}(0)=0,\quad f^{(2k+3)}(x)=\sin\left(\frac{2k+3}{2}\pi+x\right),$$

故
$$\sin x=x-\frac{x^3}{3!}+\frac{x^5}{5!}-\frac{x^7}{7!}+\cdots+(-1)^k\frac{x^{2k+1}}{(2k+1)!}+,R_{2k+2}(x)$$

$$R_{2k+2}(x)=\sin\left(\frac{2k+3}{2}\pi+\theta x\right)\frac{x^{2k+3}}{(2k+3)!},$$

但对任一x，由于正弦函数的有界性，得到

$$\lim_{k\to\infty}R_{2k+2}(x)=\lim_{n\to\infty}\sin\left(\frac{2k+3}{2}\pi+\theta x\right)\frac{x^{2k+3}}{(2k+3)!}=0,$$

从而

$$\sin x=x-\frac{x^3}{3!}+\frac{x^5}{5!}-\frac{x^7}{7!}+\cdots\ (-\infty<x<+\infty),$$

同理

$$\cos x=1-\frac{x^2}{2!}+\frac{x^4}{4!}-\frac{x^6}{6!}+\cdots\ (-\infty<x<+\infty),$$

也可以将 $\sin x$ 的展开式逐项微分，获得 $\cos x$ 的展开式.

3) $\ln(1+x)=x-\dfrac{x^2}{2}+\dfrac{x^3}{3}-\dfrac{x^4}{4}+\cdots\ (-1<x\leqslant 1)$,

这在例 5 中已经给出了这一展开式.

4) $\arctan x$ 的展开式

由于

$$\frac{1}{1+x^2}=1-x^2+x^4-x^6+\cdots\ (-1<x<1),$$

两边求积分即得

$$\arctan x=x-\frac{x^3}{3}+\frac{x^5}{5}-\frac{x^7}{7}+\cdots\ (-1\leqslant x\leqslant 1),$$

上面加上了区间的端点，是由于右边的幂级数在 $x=\pm1$ 时也是收敛的，再由阿贝尔第二定理和 $\arctan x$ 的连续性即得.

下面举两个例子说明幂级数在近似计算中的应用.

例 7 求 e 的近似值，精确到六位小数.

解 首先决定究竟取多少项才能达到所要的精确度. 由于

$$\mathrm{e}=1+1+\frac{1}{2!}+\frac{1}{3!}+\cdots,$$

故若一直取到 $\dfrac{1}{n!}$，则级数的余和

$$\begin{aligned}r_n&=\frac{1}{(n+1)!}+\frac{1}{(n+2)!}+\cdots\\&=\frac{1}{(n+1)!}\left[1+\frac{1}{(n+2)}+\frac{1}{(n+2)(n+3)}+\cdots\right]\\&<\frac{1}{(n+1)!}\left[1+\frac{1}{n+1}+\frac{1}{(n+1)^2}+\cdots\right]=\frac{1}{n\cdot n!},\end{aligned}$$

经过计算知道，只要取 $n=9$，并取七位小数进行计算，可得

$$\mathrm{e}\approx 2.718281.$$

例 8 计算 $I=\displaystyle\int_0^1 \mathrm{e}^{-x^2}\mathrm{d}x$，精确到 0.0001.

解 在 e^t 的展开式

$$\mathrm{e}^t=1+\frac{t}{1!}+\frac{t^2}{2!}+\frac{t^3}{3!}+\cdots$$

中，令 $t=-x^2$，得 e^{-x^2} 的展开式

$$e^{-x^2}=1-\frac{x^2}{1!}+\frac{x^4}{2!}-\frac{x^6}{3!}+\cdots,$$

从 0 到 1 积分，得到

$$I=1-\frac{1}{3}+\frac{1}{10}-\frac{1}{42}+\frac{1}{216}-\frac{1}{1320}+\frac{1}{9360}-\frac{1}{75600}+\cdots,$$

这是交错级数，它的余和的绝对值小于余和第一项的绝对值，现由于$\frac{1}{75600}<1.5\times 10^{-5}$，故取前七项即可，经计算可得

$$I\approx 0.7468.$$

习　题

1. 求下列各幂级数的收敛区间：

(1) $\sum\limits_{n=1}^{\infty}\frac{(2x)^n}{n!}$；　(2) $\sum\limits_{n=1}^{\infty}\frac{\ln(n+1)}{n+1}x^{n+1}$；

(3) $\sum\limits_{n=1}^{\infty}\left[\left(\frac{n+1}{n}\right)^n x\right]^n$；　(4) $\sum\limits_{n=1}^{\infty}\frac{x^{n^2}}{2^n}$；

(5) $\sum\limits_{n=1}^{\infty}\frac{[3+(-1)^n]^n}{n}x^n$；　(6) $\sum\limits_{n=1}^{\infty}\frac{3^n+(-2)^n}{n}(x+1)^n$.

2. 求级数的收敛半径：

(1) $\sum\limits_{n=1}^{\infty}\left(1+\frac{1}{2}+\cdots+\frac{1}{n}\right)x^n$；　(2) $\sum\limits_{n=1}^{\infty}\frac{(2n)!}{(n!)^2}x^n$.

3. 设幂级数 $\sum\limits_{n=0}^{\infty}a_nx^n$ 的收敛半径为 R，$\sum\limits_{n=0}^{\infty}b_nx^n$ 的收敛半径为 Q，讨论下列级数的收敛半径：

(1) $\sum\limits_{n=0}^{\infty}a_nx^{2n}$；　(2) $\sum\limits_{n=0}^{\infty}(a_n+b_n)x^n$；

(3) $\sum\limits_{n=0}^{\infty}a_nb_nx^n$.

4. 设对充分大的 n，$|a_n|\leqslant|b_n|$，那么级数 $\sum\limits_{n=0}^{\infty}a_nx^n$ 的收敛半径不小于 $\sum\limits_{n=0}^{\infty}b_nx^n$ 的收敛半径.

5. 证明幂级数的性质 1 和性质 2.

6. 设 $\sum\limits_{n=0}^{\infty}a_n$ 收敛于 A，$\sum\limits_{n=0}^{\infty}b_n$ 收敛于 B，如果它们的柯西乘积

$$\sum_{n=0}^{\infty}c_n=\sum_{n=0}^{\infty}(a_0b_n+a_1b_{n-1}+\cdots+a_nb_0)$$

收敛，则一定收敛于 AB.

(提示：作 $A(x)=\sum\limits_{n=0}^{\infty}a_nx^n$，$B(x)=\sum\limits_{n=0}^{\infty}b_nx^n$ 及 $C(x)=\sum\limits_{n=0}^{\infty}c_nx^n$，并应用幂级数的阿贝尔第一定理.)

7. 设 $f(x)=\sum\limits_{n=0}^{\infty}a_nx^n$ 当 $|x|<r$ 收敛，那么当 $\sum\limits_{n=0}^{\infty}\frac{a_n}{n+1}r^{n+1}$ 收敛时成立

$$\int_0^r f(x)\,dx=\sum_{n=0}^{\infty}\frac{a_n}{n+1}r^{n+1},$$

不论 $\sum_{n=0}^{\infty} a_n x^n$ 当 $x=r$ 时是否收敛.

8. 利用上题证明 $\int_0^1 \frac{\ln(1-t)}{t}\mathrm{d}t = -\sum_{n=1}^{\infty} \frac{1}{n^2}$.

9. 求 $f(x)=\sum_{n=1}^{\infty} \frac{\sin(2^n \cdot x)}{n!}$ 的麦克劳林级数,说明它的麦克劳林级数并不表示这个函数.

10. 证明:

(1) $\sum_{n=0}^{\infty} \frac{x^{4n}}{(4n)!}$ 满足 $y^{(4)}=y$;　　(2) $\sum_{n=0}^{\infty} \frac{x^n}{(n!)^2}$ 满足 $xy''+y'-y=0$.

11. 展开:

(1) $f(x)=\frac{1}{a-x}$ $(a\neq 0)$ 成为 x 的幂级数,并确定收敛范围;

(2) $f(x)=\ln x$ 为 $(x-2)$ 的幂级数.

12. 利用已知展开式展开下列函数为幂级数,并确定成立的范围:

(1) $\frac{e^x-e^{-x}}{2}$;　　(2) $\sin^2 x=\frac{1-\cos 2x}{2}$.

13. 展开 $\frac{\mathrm{d}}{\mathrm{d}x}\left(\frac{e^x-1}{x}\right)$ 为 x 的幂级数,并推出 $1=\sum_{n=1}^{\infty} \frac{n}{(n+1)!}$.

14. 求下列函数的幂级数展开式,并求出收敛半径:

(1) $\int_0^x \frac{\sin t}{t}\mathrm{d}t$;　　(2) $\int_0^x \cos t^2 \mathrm{d}t$.

15. 求下列级数的和:

(1) $\sum_{n=1}^{\infty} \frac{x^n}{n!}$;　　(2) $\sum_{n=1}^{\infty} (-1)^{n+1} \frac{x^{n+1}}{n(n+1)}$;

(3) $\sum_{n=1}^{\infty} n^2 x^{n-1}$;　　(4) $\sum_{n=0}^{\infty} \frac{(2n+1)x^{2n}}{n!}$.

本章小结

第十二章 傅里叶级数和傅里叶变换

§1 函数的傅里叶级数展开

一、傅里叶级数的引进

在物理学中，已经知道最简单的波是谐波(正弦波)，它是形如 $A\sin(\omega t+\varphi)$ 的波，其中 A 是振幅，ω 是角频率，φ 是初相位．其他的波如矩形波，锯齿形波等往往都可以用一系列谐波的叠加表示出来．这就是说，设 $f(t)$ 是一个周期为 T 的波，在一定条件下(本章将讨论这个条件)可以把它写成

$$\begin{aligned} f(t) &= A_0 + \sum_{n=1}^{\infty} A_n \sin(n\omega t + \varphi_n) \\ &= A_0 + \sum_{n=1}^{\infty} (a_n \cos n\omega t + b_n \sin n\omega t), \end{aligned}$$

其中 $A_n\sin(n\omega t+\varphi_n)=a_n\cos n\omega t+b_n\sin n\omega t$ 是 n 阶谐波，$\omega=\dfrac{2\pi}{T}$．称上式右端的级数是由 $f(t)$ 所确定的**傅里叶**(Fourier)**级数**，它是一种三角级数．在数学的理论和应用中以及在工程技术中，傅里叶级数是一个很有用的工具．

本章主要讨论的问题是：在什么条件下可以把一个周期函数展开成傅里叶级数，以及如何将它展开成傅里叶级数．

二、三角函数系的正交性

在傅里叶级数的讨论中，三角函数系的正交性起主要作用，现在介绍这个概念．

设 c 是任意实数，$[c,c+2\pi]$ 是长度为 2π 的区间，由于三角函数 $\cos kx$，$\sin kx$ 是周期为 2π 的函数，经过简单计算，有

$$\left.\begin{aligned} &\int_c^{c+2\pi} \cos kx\mathrm{d}x = \int_0^{2\pi} \cos kx\mathrm{d}x = 0, \\ &\int_c^{c+2\pi} \sin kx\mathrm{d}x = \int_0^{2\pi} \sin kx\mathrm{d}x = 0, \end{aligned} \quad k=1,2,\cdots,\right\} \tag{1}$$

利用积化和差的三角公式容易证明

$$\left.\begin{aligned}&\int_c^{c+2\pi}\sin kx\cos lx\mathrm{d}x=0,\\&\int_c^{c+2\pi}\sin kx\sin lx\mathrm{d}x=0,\ k\neq l;k,l=1,2,\cdots,\\&\int_c^{c+2\pi}\cos kx\cos lx\mathrm{d}x=0,\end{aligned}\right\}\tag{2}$$

还有

$$\left.\begin{aligned}&\int_c^{c+2\pi}\cos^2kx\mathrm{d}x=\int_0^{2\pi}\cos^2kx\mathrm{d}x=\int_0^{2\pi}\frac{1+\cos 2kx}{2}\mathrm{d}x=\pi,\\&\int_c^{c+2\pi}\sin^2kx\mathrm{d}x=\pi,k=1,2,\cdots.\\&\int_c^{c+2\pi}1^2\mathrm{d}x=2\pi,\end{aligned}\right\}\tag{3}$$

现在考察三角函数系

$$\{1,\cos x,\sin x,\cos 2x,\sin 2x,\cdots,\cos nx,\sin nx,\cdots\},$$

其中每一个函数在长为 2π 的区间上定义，其中任何两个不同的函数的乘积沿区间上的积分等于零（见(1)，(2)），而每个函数自身平方的积分非零（见(3)）．称这个函数系在长为 2π 的区间上**具有正交性**；以后为确定起见，长度为 2π 的区间常取为 $[-\pi,\pi]$ 或 $[0,2\pi]$．为什么称上述具有等式(1)，(2)，(3)的三角函数系有正交性呢？可以用空间直角坐标系中的基本单位向量 $\boldsymbol{i},\boldsymbol{j},\boldsymbol{k}$ 来作类比，$\boldsymbol{i},\boldsymbol{j},\boldsymbol{k}$ 具有正交性，即

$$\left.\begin{aligned}&\boldsymbol{i}\cdot\boldsymbol{j}=0,\quad \boldsymbol{j}\cdot\boldsymbol{k}=0,\quad \boldsymbol{k}\cdot\boldsymbol{i}=0,\\&\boldsymbol{i}\cdot\boldsymbol{i}=1,\quad \boldsymbol{j}\cdot\boldsymbol{j}=1,\quad \boldsymbol{k}\cdot\boldsymbol{k}=1,\end{aligned}\right\}\tag{4}$$

容易看出，(1)，(2)，(3)和(4)是十分相似的．

三、傅里叶系数

设函数 $f(x)$ 已展开为区间 $[-\pi,\pi]$ 上的一致收敛的三角级数

$$f(x)=\frac{a_0}{2}+\sum_{k=1}^{\infty}(a_k\cos kx+b_k\sin kx),$$

现在利用三角函数系的正交性来研究系数 $a_0,a_k,b_k(k=1,2,\cdots)$ 与 $f(x)$ 的关系．将上述展开式沿区间 $[-\pi,\pi]$ 积分，右边级数可以逐项积分，由(1)得到

$$\int_{-\pi}^{\pi}f(x)\mathrm{d}x=\frac{a_0}{2}\cdot 2\pi=a_0\pi,$$

即

$$a_0=\frac{1}{\pi}\int_{-\pi}^{\pi}f(x)\mathrm{d}x.$$

又设 n 是任一正整数，对 $f(x)$ 的展开式的两边乘以 $\cos nx$，沿 $[-\pi,\pi]$ 积分，由假定，右边可以逐项积分，由(1)，(2)和(3)，得到

$$\begin{aligned}&\int_{-\pi}^{\pi}f(x)\cos nx\mathrm{d}x\\&=\frac{a_0}{2}\int_{-\pi}^{\pi}\cos nx\mathrm{d}x+\sum_{k=1}^{\infty}\Big(a_k\int_{-\pi}^{\pi}\cos kx\cos nx\mathrm{d}x+\end{aligned}$$

$$b_k\int_{-\pi}^{\pi}\sin kx\cos nx\mathrm{d}x\Big)$$

$$=\int_{-\pi}^{\pi}a_n\cos^2 nx\mathrm{d}x=a_n\pi,$$

即
$$a_n=\frac{1}{\pi}\int_{-\pi}^{\pi}f(x)\cos nx\mathrm{d}x,$$

同样可得
$$b_n=\frac{1}{\pi}\int_{-\pi}^{\pi}f(x)\sin nx\mathrm{d}x,$$

因此得到**欧拉-傅里叶公式**

$$a_k=\frac{1}{\pi}\int_{-\pi}^{\pi}f(x)\cos kx\mathrm{d}x\ (k=0,1,2,\cdots),$$

$$b_k=\frac{1}{\pi}\int_{-\pi}^{\pi}f(x)\sin kx\mathrm{d}x\ (k=1,2,\cdots).$$

以上是在 $f(x)$ 已展开为一致收敛的三角级数的假定下得到系数的表示式的. 然而从欧拉-傅里叶公式的形式上看,只要周期为 2π 的函数 $f(x)$ 在区间 $[-\pi,\pi]$ 上可积和绝对可积(如果 $f(x)$ 是有界函数,则假定它是可积的,这时它一定是绝对可积的;如果 $f(x)$ 是无界函数,就假定它是绝对可积,因而也是可积的. 这样,不论哪一种情形,都是可积和绝对可积了),就可以按欧拉-傅里叶公式来确定所有的数 a_k,b_k,从而作出三角级数

$$\frac{a_0}{2}+\sum_{k=1}^{\infty}(a_k\cos kx+b_k\sin kx),$$

称这级数是 $f(x)$ 关于三角函数系 $\{1,\cos x,\sin x,\cdots\}$ 的傅里叶级数,而 a_k,b_k 称为 $f(x)$ 的**傅里叶系数**,记为

$$f(x)\sim\frac{a_0}{2}+\sum_{k=1}^{\infty}(a_k\cos kx+b_k\sin kx).$$

对于函数 $f(x)$ 尽管已经作出傅里叶级数,但还不能断定它是收敛的,并且即使它在一点 x 收敛了,还不能肯定它是否收敛于函数值 $f(x)$.

四、收敛判别法

在本章中先给出下列判别法,并举例说明函数的傅里叶级数展开,然后再证明所给的判别法.

傅里叶级数的收敛判别法. 设函数 $f(x)$ 在 $[-\pi,\pi]$ 上可积和绝对可积

$$f(x)\sim\frac{a_0}{2}+\sum_{n=1}^{\infty}(a_n\cos nx+b_n\sin nx).$$

若 $f(x)$ 在 x 点的左右极限 $f(x-0)$ 和 $f(x+0)$ 都存在,并且两个广义单侧导数

$$\lim_{\Delta x\to+0}\frac{f(x+\Delta x)-f(x+0)}{\Delta x},\quad \lim_{\Delta x\to-0}\frac{f(x+\Delta x)-f(x-0)}{\Delta x}$$

都存在,则 $f(x)$ 的傅里叶级数在 x 点收敛. 当 x 是 $f(x)$ 的连续点时它收敛于 $f(x)$,当 x 是 $f(x)$ 的间断点(一定是第一类间断点)时收敛于 $\frac{1}{2}[f(x+0)+f(x-0)]$.

特别,若 $f(x)$ 在 x 点可导或两个单侧导数 $f'_-(x)$ 和 $f'_+(x)$ 都存在,则 $f(x)$ 的傅

里叶级数在 x 点收敛于 $f(x)$.

例 1　在 $[-\pi,\pi]$ 上展开函数 $f(x)=x$ 为傅里叶级数.

解　在 $[-\pi,\pi]$ 上，x 是奇函数，所以 $a_k=0$；

$$b_k=\frac{2}{\pi}\int_0^{\pi}x\sin kx\mathrm{d}x=\frac{2}{\pi}\left[-\frac{x\cos kx}{k}\Bigg|_0^{\pi}+\frac{1}{k}\int_0^{\pi}\cos kx\mathrm{d}x\right]$$

$$=\frac{(-1)^{k-1}\cdot 2}{k},$$

于是

$$f(x)\sim 2\left(\sin x-\frac{\sin 2x}{2}+\frac{\sin 3x}{3}-\cdots+(-1)^{k-1}\frac{\sin kx}{k}+\cdots\right).$$

右边级数在 $[-\pi,\pi]$ 上的收敛情况根据收敛判别法知

$$f(x)\sim 2\sum_{k=1}^{\infty}\frac{(-1)^{k-1}\sin kx}{k}=\begin{cases}x, & -\pi<x<\pi,\\0, & x=\pm\pi,\end{cases}$$

而在其他区间上，例如在 $[\pi,3\pi]$ 上为

$$2\sum_{k=1}^{\infty}\frac{(-1)^{k-1}\sin kx}{k}=\begin{cases}x-2\pi, & \pi<x<3\pi,\\0, & x=\pi,3\pi,\end{cases}$$

其傅里叶级数的图形如图 12-1 所示.

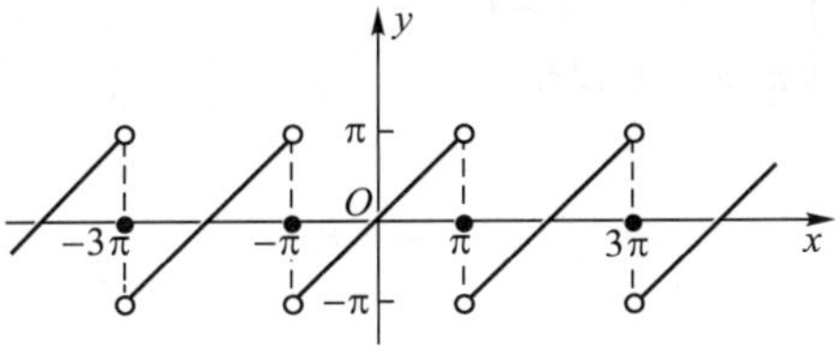

图 12-1

例 2　在 $[-\pi,\pi]$ 上展开函数

$$f(x)=\begin{cases}c_1, & -\pi<x<0,\\c_2, & 0<x<\pi\end{cases}$$

为傅里叶级数.

解

$$a_0=\frac{1}{\pi}\int_{-\pi}^{\pi}f(x)\mathrm{d}x=\frac{1}{\pi}\left(\int_{-\pi}^{0}c_1\mathrm{d}x+\int_0^{\pi}c_2\mathrm{d}x\right)=c_1+c_2,$$

$$a_k=\frac{1}{\pi}\left(\int_{-\pi}^{0}c_1\cos kx\mathrm{d}x+\int_0^{\pi}c_2\cos kx\mathrm{d}x\right)=0,$$

$$b_k=\frac{1}{\pi}\left(\int_{-\pi}^{0}c_1\sin kx\mathrm{d}x+\int_0^{\pi}c_2\sin kx\mathrm{d}x\right)$$

$$=\frac{[(-1)^k-1]}{\pi k}(c_1-c_2)=\begin{cases}0, & k\text{ 为偶数},\\\dfrac{2(c_2-c_1)}{\pi k}, & k\text{ 为奇数},\end{cases}$$

所以

$$f(x)\sim\frac{c_1+c_2}{2}+\frac{2(c_2-c_1)}{\pi}\left[\sin x+\frac{\sin 3x}{3}+\cdots+\frac{\sin(2k+1)x}{2k+1}+\cdots\right]$$

$$=\begin{cases}c_1, & -\pi<x<0,\\ c_2, & 0<x<\pi,\\ \dfrac{c_1+c_2}{2}, & x=0,\pm\pi.\end{cases}$$

例 3　在$[0,2\pi]$上展开$f(x)=x$为傅里叶级数.

解
$$a_0=\frac{1}{\pi}\int_0^{2\pi}x\mathrm{d}x=2\pi,$$

$$a_k=\frac{1}{\pi}\int_0^{2\pi}x\cos kx\mathrm{d}x$$

$$=\frac{1}{k\pi}x\sin kx\Big|_0^{2\pi}-\frac{1}{k\pi}\int_0^{2\pi}\sin kx\mathrm{d}x=0,$$

$$b_k=\frac{1}{\pi}\int_0^{2\pi}x\sin kx\mathrm{d}x=-\frac{2}{k},$$

$$f(x)\sim\pi-2\left(\sin x+\frac{\sin 2x}{2}+\cdots+\frac{\sin kx}{k}+\cdots\right)$$

$$=\begin{cases}x, 0<x<2\pi,\\ \pi, x=0,2\pi,\end{cases}$$

从此得到

$$\frac{\pi-x}{2}=\sin x+\frac{\sin 2x}{2}+\cdots+\frac{\sin kx}{k}+\cdots\quad(0<x<2\pi).$$

其傅里叶级数的图形如图 12-2 所示.

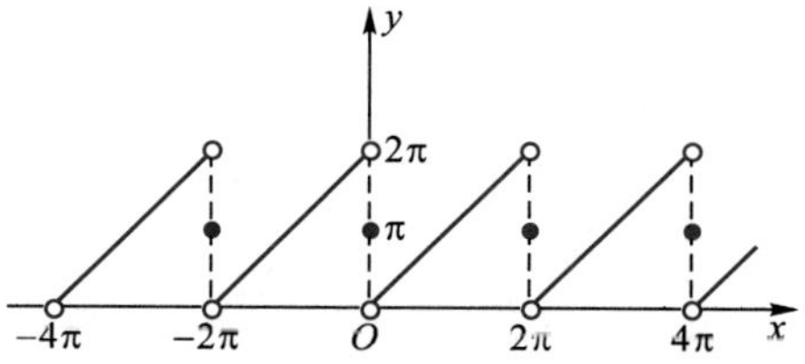

图 12-2

例 4　将$f(x)=x$在$[0,\pi]$上展开为余弦级数.

解　这一函数只在$[0,\pi]$上有定义,因此需要把它延拓为整个实轴上有定义的周期函数,再根据题意,还必须把它延拓为偶函数. 图 12-3 是根据上述要求画出的延拓后的函数图形.

$$a_0=\frac{2}{\pi}\int_0^{\pi}x\mathrm{d}x=\pi,$$

$$a_k=\frac{2}{\pi}\int_0^{\pi}x\cos kx\mathrm{d}x$$

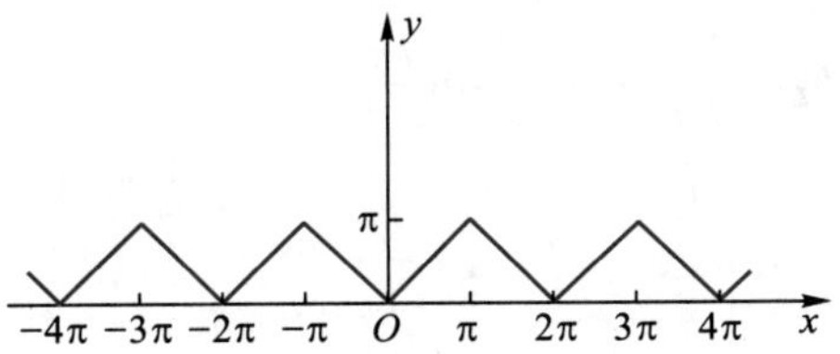

图 12-3

$$=\frac{2}{k^2\pi}[(-1)^k-1]=\begin{cases}0, & k\text{ 为偶数},\\ -\dfrac{4}{\pi k^2}, & k\text{ 为奇数},\end{cases}$$

$$b_k=0\quad(\text{因为延拓后的函数为偶函数}),$$

故有

$$x=\frac{\pi}{2}-\frac{4}{\pi}\left(\cos x+\frac{\cos 3x}{3^2}+\cdots+\frac{\cos(2k-1)x}{(2k-1)^2}+\cdots\right)\ (0\leqslant x\leqslant\pi),$$

在$[-\pi,0]$上,右边的级数之和为$-x$.

再来考虑周期为 T 的函数的展开. 设 $f(x)$ 是周期为 T 的函数,它在 $\left[-\dfrac{T}{2},\dfrac{T}{2}\right]$ 上可积和绝对可积,作变换 $x=\dfrac{T}{2\pi}\xi$,那么

$$\varphi(\xi)=f\left(\frac{T}{2\pi}\xi\right)=f(x)$$

是 $\xi\in[-\pi,\pi]$ 上的可积和绝对可积函数,于是有

$$\varphi(\xi)\sim\frac{a_0}{2}+\sum_{k=1}^{\infty}(a_k\cos k\xi+b_k\sin k\xi),$$

$$\begin{aligned}a_k&=\frac{1}{\pi}\int_{-\pi}^{\pi}\varphi(\xi)\cos k\xi\mathrm{d}\xi\\&=\frac{2}{T}\int_{-T/2}^{T/2}f(x)\cos k\omega x\mathrm{d}x,\ \omega=\frac{2\pi}{T},\\ b_k&=\frac{2}{T}\int_{-T/2}^{T/2}f(x)\sin k\omega x\mathrm{d}x,\end{aligned}$$

这时得

$$f(x)\sim\frac{a_0}{2}+\sum_{k=1}^{\infty}(a_k\cos k\omega x+b_k\sin k\omega x),$$

其中 $\omega=\dfrac{2\pi}{T}$是角频率,$a_k\cos k\omega x+b_k\sin k\omega x$ 是 k 阶谐波.

例 5　将以下函数展开为正弦级数

$$f(x)=\begin{cases}\sin\dfrac{\pi x}{l}, & 0<x<\dfrac{l}{2},\\ 0, & \dfrac{l}{2}<x<l.\end{cases}$$

解　与例 4 相仿,必须先将 $f(x)$ 作奇函数延拓,延拓后得

$$a_k=0\ (k=0,1,2,\cdots),$$

$$b_1=\frac{2}{l}\int_0^{\frac{l}{2}}\sin^2\frac{\pi x}{l}\mathrm{d}x=\frac{2}{\pi}\int_0^{\frac{\pi}{2}}\sin^2 t\mathrm{d}t=\frac{1}{2},$$

$$b_k=\frac{2}{l}\int_0^{\frac{l}{2}}\sin\frac{\pi x}{l}\sin\frac{k\pi x}{l}\mathrm{d}x$$

$$=\begin{cases}0, & k>1, k\text{ 为奇数},\\ -\dfrac{(-1)^{\frac{k}{2}}2k}{\pi(k^2-1)}, & k\text{ 为偶数},\end{cases}$$

$$f(x)\sim\frac{1}{2}\sin\frac{\pi x}{l}-\frac{4}{\pi}\sum_{n=1}^{\infty}\frac{(-1)^n n}{4n^2-1}\sin\frac{2n\pi x}{l}$$

$$=\begin{cases}\sin\dfrac{\pi x}{l}, & 0<x<\dfrac{l}{2},\\ 0, & \dfrac{l}{2}<x<l,\\ \dfrac{1}{2}, & x=\dfrac{l}{2},\\ 0, & x=0,l,\end{cases}$$

其傅里叶级数的图形如图 12-4 所示.

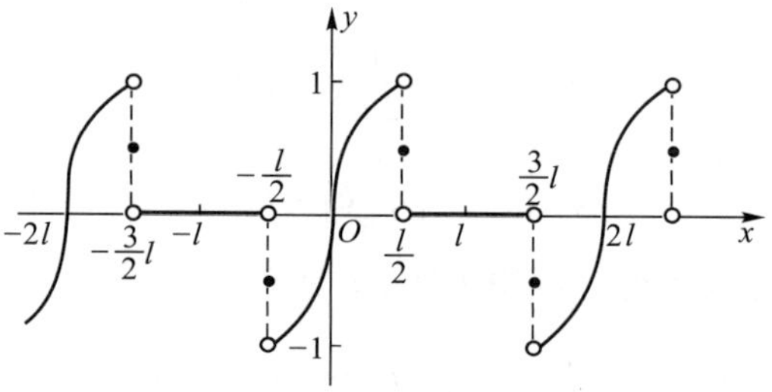

图 12-4

五、傅里叶级数的复数形式

傅里叶级数的 n 阶谐波 $a_n\cos n\omega t+b_n\sin n\omega t$ ($n=1,2,\cdots$) 可以用复数形式表示. 在讨论交流电路、频谱分析等问题时,利用这种形式往往可以简化计算.

由欧拉公式

$$\cos\theta=\frac{1}{2}(\mathrm{e}^{\mathrm{i}\theta}+\mathrm{e}^{-\mathrm{i}\theta}),$$

$$\sin\theta=\frac{1}{2\mathrm{i}}(\mathrm{e}^{\mathrm{i}\theta}-\mathrm{e}^{-\mathrm{i}\theta})=-\frac{\mathrm{i}}{2}(\mathrm{e}^{\mathrm{i}\theta}-\mathrm{e}^{-\mathrm{i}\theta})$$

得

$$\frac{a_0}{2}+\sum_{n=1}^{\infty}(a_n\cos n\omega t+b_n\sin n\omega t)$$

$$=\frac{a_0}{2}+\sum_{n=1}^{\infty}\left(\frac{a_n-\mathrm{i}b_n}{2}\mathrm{e}^{\mathrm{i}n\omega t}+\frac{a_n+\mathrm{i}b_n}{2}\mathrm{e}^{-\mathrm{i}n\omega t}\right).$$

如果记　$a_0=c_0$, $a_n-\mathrm{i}b_n=c_n$, $a_n+\mathrm{i}b_n=c_{-n}$ ($n=1,2,\cdots$) 那么上面的傅里叶级数就化成一个简洁的形式

$$\frac{1}{2}\sum_{n=-\infty}^{+\infty}c_n\mathrm{e}^{\mathrm{i}n\omega t},$$

这就是傅里叶级数的复数形式，c_n 为**复振幅**，c_n 与 c_{-n} 是一对共轭复数.

$$\begin{aligned} c_n &= a_n - \mathrm{i}b_n \\ &= \frac{2}{T}\int_{-\frac{T}{2}}^{\frac{T}{2}} f(t)\cos n\omega t\mathrm{d}t - \mathrm{i}\frac{2}{T}\int_{-\frac{T}{2}}^{\frac{T}{2}} f(t)\sin n\omega t\mathrm{d}t \\ &= \frac{2}{T}\int_{-\frac{T}{2}}^{\frac{T}{2}} f(t)\mathrm{e}^{-\mathrm{i}n\omega t}\mathrm{d}t \ (n=1,2,\cdots), \end{aligned}$$

同样可得

$$c_{-n} = a_n + \mathrm{i}b_n = \frac{2}{T}\int_{-\frac{T}{2}}^{\frac{T}{2}} f(t)\mathrm{e}^{\mathrm{i}n\omega t}\mathrm{d}t \ (n=1,2,\cdots),$$

$$c_0 = a_0 = \frac{2}{T}\int_{-\frac{T}{2}}^{\frac{T}{2}} f(t)\mathrm{d}t,$$

归结成一个形式，就有

$$c_n = \frac{2}{T}\int_{-\frac{T}{2}}^{\frac{T}{2}} f(t)\mathrm{e}^{-\mathrm{i}n\omega t}\mathrm{d}t$$

$$\left(\text{其中 } \omega = \frac{2\pi}{T}, n = 0, \pm 1, \pm 2, \cdots\right).$$

n 阶谐波的振幅在实数形式中为 $A_n = \sqrt{a_n^2 + b_n^2}$，在复数形式中，由于 $c_n = a_n - \mathrm{i}b_n$，$c_{-n} = a_n + \mathrm{i}b_n$，得知 $A_n = |c_n| = |c_{-n}|$，即复振幅 c_n 的模正好就是 n 阶谐波的振幅.

六、收敛判别法的证明

1. 狄利克雷积分

为了研究傅里叶级数的收敛性问题，必须把傅里叶级数的部分和表示为一个特定形式的反常积分——**狄利克雷积分**.

设 $f(x)$ 在 $[-\pi, \pi]$ 上可积和绝对可积，它的傅里叶级数为

$$f(x) \sim \frac{a_0}{2} + \sum_{k=1}^{\infty}(a_k\cos kx + b_k\sin kx),$$

其中

$$a_k = \frac{1}{\pi}\int_{-\pi}^{\pi} f(t)\cos kt\mathrm{d}t \ (k=0,1,2,\cdots),$$

$$b_k = \frac{1}{\pi}\int_{-\pi}^{\pi} f(t)\sin kt\mathrm{d}t \quad (k=1,2,\cdots),$$

傅里叶级数的部分和

$$\begin{aligned} S_n[f(x)] &= \frac{a_0}{2} + \sum_{k=1}^{n}(a_k\cos kx + b_k\sin kx) \\ &= \frac{1}{\pi}\int_{-\pi}^{\pi} f(t)\left[\frac{1}{2} + \sum_{k=1}^{n}(\cos kt\cos kx + \sin kt\sin kx)\right]\mathrm{d}t \\ &= \frac{1}{\pi}\int_{-\pi}^{\pi} f(t)\left[\frac{1}{2} + \sum_{k=1}^{n}\cos k(t-x)\right]\mathrm{d}t. \end{aligned}$$

由三角公式

$$2\sin\frac{\varphi}{2}\left(\frac{1}{2}+\cos\varphi+\cos 2\varphi+\cdots+\cos n\varphi\right)=\sin\frac{2n+1}{2}\varphi,$$

当 $\sin\frac{\varphi}{2}\neq 0$,有公式

$$\frac{1}{2}+\cos\varphi+\cdots+\cos n\varphi=\frac{\sin\frac{2n+1}{2}\varphi}{2\sin\frac{\varphi}{2}},$$

当 $\varphi=0$ 时把右边理解为 $\varphi\to 0$ 时的极限值,这一等式也就成立. 把它应用到 $S_n[f(x)]$的表示式中,得到

$$S_n[f(x)]=\frac{1}{\pi}\int_{-\pi}^{\pi}f(t)\frac{\sin\frac{2n+1}{2}(t-x)}{2\sin\frac{t-x}{2}}\mathrm{d}t.$$

经过验证知道,被积函数是 t 的周期为 2π 的函数,可以把积分区间换为$[x-\pi,x+\pi]$,因此

$$S_n[f(x)]=\frac{1}{\pi}\int_{x-\pi}^{x+\pi}f(t)\frac{\sin\frac{2n+1}{2}(t-x)}{2\sin\frac{t-x}{2}}\mathrm{d}t,$$

作代换 $t-x=u$,得

$$\begin{aligned}S_n[f(x)]&=\frac{1}{\pi}\int_{-\pi}^{\pi}f(x+u)\frac{\sin\frac{2n+1}{2}u}{2\sin\frac{u}{2}}\mathrm{d}u\\&=\frac{1}{\pi}\left[\int_0^{\pi}+\int_{-\pi}^{0}\right]f(x+u)\frac{\sin\frac{2n+1}{2}u}{2\sin\frac{u}{2}}\mathrm{d}u\\&=\frac{1}{\pi}\int_0^{\pi}[f(x+u)+f(x-u)]\frac{\sin\frac{2n+1}{2}u}{2\sin\frac{u}{2}}\mathrm{d}u.\end{aligned}$$

上面 $S_n[f(x)]$的几种积分表达式都称为**狄利克雷积分**. 又因为

$$\frac{2}{\pi}\int_0^{\pi}\frac{\sin\frac{2n+1}{2}u}{2\sin\frac{u}{2}}\mathrm{d}u=\frac{2}{\pi}\int_0^{\pi}\left(\frac{1}{2}+\sum_{k=1}^{n}\cos ku\right)\mathrm{d}u=1,$$

所以

$$S_n[f(x)]-s=\frac{1}{\pi}\int_0^{\pi}[f(x+u)+f(x-u)-2s]\frac{\sin\frac{2n+1}{2}u}{2\sin\frac{u}{2}}\mathrm{d}u,$$

这样,把考察 $S_n[f(x)]$ 收敛问题以及收敛于 s 的问题,变为讨论上述积分是否收敛于零的问题. 如果记

$$\varphi(u)=f(x+u)+f(x-u)-2s,$$

那么傅里叶级数在 x 点是否收敛,就看能否取到适当的 s,使以下的极限式成立

$$\lim_{n\to\infty}\frac{1}{\pi}\int_0^{\pi}\varphi(u)\frac{\sin\frac{2n+1}{2}u}{2\sin\frac{u}{2}}\mathrm{d}u=0,$$

如果这极限式成立,$f(x)$ 的傅里叶级数在 x 点就收敛于 s.

2. 黎曼引理

为了讨论上述积分的收敛问题,先讲一个重要的引理.

黎曼引理　设函数 $\psi(u)$ 在区间 $[a,b]$ 上可积和绝对可积,那么以下的极限式成立

$$\lim_{p\to+\infty}\int_a^b\psi(u)\sin pu\mathrm{d}u=0,\ \lim_{p\to+\infty}\int_a^b\psi(u)\cos pu\mathrm{d}u=0.$$

证明　1° 先设 $\psi(u)$ 在 $[a,b]$ 上有界可积. 注意到对任意区间 $[a,b]$,有

$$\left|\int_a^b\sin pu\mathrm{d}u\right|=\left|\frac{-\cos pb+\cos pa}{p}\right|\leqslant\frac{2}{p}.$$

现在把区间 $[a,b]$ 分为小区间:$a=u_0<u_1<\cdots<u_n=b$,$\Delta u_i=u_i-u_{i-1}$,M_i,m_i 分别是 $\psi(u)$ 在 $[u_{i-1},u_i]$ 的上、下确界,$\omega_i=M_i-m_i$,就有

$$\begin{aligned}&\left|\int_a^b\psi(u)\sin pu\mathrm{d}u\right|\\=&\left|\sum_{i=1}^n\int_{u_{i-1}}^{u_i}\psi(u)\sin pu\mathrm{d}u\right|\\=&\left|\sum_{i=1}^n\int_{u_{i-1}}^{u_i}[\psi(u)-m_i]\sin pu\mathrm{d}u+\sum_{i=1}^n\int_{u_{i-1}}^{u_i}m_i\sin pu\mathrm{d}u\right|\\\leqslant&\sum_{i=1}^n\int_{u_{i-1}}^{u_i}|\psi(u)-m_i|\mathrm{d}u+\sum_{i=1}^n|m_i|\left|\int_{u_{i-1}}^{u_i}\sin pu\mathrm{d}u\right|\\\leqslant&\sum_{i=1}^n\omega_i\Delta u_i+\frac{2}{p}\sum_{i=1}^n|m_i|,\end{aligned}$$

由于 $\psi(u)$ 可积,对于任意正数 ε,存在划分,使

$$\sum_{i=1}^n\omega_i\Delta u_i<\frac{\varepsilon}{2},$$

这时 $\sum\limits_{i=1}^n|m_i|$ 已定,再取 p 充分大 $p\geqslant p_0$,可使

$$\frac{2}{p}\sum_{i=1}^n|m_i|<\frac{\varepsilon}{2},$$

因此,只要 $p\geqslant p_0$,就有

$$\left|\int_a^b \psi(u)\sin pu\mathrm{d}u\right| < \varepsilon,$$

此即

$$\lim_{p\to+\infty}\int_a^b \psi(u)\sin pu\mathrm{d}u = 0.$$

2° 设 $\psi(u)$是无界且绝对可积的，不妨设只有 b 点是奇点. 因为$|\psi(u)|$可积，所以对 $\varepsilon>0$，存在 $\eta>0$，使

$$\int_{b-\eta}^b |\psi(u)|\mathrm{d}u < \varepsilon,$$

从而

$$\left|\int_a^b \psi(u)\sin pu\mathrm{d}u\right| \leqslant \left|\int_a^{b-\eta} \psi(u)\sin pu\mathrm{d}u\right| + \left|\int_{b-\eta}^b \psi(u)\sin pu\mathrm{d}u\right|,$$

右边的第一项根据 1°，当 p 充分大，可使它小于 ε；而后一积分的绝对值小于 $\int_{b-\eta}^b |\psi(u)|\mathrm{d}u < \varepsilon$，所以当 p 充分大时

$$\left|\int_a^b \psi(u)\sin pu\mathrm{d}u\right| < 2\varepsilon,$$

即

$$\lim_{p\to+\infty}\int_a^b \psi(u)\sin pu\mathrm{d}u = 0.$$

同理可证

$$\lim_{p\to+\infty}\int_a^b \psi(u)\cos pu\mathrm{d}u = 0.$$

利用黎曼引理可以证明傅里叶级数的一些性质.

1° 从函数 $f(x)$ 的傅里叶系数的欧拉-傅里叶公式来看，傅里叶系数与函数 $f(x)$ 在整个积分区间上的值有关，由此似乎可以断言傅里叶级数在任何点 x 的收敛性必定与函数在整个区间上的值有关. 其实不然，这就是下面的局部性定理：

局部性定理　函数 $f(x)$ 的傅里叶级数在 x 点的收敛和发散情况，只和 $f(x)$ 在这一点的充分邻近区域的值有关.

证明　将 $S_n[f(x)]$ 的积分分成两部分

$$\frac{1}{\pi}\int_0^{\pi}[f(x+u)+f(x-u)]\frac{\sin\frac{2n+1}{2}u}{2\sin\frac{u}{2}}\mathrm{d}u = \frac{1}{\pi}\left[\int_0^{\delta}+\int_{\delta}^{\pi}\right],$$

这里 $0<\delta<\pi$. 把第二个积分写为

$$\frac{1}{\pi}\int_{\delta}^{\pi}\frac{f(x+u)+f(x-u)}{2\sin\frac{u}{2}}\cdot\sin\left(n+\frac{1}{2}\right)u\mathrm{d}u,$$

积分号下的分式函数是可积和绝对可积的函数 $f(x+u)+f(x-u)$ 同有界连续函数 $\dfrac{1}{2\sin\frac{u}{2}}$ 的乘积，因此也是可积和绝对可积的. 由黎曼引理推知，当 $n\to\infty$ 时，这一积分趋于零，所以 $S_n[f(x)]$ 的收敛问题就完全决定于积分

$$\frac{1}{\pi}\int_0^{\delta}[f(x+u)+f(x-u)]\frac{\sin\frac{2n+1}{2}u}{2\sin\frac{u}{2}}\mathrm{d}u$$

当 $n\to\infty$ 的极限情况. 但在这积分中只涉及函数 $f(x)$ 在区间 $[x-\delta,x+\delta]$ 内的值,又 δ 是任意正数,这就证明了结论.

从以上的说明推知,如果两个函数 $f(x)$,$g(x)$ 在 x 点的一邻域内取值相同,不论在其他点处数值如何,它们的傅里叶级数在 x 点的收敛或发散情况相同.

2° 应用黎曼引理立即推出:可积和绝对可积函数的傅里叶系数 a_n,b_n 趋于零

$$\lim_{n\to\infty}a_n=\lim_{n\to+\infty}\frac{1}{\pi}\int_{-\pi}^{\pi}f(t)\cos nt\mathrm{d}t=0,$$

$$\lim_{n\to\infty}b_n=\lim_{n\to+\infty}\frac{1}{\pi}\int_{-\pi}^{\pi}f(t)\sin nt\mathrm{d}t=0.$$

3° 为了便于得到收敛性的充分条件,应用黎曼引理可以进一步改变要讨论的积分,就是要证明当 $n\to\infty$ 时,两个积分

$$\frac{1}{\pi}\int_0^{\pi}\varphi(u)\frac{\sin\frac{2n+1}{2}u}{2\sin\frac{u}{2}}\mathrm{d}u,\qquad\frac{1}{\pi}\int_0^{\pi}\varphi(u)\frac{\sin\frac{2n+1}{2}u}{u}\mathrm{d}u$$

的收敛情况相同,即

$$\lim_{n\to+\infty}\frac{1}{\pi}\int_0^{\pi}\varphi(u)\left(\frac{1}{2\sin\frac{u}{2}}-\frac{1}{u}\right)\sin\frac{2n+1}{2}u\mathrm{d}u=0.$$

并且类似于 1°的讨论,可推知傅里叶级数的收敛问题,只要讨论

$$\frac{1}{\pi}\int_0^{\delta}[f(x+u)+f(x-u)]\frac{\sin\frac{2n+1}{2}u}{u}\mathrm{d}u$$

当 $n\to+\infty$ 的收敛情况.

事实上
$$\frac{1}{2\sin\frac{u}{2}}-\frac{1}{u}=\frac{u-2\sin\frac{u}{2}}{2u\sin\frac{u}{2}}\to0\ (u\to0),$$

它是 $[0,\pi]$ 上的有界连续函数(在 $u=0$ 时,规定它的值等于零),又 $\varphi(u)$ 可积和绝对可积,所以 $\varphi(u)\left(\frac{1}{2\sin\frac{u}{2}}-\frac{1}{u}\right)$ 也是如此,应用黎曼引理就得到要证的结论.

3. 迪尼(Dini)判别法及其推论

迪尼定理(迪尼判别法)　设能取到适当的 s,使由函数 $f(x)$ 以及 x 点所作出的 $\varphi(u)=f(x+u)+f(x-u)-2s$ 满足条件:对某正数 h,使在 $[0,h]$ 上,$\frac{\varphi(u)}{u}$ 为可积和绝对可积,那么 $f(x)$ 的傅里叶级数在 x 点收敛于 s.

证明　因为 f 可积和绝对可积,所以

$$\frac{\varphi(u)}{u}=\frac{f(x+u)+f(x-u)-2s}{u}$$

在$[h,\pi]$上可积和绝对可积，又由假定$\frac{\varphi(u)}{u}$在$[0,h]$上也是如此．由黎曼引理知道

$$\lim_{n\to+\infty}\frac{1}{\pi}\int_0^{\pi}\frac{\varphi(u)}{u}\sin\frac{2n+1}{2}u\,\mathrm{d}u=0,$$

这表示

$$\lim_{n\to+\infty}S_n[f(x)]=s.$$

通常遇到的函数中，在点x连续或是有第一类间断的情形是常见的，这时$f(x+0)$和$f(x-0)$存在，以后只讨论这种函数的收敛性问题，而常假设

$$s=\frac{f(x+0)+f(x-0)}{2}$$

来进行讨论．特别当$f(x)$在点x连续时，取$s=f(x)$．利用迪尼定理可以得到一些收敛的充分条件．

对于上面所说的点x，在取了这样的s以后，可写出

$$\frac{\varphi(u)}{u}=\frac{f(x+u)+f(x-u)-f(x+0)-f(x-0)}{u}$$
$$=\frac{f(x+u)-f(x+0)}{u}+\frac{f(x-u)-f(x-0)}{u},$$

显然，如果$\frac{f(x+u)-f(x+0)}{u}$和$\frac{f(x-u)-f(x-0)}{u}$在$[0,h]$上是可积和绝对可积的，$\frac{\varphi(u)}{u}$就能满足迪尼定理的条件，从而$f(x)$的傅里叶级数在x点收敛于$\frac{f(x+0)+f(x-0)}{2}$．

利普希茨(Lipschitz)判别法(迪尼判别法的一个推论)

如果函数$f(x)$在x点连续，并且对于充分小的正数u，在x点的利普希茨条件

$$|f(x\pm u)-f(x)|<Lu^{\alpha}\ (0<u\leqslant h)$$

成立，其中L,α皆是正数，且$\alpha\leqslant1$，那么$f(x)$的傅里叶级数在x点收敛于$f(x)$．更一般地，如果对于充分小的u成立，即

$$|f(x\pm u)-f(x\pm0)|<Lu^{\alpha},$$

L,α同前，那么$f(x)$的傅里叶级数在x点收敛于

$$\frac{f(x+0)+f(x-0)}{2}.$$

证明　设$\alpha=1$，$\frac{f(x\pm u)-f(x\pm0)}{u}$在$[0,h]$上有界可积，所以适合迪尼定理的条件．

设$\alpha<1$，$\left|\frac{f(x\pm u)-f(x\pm0)}{u}\right|\leqslant\frac{L}{u^{1-\alpha}}$．因为$1-\alpha<1$，所以$\frac{f(x\pm u)-f(x\pm0)}{u}$在$[0,h]$

上可积和绝对可积,也适合迪尼定理的条件,从而结论成立.

一个重要推论

这一重要推论就是上一节的收敛判别法. 如果 $f(x)$ 在 x 点有有限导数 $f'(x)$,或是有两个单侧的有限导数

$$f'_+(x)=\lim_{u\to+0}\frac{f(x+u)-f(x)}{u},$$

$$f'_-(x)=\lim_{u\to+0}\frac{f(x-u)-f(x)}{-u},$$

甚至只是有更一般的有限导数

$$\lim_{u\to+0}\frac{f(x+u)-f(x+0)}{u},\quad \lim_{u\to+0}\frac{f(x-u)-f(x-0)}{-u}.$$

那么 $f(x)$ 的傅里叶级数在 x 点收敛于 $f(x)$ 或

$$\frac{f(x+0)+f(x-0)}{2}.$$

因为这时对于函数 $f(x)$ 在 x 点的 $\alpha=1$ 的利普希茨条件是成立的.

*七、傅里叶级数的性质

在本节中,我们将不加证明地介绍傅里叶级数的几个重要性质.

1. 一致收敛性

(1) 设周期为 2π 的可积和绝对可积函数 $f(x)$ 在比 $[a,b]$ 更宽的区间 $[a-\delta,b+\delta]$ (其中 $\delta>0$) 上有有界导数 $f'(x)$,那么 $f(x)$ 的傅里叶级数在区间 $[a,b]$ 上一致收敛于 $f(x)$.

(2) 设周期为 2π 的可积和绝对可积函数 $f(x)$ 在比 $[a,b]$ 更宽的区间 $[a-\delta,b+\delta]$ (其中 $\delta>0$) 上连续且为分段单调函数,那么 $f(x)$ 的傅里叶级数在区间 $[a,b]$ 上一致收敛于 $f(x)$.

2. 傅里叶级数的逐项求积和逐项求导

设 $f(x)$ 是 $[-\pi,\pi]$ 上的分段连续函数,它的傅里叶级数是

$$f(x)\sim\frac{a_0}{2}+\sum_{n=1}^{\infty}a_n\cos nx+b_n\sin nx.$$

我们并不假定右端级数的和是 $f(x)$,甚至也不假定它收敛,然而它却可以逐项积分,设 c 和 x 是 $[-\pi,\pi]$ 上任意两点,则有

$$\int_c^x f(t)\,\mathrm{d}t=\frac{a_0}{2}(x-c)+\sum_{n=1}^{\infty}\int_c^x(a_n\cos nt+b_n\sin nt)\,\mathrm{d}t.$$

要留意的是,一般而言傅里叶级数不能逐项求导.

3. 最佳平方平均逼近

设 $T_n(x)$ 是任意一个 n 次三角多项式

$$T_n(x)=\frac{A_0}{2}+\sum_{k=1}^{n}A_k\cos kx+B_k\sin kx,$$

其中 $A_0,A_k,B_k(k=1,2,\cdots)$ 都是常数. 又设 $f(x)$ 是 $[-\pi,\pi]$ 上可积和平方可积函数,称

$$\delta^2(f,T_n)=\frac{1}{2\pi}\int_{-\pi}^{\pi}(f(x)-T_n(x))^2\mathrm{d}x$$

是用三角多项式 $T_n(x)$ 在平方平均意义下逼近 $f(x)$ 的偏差. 我们问:选择怎样的三角多项式能够使这一偏差最小.

设 $f(x)$ 的傅里叶级数是

$$f(x)\sim\frac{a_0}{2}+\sum_{n=1}^{\infty}a_n\cos nx+b_n\sin nx,$$

我们并不假定右端的级数是否收敛以及是否收敛于 $f(x)$,但它的 n 次部分和

$$S_n(x)=\frac{a_0}{2}+\sum_{k=1}^{n}a_k\cos kx+b_k\sin kx$$

是 $f(x)$ 的最佳平方平均逼近,亦即对任何 n 次三角多项式 $T_n(x)$,都有

$$\delta^2(f,S_n)\leqslant\delta^2(f,T_n).$$

习 题

1. 证明

(1) $1,\cos x,\cos 2x,\cdots,\cos nx,\cdots$;

(2) $\sin x,\sin 2x,\sin 3x,\cdots,\sin nx,\cdots$

是 $[0,\pi]$ 上的正交系;但 $1,\cos x,\sin x,\cos 2x,\sin 2x,\cdots,\cos nx,\sin nx,\cdots$ 不是 $[0,\pi]$ 上的正交系.

2. 证明 $\sin x,\sin 3x,\cdots,\sin(2n+1)x,\cdots$ 是 $\left[0,\frac{\pi}{2}\right]$ 上的正交系,写出它的标准正交系(即不仅正交,而且每个函数的平方在 $\left[0,\frac{\pi}{2}\right]$ 上的积分为 1),并导出 $\sin\frac{\pi x}{2l},\sin\frac{3\pi x}{2l},\cdots,\sin\frac{(2n+1)\pi x}{2l},\cdots$ 是 $[0,l]$ 上的正交系.

3. 设 $f(t)$ 是周期为 2π 的方波,它在 $[-\pi,\pi]$ 上的函数表示式为

$$f(t)=\begin{cases}E, & 0\leqslant t<\pi,\\ 0, & -\pi\leqslant t<0,\end{cases}$$

将这个方波展开成傅里叶级数.

4. 设 $f(t)$ 是周期为 T 的半波整流波,它在 $\left[-\frac{T}{2},\frac{T}{2}\right)$ 上的函数表示式为

$$f(t)=\begin{cases}U_m\sin\omega t, & 0\leqslant t<\frac{T}{2},\\ 0, & -\frac{T}{2}\leqslant t<0,\end{cases}$$

将这半波整流波展开成傅里叶级数.

5. 设函数 $f(t)$ 以 2π 为周期,在 $[-\pi,\pi)$ 内

$$f(t)=\begin{cases}t, & -\pi\leqslant t<0,\\ 0, & 0\leqslant t<\pi\end{cases}$$

把 $f(t)$ 展开成傅里叶级数.

6. 设 $f(t)$ 是周期为 2π、高为 h 的锯齿形波，它在 $[0,2\pi)$ 上的函数表示式为 $f(t)=\dfrac{h}{2\pi}t$，将这个锯齿形波展开成傅里叶级数.

7. 将宽度为 τ、高为 h、周期为 T 的矩形波展开成余弦级数.

8. 写出如图 12-5 所示的周期为 T 的三角波在 $\left[0,\dfrac{T}{2}\right)$ 内的函数表示式，并将它展开成正弦级数.

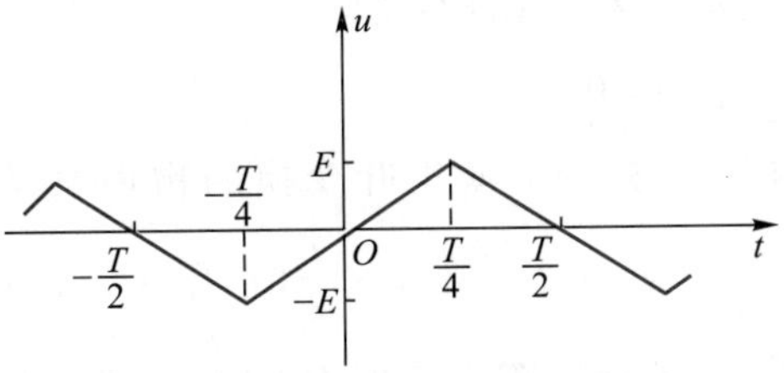

图 12-5

9. 将 $f(x)=\operatorname{sgn}(\cos x)$ 展开成傅里叶级数.

10. 应当如何把区间 $\left(0,\dfrac{\pi}{2}\right)$ 内的可积函数 $f(x)$ 延拓后，使它展开成的傅里叶级数的形状如下：

$$f(x)\sim\sum_{n=1}^{\infty}a_n\cos(2n-1)x\quad(-\pi<x<\pi).$$

11. 同上一题，但展开的傅里叶级数形状为

$$f(x)\sim\sum_{n=1}^{\infty}b_n\sin(2n-1)x\quad(-\pi<x<\pi).$$

12. 设 $f(x)$ 可积、绝对可积，证明：

(1) 如果函数 $f(x)$ 在 $[-\pi,\pi]$ 上满足 $f(x+\pi)=f(x)$，那么

$$a_{2m-1}=b_{2m-1}=0;$$

(2) 如果函数 $f(x)$ 在 $[-\pi,\pi]$ 上满足 $f(x+\pi)=-f(x)$，那么

$$a_{2m}=b_{2m}=0.$$

13. 如果 $\varphi(-x)=\psi(x)$，问 $\varphi(x)$ 与 $\psi(x)$ 的傅里叶系数之间有什么关系？

14. 如果 $\varphi(-x)=-\psi(x)$，问 $\varphi(x)$ 与 $\psi(x)$ 的傅里叶系数之间有什么关系？

15. 设 $f(t)$ 在 $(-\pi,\pi)$ 上分段连续，当 $t=0$ 连续且有单侧导数，证明当 $p\to\infty$ 时

$$\int_{-\pi}^{\pi}f(t)\,\frac{\cos\dfrac{t}{2}-\cos pt}{2\sin\dfrac{t}{2}}\mathrm{d}t\to\frac{1}{2}\int_0^{\pi}[f(t)-f(-t)]\cot\frac{t}{2}\mathrm{d}t.$$

§2　傅里叶变换

由于其他课程（如偏微分方程，概率论等）的需要，这里扼要介绍有关傅里叶变换的一些初步知识.

一、傅里叶变换的概念

下面所讨论的函数 $f(x)$ 都假定在 $(-\infty,+\infty)$ 内绝对可积.

定义 称 $\int_{-\infty}^{+\infty} f(x)\mathrm{e}^{-\mathrm{i}\omega x}\mathrm{d}x$ 是 $f(x)$ 的**傅里叶变换**，并把它记为 $F(f)$ 或 $\hat{f}(\omega)$. 即

$$F(f)=\hat{f}(\omega)=\int_{-\infty}^{+\infty} f(x)\mathrm{e}^{-\mathrm{i}\omega x}\mathrm{d}x.$$

由 $f(x)$ 的绝对可积性以及 $|\mathrm{e}^{-\mathrm{i}\omega x}|=1$，可以证明(见习题 1,2)：

(1) $\hat{f}(\omega)$ 是 $\omega\in(-\infty,+\infty)$ 内的连续函数；

(2) **黎曼引理**：$\lim\limits_{\omega\to\infty}\hat{f}(\omega)=0$.

现在利用直观的方法分析一下傅里叶变换的物理意义. 对任何非周期函数 $f(x)$，作周期为 T 的函数 $f_T(x)$ 如下：当 $|x|<\dfrac{T}{2}$ 时，$f_T(x)=f(x)$，然后将它延拓为整个实轴上周期为 T 的函数，延拓后的函数记为 $f_T(x)$. 显然有

$$\lim_{T\to+\infty} f_T(x)=f(x),$$

将 $f_T(x)$ 展开为复数形式的傅里叶级数

$$f_T(x)=\frac{1}{2}\sum_{n=-\infty}^{+\infty} c_n\mathrm{e}^{\mathrm{i}\omega_n x},$$

其中

$$c_n=\frac{2}{T}\int_{-\frac{T}{2}}^{\frac{T}{2}} f_T(x)\mathrm{e}^{-\mathrm{i}\omega_n x}\mathrm{d}x,\quad \omega_n=n\omega,$$

即

$$f_T(x)=\frac{1}{T}\sum_{n=-\infty}^{+\infty}\left[\int_{-\frac{T}{2}}^{\frac{T}{2}} f_T(x)\mathrm{e}^{-\mathrm{i}\omega_n x}\mathrm{d}x\right]\mathrm{e}^{\mathrm{i}\omega_n x}.$$

既然非周期函数 $f(x)$ 可看作是周期函数 $f_T(x)$ 当 $T\to+\infty$ 时的极限，那么在上式中令 $T\to+\infty$，所得到的就可以看作是 $f(x)$ 的展开式(这只是直观的分析！)，即

$$f(x)=\lim_{T\to+\infty}\frac{1}{T}\sum_{n=-\infty}^{+\infty}\left[\int_{-\frac{T}{2}}^{\frac{T}{2}} f_T(x)\mathrm{e}^{-\mathrm{i}\omega_n x}\mathrm{d}x\right]\mathrm{e}^{\mathrm{i}\omega_n x},$$

记 $\Delta\omega=\omega_n-\omega_{n-1}=\dfrac{2\pi}{T}$，则 $T=\dfrac{2\pi}{\Delta\omega}$，所以上式又可写为

$$f(x)=\lim_{\Delta\omega\to 0}\frac{1}{2\pi}\sum_{n=-\infty}^{+\infty}\left[\int_{-\frac{T}{2}}^{\frac{T}{2}} f_T(x)\mathrm{e}^{-\mathrm{i}\omega_n x}\mathrm{d}x\right]\mathrm{e}^{\mathrm{i}\omega_n x}\Delta\omega.$$

现在从形式上来考察上式.

在 $\Delta\omega\to 0$ (即 $T\to+\infty$) 的条件下，一方面，积分

$$\int_{-\frac{T}{2}}^{\frac{T}{2}} f_T(x)\mathrm{e}^{-\mathrm{i}\omega_n x}\mathrm{d}x$$

的下限和上限变成 $-\infty$ 和 $+\infty$，$f_T(x)$ 变成 $f(x)$. 同时，离散的频率分布 $\{\omega_n\}$ 也就密布在整个 ω 轴上，变成连续的分布 $\{\omega\}$，因此上述积分在 $T\to+\infty$ 时成为

$$\hat{f}(\omega)=\int_{-\infty}^{+\infty} f(x)\mathrm{e}^{-\mathrm{i}\omega x}\mathrm{d}x.$$

另一方面，展开式中和式内的每一项都趋于零，而和式又是无限累加，因此可以把这一和式看成积分. 这样便获得

$$f(x)=\lim_{\Delta\omega\to 0}\frac{1}{2\pi}\sum_{n=-\infty}^{+\infty}\left[\int_{-\frac{T}{2}}^{\frac{T}{2}}f_T(x)\mathrm{e}^{-\mathrm{i}\omega_n x}\mathrm{d}x\right]\mathrm{e}^{\mathrm{i}\omega_n x}\Delta\omega$$

$$=\frac{1}{2\pi}\int_{-\infty}^{+\infty}\hat{f}(\omega)\mathrm{e}^{\mathrm{i}\omega x}\mathrm{d}\omega,$$

其中
$$\hat{f}(\omega)=\int_{-\infty}^{+\infty}f(x)\mathrm{e}^{-\mathrm{i}\omega x}\mathrm{d}x,$$

即 f 的傅里叶变换,并称

$$f(x)=\frac{1}{2\pi}\int_{-\infty}^{+\infty}\hat{f}(\omega)\mathrm{e}^{\mathrm{i}\omega x}\mathrm{d}\omega$$

是 $\hat{f}(\omega)$ 的**傅里叶逆变换**,又称

$$f(x)=\frac{1}{2\pi}\int_{-\infty}^{+\infty}\left[\int_{-\infty}^{+\infty}f(x)\mathrm{e}^{-\mathrm{i}\omega x}\mathrm{d}x\right]\mathrm{e}^{\mathrm{i}\omega x}\mathrm{d}x$$

是 $f(x)$ 的**傅里叶积分公式**,把它和傅里叶级数作比较,就会看出,一个非周期函数也可以分解为许多简单谐波 $\mathrm{e}^{\mathrm{i}\omega x}$ 的叠加——积分,而傅里叶变换 $\hat{f}(\omega)=\int_{-\infty}^{+\infty}f(x)\mathrm{e}^{-\mathrm{i}\omega x}\mathrm{d}x$ 表示在 $f(x)$ 中频率为 ω 的谐波 $\mathrm{e}^{\mathrm{i}\omega x}$ 所占有的"成分".

例 1　求单个矩形脉冲

$$f(x)=\begin{cases}h, & |x|<\dfrac{\tau}{2},\\ 0, & |x|>\dfrac{\tau}{2}\end{cases}$$

的傅里叶变换和傅里叶积分公式.

解
$$\hat{f}(\omega)=\int_{-\infty}^{+\infty}f(x)\mathrm{e}^{-\mathrm{i}\omega x}\mathrm{d}x=\int_{-\tau/2}^{\tau/2}h\mathrm{e}^{-\mathrm{i}\omega x}\mathrm{d}x$$

$$=\frac{2h}{\omega}\sin\frac{\omega\tau}{2}\ (\omega\neq 0),$$

$$\hat{f}(0)=\int_{-\infty}^{+\infty}f(x)\mathrm{d}x=h\tau.$$

傅里叶积分公式为

$$f(x)=\frac{1}{2\pi}\int_{-\infty}^{+\infty}\frac{2h}{\omega}\sin\frac{\omega\tau}{2}\mathrm{e}^{\mathrm{i}\omega x}\mathrm{d}\omega.$$

例 2　求衰减函数

$$f(x)=\begin{cases}\mathrm{e}^{-ax}, & x>0,\\ 0, & x\leqslant 0\end{cases}$$

的傅里叶变换.

解
$$\hat{f}(\omega)=\int_0^{+\infty}\mathrm{e}^{-ax}\mathrm{e}^{-\mathrm{i}\omega x}\mathrm{d}x=\frac{1}{a+\mathrm{i}\omega}.$$

最后,给出傅里叶积分的三角形式.

$$
\begin{aligned}
f(x) &= \frac{1}{2\pi}\int_{-\infty}^{+\infty}\left[\int_{-\infty}^{+\infty} f(\tau)\mathrm{e}^{-\mathrm{i}\omega\tau}\mathrm{d}\tau\right]\mathrm{e}^{\mathrm{i}\omega x}\mathrm{d}\omega \\
&= \frac{1}{2\pi}\int_{-\infty}^{+\infty}\left[\int_{-\infty}^{+\infty} f(\tau)\mathrm{e}^{\mathrm{i}\omega(x-\tau)}\mathrm{d}\tau\right]\mathrm{d}\omega \\
&= \frac{1}{2\pi}\int_{-\infty}^{+\infty}\left[\int_{-\infty}^{+\infty} f(\tau)\cos\omega(x-\tau)\mathrm{d}\tau + \right. \\
&\qquad \left. \mathrm{i}\int_{-\infty}^{+\infty} f(\tau)\sin\omega(x-\tau)\mathrm{d}\tau\right]\mathrm{d}\omega,
\end{aligned}
$$

记
$$
G(\omega) = \int_{-\infty}^{+\infty} f(\tau)\sin\omega(x-\tau)\mathrm{d}\tau,
$$

它是一个奇函数,因此 $\int_{-\infty}^{+\infty} G(\omega)\mathrm{d}\omega = 0$,于是

$$
f(x) = \frac{1}{2\pi}\int_{-\infty}^{+\infty}\left[\int_{-\infty}^{+\infty} f(\tau)\cos\omega(x-\tau)\mathrm{d}\tau\right]\mathrm{d}\omega,
$$

这就是傅里叶积分的三角形式. 或者,由于 $\int_{-\infty}^{+\infty} f(\tau)\cos\omega(x-\tau)\mathrm{d}\tau$ 是 ω 的偶函数,上述公式又可写为

$$
f(x) = \frac{1}{\pi}\int_{0}^{+\infty}\left[\int_{-\infty}^{+\infty} f(\tau)\cos\omega(x-\tau)\mathrm{d}\tau\right]\mathrm{d}\omega.
$$

二、傅里叶变换的一些性质

傅里叶变换有一些简单的性质,这些性质在偏微分方程和概率论等课程中有很重要的应用.

性质 1(线性) $F(a_1 f_1+a_2 f_2)=a_1 F(f_1)+a_2 F(f_2)$,其中 a_1, a_2 是两个任意给定的常数.

根据傅里叶变换的定义,证明是很明显的.

性质 2(平移) 对任何函数 $f(x)$,设 $\tau_s f(x)=f(x-s)$ (即 $f(x)$ 的平移),那么 $F(\tau_s f)=\mathrm{e}^{-\mathrm{i}s\omega}F(f)$. 这个性质表明平移后的傅里叶变换等于未作平移的傅里叶变换乘 $\mathrm{e}^{-\mathrm{i}\omega s}$.

证明

$$
\begin{aligned}
F(\tau_s f) &= \int_{-\infty}^{+\infty} f(x-s)\mathrm{e}^{-\mathrm{i}\omega x}\mathrm{d}x = \int_{-\infty}^{+\infty} f(t)\mathrm{e}^{-\mathrm{i}\omega(t+s)}\mathrm{d}t \\
&= \mathrm{e}^{-\mathrm{i}\omega s}\int_{-\infty}^{+\infty} f(t)\mathrm{e}^{-\mathrm{i}\omega t}\mathrm{d}t = \mathrm{e}^{-\mathrm{i}\omega s}F(f).
\end{aligned}
$$

性质 3(导数) 设 $f(x)\to 0$ $(x\to\pm\infty)$,则

$$
F\left(\frac{\mathrm{d}}{\mathrm{d}x}f\right) = \mathrm{i}\omega F(f) \quad \text{或} \quad \hat{f}' = \mathrm{i}\omega\hat{f}.
$$

这一性质告诉我们,求导运算在傅里叶变换下成为乘积运算.

证明 利用分部积分公式,有

$$\begin{aligned}\hat{f}'(\omega)&=\int_{-\infty}^{+\infty}f'(x)\mathrm{e}^{-\mathrm{i}\omega x}\mathrm{d}x\\&=f(x)\mathrm{e}^{-\mathrm{i}\omega x}\Big|_{-\infty}^{+\infty}+\mathrm{i}\omega\int_{-\infty}^{+\infty}f(x)\mathrm{e}^{-\mathrm{i}\omega x}\mathrm{d}x\\&=\mathrm{i}\omega\hat{f}(\omega).\end{aligned}$$

性质 4　$F(-\mathrm{i}xf(x))=\dfrac{\mathrm{d}}{\mathrm{d}\omega}F(f)$.

证明

$$\begin{aligned}\frac{\mathrm{d}}{\mathrm{d}\omega}\hat{f}(\omega)&=\frac{\mathrm{d}}{\mathrm{d}\omega}\int_{-\infty}^{+\infty}f(x)\mathrm{e}^{-\mathrm{i}\omega x}\mathrm{d}x\\&=\int_{-\infty}^{+\infty}(-\mathrm{i}xf(x))\mathrm{e}^{-\mathrm{i}\omega x}\mathrm{d}x\\&=F(-\mathrm{i}xf(x)).\end{aligned}$$

习　题

1. 设 $f(x)$ 在 $(-\infty,+\infty)$ 内绝对可积，证明 $\hat{f}(\omega)$ 在 $(-\infty,+\infty)$ 内连续.

2. 设 $f(x)$ 在 $(-\infty,+\infty)$ 内绝对可积，证明 $\lim\limits_{\omega\to\infty}\hat{f}(\omega)=0$.

3. 求下列函数的傅里叶变换：

(1) $f(x)=\begin{cases}E\sin\omega_0x, & |x|<\dfrac{\pi}{\omega_0},\\ 0, & |x|\geqslant\dfrac{\pi}{\omega_0};\end{cases}$

(2) $f(x)=\begin{cases}0, & -\infty<x\leqslant-\dfrac{\tau}{2},\\ \dfrac{2h}{\tau}x+h, & -\dfrac{\tau}{2}<x<0,\\ -\dfrac{2h}{\tau}x+h, & 0\leqslant x<\dfrac{\tau}{2},\\ 0, & \dfrac{\tau}{2}\leqslant x<+\infty.\end{cases}$

本章小结

第四篇 多变量微积分学

第一部分 多元函数的极限论

第十三章 多元函数的极限和连续

§1 平面点集

一、邻域、点列的极限

在解析几何中，已经知道平面上的点可以用坐标(x,y)来表示，又知道平面上任何两点$M_1(x_1,y_1)$和$M_2(x_2,y_2)$之间的距离是

$$r(M_1,M_2)=\sqrt{(x_1-x_2)^2+(y_1-y_2)^2}.$$

现在，固定一点$M_0(x_0,y_0)$，凡是与M_0的距离小于ε（ε是某个正数）的那些点M组成的平面点集，叫做**M_0的ε邻域**，记为$O(M_0,\varepsilon)$，换句话说，邻域$O(M_0,\varepsilon)$是由坐标x,y满足下列不等式

$$r(M,M_0)=\sqrt{(x-x_0)^2+(y-y_0)^2}<\varepsilon$$

的一切点$M(x,y)$所组成的．从几何上看，$O(M_0,\varepsilon)$就是一个以M_0为圆心，以ε为半径的圆的内部，但不包含圆周（如图 13-1）.

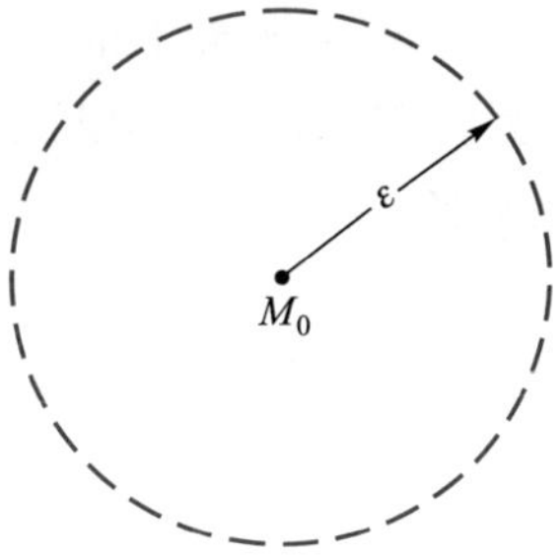

图 13-1

设$\{x_n\}$是X轴上的一个点列，$\{y_n\}$是Y轴上的一个点列，则以x_n,y_n为坐标的点$\{(x_n,y_n)\}$组成平面上的一个点列，记作$\{M_n\}$，又设M_0是平面上的一点，它的坐标是(x_0,y_0)，如果对M_0的任何一个ε邻域$O(M_0,\varepsilon)$，总存在正整数N，当$n>N$时有

$$M_n\in O(M_0,\varepsilon),$$

就称点列$\{M_n\}$**收敛**，并且收敛于M_0，记为

$$\lim_{n\to\infty}M_n=M_0,$$

或者记为$M_n\to M_0(n\to\infty)$，即$(x_n,y_n)\to(x_0,y_0)\ (n\to\infty)$.

这一定义也可以用不等式来表达：若对任意的$\varepsilon>0$，总存在正整数N，当$n>N$时有

$$\sqrt{(x_n-x_0)^2+(y_n-y_0)^2}<\varepsilon,$$

就称$\{M_n\}$收敛于M_0.

不难证明以下事实：

(1) $(x_n,y_n)\to(x_0,y_0)$ 的充要条件是

$$x_n\to x_0,\ x_n\to y_0(n\to\infty),$$

(2) 若 $\{M_n\}$ 收敛，则它只有一个极限，即极限是唯一的．

这两个事实都请读者证明．

二、开集、闭集、区域

设 E 是一个平面点集，现在介绍一些重要名称．

1. 内点

设 $M_0\in E$，如果存在 M_0 的一个 δ 邻域 $O(M_0,\delta)$，使得 $O(M_0,\delta)\subset E$（即 $O(M_0,\delta)$ 含在 E 内），就说 M_0 是 E 的一个**内点**（如图 13-2）．

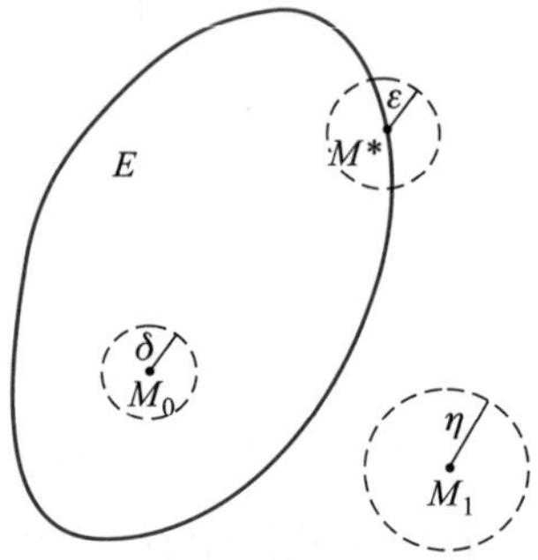

图 13-2

2. 外点

设 $M_1\notin E$，如果存在 M_1 的一个 η 邻域 $O(M_1,\eta)$，使得 $O(M_1,\eta)$ 中没有 E 的点，就称 M_1 是 E 的一个**外点**（如图 13-2）．

3. 边界点

设 M^* 是平面上的一点，它可以属于 E，也可以不属于 E，如果对 M^* 的任何 ε 邻域 $O(M^*,\varepsilon)$，其中既含有 E 的点，又含有非 E 中的点，就称 M^* 是 E 的一个**边界点**（如图 13-2）．E 的边界点的全体叫做 E 的**边界**．

例如设 E 是由满足 $1<x^2+y^2\leqslant 4$ 的那些点 (x,y) 所组成的平面点集．凡满足 $1<x^2+y^2<4$ 的点 (x,y) 是 E 的内点；凡满足 $x^2+y^2<1$ 或 $x^2+y^2>4$ 的点 (x,y) 是 E 的外点，E 的边界是

$$x^2+y^2=1\quad 和\quad x^2+y^2=4.$$

4. 开集

如果 E 的点都是 E 的内点，就称 E 是**开集**，换句话说，开集中的任何一点，都存在一个邻域，使得这一邻域全部被包含在这开集中．但要注意的是：不同的点，其邻域的大小可能不一样．例如满足 $x^2+y^2<1$ 的点构成开集 E，它的边界是 $x^2+y^2=1$，E 中离边界越近的点其邻域（以该点为中心的小圆内部）的半径必定越小．

5. 聚点

设 M_0 是平面上的一点，它可以属于 E，也可以不属于 E. 如果对 M_0 的任何一个 ε 邻域 $O(M_0,\varepsilon)$，在这一邻域内至少含有 E 中一个（不等于 M_0 的）点，就称 M_0 是 E 的一个聚点．

性质　设 M_0 是 E 的聚点，则在 E 中存在一个点列 $\{M_n\}$ 以 M_0 为极限．

这里只略述证明的大意（而把它的证明留给读者），取一列 $\varepsilon_n>0$ 并且 $\varepsilon_n\to 0$，作出一列 $O(M_0,\varepsilon_n)$，在每一个 $O(M_0,\varepsilon_n)$ 中适当取一个 E 中的点 M_n，这个点列 $\{M_n\}$ 就是所要求的．

例如：由 $x^2+y^2<1$ 所组成的点集 E，它的一切内点和边界点都是聚点．

6. 闭集

设 E 的所有聚点都在 E 内，就称 E 是**闭集**，例如由 $x^2+y^2\leqslant 1$ 所组成的点集就是一个闭集，又如椭圆

$$\frac{x^2}{a^2}+\frac{y^2}{b^2}=1$$

或抛物线 $y^2=2px$ 也是平面上的闭集.

7. 区域

设 E 是一个开集，并且 E 中任何两点 M_1 和 M_2 之间都可以用有限条直线段所组成的折线联结起来，而这条折线全部含在 E 中，就称 E 是区域(如图 13-3). 一个区域加上它的边界就是一个**闭区域**. 例如由

$$1<x^2+y^2<4$$

所组成的点集就是一个区域，由

$$1\leqslant x^2+y^2\leqslant 4$$

所组成的点集就是一个闭区域. 一般说来，区域总是指开的区域.

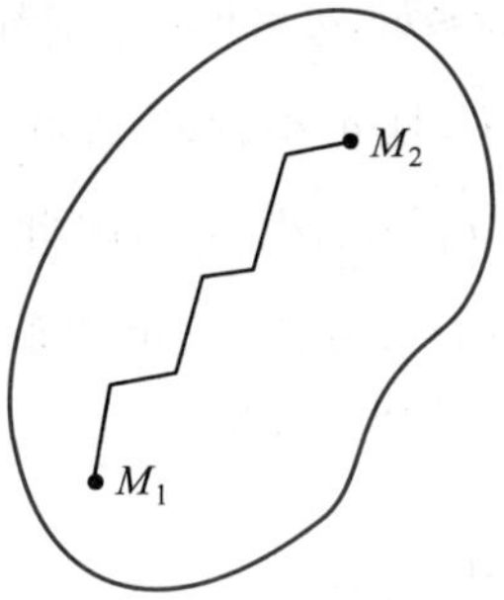

图 13-3

设 $\overline{D}$ 是平面上的闭区域，如果存在一个常数 $M>0$，使得 $\overline{D}\subset O(O,M)$ (即 $\overline{D}$ 全部被包含在原点 O 的一个邻域内)，就称 $\overline{D}$ 是有界的. 这时 $\overline{D}$ 就是平面上的**有界闭区域**.

类似的可以引述有界开区域的概念.

三、平面点集的几个基本定理

矩形套定理　设 $D_n=\{a_n\leqslant x\leqslant b_n, c_n\leqslant y\leqslant d_n\}$ $(n=1,2,\cdots)$ 是矩形序列，如果其中每一个矩形都含在前一个矩形中，并且 $b_n-a_n\to 0$，$d_n-c_n\to 0$，那么有唯一的一点 $M_0(x_0,y_0)$，它位于每一矩形之中，亦即

$$a_n\leqslant x_0\leqslant b_n,\ c_n\leqslant y_0\leqslant d_n\quad (n=1,2,3,\cdots).$$

证明只要对区间套 $\{[a_n,b_n]\}$ 和 $\{[c_n,d_n]\}$ 用区间套定理即可.

这时显然有 $a_n\to x_0$，$b_n\to x_0$，$c_n\to y_0$，$d_n\to y_0$.

致密性定理(魏尔斯特拉斯定理)　如果序列 $\{M_n(x_n,y_n)\}$ 有界(即存在常数 a,b,c,d，使得 $a\leqslant x_n\leqslant b$，$c\leqslant y_n\leqslant d$，$n=1,2,3,\cdots$). 那么从其中必能选取收敛的子列.

证明　因为 $\{M_n(x_n,y_n)\}$ 有界，由 $a\leqslant x_n\leqslant b$ $(n=1,2,3,\cdots)$ 及直线上的致密性定理知道，$\{x_n\}$ 有收敛的子列 $x_{n_k}\to x_0\in[a,b]$. 再考虑数列 $\{y_{n_k}\}$，由于 $c\leqslant y_{n_k}\leqslant d$，故 $\{y_{n_k}\}$ 也有收敛的子列，记它为 $\{y_{n'_k}\}$，亦即 $y_{n'_k}\to y_0\in[c,d]$，此处 $\{n'_k\}$ 又是 $\{n_k\}$ 的子列. 因此 $x_{n'_k}\to x_0$，于是 $M_{n'_k}\to M_0(x_0,y_0)$.

有限覆盖定理　若一开矩形集合 $\{\Delta\}=\{\alpha<x<\beta,\gamma<y<\delta\}$ 覆盖一有界闭区域，那么从 $\{\Delta\}$ 里，必可选出有限个开矩形，它们也能覆盖这个区域.

证明　设有界闭区域为 $\overline{D}$，它含在矩形 $a\leqslant x\leqslant b$，$c\leqslant y\leqslant d$ 中. 设 $\overline{D}$ 不能被 $\{\Delta\}$

中有限个开矩形所覆盖，则用直线

$$x=\frac{a+b}{2},\ y=\frac{c+d}{2}$$

把矩形 $a\leqslant x\leqslant b, c\leqslant y\leqslant d$ 分成为四个相等的闭矩形，那么，至少有一个闭矩形，它所含的 $\overline{D}$ 的部分不能被 $\{\Delta\}$ 中有限个开矩形所覆盖．把这矩形再分为四个相等的闭矩形，照这样继续做下去，可得一闭矩形套 $\{a_n\leqslant x\leqslant b_n, c_n\leqslant y\leqslant d_n\}$，其中每一个闭矩形所含的 $\overline{D}$ 的部分都不能被 $\{\Delta\}$ 中有限个开矩形所覆盖．于是每个闭矩形 $a_n\leqslant x\leqslant b_n, c_n\leqslant y\leqslant d_n$ 中都至少含有 $\overline{D}$ 的一点，任记其中一点为 (x_n, y_n)，亦即 $(x_n, y_n)\in\overline{D}$，且 $a_n<x_n<b_n, c_n<y_n<d_n$．但由矩形套定理，存在一点 (x_0, y_0)，满足 $a_n\to x_0, b_n\to x_0, c_n\to y_0, d_n\to y_0$，因此 $x_n\to x_0, y_n\to y_0$．由于 (x_n, y_n) 是有界闭域 $\overline{D}$ 上的点，所以 $(x_0, y_0)\in\overline{D}$．按定理条件，在 $\{\Delta\}$ 中必有一开矩形包含 (x_0, y_0)，设此矩形为 $\alpha'<x<\beta', \gamma'<y<\delta'$，亦即

$$\alpha'<x_0<\beta',\ \gamma'<y_0<\delta',$$

现由 $a_n\to x_0, b_n\to x_0, c_n\to y_0, d_n\to y_0$，故 n 相当大时，恒有

$$\alpha'<a_n<b_n<\beta',\ \gamma'<c_n<d_n<\delta',$$

即矩形 $a_n\leqslant x\leqslant b_n, c_n\leqslant y\leqslant d_n$ 包含在矩形 $\alpha'<x<\beta', \gamma'<y<\delta'$ 之中．再由前面已得到：$\{a_n\leqslant x\leqslant b_n, c_n\leqslant y\leqslant d_n\}$ 中每一矩形所含的 $\overline{D}$ 的部分不能为 $\{\Delta\}$ 中有限个开矩形所覆盖，因而得到矛盾．

收敛原理 平面点列 $\{M_n\}$ 有极限的充要条件是：对任意给定的 $\varepsilon>0$，存在正整数 N，当 $n, m>N$ 时，有

$$r(M_n, M_m)<\varepsilon.$$

这一定理的证明留给读者．

习 题

1. 证明 $(x_n, y_n)\to(x_0, y_0)$ 的充要条件是

$$x_n\to x_0, y_n\to y_0\ (n\to\infty).$$

2. 证明：若平面上的点列 $\{M_n\}$ 收敛，则它只有一个极限．

3. 证明：若 $M_n\to M_0\ (n\to\infty)$，那么它的任何一个子列 $M_{n_k}\to M_0$．

4. 求下列点集 E 的内点，外点，边界点：

(1) E 由满足 $y<x^2$ 的点所组成；

(2) E 由满足 $1\leqslant x^2+\frac{y^2}{4}<4$ 的点所组成；

(3) E 由满足 $0<x^2+y^2<1$ 的点所组成；

(4) E 由所有这样的点 (x, y) 所组成，其中 x 和 y 都是有理数．

5. 证明：若 M_0 是平面点集 E 的聚点，则在 E 中存在点列 $M_n\to M_0\ (n\to\infty)$．

6. 证明平面点列的收敛原理．

7. 用平面上的有限覆盖定理证明魏尔斯特拉斯定理．

8. 相仿于平面点集叙述 n 维欧氏空间中点集的有关概念(如邻域、极限、开集、闭集、聚点、区域、有界以及一些基本定理等).

§2　多元函数的极限和连续性

一、多元函数的概念

不论在数学的理论问题还是实际问题中,许多量的变化,不只由一个因素决定,而是由多个因素决定. 例如平行四边形的面积 A 由它的相邻两边的长 x 和 y 以及夹角 θ 所决定,即 $A=xy\sin\theta$,A是由三个自变量(三个变元)x,y 和 θ 所确定的. 圆柱体体积 V 由底半径 r 和高 h 所决定,即 $V=\pi r^2 h$,V 是由两个自变量(两个变元)所确定的. 这些都是多元函数的例子.

二元函数的定义　设 E 是平面点集,$\mathbf{R}$ 是实数集,f 是一个规律,如果对 E 中的每一点(x,y),通过规律f,在 $\mathbf{R}$ 中存在唯一一个实数 u 和此(x,y)相对应,就称f是定义在 E 上的一个**二元函数**,x 和 y 是函数f的两个相互独立的自变量,f 在(x,y)的函数值是 u,并记此值为 $f(x,y)$,即 $u=f(x,y)$. 与一元函数相仿的,常常采用下面的记号来记这个函数:

$$f:E\to\mathbf{R},$$
$$(x,y)\mapsto u=f(x,y),$$

并称 E 是 f 的**定义域**. 在通常的数学分析中为了省略,就称$f(x,y)$是一个二元函数.

二元函数的定义不难推广为 n 元函数的定义,这只要把平面点集 E 改为 n 维空间中的点集就可以了,这时简记 n 元函数为$f(x_1,x_2,x_3,\cdots,x_n)$.

例 1　在直流电路中,电流 I,电压 U 与电阻 R 满足关系式 $I=\dfrac{U}{R}$. 当电压 U 和电阻 R 在某个范围内变化时,电流 I 将随之变化,给定了 U,R 的值,I 的值也就确定了. 因此,电流 I 是电压 U 和电阻 R 的二元函数.

又如电阻 R_1,R_2 并联后的总电阻 $R=\dfrac{R_1R_2}{R_1+R_2}$就是 R_1 和 R_2 的二元函数.

例 2　理想气体的状态方程

$$pV=RT\quad(R\text{ 为常数})$$

描述了气体压力 p,体积 V 和温度 T(绝对温度)之间的变化规律. 根据具体问题的不同要求,或者把压力 p 看成是 T 和 V 的函数:$p=\dfrac{RT}{V}$;或者把 T 看成是 p 和 V 的函数:$T=\dfrac{pV}{R}$;也可以把 V 看成是 p 和 T 的函数:$V=\dfrac{RT}{p}$. 它们都是二元函数.

有时候,二元函数可以用空间的一块曲面表示出来,这为研究问题提供了直观想像.

例如二元函数 $z=\sqrt{R^2-x^2-y^2}$ 就是一个上半球面,球心在原点,半径是 R,又如 $z=xy$ 就是一个马鞍面.

二、二元函数的极限

二元函数极限的定义　设二元函数 $f(M)=f(x,y)$ 在点 $M_0(x_0,y_0)$ 附近有定义(而在 M_0 点是否有定义无关紧要). 如果对任意给定的 $\varepsilon>0$,总存在 $\delta>0$,当 $0<r(M,M_0)<\delta$ 时恒有 $|f(M)-A|<\varepsilon$,就称 A 是二元函数 $f(M)$ 在 M_0 点的极限,记为

$$\lim_{M\to M_0} f(M)=A \quad 或 \quad f(M)\to A\ (M\to M_0).$$

这一定义也可以用点的坐标表述,即:如果对任意给定的 $\varepsilon>0$,总存在 $\delta>0$,当 $0<\sqrt{(x-x_0)^2+(y-y_0)^2}<\delta$ 时,恒有 $|f(x,y)-A|<\varepsilon$,就称 A 是 $f(x,y)$ 在 (x_0,y_0) 点的极限,记为

$$\lim_{\substack{x\to x_0\\ y\to y_0}} f(x,y)=A.$$

还可以用邻域来表达:若对 A 的任意 ε 邻域 $O(A,\varepsilon)$,总存在 M_0 点的 δ 邻域 $O(M_0,\delta)$,当 $M\in O(M_0,\delta)-\{M_0\}$ 时,恒有 $f(M)\in O(A,\varepsilon)$,就称 A 是 $f(M)$ 在 M_0 点的极限.

也可以不用圆来表示 M_0 的邻域,例如可以用 M_0 为中心,2δ 为边长的正方形作为邻域,那么极限的定义可叙述为:

定义 1　若对 $\varepsilon>0$,存在 $\delta>0$,使当

$$|x-x_0|<\delta,\quad |y-y_0|<\delta$$

且 (x,y) 不与 (x_0,y_0) 重合,亦即 $(x-x_0)^2+(y-y_0)^2\neq 0$ 时,恒有

$$|f(x,y)-A|<\varepsilon,$$

那么称 A 为 $f(x,y)$ 在点 M_0 的极限.

在数学分析中,也常常利用这一定义.

这个定义与前面的定义显然是等价的,因为以 M_0 为心的圆恒可容纳一个以 M_0 为心的正方形,因此若能找到一个满足不等式

$$|f(x,y)-A|<\varepsilon$$

的圆邻域,也必能找到满足这不等式的正方形邻域. 反之在以 M_0 为心的正方形内恒可作一个以 M_0 为心的圆,这就表明了两个定义的等价性(如图 13-4).

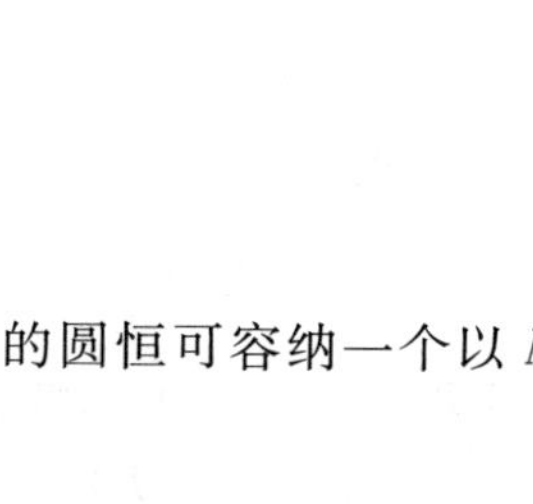

图 13-4

应该注意,在上面的定义中,不能简单地在 $|x-x_0|$ 和 $|y-y_0|$ 左端加上“0<”的记号,因为

$$0<|x-x_0|,\ 0<|y-y_0|$$

表示 (x,y) 不仅不与 (x_0,y_0) 重合,并且也不能与直线 $x=x_0$ 或 $y=y_0$ 上任一点重合,这是与二元函数极限的要求相违背的.

和一元函数的情形完全一样,如果 $\lim\limits_{M\to M_0} f(M)=A$,则当 M 以任何点列及任何方

式趋于 M_0 时，$f(M)$ 的极限都是 A，反之亦然，如果 M 以任何点列及任何方式趋于 M_0 时 $f(x)$ 的极限都是 A，那么 $f(x,y)$ 在 M_0 的极限存在且为 A. 但若 M 取某一点列或沿某一曲线趋于 M_0 时，$f(M)$ 的极限是 A，还不能肯定 $f(M)$ 在 M_0 的极限是 A.

例 3　$f(x,y)=\dfrac{xy}{x^2+y^2},x^2+y^2\neq 0$，

显然
$$f(0,y)=0,f(x,0)=0,$$
因此
$$\lim_{y\to 0}f(0,y)=0,\lim_{x\to 0}f(x,0)=0,$$
亦即当 M 沿直线 $x=0$ 或沿直线 $y=0$ 而趋于 $(0,0)$ 点时，$f(x,y)$ 趋于零；但当 M 沿直线 $y=mx(m\neq 0)$ 趋于零时

$$\lim_{x\to 0}f(x,mx)=\lim_{x\to 0}\frac{mx^2}{x^2+m^2x^2}=\lim_{x\to 0}\frac{m}{1+m^2}=\frac{m}{1+m^2}\neq 0,$$

即 $f(x,y)$ 在 $(0,0)$ 点极限不存在．

例 4　$f(x,y)=\begin{cases}1, & 0<y<x^2,\\ 0, & 其他.\end{cases}$

显然，当 M 沿 x 轴或 y 轴趋于点 O 时，$f(x,y)\to 0$. 又可证当 M 沿任一射线趋于 O 时，都有 $f(x,y)\to 0$（如图 13-5），以上半平面的射线 $y=ax,y\geqslant 0$ 来说，由于 $y=ax$ 与 $y=x^2$ 除点 O 外还交于另一点，而在这两个交点间，$f(x,y)=0$，故沿此射线所得的极限为零．但当 M 沿曲线 $y=\dfrac{1}{2}x^2$ 趋于点 O 时，因为 $f(M)=1$，故 $f(M)\to 1$，因此 $f(M)$ 在点 O 的极限不存在．这说明即使 M 沿某些特定的线（包括直线）趋于 M_0 时，$f(M)$ 有共同的极限，但由此还不能断定 $\lim\limits_{M\to M_0}f(M)$ 存在．

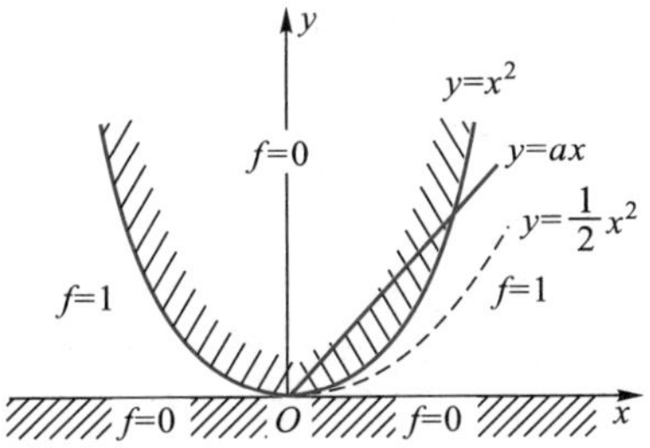

图 13-5

三、二元函数的连续性

二元函数连续的定义　若 $f(M)$ 在 M_0 有定义，$\lim\limits_{M\to M_0}f(M)$ 存在，且二者相等，即

$$\lim_{M\to M_0}f(M)=f(M_0)$$

时，则称 $f(M)$ 在点 M_0 连续．因此把上面的 A 换成 $f(M_0)$，就可得到连续定义的 $\varepsilon-\delta$ 叙述法．

若 $f(x,y)$ 在 $M_0(x_0,y_0)$ 连续，那么一元函数 $f(x,y_0)$ 和 $f(x_0,y)$ 也分别在 x_0 和 y_0 连续，事实上前者在 x_0 的极限和后者在 y_0 的极限（也就是 $f(x,y)$ 当 M 分别沿直线 $y=y_0$ 和 $x=x_0$ 趋于 M_0 时的极限）都等于它们在该点的值 $f(x_0,y_0)$，因此它们分别在 x_0 和 y_0 点连续．但反过来，如果一元函数 $f(x,y_0)$ 在 x_0 点连续，另一个一元

函数 $f(x_0,y)$ 在 y_0 点连续并不能肯定 $f(x,y)$ 在 (x_0,y_0) 是连续的，例如

$$f(x,y)=\begin{cases}\dfrac{xy}{x^2+y^2}, & x^2+y^2\neq 0,\\ 0, & x=y=0.\end{cases}$$

$f(x,0)=0$，$f(0,y)=0$ 在 $x=0$ 和 $y=0$ 分别是连续的，但由例 3 知道 $\lim\limits_{\substack{x\to 0\\ y\to 0}}f(x,y)$ 不存在，因此，$f(x,y)$ 在 $(0,0)$ 点不连续．

关于极限的性质和运算法则以及连续函数的运算法则，和一元函数的情形是完全相似的，并且其证明也大体相同，只要把一元函数中的 $0<|x-x_0|<\delta$ 改为 M_0 点的圆邻域或正方形邻域即可．又由连续函数的运算法则和基本初等函数的连续性也可找出多元函数的不连续点．

例 5　求函数

$$u=\tan(x^2+y^2)$$

的不连续点．

解　由于二元函数 $v=x^2+y^2$ 在任何点 (x,y) 连续，于是复合函数 $u=\tan v$ 在 $v\neq k\pi+\dfrac{\pi}{2}$ 时，也就是当 $x^2+y^2\neq k\pi+\dfrac{\pi}{2}$ $(k=0,1,2,\cdots)$ 时为连续的，而当 $v=k\pi+\dfrac{\pi}{2}$ 时不连续．所以，二元函数 $u=\tan(x^2+y^2)$ 的不连续点为 $x^2+y^2=k\pi+\dfrac{\pi}{2}$. 这些不连续点的图形是一列同心圆，圆心在原点，半径分别为 $\sqrt{\dfrac{\pi}{2}}$，$\sqrt{\pi+\dfrac{\pi}{2}}$，$\sqrt{2\pi+\dfrac{\pi}{2}}$，$\cdots$（如图 13-6）.

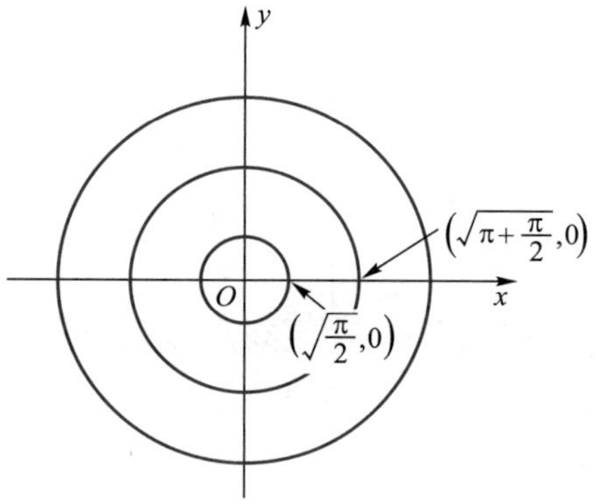

图 13-6

四、有界闭区域上连续函数的性质

定义 2　设多元函数 $f(M)$ 在某个开区域 D 内有定义，并且对 D 内任何一点 M_0（M_0 必定是 D 的一个内点），$f(M)$ 在 M_0 连续，则称 $f(M)$ 在 D 内连续．

对闭区域来说，除了要求 $f(M)$ 在区域的内点连续外，对区域的边界点 M_0，则要求对任给的 $\varepsilon>0$，能找到 $\delta>0$，使 $|M-M_0|<\delta$ 且 M 为闭区域上的点时，恒有 $|f(M)-f(M_0)|<\varepsilon$.

在有界闭区域上连续的函数也具有和一元函数的情形一样的一些性质，其证明也大体相同．

有界性定理　若 $f(x,y)$ 在有界闭区域 $\overline{D}$ 上连续，则它在 $\overline{D}$ 上有界，亦即存在正数 M，使在 $\overline{D}$ 上恒有 $|f(x,y)|\leqslant M$.

一致连续性定理　若 $f(x,y)$ 在有界闭区域 $\overline{D}$ 上连续，则它在 $\overline{D}$ 上也一致连续，即对任给的 $\varepsilon>0$，存在 $\delta>0$，使 $\overline{D}$ 上任意两点 $M'(x',y')$，$M''(x'',y'')$，当

$$|x'-x''|<\delta,\ |y'-y''|<\delta$$

时，恒有

$$|f(x',y')-f(x'',y'')|<\varepsilon,$$

这里的 δ 仅与 ε 有关，而与 $\overline{D}$ 上的点 M'，M'' 无关．

最大值最小值定理　若 $f(x,y)$ 在有界闭区域 $\overline{D}$ 上连续，则它在 $\overline{D}$ 上必有最大值和最小值，亦即在 $\overline{D}$ 上存在点 $M_1(x_1,y_1)$ 和 $M_2(x_2,y_2)$，使对 $\overline{D}$ 上任意的点 (x,y)，恒有

$$f(x_1,y_1)\leqslant f(x,y)\leqslant f(x_2,y_2),$$

也就是说，$f(x_1,y_1)$，$f(x_2,y_2)$ 分别是 $f(x,y)$ 在 $\overline{D}$ 上的最小值和最大值．

零点存在定理　设 $f(x,y)$ 在区域 D（不一定是有界闭区域）内连续，并且在 D 内两点 $M_1(a_1,b_1)$，$N_1(\alpha_1,\beta_1)$ 异号，也就是 $f(a_1,b_1)f(\alpha_1,\beta_1)<0$. 那么，用完全位于 D 内的任意的折线 l 联结 M_1 和 N_1 时，在 l 上必有一点 $\overline{M}(\overline{x},\overline{y})$ 满足 $f(\overline{x},\overline{y})=0$.

这里只证明零点存在定理，其他定理作为练习．

零点存在定理的**证明**．设 l 的参数方程为

$$x=x(t),\quad y=y(t),\quad t_1\leqslant t\leqslant t_2,$$

并且

$$M_1=(x(t_1),y(t_1)),\quad N_1=(x(t_2),y(t_2)),$$

$x(t)$ 和 $y(t)$ 都在 $[t_1,t_2]$ 连续．将 l 的方程代入到 $f(x,y)$ 中，得 $F(t)=f(x(t),y(t))$ 在 $[t_1,t_2]$ 连续（复合函数的连续性，见习题 9），$F(t_1)<0$，$F(t_2)>0$，故存在 $\xi\in(t_1,t_2)$，使 $F(\xi)=f(x(\xi),y(\xi))=0$，这时 $\overline{x}=x(\xi)$，$\overline{y}=y(\xi)$.

五、二重极限和二次极限

前面所考虑的 $f(x,y)$ 的极限也称为二重极限．此外，还要讨论 x,y 先后相继地趋于各自的极限时 $f(x,y)$ 的极限，称为**二次极限**．

若对任一固定的 y，当 $x\to a$ 时，$f(x,y)$ 的极限存在

$$\lim_{x\to a}f(x,y)=\varphi(y),$$

而 $\varphi(y)$ 当 $y\to b$ 时的极限也存在并等于 A，亦即

$$\lim_{y\to b}\varphi(y)=A,$$

那么称 A 为 $f(x,y)$ 先对 x、后对 y 的二次极限，记为

$$\lim_{y\to b}\lim_{x\to a}f(x,y)=A.$$

同样可定义先对 y、后对 x 的二次极限

$$\lim_{x\to a}\lim_{y\to b}f(x,y).$$

必须注意以下几种情形：

1）两个二次极限都不存在，而二重极限仍可能存在，例如

$$f(x,y)=x\sin\frac{1}{y}+y\sin\frac{1}{x}, \text{当 } x\neq 0, y\neq 0,$$

$$f(0,y)=f(x,0)=0,$$

由于 $\sin\dfrac{1}{y}$ 和 $\sin\dfrac{1}{x}$ 在 $y=0$ 和 $x=0$ 的函数极限不存在，故在 $(0,0)$ 点的两个二次极限都不存在，但因为

$$|f(x,y)|\leqslant |x|+|y|,$$

故

$$\lim_{\substack{x\to 0\\ y\to 0}}f(x,y)=0.$$

2）两个二次极限存在但可能不相等，例如

$$f(x,y)=\frac{x^2-y^2+x^3+y^3}{x^2+y^2}.$$

由于 $y\neq 0$ 时恒有

$$\lim_{x\to 0}f(x,y)=y-1=\varphi(y),$$

故

$$\lim_{y\to 0}\lim_{x\to 0}f(x,y)=-1,$$

同理

$$\lim_{x\to 0}\lim_{y\to 0}f(x,y)=+1.$$

3）两个二次极限存在且相等，但二重极限仍可能不存在．例如

$$f(x,y)=\frac{xy}{x^2+y^2}, x^2+y^2\neq 0,$$

由前已知在点 $(0,0)$ 二重极限不存在，但两个二次极限都为零．

由此可知二次极限存在与否和二重极限存在与否，二者之间没有一定的关系．但下面的定理说明：若某个二次极限和二重极限都存在，则二者一定相等，因此若两个二次极限存在而不相等，则二重极限一定不存在．又若两个二次极限存在并且相等，亦即若

$$\lim_{x\to a}\lim_{y\to b}f(x,y)=\lim_{y\to b}\lim_{x\to a}f(x,y),$$

就说二次极限可以交换求极限的顺序．

定理 若 $f(x,y)$ 在点 (a,b) 的二重极限为

$$\lim_{\substack{x\to a\\ y\to b}}f(x,y)=A \text{（有限或无限）},$$

且对任一靠近 b（可以不等于 b）的 y，当 $x\to a$ 时，$f(x,y)$ 存在有限极限

$$\varphi(y)=\lim_{x\to a}f(x,y),$$

则二次极限

$$\lim_{y\to b}\lim_{x\to a}f(x,y)=\lim_{y\to b}\varphi(y)$$

存在且等于二重极限 A.

证明　只就 A 为有限的情形来证.

由于二重极限存在,故对任意给的 $\varepsilon>0$,存在 $\delta>0$,当 $|x-a|<\delta$, $|y-b|<\delta$, $(x-a)^2+(y-b)^2\neq 0$ 时,恒有

$$|f(x,y)-A|<\varepsilon.$$

现在固定 y, $y\neq b$,而在上式中令 $x\to a$,即得

$$|\varphi(y)-A|\leqslant\varepsilon,$$

亦即当 $0<|y-b|<\delta$ 时,上式成立,这就证明了 $\lim\limits_{y\to b}\varphi(y)=A$.

同理,若在定理中把 $\varphi(y)=\lim\limits_{x\to a}f(x,y)$ 存在改为

$$\varphi(x)=\lim_{y\to b}f(x,y)$$

存在,则 $\lim\limits_{x\to a}\lim\limits_{y\to b}f(x,y)$ 也存在且等于 A(参见本节习题 3).

习　题

1. 确定并绘出下列函数之定义域:

(1) $u=\sqrt{x}-\sqrt{1-y}$;　　(2) $u=\sqrt{x-y+1}$;

(3) $u=\ln(-x-y)$;　　(4) $u=\sqrt{\sin(x^2+y^2)}$;

(5) $u=\sqrt{R^2-x^2-y^2-z^2}+\sqrt{x^2+y^2+z^2-r^2}$　$(R>r)$.

2. 求下列极限:

(1) $\lim\limits_{\substack{x\to 0\\ y\to 0}}\dfrac{x^2+y^2}{|x|+|y|}$;　　(2) $\lim\limits_{\substack{x\to 0\\ y\to 0}}\dfrac{x^2+y^2}{\sqrt{x^2+y^2+1}-1}$;

(3) $\lim\limits_{\substack{x\to 0\\ y\to 0}}\dfrac{1+x^2+y^2}{x^2+y^2}$;　　(4) $\lim\limits_{\substack{x\to 0\\ y\to 0}}\dfrac{\sin(x^3+y^3)}{x^2+y^2}$;

(5) $\lim\limits_{\substack{x\to +\infty\\ y\to +\infty}}(x^2+y^2)\mathrm{e}^{-(x+y)}$;　　(6) $\lim\limits_{\substack{x\to 1\\ y\to 0}}\dfrac{\ln(x+\mathrm{e}^y)}{\sqrt{x^2+y^2}}$.

3. 试证若 $\lim\limits_{\substack{x\to a\\ y\to b}}f(x,y)=A$ 存在,而当 x 取任何与 a 邻近之值时,极限 $\lim\limits_{y\to b}f(x,y)=\varphi(x)$ 存在,则二次极限存在,且等于 A,即

$$\lim_{x\to a}\lim_{y\to b}f(x,y)=\lim_{\substack{x\to a\\ y\to b}}f(x,y)=A.$$

4. (1) 试举出两个二次极限不相等的例子;

(2) 试举出只有一个二次极限存在的例子;

(3) 试举出二重极限存在,但二次极限不全存在的例子.

5. 讨论下列函数在点 $(0,0)$ 的二次极限和二重极限:

(1) $f(x,y)=\dfrac{x^2y^2}{x^2y^2+(x-y)^2}$;　　(2) $f(x,y)=(x+y)\cdot\sin\dfrac{1}{x}\cdot\sin\dfrac{1}{y}$.

6. 讨论下列函数连续的范围:

(1) $u=\dfrac{1}{\sqrt{x^2+y^2}}$;　　(2) $u=\ln(1-x^2-y^2)$;

(3) $u=\dfrac{1}{\sin x\sin y}$;　　(4) $u=\ln\dfrac{1}{(x-a)^2+(y-b)^2+(z-c)^2}$.

7. 证明函数

$$f(x,y)=\begin{cases}\dfrac{2xy}{x^2+y^2}, & x^2+y^2\neq 0,\\ 0, & x^2+y^2=0\end{cases}$$

分别对于每一变量 x 和 y 是连续的,但不是二变量的连续函数.

8. 证明函数

$$f(x,y)=\begin{cases}\dfrac{x^2y}{x^4+y^2}, & x^2+y^2\neq 0,\\ 0, & x^2+y^2=0\end{cases}$$

在(0,0)点沿每一条射线 $x=t\cos\theta, y=t\sin\theta$ $(0\leqslant t<+\infty)$ 连续,但它在(0,0)点不连续.

9. 设 $f(x,y)$ 在开集 D 内有定义,(x_0,y_0) 是 D 内一点,$f(x,y)$ 在 (x_0,y_0) 连续,又设 $x=x(t)$, $y=y(t)$,当 $t=t_0$ 时 $(x(t_0),y(t_0))=(x_0,y_0)$,并且 $x(t)$,$y(t)$ 都在 t_0 点连续,证明复合函数 $f(x(t),y(t))$ 在 t_0 点连续.

10. 证明有界闭区域上二元连续函数的有界性定理,最大(小)值定理及一致连续性定理.

本章小结

第二部分
多变量微分学

第十四章 偏导数和全微分

§1 偏导数和全微分的概念

一、偏导数的定义

对一元函数 $f(x)$，已经讨论了它关于 x 的导数，也就是 $f(x)$ 关于 x 的变化率．对于多元函数，同样需要讨论它的变化率．但由于自变量的增多，情况较一元函数复杂，以二元函数 $u=f(x,y)$ 为例，可以把 y 看作不变，这时它就是 x 的一元函数，对 x 求导，所得导数就称为二元函数 $f(x,y)$ 关于 x 的偏导数．同样，可以把 x 看作不变，对 y 求导，就得到 $f(x,y)$ 关于 y 的偏导数．

偏导数的定义 对函数 $u=f(x,y)$，如给 x 一个增量 Δx，于是函数相应地得一改变量

$$\Delta_x u=f(x+\Delta x,y)-f(x,y).$$

若极限

$$\lim_{\Delta x\to 0}\frac{\Delta_x u}{\Delta x}=\lim_{\Delta x\to 0}\frac{f(x+\Delta x,y)-f(x,y)}{\Delta x}$$

存在，则称此极限值为**函数** $f(x,y)$ 在点 (x,y) **处关于** x **的偏导数**，记为

$$\frac{\partial u}{\partial x}\quad 或\quad \frac{\partial f}{\partial x},$$

也可记为

$$f_x(x,y)\quad 或\quad u_x(x,y).$$

类似地，如果极限

$$\lim_{\Delta y\to 0}\frac{f(x,y+\Delta y)-f(x,y)}{\Delta y}$$

存在，则称此极限值为 $f(x,y)$ **在点** (x,y) **处关于** y **的偏导数**，记为

$$\frac{\partial u}{\partial y}\quad 或\quad \frac{\partial f}{\partial y},$$

也可记为

$$f_y(x,y) \quad 或 \quad u_y(x,y).$$

同样，对于二元以上的多元函数，可类似地定义偏导数，例如 $u=u(x,y,z)$，当只有自变量 x 变化而 y,z 固定时，若极限

$$\frac{\partial u}{\partial x}=\lim_{\Delta x\to 0}\frac{u(x+\Delta x,y,z)-u(x,y,z)}{\Delta x}$$

存在，则称此极限是 u 关于 x 的偏导数．

由以上定义可见，求 $f_x(x,y)$ 只不过是在 $f(x,y)$ 中把 y 看作常数，而关于 x 求导数，这时采用的方法就是一元函数的求导公式和运算法则．

例 1　理想气体的物态方程为 $p=\frac{RT}{V}$，现讨论 p 关于 V 和 T 的偏导数．

解　在温度 T 不变的等温过程中，压力 p 关于体积 V 的瞬时变化率为 $p_V=\left(\frac{RT}{V}\right)_V=-\frac{RT}{V^2}$；同样，在体积 V 不变的等容过程中，压力 p 关于温度 T 的瞬时变化率为 $p_T=\left(\frac{RT}{V}\right)_T=\frac{R}{V}$.

例 2　设 $f(x,y)=xy+x^2+y^3$，求 $\frac{\partial f}{\partial x},\frac{\partial f}{\partial y}$，并求 $f_x(0,1),f_x(1,0),f_y(0,2),f_y(2,0)$.

解　求 $\frac{\partial f}{\partial x}$ 时，在 $f(x,y)$ 中把 y 看成常量，所以

$$\frac{\partial f}{\partial x}=y+2x, f_x(0,1)=1, f_x(1,0)=2;$$

求 $\frac{\partial f}{\partial y}$ 时，在 $f(x,y)$ 中把 x 看成常量，所以

$$\frac{\partial f}{\partial y}=x+3y^2, f_y(0,2)=12, f_y(2,0)=2.$$

例 3　设 $u=\ln(x+y^2+z^3)$，求 u_x,u_y,u_z.

解　三元函数的偏导数，是只有一个自变量变化而其余自变量看作常量时函数的变化率，因此，

$$u_x=\frac{1}{x+y^2+z^3},\quad u_y=\frac{2y}{x+y^2+z^3},\quad u_z=\frac{3z^2}{x+y^2+z^3}.$$

由一元函数可导必定连续的结论可知，若 $f(x,y)$ 在点 (x,y) 关于 x（或 y）可导，则 $f(x,y)$ 在点 (x,y) 关于 x（或 y）连续．不过要注意，此时并不能推出 $f(x,y)$ 关于两个变量是连续的．例如考虑函数

$$f(x,y)=\begin{cases}\frac{xy}{x^2+y^2}, & x^2+y^2\neq 0,\\ 0, & x^2+y^2=0,\end{cases}$$

由偏导数的定义知道

$$f_x(0,0)=\lim_{\Delta x\to 0}\frac{f(\Delta x,0)-f(0,0)}{\Delta x}=\lim_{\Delta x\to 0}\frac{0-0}{\Delta x}=0.$$

同理可求得 $f_y(0,0)=0$，但在第十三章中已经指出此函数当 $x\to 0$，$y\to 0$ 时二重极限不存在，因而它在(0,0)点是不连续的．

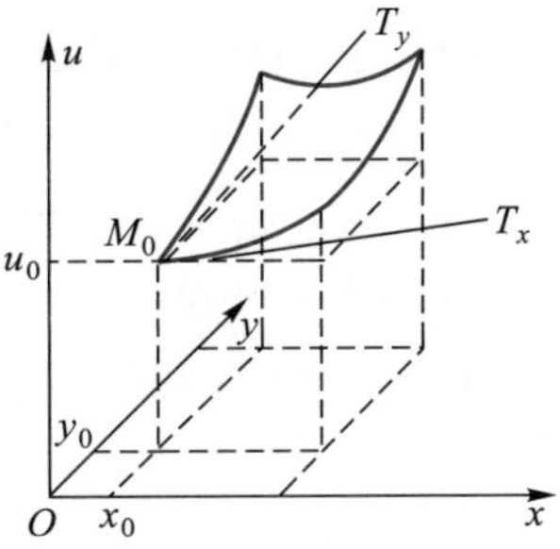

图 14-1

如果一元函数在一点有导数，那么这导数就是函数所表示的曲线在对应点的切线的斜率．由此可以推出，二元函数 $u=f(x,y)$ 在一点 (x_0,y_0) 的偏导数有下面的几何意义（如图 14-1）．

$u=f(x,y)$ 的图形是空间中的曲面，

$$M_0(x_0,y_0,u_0)=M_0(x_0,y_0,f(x_0,y_0))$$

是曲面上的点．当 $y=y_0$ 时，$u=f(x,y_0)$ 表示曲面上过 M_0 点的一条曲线，它是曲面 $u=f(x,y)$ 和平面 $y=y_0$ 的交线，它的参数方程是（参数为 x）$x=x$，　$y=y_0$，　$u=f(x,y_0)$，把它看作平面曲线，其自变量是 x，因变量是 u，u 关于 x 的导数 $f_x(x_0,y_0)$ 正好是曲线在 M_0 点的斜率，这样便得到曲线在 M_0 点的一个切向量 $\boldsymbol{T}_x$，它在 x 轴和 u 轴上的坐标分别是 1 和 $f_x(x_0,y_0)$，并且它在平面 $y=y_0$ 上，即曲线 $x=x,y=y_0,u=f(x,y_0)$ 在 M_0 点的切向量 $\boldsymbol{T}_x$ 为 $(1,0,f_x(x_0,y_0))$．

同样，曲面和平面 $x=x_0$ 的交线 $x=x_0,y=y,u=f(x_0,y)$ 的切向量 $\boldsymbol{T}_y$ 为 $(0,1,f_y(x_0,y_0))$．

二、全微分的定义

对一元函数 $y=f(x)$，曾研究过 y 关于 x 的微分，它具有两个特性，即：(i) 它与自变量的改变量成比例，即 $\mathrm{d}y=f'(x)\Delta x\ (\Delta x=\mathrm{d}x)$，(ii) 当自变量的改变量 Δx 充分小时，它与函数的改变量 Δy 之差是较自变量的改变量 Δx 为更高阶的无穷小量，即 $\Delta y=\mathrm{d}y+o(\Delta x)$．

现在讨论多元函数情形，例如，对二元函数 $u=f(x,y)$，也从同样的思想出发，引进如下定义．

全微分的定义　若函数 $u=f(x,y)$ 的全改变量 Δu 可表示为

$$\begin{aligned}\Delta u&=f(x+\Delta x,y+\Delta y)-f(x,y)\\&=A\Delta x+B\Delta y+o\left(\sqrt{\Delta x^2+\Delta y^2}\right),\end{aligned}$$

且其中 A,B 与 $\Delta x,\Delta y$ 无关而仅与 x,y 有关，则称函数 $f(x,y)$ 在点 (x,y) **可微**，并称 $A\Delta x+B\Delta y$ 为 $f(x,y)$ 在点 (x,y) 的**全微分**，记为 $\mathrm{d}u$ 或 $\mathrm{d}f(x,y)$，即

$$\mathrm{d}u=\mathrm{d}f(x,y)=A\Delta x+B\Delta y.$$

若 $f(x,y)$ 在点 (x,y) 可微，则有

$$\begin{aligned}f_x(x,y)&=\lim_{\Delta x\to 0}\frac{f(x+\Delta x,y)-f(x,y)}{\Delta x}\\&=\lim_{\Delta x\to 0}\frac{A\Delta x+o\left(\sqrt{\Delta x^2}\right)}{\Delta x}=A,\end{aligned}$$

这就是说，若$f(x,y)$在点(x,y)可微，则$f_x(x,y)$存在且等于A. 完全一样地可以证明此时$f_y(x,y)$也存在且等于B，故有

$$du=f_x(x,y)\Delta x+f_y(x,y)\Delta y.$$

前已指出自变量的改变量等于自变量的微分，因此上式可写为

$$du=f_x(x,y)dx+f_y(x,y)dy,$$

在这里，dx，dy表示任意的量，并不依赖于x和y，因此du实质上是依赖于x,y,dx和dy这四个变量的.

对n元函数$u=f(x_1,x_2,\cdots,x_n)$来说，相应的微分的表达式是

$$du=\frac{\partial u}{\partial x_1}dx_1+\frac{\partial u}{\partial x_2}dx_2+\cdots+\frac{\partial u}{\partial x_n}dx_n.$$

以上说明若函数在一点可微，则在该点也一定存在偏导数. 对一元函数而言，我们知道反过来也是正确的，即可导必可微. 但对二元函数就不尽然，例如，设

$$f(x,y)=\begin{cases}\dfrac{xy}{x^2+y^2}, & x^2+y^2\neq 0,\\ 0, & x=y=0,\end{cases}$$

前已求出$f_x(0,0)=0$，$f_y(0,0)=0$.

此时

$$\begin{aligned}\Delta u-du&=[f(\Delta x,\Delta y)-f(0,0)]-[f_x(0,0)\Delta x+f_y(0,0)\Delta y]\\&=\frac{\Delta x\Delta y}{\Delta x^2+\Delta y^2},\end{aligned}$$

但$\lim\limits_{\substack{\Delta x\to 0\\ \Delta y\to 0}}\dfrac{\Delta x\Delta y}{\Delta x^2+\Delta y^2}$不存在，故函数$f(x,y)$在$(0,0)$点不可微. 由此可见，对一元函数而言，可微与可导是同一回事；而对多元函数来说，偏导数存在不一定可微. 但是，在一定条件下，偏导数与可微性之间有密切联系，这就是下面的定理所指出的.

定理1 若$f_x(x,y)$及$f_y(x,y)$在点(x,y)及其某一邻域内存在，且在这一点它们都连续，则函数$u=f(x,y)$在该点可微.

证明 把Δu写成如下形式，

$$\begin{aligned}\Delta u&=f(x+\Delta x,y+\Delta y)-f(x,y)\\&=[f(x+\Delta x,y+\Delta y)-f(x+\Delta x,y)]+[f(x+\Delta x,y)-f(x,y)],\end{aligned}$$

由于假设$f_x(x,y)$及$f_y(x,y)$都存在，所以当$\Delta x,\Delta y$充分小时，可以把中值定理分别应用于每一个差，就有

$$\Delta u=f_y(x+\Delta x,y+\theta_1\Delta y)\Delta y+f_x(x+\theta_2\Delta x,y)\Delta x$$
$$(0<\theta_1<1,0<\theta_2<1),$$

又由假设$f_x(x,y)$及$f_y(x,y)$皆在点(x,y)连续，因而有

$$f_y(x+\Delta x,y+\theta_1\Delta y)=f_y(x,y)+\alpha,$$
$$f_x(x+\theta_2\Delta x,y)=f_x(x,y)+\beta,$$

且$\Delta x\to 0$，$\Delta y\to 0$时，α,β都趋于零. 于是

$$\Delta u=f_x(x,y)\Delta x+f_y(x,y)\Delta y+\beta\Delta x+\alpha\Delta y,$$

当 $\Delta x\to 0,\Delta y\to 0$ 时,

$$\frac{\beta\Delta x+\alpha\Delta y}{\sqrt{\Delta x^2+\Delta y^2}}\to 0,$$

由定义知 $f(x,y)$ 在点 (x,y) 可微.

这个定理说明,如果求得一个函数的偏导数,并且它们连续(对于一般初等函数,这是较易知道的),从而也就可知此函数可微,并且即可写出其微分.

例 4　设 $u=x^2y+xy^2$,则有

$$\begin{aligned}du&=2xy\,dx+x^2dy+y^2dx+2xy\,dy\\&=(2xy+y^2)dx+(x^2+2xy)dy.\end{aligned}$$

例 5　写出 $f(x,y,z)=e^{x+z}\sin(x+y)$ 的全微分.

解　这时,
$$\begin{aligned}f_x(x,y,z)&=e^{x+z}[\sin(x+y)+\cos(x+y)],\\f_y(x,y,z)&=e^{x+z}\cos(x+y),\\f_z(x,y,z)&=e^{x+z}\sin(x+y),\end{aligned}$$

于是

$$df=e^{x+z}[\sin(x+y)+\cos(x+y)]dx+e^{x+z}\cos(x+y)dy+e^{x+z}\sin(x+y)dz.$$

三、高阶偏导数与高阶全微分

类似于一元函数,可以定义高阶偏导数,就二元函数

$$u=f(x,y)$$

来说,$f_x(x,y)$ 及 $f_y(x,y)$ 仍是 x,y 的二元函数,还可以讨论它们关于 x 或 y 的偏导数,这些就称为函数 $f(x,y)$ 的二阶偏导数.

例如,$\frac{\partial u}{\partial x}$关于 x 再求偏导数,即$\frac{\partial}{\partial x}\left(\frac{\partial u}{\partial x}\right)$就称为 $f(x,y)$ 关于 x 的二阶偏导数,记为$\frac{\partial^2 u}{\partial x^2}$或 f_{xx},也可记为 f_{x^2}. 相仿地,还有

$$f_{xy}=\frac{\partial(f_x)}{\partial y},\quad 或记为\ \frac{\partial^2 u}{\partial y\partial x},也可记为 f_{xy},$$

$$f_{yx}=\frac{\partial(f_y)}{\partial x},\quad 或记为\ \frac{\partial^2 u}{\partial x\partial y},也可记为 f_{yx},$$

$$f_{yy}=\frac{\partial(f_y)}{\partial y},\quad 或记为\ \frac{\partial^2 u}{\partial y^2},也可记为 f_{y^2}.$$

二元函数的二阶偏导数一共有四个,其中 f_{xy} 和 f_{yx} 称为混合偏导数. 同样,还可以定义更高阶的偏导数,如

$$f_{x^3}=\frac{\partial(f_{x^2})}{\partial x},\quad 或记为\ \frac{\partial^3 u}{\partial x^3},$$

$$f_{yx^2}=\frac{\partial(f_{yx})}{\partial x},\quad 或记为\ \frac{\partial^2 u}{\partial x^2\partial y}$$

等.

例 6　设(1) $u(x,y)=xy$,(2) $u(x,y)=xe^x\sin y$,求二阶偏导数.

解　(1) $u_x=y, u_{xx}=0, u_{xy}=1$,

$u_y=x, u_{yx}=1, u_{yy}=0.$

(2) $u_x=e^x\sin y+xe^x\sin y=(x+1)e^x\sin y$,

$u_{xx}=(x+2)e^x\sin y$,

$u_{xy}=(x+1)e^x\cos y$,

$u_y=xe^x\cos y$,

$u_{yx}=(x+1)e^x\cos y$,

$u_{yy}=-xe^x\sin y.$

值得注意的是,这些函数关于 x,y 的两个二阶混合偏导数都相等,即 $u_{xy}=u_{yx}$. 也就是说,这些函数的混合偏导数和先对 x 还是先对 y 求导的顺序无关. 但是,这个结论并不是对任意的函数都成立,例如,考虑函数

$$f(x,y)=\begin{cases} xy\dfrac{x^2-y^2}{x^2+y^2}, & x^2+y^2\neq 0, \\ 0, & x=y=0, \end{cases}$$

此时

$$f_x(x,y)=\begin{cases} \dfrac{x^4+4x^2y^2-y^4}{(x^2+y^2)^2}y, & x^2+y^2\neq 0, \\ 0, & x=y=0, \end{cases}$$

$$f_y(x,y)=\begin{cases} \dfrac{x^4-4x^2y^2-y^4}{(x^2+y^2)^2}x, & x^2+y^2\neq 0, \\ 0, & x=y=0, \end{cases}$$

再从定义出发,可以求得

$$f_{xy}(0,0)=-1, \quad 而 \quad f_{yx}(0,0)=1,$$

两者并不相等.

但可以证明,如果 f_{xy} 及 f_{yx} 在点 (x,y) 都是连续的,则两者必相等. 这就是下面的定理.

定理 2　若 f_{xy} 及 f_{yx} 在点 (x,y) 都连续,则

$$f_{xy}(x,y)=f_{yx}(x,y).$$

证明　作辅助函数

$$\Phi=\varphi(x,y+\Delta y)-\varphi(x,y),$$

其中

$$\varphi(x,y)=f(x+\Delta x,y)-f(x,y),$$

由于 x 是固定的,所以对 y 应用中值定理,有

$$\begin{aligned}\Phi&=\varphi_y(x,y+\theta_1\Delta y)\Delta y\\&=[f_y(x+\Delta x,y+\theta_1\Delta y)-f_y(x,y+\theta_1\Delta y)]\Delta y\ (0<\theta_1<1),\end{aligned}$$

对 x 再用一次中值定理,就有

$$\Phi = f_{yx}(x+\theta_2\Delta x, y+\theta_1\Delta y)\Delta x\Delta y \ (0<\theta_1<1, 0<\theta_2<1).$$

上面的 Φ 又可以写为

$$\Phi=\psi(x+\Delta x,y)-\psi(x,y),$$

其中

$$\psi(x,y)=f(x,y+\Delta y)-f(x,y),$$

有

$$\begin{aligned}\Phi &= \psi_x(x+\theta_3\Delta x,y)\Delta x\\ &=(f_x(x+\theta_3\Delta x,y+\Delta y)-f_x(x+\theta_3\Delta x,y))\Delta x\\ &=f_{xy}(x+\theta_3\Delta x,y+\theta_4\Delta y)\Delta x\Delta y \ (0<\theta_3<1,0<\theta_4<1),\end{aligned}$$

于是有

$$f_{yx}(x+\theta_2\Delta x,y+\theta_1\Delta y)=f_{xy}(x+\theta_3\Delta x,y+\theta_4\Delta y).$$

由假设 f_{yx} 及 f_{xy} 皆为连续,在上式两边取极限 $\Delta x\to 0,\Delta y\to 0$,即得

$$f_{yx}(x,y)=f_{xy}(x,y).$$

这一定理建立了多元函数的偏导数可交换求导次序的根据．同样地,若 $f(x,y)$ 在点 (x,y) 有直到 k 阶的各个连续混合偏导数,就可简写混合偏导数为

$$f_{x^\lambda y^{k-\lambda}}=\frac{\partial^k f}{\partial x^\lambda\partial y^{k-\lambda}} \ (0<\lambda<k),$$

不论求导数的顺序如何,只要对 x 求导 λ 次,对 y 求导 $k-\lambda$ 次即可.

前已定义了 $u=f(x,y)$ 的全微分,且有

$$du=f_x(x,y)dx+f_y(x,y)dy,$$

由此,我们可以定义高阶全微分,二阶全微分定义为一阶全微分的微分,记为 d^2u,即

$$\begin{aligned}d^2u&=d(du)=d[f_x(x,y)dx]+d[f_y(x,y)dy]\\&=f_{x^2}dx^2+2f_{xy}dxdy+f_{y^2}dy^2.\end{aligned}$$

用数学归纳法可以推得

$$d^n u=d(d^{n-1}u)=\sum_{k=0}^{n}C_n^k\frac{\partial^n f}{\partial x^{n-k}\partial y^k}dx^{n-k}dy^k$$

习　题

1. 求下列函数的偏导数:

(1) $z=x^2\ln(x^2+y^2)$;　　(2) $u=e^{xy}$;

(3) $z=xy+\frac{x}{y}$;　　(4) $u=\arctan\frac{y}{x}$;

(5) $u=x^2+y^2+z^2+2xy+2yz+2zx$;　　(6) $u=e^{\varphi-\theta}\cos(\theta+\varphi)$.

2. 设 $f(x,y)=x^2y^2-2y$,求 $f_x(x,y)$, $f_y(x,y)$, $f_x(2,3)$, $f_y(0,0)$, $f_y(x,y)\Big|_{\substack{x=y\\y=x}}$.

3. 设 $z=\ln(\sqrt{x}+\sqrt{y})$,证明 $x\frac{\partial z}{\partial x}+y\frac{\partial z}{\partial y}=\frac{1}{2}$.

4. 求下列函数在给定点(x_0,y_0)的全微分:

(1) $u=x^4+y^4-4x^2y^2$, $(0,0)$, $(1,1)$;

(2) $u=\dfrac{x}{\sqrt{x^2+y^2}}$, $(1,0)$, $(0,1)$;

(3) $u=x\sin(x+y)$, $(0,0)$, $\left(\dfrac{\pi}{4},\dfrac{\pi}{4}\right)$;

(4) $u=\ln(x+y^2)$, $(0,1)$, $(1,1)$.

5. 求下列函数的全微分:

(1) $u=\sin(x^2+y^2)$; (2) $u=x^m y^n$;

(3) $u=e^{xy}$; (4) $u=x^y$;

(5) $u=\sqrt{x^2+y^2+z^2}$; (6) $u=\ln(x^2+y^2+z^2)$.

6. 证明:$f(x,y)=\sqrt{|xy|}$在$(0,0)$连续,$f_x(0,0)$,$f_y(0,0)$存在,但在$(0,0)$点不可微.

7. 证明
$$f(x,y)=\begin{cases}\dfrac{xy}{\sqrt{x^2+y^2}}, & x^2+y^2\neq 0,\\ 0, & x^2+y^2=0\end{cases}$$
在$(0,0)$点的邻域中连续,$f_x(x,y)$,$f_y(x,y)$有界,但在$(0,0)$点不可微.

8. 设 $f(x,y)=\begin{cases}(x^2+y^2)\sin\dfrac{1}{x^2+y^2}, & x^2+y^2\neq 0,\\ 0, & x^2+y^2=0,\end{cases}$

证明$f_x(x,y)$,$f_y(x,y)$存在但不连续,在$(0,0)$点的任何邻域中无界,但在$(0,0)$点可微.

9. 求下列函数的高阶偏导数:

(1) $u=x\sin(x+y)+y\cos(x+y)$,所有二阶偏导数;

(2) $u=\dfrac{1}{2}\ln(x^2+y^2)$, 所有二阶偏导数;

(3) $u=x\ln(xy)$, $\dfrac{\partial^3 u}{\partial x^2\partial y}$;

(4) $u=\ln(ax+by+cz)$, $\dfrac{\partial^4 u}{\partial x^4}$, $\dfrac{\partial^4 u}{\partial x^2\partial y^2}$;

(5) $u=(x-x_0)^p\cdot(y-y_0)^q$, $\dfrac{\partial^{p+q}u}{\partial x^p\partial y^q}$.

10. 设 (1) $u=x^2-2xy-3y^2$; (2) $u=x^{y^2}$; (3) $u=\arccos\sqrt{\dfrac{x}{y}}$,

验证成立等式$\dfrac{\partial^2 u}{\partial x\partial y}=\dfrac{\partial^2 u}{\partial y\partial x}$.

§2 复合函数偏导数的链式法则

现在讨论多元复合函数的求导公式. 对二元函数可导出如下的公式. 设$u=f(x,y)$,而x,y又是自变量s,t的函数
$$x=\varphi(s,t),\ y=\psi(s,t),$$

此时,若$\frac{\partial x}{\partial t},\frac{\partial y}{\partial t}$及$\frac{\partial x}{\partial s},\frac{\partial y}{\partial s}$在某点$(s,t)$都存在,而$f(x,y)$在相应于$(s,t)$的点$(x,y)$可微,则成立公式

$$\frac{\partial u}{\partial t}=\frac{\partial u}{\partial x}\cdot\frac{\partial x}{\partial t}+\frac{\partial u}{\partial y}\cdot\frac{\partial y}{\partial t}$$

及

$$\frac{\partial u}{\partial s}=\frac{\partial u}{\partial x}\cdot\frac{\partial x}{\partial s}+\frac{\partial u}{\partial y}\cdot\frac{\partial y}{\partial s},$$

这个公式称为求复合函数偏导数的**链式法则**.

下面证明第一个公式. 若给t以改变量Δt,则相应地就有x及y的改变量

$$\Delta x=\varphi(s,t+\Delta t)-\varphi(s,t),$$
$$\Delta y=\psi(s,t+\Delta t)-\psi(s,t).$$

由于$f(x,y)$可微,所以有

$$\Delta u=\frac{\partial u}{\partial x}\Delta x+\frac{\partial u}{\partial y}\Delta y+o(\sqrt{\Delta x^2+\Delta y^2}),$$

$$\frac{\Delta u}{\Delta t}=\frac{\partial u}{\partial x}\cdot\frac{\Delta x}{\Delta t}+\frac{\partial u}{\partial y}\cdot\frac{\Delta y}{\Delta t}+\frac{o(\sqrt{\Delta x^2+\Delta y^2})}{\Delta t},$$

由于x,y对t的连续性$\left(\text{因为}\frac{\partial x}{\partial t},\frac{\partial y}{\partial t}\text{存在}\right)$,因此,当$\Delta t\to 0$时也有$\Delta x\to 0,\Delta y\to 0$,从而

$$\lim_{\Delta t\to 0}\frac{o(\sqrt{\Delta x^2+\Delta y^2})}{\Delta t}=\lim_{\Delta t\to 0}\left(\frac{o(\sqrt{\Delta x^2+\Delta y^2})}{\sqrt{\Delta x^2+\Delta y^2}}\sqrt{\left(\frac{\Delta x}{\Delta t}\right)^2+\left(\frac{\Delta y}{\Delta t}\right)^2}\right),$$

而这极限显然等于零,所以有

$$\frac{\partial u}{\partial t}=\lim_{\Delta t\to 0}\frac{\Delta u}{\Delta t}=\frac{\partial u}{\partial x}\cdot\frac{\partial x}{\partial t}+\frac{\partial u}{\partial y}\cdot\frac{\partial y}{\partial t},$$

完全类似地可以证明第二个等式.

下面讲几个特殊情形.

若$u=f(x,y)$,而x,y依赖于一个变量t,即

$$x=\varphi(t),\quad y=\psi(t),$$

则有

$$\frac{\mathrm{d}u}{\mathrm{d}t}=\frac{\partial u}{\partial x}\cdot\frac{\mathrm{d}x}{\mathrm{d}t}+\frac{\partial u}{\partial y}\cdot\frac{\mathrm{d}y}{\mathrm{d}t}.$$

再有,若x,y是自变量s,t的函数,而函数u除随x,y变化外还依赖于t,即

$$u=f(x,y,t);\quad x=\varphi(s,t),\quad y=\psi(s,t),$$

那么,就有

$$\frac{\partial u}{\partial t}=\frac{\partial u}{\partial x}\cdot\frac{\partial x}{\partial t}+\frac{\partial u}{\partial y}\cdot\frac{\partial y}{\partial t}+\left(\frac{\partial u}{\partial t}\right)$$

等式右边的最后一项,有意识地把它写成$\left(\frac{\partial u}{\partial t}\right)$,为的是免得它与等式左边的$\frac{\partial u}{\partial t}$混淆起来. 右端的$\left(\frac{\partial u}{\partial t}\right)$是表示在函数$u=f(x,y,t)$中把$x,y$看作常数,对$t$求偏导数,而左端的$\frac{\partial u}{\partial t}$是表示在$u=f(\varphi(s,t),\psi(s,t),t)$中把$s$视为常数,对$t$求偏导数,二者

切不可混淆.

至于计算复合函数的高阶偏导数,只要重复运用前面的运算法则就行.

例 1 设 $u=\mathrm{e}^x\sin y$, $x=2st$, $y=t+s^2$,求 u_s, u_t.

解

$$\begin{aligned}u_s&=\frac{\partial u}{\partial x}\frac{\partial x}{\partial s}+\frac{\partial u}{\partial y}\frac{\partial y}{\partial s}=\mathrm{e}^x\sin y\cdot 2t+\mathrm{e}^x\cos y\cdot 2s\\&=2\mathrm{e}^x(t\sin y+s\cos y)\\&=2\mathrm{e}^{2st}(t\sin(t+s^2)+s\cos(t+s^2)),\\u_t&=\frac{\partial u}{\partial x}\frac{\partial x}{\partial t}+\frac{\partial u}{\partial y}\frac{\partial y}{\partial t}=\mathrm{e}^x\sin y\cdot 2s+\mathrm{e}^x\cos y\cdot 1\\&=\mathrm{e}^x(2s\sin y+\cos y)\\&=2\mathrm{e}^{2st}(2s\sin(t+s^2)+\cos(t+s^2)).\end{aligned}$$

例 2 设 $z=f(x,y)$ 可微,$y=\varphi(x)$ 的导数 $\varphi'(x)$,$\varphi''(x)$ 存在,求 $z=f(x,\varphi(x))$ 关于 x 的一阶与二阶导数.

解 $z=f(x,\varphi(x))$ 是 x 的一元函数,所以

$$\frac{\mathrm{d}z}{\mathrm{d}x}=\frac{\partial f}{\partial x}\cdot\frac{\mathrm{d}x}{\mathrm{d}x}+\frac{\partial f}{\partial y}\cdot\varphi'(x)=\frac{\partial f}{\partial x}+\frac{\partial f}{\partial y}\varphi'(x).$$

求二阶偏导数时,必须注意$\dfrac{\partial f}{\partial x}$和$\dfrac{\partial f}{\partial y}$的表达式为$\dfrac{\partial f}{\partial x}(x,\varphi(x))$和$\dfrac{\partial f}{\partial y}(x,\varphi(x))$,再求导有(假定 $f_{xy}=f_{yx}$)

$$\begin{aligned}\frac{\mathrm{d}^2z}{\mathrm{d}x^2}&=\frac{\partial f_x}{\partial x}+\frac{\partial f_x}{\partial y}\varphi'(x)+\left[\frac{\partial f_y}{\partial x}+\frac{\partial f_y}{\partial y}\varphi'(x)\right]\varphi'(x)+f_y\varphi''(x)\\&=f_{x^2}+2f_{xy}\varphi'(x)+f_{y^2}[\varphi'(x)]^2+f_y\varphi''(x).\end{aligned}$$

在下面的例题中,假定各个高阶偏导数都连续,故可交换求导次序,如 $f_{xy}=f_{yx}$, $f_{xy^2}=f_{y^2x}$ 等.

例 3 设 $u=f\left(x^2y,\dfrac{y}{x}\right)$,求$\dfrac{\partial u}{\partial x}$,$\dfrac{\partial^2 u}{\partial x^2}$,$\dfrac{\partial^2 u}{\partial x\partial y}$.

解 可把此函数看作复合函数

$$u=f(\xi,\eta);\ \xi=x^2y,\ \eta=\frac{y}{x},$$

于是按上述求导公式,则有

$$\frac{\partial u}{\partial x}=\frac{\partial u}{\partial \xi}\cdot\frac{\partial \xi}{\partial x}+\frac{\partial u}{\partial \eta}\cdot\frac{\partial \eta}{\partial x}=2xy\frac{\partial u}{\partial \xi}-\frac{y}{x^2}\frac{\partial u}{\partial \eta}.$$

现在来求二阶偏导数$\dfrac{\partial^2 u}{\partial x^2}$. 但在运算时要注意此时$\dfrac{\partial u}{\partial \xi}$,$\dfrac{\partial u}{\partial \eta}$都是 ξ,η 的函数,从而也是 x,y 的复合函数,故而对它们求导时需重复应用复合函数的求导法则.

$$\begin{aligned}\frac{\partial^2 u}{\partial x^2}=&\,2y\frac{\partial u}{\partial \xi}+2xy\left(\frac{\partial^2 u}{\partial \xi^2}\frac{\partial \xi}{\partial x}+\frac{\partial^2 u}{\partial \xi\partial \eta}\cdot\frac{\partial \eta}{\partial x}\right)+\\&\frac{2y}{x^3}\frac{\partial u}{\partial \eta}-\frac{y}{x^2}\left(\frac{\partial^2 u}{\partial \eta\partial \xi}\frac{\partial \xi}{\partial x}+\frac{\partial^2 u}{\partial \eta^2}\cdot\frac{\partial \eta}{\partial x}\right)\\=&\,2y\frac{\partial u}{\partial \xi}+2xy\left(2xy\frac{\partial^2 u}{\partial \xi^2}-\frac{y}{x^2}\frac{\partial^2 u}{\partial \xi\partial \eta}\right)+\end{aligned}$$

$$\frac{2y}{x^3}\frac{\partial u}{\partial \eta}-\frac{y}{x^2}\left(2xy\frac{\partial^2 u}{\partial \eta \partial \xi}-\frac{y}{x^2}\frac{\partial^2 u}{\partial \eta^2}\right)$$

$$=4x^2y^2\frac{\partial^2 u}{\partial \xi^2}-4\frac{y^2}{x}\frac{\partial^2 u}{\partial \xi \partial \eta}+\frac{y^2}{x^4}\frac{\partial^2 u}{\partial \eta^2}+2y\frac{\partial u}{\partial \xi}+\frac{2y}{x^3}\frac{\partial u}{\partial \eta},$$

同理,可求得

$$\frac{\partial^2 u}{\partial x \partial y}=2x\frac{\partial u}{\partial \xi}+2xy\left(\frac{\partial^2 u}{\partial \xi^2}\cdot\frac{\partial \xi}{\partial y}+\frac{\partial^2 u}{\partial \xi \partial \eta}\cdot\frac{\partial \eta}{\partial y}\right)-\frac{1}{x^2}\frac{\partial u}{\partial \eta}-$$

$$\frac{y}{x^2}\left(\frac{\partial^2 u}{\partial \eta \partial \xi}\cdot\frac{\partial \xi}{\partial y}+\frac{\partial^2 u}{\partial \eta^2}\cdot\frac{\partial \eta}{\partial y}\right)$$

$$=2x\frac{\partial u}{\partial \xi}+2xy\left(x^2\frac{\partial^2 u}{\partial \xi^2}+\frac{1}{x}\frac{\partial^2 u}{\partial \xi \partial \eta}\right)-\frac{1}{x^2}\frac{\partial u}{\partial \eta}-$$

$$\frac{y}{x^2}\left(x^2\frac{\partial^2 u}{\partial \xi \partial \eta}+\frac{1}{x}\frac{\partial^2 u}{\partial \eta^2}\right)$$

$$=2x^3y\frac{\partial^2 u}{\partial \xi^2}+y\frac{\partial^2 u}{\partial \xi \partial \eta}-\frac{y}{x^3}\frac{\partial^2 u}{\partial \eta^2}+2x\frac{\partial u}{\partial \xi}-\frac{1}{x^2}\frac{\partial u}{\partial \eta}.$$

有时为了简便起见,常引用记号

$$f_1'=\frac{\partial f(\xi,\eta)}{\partial \xi}$$

表示函数 f 对第一个变元 ξ 求偏导数,同样地有

$$f_2'=\frac{\partial f(\xi,\eta)}{\partial \eta},\qquad f_{12}''=\frac{\partial^2 f(\xi,\eta)}{\partial \xi \partial \eta}$$

等,于是上例中求得的结果就可改写成

$$\frac{\partial u}{\partial x}=2xyf_1'-\frac{y}{x^2}f_2',$$

$$\frac{\partial^2 u}{\partial x^2}=4x^2y^2f_{11}''-4\frac{y^2}{x}f_{12}''+\frac{y^2}{x^4}f_{22}''+2yf_1'+\frac{2y}{x^3}f_2',$$

$$\frac{\partial^2 u}{\partial x \partial y}=2x^3yf_{11}''+yf_{12}''-\frac{y}{x^3}f_{22}''+2xf_1'-\frac{1}{x^2}f_2'.$$

例 4　已知 $u=u(x,y)$,在极坐标 $x=r\cos\theta,y=r\sin\theta$ 变换下,证明

$$\left(\frac{\partial u}{\partial r}\right)^2+\frac{1}{r^2}\left(\frac{\partial u}{\partial \theta}\right)^2=\left(\frac{\partial u}{\partial x}\right)^2+\left(\frac{\partial u}{\partial y}\right)^2.$$

证明　因为

$$\frac{\partial u}{\partial r}=\frac{\partial u}{\partial x}\frac{\partial x}{\partial r}+\frac{\partial u}{\partial y}\frac{\partial y}{\partial r}=\frac{\partial u}{\partial x}\cos\theta+\frac{\partial u}{\partial y}\sin\theta,$$

$$\frac{\partial u}{\partial \theta}=\frac{\partial u}{\partial x}\frac{\partial x}{\partial \theta}+\frac{\partial u}{\partial y}\frac{\partial y}{\partial \theta}=-\frac{\partial u}{\partial x}r\sin\theta+\frac{\partial u}{\partial y}r\cos\theta,$$

所以

$$\left(\frac{\partial u}{\partial r}\right)^2+\frac{1}{r^2}\left(\frac{\partial u}{\partial \theta}\right)^2$$

$$=\left(\frac{\partial u}{\partial x}\cos\theta+\frac{\partial u}{\partial y}\sin\theta\right)^2+\left(-\frac{\partial u}{\partial x}\sin\theta+\frac{\partial u}{\partial y}\cos\theta\right)^2$$

$$=\left(\frac{\partial u}{\partial x}\right)^2+\left(\frac{\partial u}{\partial y}\right)^2.$$

下面再来看一下复合函数的全微分公式，上面已导出 $u=f(x,y)$ 的全微分为

$$\mathrm{d}u=f_x\mathrm{d}x+f_y\mathrm{d}y,$$

在复合函数 $u=f(x,y)$；$x=\varphi(s,t)$，$y=\psi(s,t)$ 时就具有的形式

$$\begin{aligned}\mathrm{d}u&=\frac{\partial u}{\partial s}\mathrm{d}s+\frac{\partial u}{\partial t}\mathrm{d}t\\&=\left(\frac{\partial u}{\partial x}\cdot\frac{\partial x}{\partial s}+\frac{\partial u}{\partial y}\cdot\frac{\partial y}{\partial s}\right)\mathrm{d}s+\left(\frac{\partial u}{\partial x}\cdot\frac{\partial x}{\partial t}+\frac{\partial u}{\partial y}\cdot\frac{\partial y}{\partial t}\right)\mathrm{d}t\\&=\frac{\partial u}{\partial x}\left(\frac{\partial x}{\partial s}\mathrm{d}s+\frac{\partial x}{\partial t}\mathrm{d}t\right)+\frac{\partial u}{\partial y}\left(\frac{\partial y}{\partial s}\mathrm{d}s+\frac{\partial y}{\partial t}\mathrm{d}t\right)\\&=\frac{\partial u}{\partial x}\mathrm{d}x+\frac{\partial u}{\partial y}\mathrm{d}y,\end{aligned}$$

就是说它在形式上与 x,y 是自变量的情形一样，我们也把它叫做一阶全微分的形式不变性．这是与一元函数的情形相类似的．

但须注意，在复合函数情形下，$\mathrm{d}x,\mathrm{d}y$ 也是 s,t 的函数，因而高阶全微分不具有形式不变性．

习　题

1. 求下列函数的偏导数：

（1）$u=f(x,y)$，其中 $x=r\cos\theta,y=r\sin\theta$，求 $\dfrac{\partial u}{\partial r},\dfrac{\partial^2 u}{\partial r^2}$；

（2）$u=f(x,y)$，其中 $x=a\xi,y=b\eta$，求

$$\frac{\partial u}{\partial \xi},\ \frac{\partial^2 u}{\partial \xi^2},\ \frac{\partial^2 u}{\partial \xi\partial \eta},\ \frac{\partial u}{\partial \eta},\ \frac{\partial^2 u}{\partial \eta^2};$$

（3）$u=f(x^2+y^2+z^2)$，求 $\dfrac{\partial u}{\partial x},\dfrac{\partial^2 u}{\partial x^2},\dfrac{\partial^2 u}{\partial x\partial y},\dfrac{\partial u}{\partial y},\dfrac{\partial u}{\partial z}$；

（4）$u=f\left(x,\dfrac{x}{y}\right)$，求 $\dfrac{\partial u}{\partial x},\dfrac{\partial^2 u}{\partial x^2},\dfrac{\partial u}{\partial y}$.

2. 设 $\Phi=\Phi(x,y,z)$，$x=u+v,y=u-v,z=uv$，求 Φ_u,Φ_v.

3. 求下列函数的全微分（设其可微）：

（1）$u=f(x+y)$；　　（2）$u=f(x+y,x-y)$；

（3）$u=f(ax^2+by^2+cz^2)$.

4. 验证下列各式：

（1）设 $z=\varphi(x^2+y^2)$，则 $y\dfrac{\partial z}{\partial x}-x\dfrac{\partial z}{\partial y}=0$；

（2）设 $u=y\varphi(x^2-y^2)$，则 $y\dfrac{\partial u}{\partial x}+x\dfrac{\partial u}{\partial y}=\dfrac{xu}{y}$；

（3）设 $u=x\varphi(x+y)+y\psi(x+y)$，则 $\dfrac{\partial^2 u}{\partial x^2}-2\dfrac{\partial^2 u}{\partial x\partial y}+\dfrac{\partial^2 u}{\partial y^2}=0$.

5. 求 $\Delta u=\dfrac{\partial^2 u}{\partial x^2}+\dfrac{\partial^2 u}{\partial y^2}+\dfrac{\partial^2 u}{\partial z^2}$，$u=f(x+y+z,x^2+y^2+z^2)$.

6. 若 $u=f(r)$，$r=\sqrt{x^2+y^2}$，其中 $f(r)$ 二次可微，试证明

$$\frac{\partial^2 u}{\partial x^2}+\frac{\partial^2 u}{\partial y^2}=\frac{\mathrm{d}^2 u}{\mathrm{d}r^2}+\frac{1}{r}\frac{\mathrm{d}u}{\mathrm{d}r}.$$

7. 若 u,v 为 x,y 的函数，$x=r\cos\theta$，$y=r\sin\theta$，试由

$$\frac{\partial u}{\partial x}=\frac{\partial v}{\partial y},\quad \frac{\partial u}{\partial y}=-\frac{\partial v}{\partial x}$$

证明等式

$$\frac{\partial u}{\partial r}=\frac{1}{r}\frac{\partial v}{\partial \theta},\quad \frac{\partial v}{\partial r}=-\frac{1}{r}\frac{\partial u}{\partial \theta}.$$

8. 设 $f(tx,ty)=t^n f(x,y)$，则有

$$x\frac{\partial f}{\partial x}+y\frac{\partial f}{\partial y}=nf,$$

具有这样性质的函数，称为 n **次齐次函数**．利用这结果，对 $z=\sqrt{x^2+y^2}$，求 $x\frac{\partial z}{\partial x}+y\frac{\partial z}{\partial y}$.

9. 设 φ 与 ψ 是任意的二阶可导函数，证明

$$z=x\varphi\left(\frac{y}{x}\right)+\psi\left(\frac{y}{x}\right)$$

满足

$$x^2\frac{\partial^2 z}{\partial x^2}+2xy\frac{\partial^2 z}{\partial x\partial y}+y^2\frac{\partial^2 z}{\partial y^2}=0.$$

10. 设 $u=\varphi(x+at)+\psi(x-at)$，其中 φ,ψ 是任意的二次可微函数，求证

$$\frac{\partial^2 u}{\partial t^2}=a^2\frac{\partial^2 u}{\partial x^2}.$$

§3　由方程(组)所确定的函数的求导法

本节将介绍由一个方程 $F(x,y,z)=0$ 所确定的隐函数求导法以及由方程组 $F(x,y,u,v)=0$，$G(x,y,u,v)=0$ 所确定的隐函数求导法．关于这些求导法的论证将在第十六章中再讲．

一、一个方程 $F(x,y,z)=0$ 的情形

设方程 $F(x,y,z)=0$ 确定了 z 是 x,y 的函数．为了求偏导数 z_x,z_y，将方程分别对变量 x 和 y 求导，而把 z 看成是 x,y 的函数，就有

$$F_x+F_z\cdot z_x=0,\quad F_y+F_z\cdot z_y=0,$$

若 $F_z\neq 0$，就得到偏导数

$$\frac{\partial z}{\partial x}=z_x=-\frac{F_x}{F_z},\quad \frac{\partial z}{\partial y}=z_y=-\frac{F_y}{F_z}.$$

例 1　求方程 $\frac{x^2}{a^2}+\frac{y^2}{b^2}+\frac{z^2}{c^2}=1$ 所确定的函数 z 的偏导数．

解　关于 x 求导，得到

$$\frac{2x}{a^2}+\frac{2z}{c^2}\cdot z_x=0,\ 即\quad z_x=-\frac{c^2 x}{a^2 z}.$$

关于 y 求导,有

$$\frac{2y}{b^2}+\frac{2z}{c^2}\cdot z_y=0,\ 即\quad z_y=-\frac{c^2y}{b^2z}.$$

例 2 设 $F(xy,y+z,xz)=0$,求$\frac{\partial z}{\partial x},\frac{\partial z}{\partial y},\frac{\partial^2 z}{\partial x\partial y}$.

解 由题意知道,方程确定了 z 是 x,y 的函数 $z=z(x,y)$,关于 x 求导,得

$$F_1'\cdot y+F_2'\cdot\frac{\partial z}{\partial x}+F_3'\cdot\left(z+x\frac{\partial z}{\partial x}\right)=0,$$

即
$$F_1'y+F_3'z+(F_2'+F_3'x)\frac{\partial z}{\partial x}=0,$$

解出$\frac{\partial z}{\partial x}$,得
$$\frac{\partial z}{\partial x}=-\frac{yF_1'+zF_3'}{F_2'+xF_3'}.$$

相仿地,关于 y 求导可求得

$$F_1'\cdot x+F_2'\cdot\left(1+\frac{\partial z}{\partial y}\right)+F_3'\cdot x\frac{\partial z}{\partial y}=0,$$

从而得
$$\frac{\partial z}{\partial y}=-\frac{F_2'+xF_1'}{F_2'+xF_3'}.$$

要求$\frac{\partial^2 z}{\partial x\partial y}$,需在等式

$$yF_1'+zF_3'+(F_2'+xF_3')\frac{\partial z}{\partial x}=0$$

两边关于 y 求导数,但应注意,此时 F_1',F_2',F_3' 仍为 $xy,y+z,xz$ 的函数. 这时有

$$\begin{aligned}&F_1'+y\left[F_{11}''\cdot x+F_{12}''\cdot\left(1+\frac{\partial z}{\partial y}\right)+F_{13}''\cdot x\frac{\partial z}{\partial y}\right]+\frac{\partial z}{\partial y}F_3'+\\&z\left[F_{31}''\cdot x+F_{32}''\cdot\left(1+\frac{\partial z}{\partial y}\right)+F_{33}''\cdot x\frac{\partial z}{\partial y}\right]+\\&\left[F_{21}''\cdot x+F_{22}''\cdot\left(1+\frac{\partial z}{\partial y}\right)+F_{23}''\cdot x\frac{\partial z}{\partial y}+x^2F_{31}''+\right.\\&\left.xF_{32}''\cdot\left(1+\frac{\partial z}{\partial y}\right)+x^2F_{33}''\frac{\partial z}{\partial y}\right]\frac{\partial z}{\partial x}+(F_2'+xF_3')\frac{\partial^2 z}{\partial x\partial y}=0,\end{aligned}$$

由此即可求得$\frac{\partial^2 z}{\partial x\partial y}$的表达式.

对于变量多于三个的情形,例如 $F(x_1,x_2,\cdots,x_n)=0$,假如确定一个隐函数 $x_n=\varphi(x_1,x_2,\cdots,x_{n-1})$,则用同上面相仿的方法,同样可以求出$\frac{\partial x_n}{\partial x_1},\frac{\partial x_n}{\partial x_2},\cdots$等.

二、方程组的情形

设有方程组

$$F(x,y,z)=0,\ G(x,y,z)=0,$$

在几何上,这方程组表示两个曲面的交线. 三个变量中,由方程组确定只有一个是

独立变量，另两个变量则随之变化．假定 y,z 是 x 的函数，则每个方程是 x 的复合函数，对这两个方程关于 x 求导，有

$$F_x+F_y y'(x)+F_z z'(x)=0,$$

$$G_x+G_y y'(x)+G_z z'(x)=0,$$

这是关于 $y'(x),z'(x)$ 的线性代数方程组，当 $y'(x),z'(x)$ 的系数行列式

$$\begin{vmatrix} F_y & F_z \\ G_y & G_z \end{vmatrix}\neq 0$$

时，可以解得

$$y'(x)=-\frac{\begin{vmatrix} F_x & F_z \\ G_x & G_z \end{vmatrix}}{\begin{vmatrix} F_y & F_z \\ G_y & G_z \end{vmatrix}},\quad z'(x)=-\frac{\begin{vmatrix} F_y & F_x \\ G_y & G_x \end{vmatrix}}{\begin{vmatrix} F_y & F_z \\ G_y & G_z \end{vmatrix}}.$$

通常把上述由函数关于某些变量的偏导数所组成的行列式，称做**雅可比**(Jacobi)**行列式**（也称做**函数行列式**），记为

$$\frac{D(F,G)}{D(y,z)}=\begin{vmatrix} F_y & F_z \\ G_y & G_z \end{vmatrix},$$

$$\frac{D(F,G)}{D(x,z)}=\begin{vmatrix} F_x & F_z \\ G_x & G_z \end{vmatrix},$$

$$\frac{D(F,G)}{D(y,x)}=\begin{vmatrix} F_y & F_x \\ G_y & G_x \end{vmatrix}$$

等．这样，上述的 $y'(x)$ 和 $z'(x)$ 可以写为

$$y'(x)=-\frac{\dfrac{D(F,G)}{D(x,z)}}{\dfrac{D(F,G)}{D(y,z)}},\quad z'(x)=-\frac{\dfrac{D(F,G)}{D(y,x)}}{\dfrac{D(F,G)}{D(y,z)}}.$$

一般地，设方程组

$$F_i(x_1,x_2,\cdots,x_n;u_1,u_2,\cdots,u_m)=0\ (i=1,2,\cdots,m)$$

确定了 m 个 n 元函数 $u_i=u_i(x_1,x_2,\cdots,x_n)\ (i=1,2,\cdots,m)$，关于 x_1 求偏导数，可得方程组

$$\frac{\partial F_i}{\partial x_1}+\sum_{k=1}^{m}\frac{\partial F_i}{\partial u_k}\frac{\partial u_k}{\partial x_1}=0\ (i=1,2,\cdots,m),$$

解之，当雅可比行列式

$$\frac{D(F_1,F_2,\cdots,F_m)}{D(u_1,u_2,\cdots,u_m)}=\begin{vmatrix} \dfrac{\partial F_1}{\partial u_1} & \dfrac{\partial F_1}{\partial u_2} & \cdots & \dfrac{\partial F_1}{\partial u_m} \\ \dfrac{\partial F_2}{\partial u_1} & \dfrac{\partial F_2}{\partial u_2} & \cdots & \dfrac{\partial F_2}{\partial u_m} \\ \vdots & \vdots & & \vdots \\ \dfrac{\partial F_m}{\partial u_1} & \dfrac{\partial F_m}{\partial u_2} & \cdots & \dfrac{\partial F_m}{\partial u_m} \end{vmatrix}\neq 0$$

可得

$$\frac{\partial u_i}{\partial x_1}=-\frac{D(F_1,F_2,\cdots,F_m)}{D(x_1,u_2,\cdots,u_m)}\Big/\frac{D(F_1,F_2,\cdots,F_m)}{D(u_1,u_2,\cdots,u_m)},i=1,2,\cdots,m,$$

类似地,可以求得$\frac{\partial u_i}{\partial x_j}$ $(i=1,2,\cdots,m;j=2,\cdots,n)$.

例 3　设 $x=r\cos\theta,y=r\sin\theta$,求$\frac{\partial r}{\partial x},\frac{\partial\theta}{\partial x},\frac{\partial r}{\partial y},\frac{\partial\theta}{\partial y}$.

解　对两式关于 x 求导,有

$$1=\cos\theta\frac{\partial r}{\partial x}-r\sin\theta\frac{\partial\theta}{\partial x},$$

$$0=\sin\theta\frac{\partial r}{\partial x}+r\cos\theta\frac{\partial\theta}{\partial x},$$

从此解得

$$\frac{\partial r}{\partial x}=\cos\theta,\frac{\partial\theta}{\partial x}=-\frac{\sin\theta}{r}.$$

同样,对两式关于 y 求导,有

$$0=\cos\theta\frac{\partial r}{\partial y}-r\sin\theta\frac{\partial\theta}{\partial y},$$

$$1=\sin\theta\frac{\partial r}{\partial y}+r\cos\theta\frac{\partial\theta}{\partial y},$$

解得

$$\frac{\partial r}{\partial y}=\sin\theta,\frac{\partial\theta}{\partial y}=\frac{\cos\theta}{r}.$$

也可以利用微分运算求出,因此时有

$$\mathrm{d}x=\cos\theta\mathrm{d}r-r\sin\theta\mathrm{d}\theta,\ \mathrm{d}y=\sin\theta\mathrm{d}r+r\cos\theta\mathrm{d}\theta,$$

解出 $\mathrm{d}r,\mathrm{d}\theta$,得

$$\mathrm{d}r=\cos\theta\mathrm{d}x+\sin\theta\mathrm{d}y,$$

$$\mathrm{d}\theta=-\frac{\sin\theta}{r}\mathrm{d}x+\frac{\cos\theta}{r}\mathrm{d}y,$$

所以

$$\frac{\partial r}{\partial x}=\cos\theta,\qquad\frac{\partial r}{\partial y}=\sin\theta,$$

$$\frac{\partial\theta}{\partial x}=-\frac{\sin\theta}{r},\ \frac{\partial\theta}{\partial y}=\frac{\cos\theta}{r}.$$

例 4　从方程组

$$\begin{cases}x+y+z+u+v=1,\\x^2+y^2+z^2+u^2+v^2=2\end{cases}$$

中求出 u_x,v_x 及 u_{x^2},v_{x^2}.

解　现在将 u,v 看作是 x,y,z 的函数,将方程组对 x 求偏导数

$$\begin{cases}1+u_x+v_x=0,\\ x+u\cdot u_x+v\cdot v_x=0,\end{cases}\tag{$*$}$$

解得
$$u_x=\frac{x-v}{v-u},\quad v_x=\frac{u-x}{v-u},$$

再将方程组($*$)对 x 求偏导数,得

$$\begin{cases}u_{x^2}+v_{x^2}=0,\\ 1+u_x^2+u\cdot u_{x^2}+v_x^2+v\cdot v_{x^2}=0,\end{cases}$$

解得
$$u_{x^2}=\frac{1+u_x^2+v_x^2}{v-u}=\frac{1+\left(\frac{x-v}{v-u}\right)^2+\left(\frac{u-x}{v-u}\right)^2}{v-u},$$

$$v_{x^2}=\frac{1+u_x^2+v_x^2}{u-v}=\frac{1+\left(\frac{x-v}{v-u}\right)^2+\left(\frac{u-x}{v-u}\right)^2}{u-v}.$$

例 5　设 $u=x+y,v=x-y,w=xy-z$,变换方程

$$\frac{\partial^2 z}{\partial x^2}+2\frac{\partial^2 z}{\partial x\partial y}+\frac{\partial^2 z}{\partial y^2}=0.$$

解　这里假定 z 对变量 x,y 具有各个二阶连续偏导数. 这时函数 $z=z(x,y)$ 通过变换变为函数 $w=w(u,v)$,由自变量的变换 $u=x+y,v=x-y$,可以求得

$$\frac{\partial u}{\partial x}=\frac{\partial v}{\partial x}=\frac{\partial u}{\partial y}=1,\quad \frac{\partial v}{\partial y}=-1,$$

从而所有 u,v 关于 x,y 的各个二阶偏导数都等于零.

由因变量的变换 $w=xy-z$,即

$$z=xy-w,$$

由此式求偏导数,有

$$\frac{\partial z}{\partial x}=y-\frac{\partial w}{\partial u}\frac{\partial u}{\partial x}-\frac{\partial w}{\partial v}\frac{\partial v}{\partial x}=y-\frac{\partial w}{\partial u}-\frac{\partial w}{\partial v},$$

$$\frac{\partial z}{\partial y}=x-\frac{\partial w}{\partial u}\frac{\partial u}{\partial y}-\frac{\partial w}{\partial v}\frac{\partial v}{\partial y}=x-\frac{\partial w}{\partial u}+\frac{\partial w}{\partial v},$$

再求导,有

$$\begin{aligned}\frac{\partial^2 z}{\partial x^2}&=-\frac{\partial^2 w}{\partial u^2}\frac{\partial u}{\partial x}-\frac{\partial^2 w}{\partial v\partial u}\frac{\partial v}{\partial x}-\frac{\partial^2 w}{\partial u\partial v}\frac{\partial u}{\partial x}-\frac{\partial^2 w}{\partial v^2}\frac{\partial v}{\partial x}\\&=-\frac{\partial^2 w}{\partial u^2}-2\frac{\partial^2 w}{\partial u\partial v}-\frac{\partial^2 w}{\partial v^2},\end{aligned}$$

同理可得
$$\frac{\partial^2 z}{\partial x\partial y}=1-\frac{\partial^2 w}{\partial u^2}+\frac{\partial^2 w}{\partial v^2},$$

$$\frac{\partial^2 z}{\partial y^2}=-\frac{\partial^2 w}{\partial u^2}+2\frac{\partial^2 w}{\partial u\partial v}-\frac{\partial^2 w}{\partial v^2},$$

于是代入原方程左边,得

$$\frac{\partial^2 z}{\partial x^2}+2\frac{\partial^2 z}{\partial x\partial y}+\frac{\partial^2 z}{\partial y^2}=2-4\frac{\partial^2 w}{\partial u^2},$$

由此即可知道通过变换,原方程变为

$$2\frac{\partial^2 w}{\partial u^2}=1.$$

习 题

1. 求由下列方程所确定的函数 $z=f(x,y)$ 的一阶和二阶的偏导数:

(1) $x+y+z=e^z$;　　(2) $xyz=x+y+z$.

2. 求由下列方程所确定的函数的全微分或偏导数:

(1) $f(x+y,y+z,z+x)=0$,求$\frac{\partial z}{\partial x},\frac{\partial z}{\partial y}$;

(2) $z=f(xz,z-y)$,求 dz;

(3) $F(x-y,y-z,z-x)=0$,求$\frac{\partial z}{\partial x},\frac{\partial z}{\partial y}$;

(4) $F(x,x+y,x+y+z)=0$,求$\frac{\partial z}{\partial x},\frac{\partial z}{\partial y},\frac{\partial^2 z}{\partial x^2}$.

3. 设由方程 $z=x+y\cdot\varphi(z)$ 确定函数 $z=z(x,y)$,设 $1-y\varphi'(z)\neq 0$,证明

$$\frac{\partial z}{\partial y}=\varphi(z)\cdot\frac{\partial z}{\partial x}.$$

4. 证明由方程 $ax+by+cz=\Phi(x^2+y^2+z^2)$ 所定义的函数 $z=z(x,y)$ 满足方程 $(cy-bz)\frac{\partial z}{\partial x}+(az-cx)\frac{\partial z}{\partial y}=bx-ay$,其中 $\Phi(u)$ 是 u 的可微函数,a,b,c 为常数.

5. 设 φ 为任意的可微函数,证明由方程 $\varphi(cx-az,cy-bz)=0$ 所定义的函数 $z=z(x,y)$ 满足$a\frac{\partial z}{\partial x}+b\frac{\partial z}{\partial y}=c$.

6. 证明由方程 $F(x+zy^{-1},y+zx^{-1})=0$ 所确定的函数 $z=z(x,y)$ 满足$x\frac{\partial z}{\partial x}+y\frac{\partial z}{\partial y}=z-xy$.

7. 求下列方程组所确定的函数的导数或偏导数或全微分:

(1) $\begin{cases}x+y+z=0,\\ x\cdot y\cdot z=1,\end{cases}$ 求$\frac{dy}{dx},\ \frac{dz}{dx},\ \frac{d^2y}{dx^2}$;

(2) $\begin{cases}x+y=u+v,\\ \frac{x}{y}=\frac{\sin u}{\sin v},\end{cases}$ 求 du,dv;

(3) $\begin{cases}xu+yv=0,\\ yu+xv=1,\end{cases}$ 求$\frac{\partial u}{\partial x},\ \frac{\partial u}{\partial y},\ \frac{\partial v}{\partial x},\ \frac{\partial v}{\partial y},\ \frac{\partial^2 u}{\partial x\partial y}$;

(4) $\begin{cases}x=\cos\theta\cos\varphi,\\ y=\cos\theta\sin\varphi,\\ z=\sin\theta,\end{cases}$ 求$\frac{\partial z}{\partial x},\ \frac{\partial z}{\partial y}$;

(5) $\begin{cases} u=f(u,x,v+y), \\ v=g(u-x,v^2\cdot y), \end{cases}$ 求$\dfrac{\partial u}{\partial x},\dfrac{\partial v}{\partial x}$.

8. 方程 $x=u+v, y=u^2+v^2, z=u^3+v^3$，定义 z 为 x, y 的函数，求$\dfrac{\partial z}{\partial x},\dfrac{\partial z}{\partial y}$.

9. 设 $x=r\cos\theta, y=r\sin\theta$，变换方程

$$\begin{cases} \dfrac{\mathrm{d}x}{\mathrm{d}t}=y+kx(x^2+y^2), \\ \dfrac{\mathrm{d}y}{\mathrm{d}t}=-x+ky(x^2+y^2) \end{cases}$$

为极坐标方程.

10. 设 $x=\mathrm{e}^u\cos\theta, y=\mathrm{e}^u\sin\theta$，变换方程$\dfrac{\partial^2 z}{\partial x^2}+\dfrac{\partial^2 z}{\partial y^2}=0$.

11. 设 $x=r\cos\theta, y=r\sin\theta$，则 $f(x,y)=\Phi(r,\theta)$，用 Φ 关于 r,θ 的偏导数来表示$\dfrac{\partial^2 f}{\partial x^2}+\dfrac{\partial^2 f}{\partial y^2}$.

12. 设 $x=\mathrm{e}^{\xi}, y=\mathrm{e}^{\eta}$，变换方程 $ax^2\dfrac{\partial^2 z}{\partial x^2}+2bxy\dfrac{\partial^2 z}{\partial x\partial y}+cy^2\dfrac{\partial^2 z}{\partial y^2}=0$ （a,b,c 为常数）.

13. 设 $\xi=x, \eta=x^2+y^2$，变换方程 $y\dfrac{\partial z}{\partial x}-x\dfrac{\partial z}{\partial y}=0$.

14. 设 $\xi=x, \eta=y-x, \zeta=z-x$，变换方程$\dfrac{\partial u}{\partial x}+\dfrac{\partial u}{\partial y}+\dfrac{\partial u}{\partial z}=0$.

15. 设线性变换 $\xi=x+\lambda_1 y, \eta=x+\lambda_2 y$，现在要把方程

$$A\frac{\partial^2 u}{\partial x^2}+2B\frac{\partial^2 u}{\partial x\partial y}+C\frac{\partial^2 u}{\partial y^2}=0 \quad (A,B,C\text{ 为常数，且 }AC-B^2<0)$$

变换为$\dfrac{\partial^2 u}{\partial\xi\partial\eta}=0$，证明 λ_1, λ_2 为方程 $C\lambda^2+2B\lambda+A=0$ 的两个相异实根.

16. 证明拉普拉斯方程 $\Delta w=\dfrac{\partial^2 w}{\partial x^2}+\dfrac{\partial^2 w}{\partial y^2}=0$ 在变换 $x=\varphi(u,v), y=\psi(u,v)$ $\left(\text{它们满足}\dfrac{\partial\varphi}{\partial u}=\dfrac{\partial\psi}{\partial v}, \dfrac{\partial\varphi}{\partial v}=-\dfrac{\partial\psi}{\partial u}\right)$ 下形状保持不变.

17. 设 $\xi=x-at, \eta=x+at$，变换方程$\dfrac{\partial^2 u}{\partial t^2}=a^2\dfrac{\partial^2 u}{\partial x^2}$.

18. 作自变量和因变量的变换，取 u, v 为新的自变量，$w=w(u,v)$ 为新的因变量：

(1) 设 $u=x^2+y^2, v=\dfrac{1}{x}+\dfrac{1}{y}, w=\ln z-(x+y)$，变换方程

$$y\frac{\partial z}{\partial x}-x\frac{\partial z}{\partial y}=(y-x)\cdot z;$$

(2) 设 $u=x+y, v=\dfrac{y}{x}, w=\dfrac{z}{x}$，变换方程

$$\frac{\partial^2 z}{\partial x^2}-2\frac{\partial^2 z}{\partial x\partial y}+\frac{\partial^2 z}{\partial y^2}=0;$$

(3) 设 $x=u, y=\dfrac{u}{1+uv}, z=\dfrac{u}{1+u\cdot w}$，变换方程

$$x^2\frac{\partial z}{\partial x}+y^2\frac{\partial z}{\partial y}=z^2;$$

(4) 设 $u=\frac{x}{y}$, $v=x$, $w=xz-y$, 变换方程

$$y\frac{\partial^2 z}{\partial y^2}+2\frac{\partial z}{\partial y}=\frac{2}{x}.$$

本章小结

第十五章 偏导数的应用

§1　空间曲线的切线和法平面

设空间曲线的方程由参数形式表示为

$$x = x(t),\ y = y(t),\ z = z(t),$$

和平面情形相仿,通过此曲线上任一点 $M_0(x_0, y_0, z_0)$（在这里 $x_0 = x(t_0)$, $y_0 = y(t_0)$, $z_0 = z(t_0)$）的切线定义为割线的极限位置,而通过点 M_0 和点 $M(x, y, z)$ 的割线方程是

$$\frac{X - x_0}{x(t) - x(t_0)} = \frac{Y - y_0}{y(t) - y(t_0)} = \frac{Z - z_0}{z(t) - z(t_0)},$$

分母都被 $t-t_0$ 除,仍是原来的割线方程

$$\frac{X - x_0}{\frac{x(t) - x(t_0)}{t - t_0}} = \frac{Y - y_0}{\frac{y(t) - y(t_0)}{t - t_0}} = \frac{Z - z_0}{\frac{z(t) - z(t_0)}{t - t_0}},$$

假设函数 $x(t)$, $y(t)$, $z(t)$ 在 t_0 处导数存在,那么当 $t \to t_0$ 时,割线就变为切线,得到空间曲线在点 M_0 的切线方程为

$$\frac{X - x_0}{x'(t_0)} = \frac{Y - y_0}{y'(t_0)} = \frac{Z - z_0}{z'(t_0)},$$

向量 $(x'(t_0), y'(t_0), z'(t_0))$ 是曲线在 M_0 点的切向量.

曲线在点 M_0 的法平面就是过 M_0 点且与该点的切线垂直的平面,因为切向量 $(x'(t_0), y'(t_0), z'(t_0))$ 就是过该点的法平面的法向量,可知过 M_0 点的法平面方程是

$$x'(t_0)(X-x_0)+y'(t_0)(Y-y_0)+z'(t_0)(Z-z_0)=0.$$

如果曲线的方程由下式表示

$$y=y(x),\ z=z(x),$$

可以把它看成如下的参数方程

$$x=x,\ y=y(x),\ z=z(x),$$

这里 x 是参数，于是可得曲线在点 $M_0(x_0,y_0,z_0)$ 的切线方程是

$$\frac{X-x_0}{1}=\frac{Y-y_0}{y'(x_0)}=\frac{Z-z_0}{z'(x_0)},$$

这里设 $y'(x_0)$，$z'(x_0)$ 都存在，并记 $y_0=y(x_0)$，$z_0=z(x_0)$.

同样，可得法平面方程为

$$X-x_0+y'(x_0)(Y-y_0)+z'(x_0)(Z-z_0)=0.$$

如曲线表示为两个曲面的交线

$$\begin{cases}F_1(x,y,z)=0,\\F_2(x,y,z)=0,\end{cases}$$

设 $\left.\dfrac{D(F_1,F_2)}{D(y,z)}\right|_{(x_0,y_0,z_0)}\neq 0$. 在一定条件下（例如满足第十六章将要讲到的隐函数存在定理条件），此方程在点 $M_0(x_0,y_0,z_0)$ 附近确定了一对函数

$$y=y(x),\ z=z(x),$$

它表示空间一条曲线．为了求 $\dfrac{\mathrm{d}y}{\mathrm{d}x}$，$\dfrac{\mathrm{d}z}{\mathrm{d}x}$，现将方程组对 x 求导，得

$$\begin{cases}\dfrac{\partial F_1}{\partial x}+\dfrac{\partial F_1}{\partial y}\dfrac{\mathrm{d}y}{\mathrm{d}x}+\dfrac{\partial F_1}{\partial z}\dfrac{\mathrm{d}z}{\mathrm{d}x}=0,\\[2ex]\dfrac{\partial F_2}{\partial x}+\dfrac{\partial F_2}{\partial y}\dfrac{\mathrm{d}y}{\mathrm{d}x}+\dfrac{\partial F_2}{\partial z}\dfrac{\mathrm{d}z}{\mathrm{d}x}=0,\end{cases}$$

由这两个方程，解出

$$\frac{\mathrm{d}y}{\mathrm{d}x}=\frac{D(F_1,F_2)}{D(z,x)}\Big/\frac{D(F_1,F_2)}{D(y,z)},$$

$$\frac{\mathrm{d}z}{\mathrm{d}x}=\frac{D(F_1,F_2)}{D(x,y)}\Big/\frac{D(F_1,F_2)}{D(y,z)}.$$

有了 $\dfrac{\mathrm{d}y}{\mathrm{d}x}$ 及 $\dfrac{\mathrm{d}z}{\mathrm{d}x}$ 以后，就很容易得到曲线在点 (x_0,y_0,z_0) 的切线方程

$$\frac{X-x_0}{\left.\dfrac{D(F_1,F_2)}{D(y,z)}\right|_{(x_0,y_0,z_0)}}=\frac{Y-y_0}{\left.\dfrac{D(F_1,F_2)}{D(z,x)}\right|_{(x_0,y_0,z_0)}}=\frac{Z-z_0}{\left.\dfrac{D(F_1,F_2)}{D(x,y)}\right|_{(x_0,y_0,z_0)}}.$$

相应地，曲线在 M_0 点的法平面方程是

$$\left.\frac{D(F_1,F_2)}{D(y,z)}\right|_{(x_0,y_0,z_0)}(X-x_0)+\left.\frac{D(F_1,F_2)}{D(z,x)}\right|_{(x_0,y_0,z_0)}(Y-y_0)+\left.\frac{D(F_1,F_2)}{D(x,y)}\right|_{(x_0,y_0,z_0)}(Z-z_0)=0.$$

例　求两柱面

$$x^2+y^2=R^2,\ x^2+z^2=R^2$$

的交线在点 $M_0\left(\dfrac{R}{\sqrt{2}},\dfrac{R}{\sqrt{2}},\dfrac{R}{\sqrt{2}}\right)$ 处的切线方程（如图 15-1）.

解　把曲线方程改写为

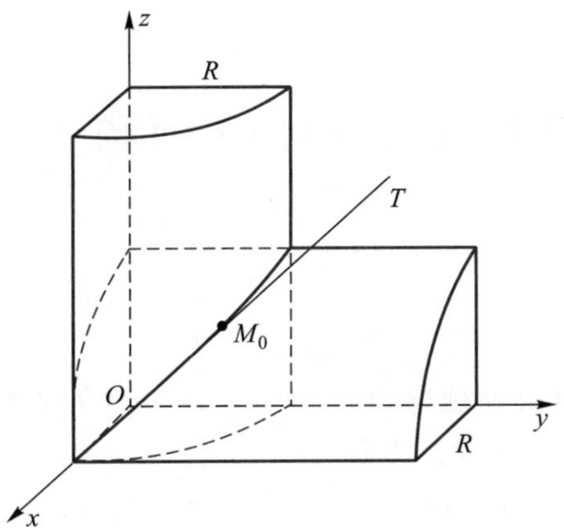

图 15-1

$$F_1(x,y,z)=x^2+y^2-R^2=0,$$
$$F_2(x,y,z)=x^2+z^2-R^2=0,$$

可求得

$$\frac{D(F_1,F_2)}{D(y,z)}=4yz,\quad \frac{D(F_1,F_2)}{D(z,x)}=-4xz,$$
$$\frac{D(F_1,F_2)}{D(x,y)}=-4xy,$$

从而曲线在点 $M_0\left(\frac{R}{\sqrt{2}},\frac{R}{\sqrt{2}},\frac{R}{\sqrt{2}}\right)$ 的切线方程为

$$\frac{X-\frac{R}{\sqrt{2}}}{4\cdot\frac{R^2}{2}}=\frac{Y-\frac{R}{\sqrt{2}}}{-4\cdot\frac{R^2}{2}}=\frac{Z-\frac{R}{\sqrt{2}}}{-4\cdot\frac{R^2}{2}},$$

即 $$\sqrt{2}X-R=-(\sqrt{2}Y-R)=-(\sqrt{2}Z-R),$$

这切线又可看作是平面 $X+Y=\sqrt{2}R$ 与平面 $Y=Z$ 的交线.

习 题

1. 求下列曲线在所给点处的切线与法平面:

(1) $x=a\sin^2 t,y=b\sin t\cdot\cos t,z=c\cos^2 t$,在 $t=\frac{\pi}{4}$ 的点处;

(2) $x^2+y^2+z^2=6,x+y+z=0$,在点 $(1,-2,1)$.

2. 在曲线 $x=t,y=t^2,z=t^3$ 上求出一点,使此点的切线平行于平面 $x+2y+z=4$.

3. 证明曲线 $x=ae^t\cos t,y=ae^t\sin t,z=ae^t$ 与锥面 $x^2+y^2=z^2$ 的母线相交成同一角.

4. 求下列各曲线在所给点的切线的方向余弦:

(1) $x=t^2,y=t^3,z=t^4$,在 $t=1$ 的点;

(2) $xyz=1,y^2=x$,在点 $(1,1,1)$.

§2　曲面的切平面和法线

若曲面方程为

$$F(x,y,z)=0,$$

设 $F(x,y,z)$ 对各个变量有连续偏导数．$M_0(x_0,y_0,z_0)$ 为曲面上一点，过点 M_0 任作一条在曲面上的光滑曲线 l，设其方程为

$$x=x(t),\ y=y(t),\ z=z(t),$$

显然

$$F(x(t),y(t),z(t))=0,$$

对 t 求导，在 M_0 点（设此时对应于 $t=t_0$）有

$$(F_x)_{M_0}x'(t_0)+(F_y)_{M_0}y'(t_0)+(F_z)_{M_0}z'(t_0)=0.$$

前已知道，向量 $(x'(t_0),y'(t_0),z'(t_0))$ 正是曲线 l 在 M_0 点的切向量．上式说明向量 $\boldsymbol{n}((F_x)_{M_0},(F_y)_{M_0},(F_z)_{M_0})$ 与切向量正交．由于 l 的任意性，可见曲面上过 M_0 的任一条光滑曲线在该点的切线都与 $\boldsymbol{n}$ 正交，因此这些切线应在同一平面上，这个平面就称为曲面在 M_0 点的**切平面**，而 $\boldsymbol{n}$ 就是切平面的法向量．从而即可写出曲面在 M_0 点的切平面方程为

$$(F_x)_{M_0}(X-x_0)+(F_y)_{M_0}(Y-y_0)+(F_z)_{M_0}(Z-z_0)=0.$$

过 M_0 点并与切平面垂直的直线，称为曲面在 M_0 点的法线，它的方程是

$$\frac{X-x_0}{(F_x)_{M_0}}=\frac{Y-y_0}{(F_y)_{M_0}}=\frac{Z-z_0}{(F_z)_{M_0}}.$$

设 α,β,γ 分别为曲面在 M_0 点的法线与 x,y,z 轴正向之间的夹角，那么在 $M_0(x_0,y_0,z_0)$ 点的法线方向余弦为

$$\cos\alpha=\frac{(F_x)_{M_0}}{\pm\sqrt{(F_x)_{M_0}^2+(F_y)_{M_0}^2+(F_z)_{M_0}^2}},$$

$$\cos\beta=\frac{(F_y)_{M_0}}{\pm\sqrt{(F_x)_{M_0}^2+(F_y)_{M_0}^2+(F_z)_{M_0}^2}},$$

$$\cos\gamma=\frac{(F_z)_{M_0}}{\pm\sqrt{(F_x)_{M_0}^2+(F_y)_{M_0}^2+(F_z)_{M_0}^2}}.$$

若曲面方程是

$$z=f(x,y),$$

它很容易化为刚才讨论过的情形

$$F(x,y,z)=z-f(x,y)=0,$$

于是曲面在点 (x_0,y_0,z_0)（这里 $z_0=f(x_0,y_0)$）的切平面方程为

$$\left(\frac{\partial z}{\partial x}\right)_{(x_0,y_0)}(X-x_0)+\left(\frac{\partial z}{\partial y}\right)_{(x_0,y_0)}(Y-y_0)-(Z-z_0)=0,$$

法线方程为

$$\frac{X-x_0}{\left(\frac{\partial z}{\partial x}\right)_{(x_0,y_0)}}=\frac{Y-y_0}{\left(\frac{\partial z}{\partial y}\right)_{(x_0,y_0)}}=\frac{Z-z_0}{-1}.$$

最后,若曲面方程为参数形式

$$x=x(u,v),\ y=y(u,v),\ z=z(u,v),$$

如果由 $x=x(u,v)$,$y=y(u,v)$决定了两个函数

$$u=u(x,y),\ v=v(x,y),$$

因此可以将 z 看为 x,y 的函数,这样问题就化为刚才已经讨论过的问题了. 因此只要求出$\frac{\partial z}{\partial x}$及$\frac{\partial z}{\partial y}$. 为此,将 $z=z(u,v)$分别对 u,v 求导,并注意到 z 为 x,y 的函数,按隐函数求导法则有

$$\begin{cases}\dfrac{\partial z}{\partial u}=\dfrac{\partial z}{\partial x}\dfrac{\partial x}{\partial u}+\dfrac{\partial z}{\partial y}\dfrac{\partial y}{\partial u},\\[2ex]\dfrac{\partial z}{\partial v}=\dfrac{\partial z}{\partial x}\dfrac{\partial x}{\partial v}+\dfrac{\partial z}{\partial y}\dfrac{\partial y}{\partial v},\end{cases}$$

由这两个方程可解出$\frac{\partial z}{\partial x}$及$\frac{\partial z}{\partial y}$

$$\frac{\partial z}{\partial x}=-\frac{D(y,z)}{D(u,v)}\bigg/\frac{D(x,y)}{D(u,v)},$$

$$\frac{\partial z}{\partial y}=-\frac{D(z,x)}{D(u,v)}\bigg/\frac{D(x,y)}{D(u,v)},$$

于是,在 M_0 点的切平面方程应为

$$\left.\frac{D(y,z)}{D(u,v)}\right|_{M_0}(X-x_0)+\left.\frac{D(z,x)}{D(u,v)}\right|_{M_0}(Y-y_0)+\left.\frac{D(x,y)}{D(u,v)}\right|_{M_0}(Z-z_0)=0,$$

法线方程为

$$\frac{X-x_0}{\left.\frac{D(y,z)}{D(u,v)}\right|_{M_0}}=\frac{Y-y_0}{\left.\frac{D(z,x)}{D(u,v)}\right|_{M_0}}=\frac{Z-z_0}{\left.\frac{D(x,y)}{D(u,v)}\right|_{M_0}}.$$

对于曲面方程为显式表示及参数表示时,同样可写出它们在 M_0 点的法线方向余弦,请读者写出.

例 1　求曲面 $z=x^2+y^2-1$ 在点$(2,1,4)$的切平面及法线方程.

解　此时

$$f_x(x,y)=2x,\ f_y(x,y)=2y,$$

$$f_x(2,1)=4,\ f_y(2,1)=2,$$

所以切平面方程为

$$4(X-2)+2(Y-1)-(Z-4)=0,$$

即

$$4X+2Y-Z=6.$$

法线方程为

$$\frac{X-2}{4}=\frac{Y-1}{2}=\frac{Z-4}{-1}.$$

通常两曲线在交点的夹角，是指交点处两个切向量的夹角；两曲面在交线上一点的夹角，是指两曲面在交点的法线的夹角．如果两曲面在交线的每一点都正交，则称这两曲面为**正交曲面**．

例 2 证明对任意常数 ρ,φ，球面 $x^2+y^2+z^2=\rho^2$ 与锥面 $x^2+y^2=\tan^2\varphi\cdot z^2$ 是正交的．

证明 球面 $F=x^2+y^2+z^2-\rho^2=0$ 的法向量为 (x,y,z)；锥面 $G=x^2+y^2-\tan^2\varphi\cdot z^2=0$ 的法向量为 $(x,y,-\tan^2\varphi\cdot z)$．在任一交点 (x_0,y_0,z_0) 处，两法向量的内积为

$$(x_0,y_0,z_0)\cdot(x_0,y_0,-\tan^2\varphi\cdot z_0)=x_0^2+y_0^2-\tan^2\varphi\cdot z_0^2,$$

而 (x_0,y_0,z_0) 在锥面上，上式右端等于 0，即两曲面的法线相互垂直，所以球面与锥面是正交的．

习 题

1. 求下列曲面在所给点的切平面及法线方程：

(1) $x=a\sin\varphi\cos\theta, y=a\sin\varphi\sin\theta, z=a\cos\varphi$，在 (θ_0,φ_0)；

(2) $e^{\frac{x}{z}}+e^{\frac{y}{z}}=4$，在点 $(\ln 2, \ln 2, 1)$；

(3) $z=2x^2+4y^2$，在点 $(2,1,12)$；

(4) $ax^2+by^2+cz^2+d=0$，在点 (x_0,y_0,z_0)．

2. 在曲面 $z=xy$ 上求一点，使这点的法线垂直于平面 $x+3y+z+9=0$，并写出此法线方程．

3. 证明曲面 $\sqrt{x}+\sqrt{y}+\sqrt{z}=\sqrt{a}$ $(a>0)$ 上任何一点的切平面在各坐标轴上的截距之和等于 a．

4. 求两曲面 $x^2+y^2=a^2, bz=xy$ 的交角．

§3 方向导数和梯度

一、方向导数

在许多实际问题中，常常需要知道函数 $f(x,y,z)$（或函数 $f(x,y)$）在一点 P 沿任何方向或某个方向的变化率．例如，设 $f(P)$ 表示某物体内点 P 的温度，那么这物体的热传导就依赖于温度沿各方向下降的速度（速率）；又如，要预报某地的风向和风力，就必须知道气压在该处沿某些方向的变化率．为此，要引进多元函数在一点 P 沿一给定方向的方向导数的概念．

这里以三个变量的函数 $f(x,y,z)$ 为例．设 $P(x,y,z)$ 为一给定点，l 是从 P 点出发的射线，它的方向向量用 $\boldsymbol{l}$ 来表示．设 P' 是射线 l 上的任一点，P' 的坐

标为

$$
\begin{aligned}
&(x+\Delta x, y+\Delta y, z+\Delta z)\\
&=(x+\overline{PP'}\cos\alpha, y+\overline{PP'}\cos\beta, z+\overline{PP'}\cos\gamma),
\end{aligned}
$$

其中 $\cos\alpha,\cos\beta,\cos\gamma$ 是 $\boldsymbol{l}$ 的方向余弦，$\overline{PP'}$是线段 PP'的长度，如图 15-2 所示．在$\overline{PP'}$这段长度内，函数 $f(x,y,z)$ 的平均变化率为

$$
\frac{\Delta f}{\overline{PP'}}=\frac{f(P')-f(P)}{\overline{PP'}}.
$$

令 P'沿 $\boldsymbol{l}$ 趋于 P，这时如果

$$
\lim_{P'\to P}\frac{f(P')-f(P)}{\overline{PP'}}
$$

存在，则称此极限为 $f(x,y,z)$ 在 P 点沿 $\boldsymbol{l}$ 的**方向导数**，记为$\dfrac{\partial f(P)}{\partial \boldsymbol{l}}$或$\dfrac{\partial f(x,y,z)}{\partial \boldsymbol{l}}$.

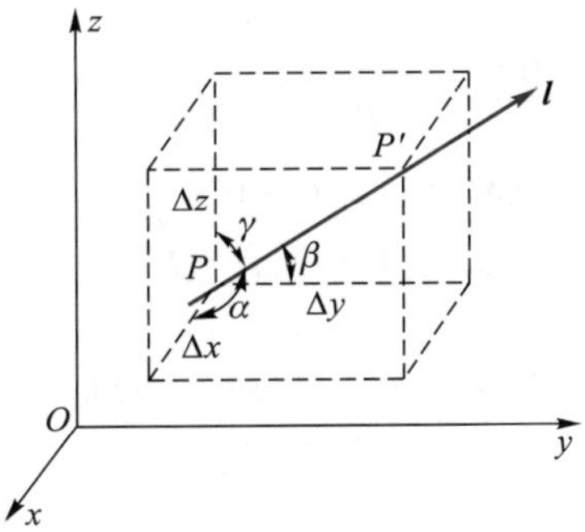

图 15-2

例 1　设 $f(x,y,z)=ax+by+cz$，向量 $\boldsymbol{l}$ 的方向余弦是$\cos\alpha,\cos\beta,\cos\gamma$，于是沿 $\boldsymbol{l}$ 方向的平均变化率为

$$
\begin{aligned}
\frac{\Delta f}{\overline{PP'}}&=\frac{1}{\overline{PP'}}(a\,\overline{PP'}\cos\alpha+b\,\overline{PP'}\cos\beta+c\,\overline{PP'}\cos\gamma)\\
&=a\cos\alpha+b\cos\beta+c\cos\gamma,
\end{aligned}
$$

所以有

$$
\frac{\partial f}{\partial \boldsymbol{l}}=a\cos\alpha+b\cos\beta+c\cos\gamma.
$$

可见一次函数 f 沿 $\boldsymbol{l}$ 的方向导数不因点的位置而变化，同时还可以看出函数沿不同方向的方向导数一般是不同的．

下面给出方向导数的计算公式．

定理　如果函数 $f(x,y,z)$ 在一点 $P_0(x_0,y_0,z_0)$ 可微，则 $f(x,y,z)$ 在 P_0 点沿任何方向 $\boldsymbol{l}$ 的方向导数都存在，并有以下的求导公式

$$
\frac{\partial f}{\partial \boldsymbol{l}}=f_x(x_0,y_0,z_0)\cos\alpha+f_y(x_0,y_0,z_0)\cos\beta+f_z(x_0,y_0,z_0)\cos\gamma,
$$

其中 $\cos\alpha,\cos\beta,\cos\gamma$ 是 $\boldsymbol{l}$ 的方向余弦．

证明 设 $P'(x_0+\Delta x,y_0+\Delta y,z_0+\Delta z)$ 是 $\boldsymbol{l}$ 上的点，则 $\boldsymbol{l}$ 的方向余弦为

$$\cos\alpha=\frac{\Delta x}{\overline{P_0P'}},\ \cos\beta=\frac{\Delta y}{\overline{P_0P'}},\ \cos\gamma=\frac{\Delta z}{\overline{P_0P'}}.$$

由假设 $f(P)$ 在 P_0 可微，故有

$$f(P')-f(P_0)=f_x(x_0,y_0,z_0)\Delta x+f_y(x_0,y_0,z_0)\Delta y+f_z(x_0,y_0,z_0)\Delta z+o(\sqrt{\Delta x^2+\Delta y^2+\Delta z^2}),$$

于是

$$\frac{f(P')-f(P_0)}{\overline{P_0P'}}=f_x\cdot\frac{\Delta x}{\overline{P_0P'}}+f_y\cdot\frac{\Delta y}{\overline{P_0P'}}+f_z\cdot\frac{\Delta z}{\overline{P_0P'}}+\frac{o(\sqrt{\Delta x^2+\Delta y^2+\Delta z^2})}{\overline{P_0P'}},$$

而 $\overline{P_0P'}=\sqrt{\Delta x^2+\Delta y^2+\Delta z^2}$. 所以，当 P' 沿 $\boldsymbol{l}$ 趋于 P_0 时，将上式取极限，即得

$$\begin{aligned}\frac{\partial f}{\partial \boldsymbol{l}}&=\lim_{P'\to P_0}\frac{f(P')-f(P_0)}{\overline{P_0P'}}\\&=f_x(x_0,y_0,z_0)\cos\alpha+f_y(x_0,y_0,z_0)\cos\beta+f_z(x_0,y_0,z_0)\cos\gamma,\end{aligned}$$

由是得证.

对于平面情形，即对于二元函数 $f(x,y)$ 来说，就是上述情形的特例，这时沿任一方向 $\boldsymbol{l}$（图 15-3）的方向导数，有如下计算公式：

$$\frac{\partial f}{\partial \boldsymbol{l}}=f_x\cdot\cos\alpha+f_y\cdot\sin\alpha.$$

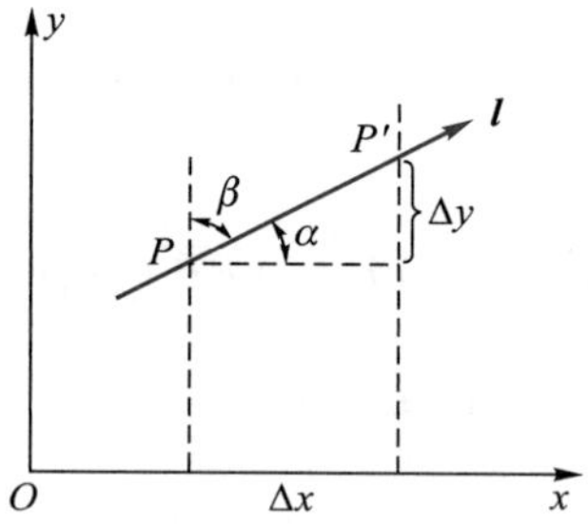

图 15-3

例 2 对 $u=xy-y^2z+ze^x$，求 u 在点 $(1,0,2)$ 沿方向 $(2,1,-1)$ 的方向导数.

解 $\dfrac{\partial u}{\partial x}=y+ze^x$, $\dfrac{\partial u}{\partial y}=x-2yz$, $\dfrac{\partial u}{\partial z}=-y^2+e^x$,

$$\left.\frac{\partial u}{\partial x}\right|_{(1,0,2)}=2e,\ \left.\frac{\partial u}{\partial y}\right|_{(1,0,2)}=1,\ \left.\frac{\partial u}{\partial z}\right|_{(1,0,2)}=e,$$

向量 $(2,1,-1)$ 的方向余弦为

$$\cos\alpha=\frac{2}{\sqrt{6}},\ \cos\beta=\frac{1}{\sqrt{6}},\ \cos\gamma=-\frac{1}{\sqrt{6}},$$

所以

$$\left.\frac{\partial u}{\partial \boldsymbol{l}}\right|_{(1,0,2)}=2\mathrm{e}\frac{2}{\sqrt{6}}+\frac{1}{\sqrt{6}}-\mathrm{e}\frac{1}{\sqrt{6}}=\frac{1}{\sqrt{6}}(3\mathrm{e}+1).$$

二、梯度

1. 物理量的等量面(等量线)

在研究一个物理量$u(x,y,z)$在某一区域的分布时,常常需要考察这区域中有相同物理量的点,也就是使$u(x,y,z)$取相同数值的各点

$$u(x,y,z)=C,$$

其中C是常数．这个方程在几何上表示曲面,称它为**等量面**．当C取不同数值时,所得到的等量面也不同．如气象学中的等温面和等压面,电学中的等势面等．

同样,对于含两个自变量的物理量则有**等量线**．例如在船体设计中,用平行于基线面的平面将船体切剖,它的截口曲线称为水线,图 15-4 中只画出了三条水线,它们距离基线面的高度是2000 mm,4000 mm,6000 mm. 在同一条水线上,其高度是相同的,因此这些水线就是等量线．在船体设计中,用它们来表示船体线型在纵向的变化趋势．

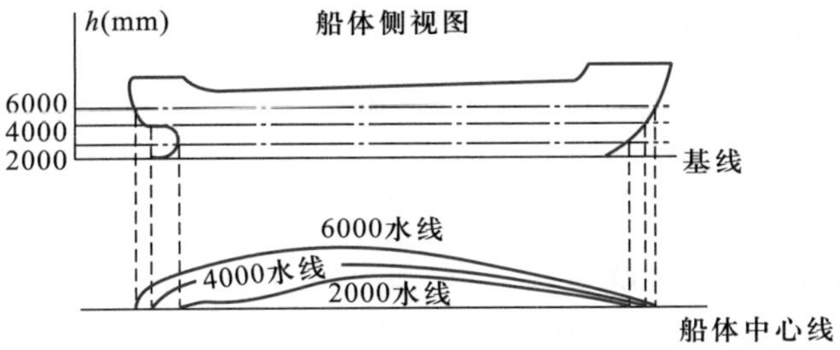

图 15-4

此外,在地图上常常利用等高线来表示地面上的高低起伏,在气象图上用等温线来表示地面上气温变化等,这些都是等量线．

2. 梯度

现在从等量面(或等量线)出发,引出一个具有重要意义的向量函数．

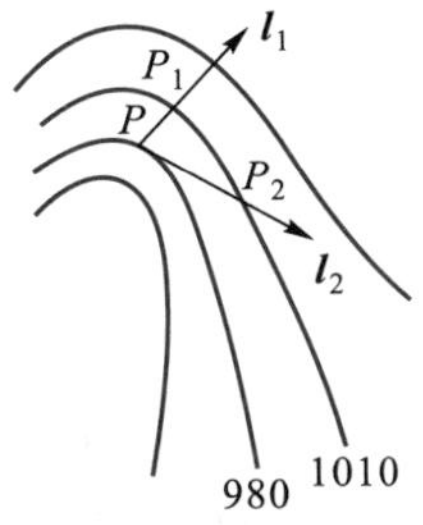

图 15-5

以气象预报中地面上的等压线为例．从图 15-5 中的标号可以看出,在方向$\boldsymbol{l}_1$,气压从P点的 980 mbar(毫巴)过渡到气压为 1010 mbar 的点P_1,距离是$\overline{PP_1}$,它比沿方向$\boldsymbol{l}_2$从P变到气压为 1010 mbar 的点P_2的距离$\overline{PP_2}$小．所以按距离而言,气压沿$\boldsymbol{l}_1$方向的平均增长率大于沿$\boldsymbol{l}_2$方向的平均增长率．可见,在

P 点沿不同的方向，其变化率将有所不同．

现在再作一般的讨论．设 $u(x,y,z)$ 是一数量函数，等量面为

$$u(x,y,z)=C,$$

设 P 是等量面上的任一点，它的法线向量为

$$\left(\frac{\partial u}{\partial x}\right)_P \boldsymbol{i}+\left(\frac{\partial u}{\partial y}\right)_P \boldsymbol{j}+\left(\frac{\partial u}{\partial z}\right)_P \boldsymbol{k},$$

其中 $\left(\frac{\partial u}{\partial x}\right)_P,\left(\frac{\partial u}{\partial y}\right)_P,\left(\frac{\partial u}{\partial z}\right)_P$ 分别是三个偏导数在 P 点的数值．称这个向量为数量函数 $u(x,y,z)$ 在 P 点的**梯度**，记为 $\mathbf{grad}\ u$（**grad** 是 gradient 的缩写），即从数量函数 $u(x,y,z)$ 引出了一个向量函数

$$\mathbf{grad}\ u=\frac{\partial u}{\partial x}\boldsymbol{i}+\frac{\partial u}{\partial y}\boldsymbol{j}+\frac{\partial u}{\partial z}\boldsymbol{k},$$

它的长度记为

$$|\mathbf{grad}\ u|=\sqrt{\left(\frac{\partial u}{\partial x}\right)^2+\left(\frac{\partial u}{\partial y}\right)^2+\left(\frac{\partial u}{\partial z}\right)^2}.$$

这样引进的梯度概念有什么意义呢？下面将说明：(1) 梯度的方向是函数 u 增长最快的方向；(2) 梯度的模就是函数 u 沿这一方向的变化率．现在分析如下：

设 $\boldsymbol{l}$ 的方向余弦是 $\cos\alpha,\cos\beta,\cos\gamma$，这时 $u(x,y,z)$ 沿 $\boldsymbol{l}$ 的方向导数是

$$\frac{\partial u}{\partial \boldsymbol{l}}=\frac{\partial u}{\partial x}\cos\alpha+\frac{\partial u}{\partial y}\cos\beta+\frac{\partial u}{\partial z}\cos\gamma,$$

令 $\boldsymbol{l}_0$ 是 $\boldsymbol{l}$ 方向的单位向量

$$\boldsymbol{l}_0=\cos\alpha\boldsymbol{i}+\cos\beta\boldsymbol{j}+\cos\gamma\boldsymbol{k},$$

于是

$$\begin{aligned}\frac{\partial u}{\partial \boldsymbol{l}}&=\left(\frac{\partial u}{\partial x},\frac{\partial u}{\partial y},\frac{\partial u}{\partial z}\right)\cdot(\cos\alpha,\cos\beta,\cos\gamma)\\&=\mathbf{grad}\ u\cdot\boldsymbol{l}_0=|\mathbf{grad}\ u|\cdot\cos(\mathbf{grad}\ u,\boldsymbol{l}_0).\end{aligned}$$

这里 $\cos(\mathbf{grad}\ u,\boldsymbol{l}_0)$ 表示向量 $\mathbf{grad}\ u$ 与 $\boldsymbol{l}_0$ 夹角的余弦．由此可以看出，在 P 点沿一切不同方向的方向导数中，当 $\boldsymbol{l}$ 与梯度的方向一致时，$\cos(\mathbf{grad}\ u,\boldsymbol{l}_0)=1$，从而 $\frac{\partial u}{\partial \boldsymbol{l}}$ 有最大值，所以沿梯度方向的方向导数达到最大；就是说，$\mathbf{grad}\ u$ 的方向是函数 $u(x,y,z)$ 在这点增长最快的方向，函数 u 在这个方向上变化率最大，而且这个最大变化率就等于梯度的模 $|\mathbf{grad}\ u|$．同样可以看出，沿梯度的反方向，即 $-\mathbf{grad}\ u$ 的方向，函数 u 减少最快．

由于数量函数所表示的物理意义是由点的函数来描写的，在不同坐标下，同一点的函数值应该不变，这表示数量函数与坐标系的选取无关．从而由此产生的等量面、数量函数 u 的梯度以及它的最大变化率 $|\mathbf{grad}\ u|$ 等，也都与坐标系的选择无关．

综上所述，$\mathbf{grad}\ u$ 是这样一个向量函数，它是由数量函数 u 产生的，在每一点 P 处的梯度方向与过 P 点的等量面 $u(x,y,z)=C$ 在这点的法线方向相同，且从数值较低的等量面指向数值较高的等量面，梯度的模等于函数 u 沿法线方向的方向

导数．如以 $\boldsymbol{n}_0$ 表示等量面的一个单位法向量，它指向 u 的数值增大的方向，而以 $\frac{\partial u}{\partial \boldsymbol{n}}$ 表示函数 u 沿这法线的方向导数，则有

$$\mathbf{grad}\ u=\left(\frac{\partial u}{\partial \boldsymbol{n}}\right)\boldsymbol{n}_0,$$

以下是关于梯度的基本运算法则：

(1) 两个函数代数和的梯度，等于各函数梯度的代数和，即

$$\mathbf{grad}(u_1\pm u_2)=\mathbf{grad}\ u_1\pm\mathbf{grad}\ u_2.$$

(2) 两个函数乘积的梯度

$$\mathbf{grad}(u_1u_2)=u_1\ \mathbf{grad}\ u_2+u_2\ \mathbf{grad}\ u_1.$$

这两个法则从梯度的各个分量的表示式立即可以证明．再由求复合函数的偏导数法则，又可得

(3) 复合函数的梯度

$$\mathbf{grad}\ F(u)=F'(u)\mathbf{grad}\ u.$$

例 3　设 $u=xy-y^2z+ze^x$，求 u 在点 $(1,0,2)$ 的梯度（参见例 2）．

解　$\left.\frac{\partial u}{\partial x}\right|_{(1,0,2)}=2e$，$\left.\frac{\partial u}{\partial y}\right|_{(1,0,2)}=1$，$\left.\frac{\partial u}{\partial z}\right|_{(1,0,2)}=e$，

得　$\mathbf{grad}\ u(1,0,2)=(2e,1,e)$，$|\mathbf{grad}\ u(1,0,2)|=\sqrt{1+5e^2}$.

这表明数量函数 u 在点 $(1,0,2)$ 沿方向 $(2e,1,e)$ 的方向导数最大，其最大值为 $\sqrt{1+5e^2}$.

习　题

1. 求 $u=x^2-xy+y^2$ 在 $(1,1)$ 处沿方向 $\boldsymbol{l}=(\cos\alpha,\sin\alpha)$ 的方向导数．并进一步求：

(1) 在哪个方向上其导数有最大值；

(2) 在哪个方向上其导数有最小值；

(3) 在哪个方向上其导数为 0；

(4) 求 u 的梯度．

2. 求 $u=xyz$ 在点 $M(1,1,1)$，沿 $\boldsymbol{l}=(2,-1,3)$ 的方向导数及梯度．

3. 求数量函数 $u=x^2+2y^2+3z^2+xy+3x-2y-6z$ 在 $O(0,0,0)$ 及 $A(1,1,1)$ 的梯度及其大小．

4. 证明：(1) $\mathbf{grad}(\alpha u+\beta v)=\alpha\mathbf{grad}\ u+\beta\mathbf{grad}\ v$，其中 α,β 都是常数；

(2) $\mathbf{grad}(uv)=u\mathbf{grad}\ v+v\mathbf{grad}\ u$；

(3) $\mathbf{grad}\ F(u)=F'(u)\mathbf{grad}\ u$.

5. 证明 $\mathbf{grad}\ \frac{1}{r}=-\frac{\boldsymbol{r}}{r^3}$，其中 $r=\sqrt{x^2+y^2+z^2}$，$\boldsymbol{r}=x\boldsymbol{i}+y\boldsymbol{j}+z\boldsymbol{k}$.

6. 设数量函数 $u=\ln\frac{1}{r}$，$r=\sqrt{(x-a)^2+(y-b)^2+(z-c)^2}$，在空间中哪些点上成立 $|\mathbf{grad}\ u|=1$?

§4 泰勒公式

与一元函数类似,也有多元函数的泰勒公式. 这里以二元为例,叙述如下:

定理 若二元函数 $u=f(x,y)$ 在点 (x_0,y_0) 的某个邻域内对 x 及 y 具有直到 $n+1$ 阶连续偏导数,则

$$\begin{aligned}&f(x_0+h,y_0+k)\\&=f(x_0,y_0)+\left(h\frac{\partial}{\partial x}+k\frac{\partial}{\partial y}\right)f(x_0,y_0)+\\&\frac{1}{2!}\left(h\frac{\partial}{\partial x}+k\frac{\partial}{\partial y}\right)^2 f(x_0,y_0)+\cdots+\\&\frac{1}{n!}\left(h\frac{\partial}{\partial x}+k\frac{\partial}{\partial y}\right)^n f(x_0,y_0)+\\&\frac{1}{(n+1)!}\left(h\frac{\partial}{\partial x}+k\frac{\partial}{\partial y}\right)^{n+1} f(x_0+\theta h,y_0+\theta k)\quad(0<\theta<1),\end{aligned}$$

这里记号 $\left(h\frac{\partial}{\partial x}+k\frac{\partial}{\partial y}\right)^p f(x,y)$ 的意义为

$$\left(h\frac{\partial}{\partial x}+k\frac{\partial}{\partial y}\right)^p f(x,y)=\sum_{r=0}^{p}\mathrm{C}_p^r h^{p-r}k^r\frac{\partial^p f}{\partial x^{p-r}\partial y^r}.$$

证明 考虑

$$u(t)=f(x_0+th,y_0+tk),$$

显然有

$$u(0)=f(x_0,y_0),$$
$$u(1)=f(x,y).$$

利用一元函数的泰勒公式,可以得到

$$u(1)=u(0)+\frac{u'(0)}{1!}+\frac{u''(0)}{2!}+\cdots+\frac{u^{(n)}(0)}{n!}+\frac{u^{(n+1)}(\theta)}{(n+1)!}\quad(0<\theta<1),$$

由于

$$\frac{\mathrm{d}u}{\mathrm{d}t}=\left(\frac{\partial f}{\partial x}h+\frac{\partial f}{\partial y}k\right)=\left(h\frac{\partial}{\partial x}+k\frac{\partial}{\partial y}\right)f(x_0+th,y_0+tk),$$

一般地,

$$\begin{aligned}\frac{\mathrm{d}^p u}{\mathrm{d}t^p}=u^{(p)}(t)&=\sum_{r=0}^{p}\mathrm{C}_p^r h^{p-r}k^r\frac{\partial^p f}{\partial x^{p-r}\partial y^r}\\&=\left(h\frac{\partial}{\partial x}+k\frac{\partial}{\partial y}\right)^p f(x_0+th,y_0+tk),\end{aligned}$$

于是

$$u^{(p)}(0)=\left(h\frac{\partial}{\partial x}+k\frac{\partial}{\partial y}\right)^{p}f(x_0,y_0)\quad(p=1,2,\cdots,n),$$

$$u^{(n+1)}(\theta)=\left(h\frac{\partial}{\partial x}+k\frac{\partial}{\partial y}\right)^{n+1}f(x_0+\theta h,y_0+\theta k),$$

代入上式,就得到二元函数的泰勒公式

$$\begin{aligned}&f(x_0+h,y_0+k)\\&=f(x_0,y_0)+\left(h\frac{\partial}{\partial x}+k\frac{\partial}{\partial y}\right)f(x_0,y_0)+\\&\frac{1}{2!}\left(h\frac{\partial}{\partial x}+k\frac{\partial}{\partial y}\right)^{2}f(x_0,y_0)+\cdots+\\&\frac{1}{n!}\left(h\frac{\partial}{\partial x}+k\frac{\partial}{\partial y}\right)^{n}f(x_0,y_0)+\\&\frac{1}{(n+1)!}\left(h\frac{\partial}{\partial x}+k\frac{\partial}{\partial y}\right)^{n+1}f(x_0+\theta h,y_0+\theta k)\quad(0<\theta<1).\end{aligned}$$

特别地,取 $n=0$,上式就是

$$\begin{aligned}&f(x_0+h,y_0+k)-f(x_0,y_0)\\&=f_x(x_0+\theta h,y_0+\theta k)h+f_y(x_0+\theta h,y_0+\theta k)k,\end{aligned}$$

其中 $0<\theta<1$,这就是二元函数的中值公式.

习　题

1. 写出在点 $(1,-2)$ 附近函数 $f(x,y)=2x^2-xy-y^2-6x-3y+5$ 的泰勒公式.
2. 按 x 及 y 的乘幂展开函数 $f(x,y)=e^x\ln(1+y)$ 到三项为止.

§5　极　　值

本节讨论二元函数的极值问题,对于多元情况可类似地讨论.

若函数 $f(x,y)$ 在点 $M_0(x_0,y_0)$ 的某个邻域内成立不等式

$$f(x,y)\leqslant f(x_0,y_0),$$

则称 $f(x,y)$ 在点 M_0 取到极大值 $f(x_0,y_0)$,点 $M_0(x_0,y_0)$ 称为函数 $f(x,y)$ 的极大值点;类似地,若在点 $M_0(x_0,y_0)$ 的某个邻域内成立不等式

$$f(x,y)\geqslant f(x_0,y_0),$$

则称 $f(x,y)$ 在点 M_0 取到极小值 $f(x_0,y_0)$,点 M_0 称为函数 $f(x,y)$ 的极小值点.

极大值与极小值统称为**极值**;极大值点与极小值点统称为**极值点**.

从定义可见,若 $f(x,y)$ 在点 M_0 有一极值,则固定 $y=y_0$ 后的一元函数 $f(x,y_0)$ 必在点 x_0 有极值. 于是由一元函数在极值点的必要条件,可知有

$$\left.\frac{\partial f(x,y_0)}{\partial x}\right|_{x=x_0}=0,$$

同理可知

$$\left.\frac{\partial f(x_0,y)}{\partial y}\right|_{y=y_0}=0,$$

这就是说,对偏导数存在的函数 $f(x,y)$ 来说,在点 $M_0(x_0,y_0)$ 有极值的必要条件是

$$\frac{\partial f(x_0,y_0)}{\partial x}=\frac{\partial f(x_0,y_0)}{\partial y}=0,$$

对于可微函数,也就是 $\mathrm{d}f(x_0,y_0)=0$.

这个条件并非充分的,例如函数 $z=xy$ 在点(0,0)有

$$f_x(0,0)=y\,|_{(0,0)}=0,\ f_y(0,0)=x\,|_{(0,0)}=0,$$

但是由解析几何知道,此函数的几何图形是一马鞍面,它在(0,0)点显然没有极值.

此外,函数在偏导数不存在的点仍然可能有极值,例如

$$z=\begin{cases}x,\ x\geqslant 0,\\-x,\ x<0,\end{cases}$$

它是交于 y 轴的两个平面. 显然,凡 $x=0$ 的点都是函数的极小点. 但是

$$x>0\text{ 时},\ \frac{\partial z}{\partial x}=1,\quad x<0\text{ 时},\ \frac{\partial z}{\partial x}=-1,$$

因此在 $x=0$ 时偏导数不存在.

由此可见,函数的极值点必为 $\frac{\partial f}{\partial x}$ 及 $\frac{\partial f}{\partial y}$ 同时为零或至少有一个偏导数不存在的点.

综上所述,要求函数的极值,首先要求出所有使函数的偏导数等于零或偏导数不存在的点,然后根据该点周围函数的变化情形,进一步判定是否有极值,为此须要讨论函数 $f(x,y)$ 的改变量 Δf,若 $f(x,y)$ 的一切二阶偏导数都连续,则由泰勒公式并注意到在极值点必有 $f_x=f_y=0$,就得出

$$\begin{aligned}\Delta f&=f(x_0+\Delta x,y_0+\Delta y)-f(x_0,y_0)\\&=\frac{1}{2}(f_{x^2}(x_0+\theta\Delta x,y_0+\theta\Delta y)\Delta x^2+\\&\quad 2f_{xy}(x_0+\theta\Delta x,y_0+\theta\Delta y)\Delta x\Delta y+\\&\quad f_{y^2}(x_0+\theta\Delta x,y_0+\theta\Delta y)\Delta y^2),\end{aligned}$$

由于 $f(x,y)$ 的一切二阶偏导数在 (x_0,y_0) 连续,记 $A=f_{x^2}(x_0,y_0)$. $B=f_{xy}(x_0,y_0)$, $C=f_{y^2}(x_0,y_0)$,那么有

$$f_{x^2}(x_0+\theta\Delta x,y_0+\theta\Delta y)=A+\alpha,\ \alpha\to 0\ (\Delta x\to 0,\Delta y\to 0),$$

$$f_{xy}(x_0+\theta\Delta x,y_0+\theta\Delta y)=B+\beta,\ \beta\to 0\ (\Delta x\to 0,\Delta y\to 0),$$

$$f_{y^2}(x_0+\theta\Delta x,y_0+\theta\Delta y)=C+\gamma,\ \gamma\to 0\ (\Delta x\to 0,\Delta y\to 0),$$

于是

$$\Delta f=\frac{1}{2}[A\ \Delta x^2+2B\ \Delta x\Delta y+C\ \Delta y^2]+$$

$$\frac{1}{2}[\alpha\ \Delta x^2+2\beta\ \Delta x\Delta y+\gamma\ \Delta y^2],$$

当二次形式 $Kf=A\ \Delta x^2+2B\ \Delta x\Delta y+C\ \Delta y^2$ 不为零时，注意到 $\Delta x\to 0,\Delta y\to 0$ 时，α,β,γ 都是无穷小量，所以存在点 $M_0(x_0,y_0)$ 的一个邻域，使得在这个邻域内，Δf 的符号与 Kf 的符号相同，而当 $Kf=0$ 时，Δf 的符号便取决于 $\alpha\ \Delta x^2+2\beta\ \Delta x\Delta y+\gamma\ \Delta y^2$ 的符号了．

对于二次型

$$Kf=A\ \Delta x^2+2B\ \Delta x\Delta y+C\ \Delta y^2,$$

它的判别式为

$$H=\begin{vmatrix} A & B \\ B & C\end{vmatrix}=AC-B^2,$$

那么有以下结论

$H>0$		$H<0$	$H=0$
$A<0$	$A>0$		
函数有极大值	函数有极小值	函数无极值	需进一步判定

利用代数中关于二次型的理论，容易知道以上结论．

这是因为当 $H>0$ 而 $A<0$ 时，二次型 Kf 为负定的，故 $Kf<0$，从而 $\Delta f<0$，这表明函数 $f(x,y)$ 在 M_0 点有极大值；当 $H>0$ 而 $A>0$ 时，二次型 Kf 为正定的，故 $Kf>0$，从而 $\Delta f>0$，这表明函数 $f(x,y)$ 在 M_0 点有极小值；当 $H<0$ 时，二次型为不定的，所以 Δf 可正可负，于是函数在 M_0 点无极值；当 $H=0$ 时，二次型 Kf 在某些 $\Delta x,\Delta y$ 值上将等于零，于是 Δf 的符号就必须进一步判断了．

对于实际问题，往往可以根据实际意义来判断函数在某点是否为极值以及是极大值还是极小值．

例 1　讨论函数

$$z=\frac{x^2}{2p}+\frac{y^2}{2q}\quad(p>0,q>0)$$

的极值．

此时　$z'_x=\dfrac{x}{p},\ z'_y=\dfrac{y}{q},$

当 $x=0,y=0$ 时，

$$z'_x=z'_y=0,$$

所以在原点可能有极值，进一步计算可得

$$A=\frac{1}{p},\ B=0,\ C=\frac{1}{q},$$

由此 $H>0$，因此在点 $(0,0)$ 函数 z 有极小值，极小值为 0.

在几何上这是顶点在原点的椭圆抛物面（如图 15-6），显然在 $(0,0)$ 点有极小值．

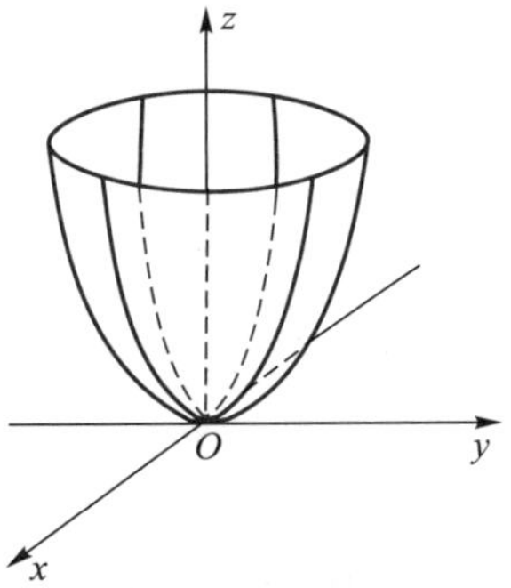

图 15-6

例 2　讨论 $z=\frac{x^2}{2p}-\frac{y^2}{2q}\ (p>0,q>0)$ 的极值.

此时　$z'_x=\frac{x}{p},\ z'_y=-\frac{y}{q}$,

亦可看出在(0,0)点可能有极值,但

$$A=\frac{1}{p},\ B=0,\ C=-\frac{1}{q},$$

从而 $H<0$,因此函数无极值.

在几何上,它表示通过原点的马鞍面,因而,显然在(0,0)点没有极值.

最后简略地讨论一下多元函数的最大值和最小值问题. 设函数 $z=f(x,y)$ 在某一有界闭域 D 中连续,那么它必在 D 上有最大值(或最小值). 若这样的点 M_0 位于区域的内部,则在这点函数显然有极大值(或极小值). 因此,在这种情形函数取到最大值(或最小值)的点必是极值点之一,然而函数 $f(x,y)$ 的最大值(或最小值)亦可能在区域的边界上达到. 因此,为了要找出函数 $z=f(x,y)$ 在区域 D 上的最大值(或最小值),必须要找出一切有极值的内点,算出这些点的函数值,再与区域边界上的函数极值相比较,这些数值中的最大者(或最小者)就是函数在闭域 D 上的最大值(或最小值). 通常可根据问题的实际意义来判断.

例 3　有一块薄铁皮,宽 $b=24$ cm,把两边折起,做成一槽,求 x 和倾角 α,使槽的梯形截面的面积最大(如图 15-7).

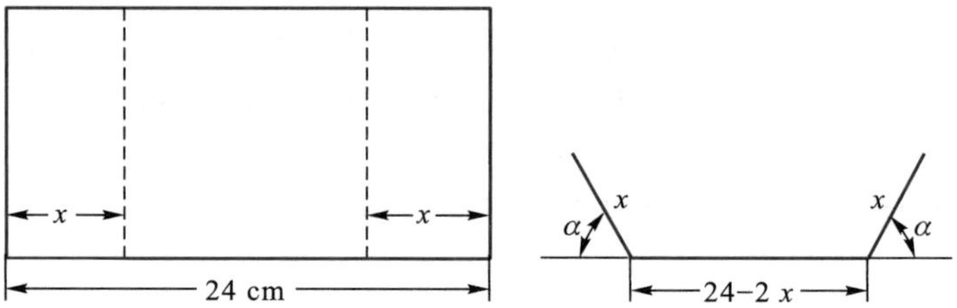

图 15-7

解　如图所示,槽的梯形截面面积 S 为

$$\begin{aligned}S&=\frac{1}{2}[(24-2x)+(24-2x+2x\cos\alpha)]\cdot x\sin\alpha\\&=(24-2x+x\cos\alpha)\cdot x\sin\alpha\\&=24x\sin\alpha-2x^2\sin\alpha+x^2\cos\alpha\sin\alpha,\end{aligned}$$

问题就是要求 S 的最大值. 由极值的必要条件,有

$$\frac{\partial S}{\partial x}=24\sin\alpha-4x\sin\alpha+2x\sin\alpha\cos\alpha=0,$$

$$\frac{\partial S}{\partial\alpha}=24x\cos\alpha-2x^2\cos\alpha-x^2\sin^2\alpha+x^2\cos^2\alpha=0,$$

由第一式　$2\sin\alpha(12-2x+x\cos\alpha)=0$

得 $\sin\alpha=0$,或 $12-2x+x\cos\alpha=0$,而 $\sin\alpha=0$ 显然不合实际要求,从 $12-2x+x\cos\alpha=0$ 得到

$$\cos\alpha=\frac{2x-12}{x},$$

代入$\frac{\partial S}{\partial \alpha}=0$的式中，有

$$(24-2x)(2x-12)-x^2+2(2x-12)^2=0,$$

化简为

$$3x^2-24x=0,$$

可解得 $x=0$ 或 $x=8$. 显然，$x=0$ 不合实际要求；当 $x=8$ 时，

$$\cos\alpha=\frac{4}{8}=\frac{1}{2},$$

即 $\alpha=\frac{\pi}{3}$. 于是$\frac{\partial S}{\partial x}=0$，$\frac{\partial S}{\partial \alpha}=0$有一组解 $x=8$，$\alpha=\frac{\pi}{3}$. 由于在这个实际问题中，最大值必定达到，因此当 $x=8$ cm，α 为 60°时，做成的槽的梯形截面的面积最大，这时截面积为

$$S=96\times\frac{\sqrt{3}}{2}=48\sqrt{3}\approx 83\ (\mathrm{cm}^2).$$

例 4　试在 x 轴，y 轴与直线 $x+y=2\pi$ 围成的三角形闭区域（如图15-8）上求函数

$$u=\sin x+\sin y-\sin(x+y)$$

的最大值.

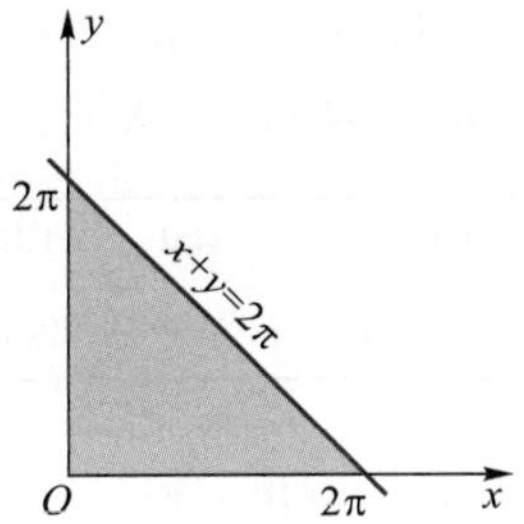

图 15-8

解　我们有

$$\frac{\partial u}{\partial x}=\cos x-\cos(x+y),$$

$$\frac{\partial u}{\partial y}=\cos y-\cos(x+y).$$

在区域内部，仅在点$\left(\frac{2\pi}{3},\frac{2\pi}{3}\right)$上两个偏导数同时为零，而在此点处函数值为 $u=\frac{3\sqrt{3}}{2}$，因为在区域的边界，即直线 $x=0$，$y=0$ 及 $x+y=2\pi$上此函数取零值，因此，函数显然在点$\left(\frac{2\pi}{3},\frac{2\pi}{3}\right)$上达到最大值，最大值为$\frac{3\sqrt{3}}{2}$.

习　题

1. 求下列函数的极值：

（1）$z=x^2-(y-1)^2$；

（2）$z=(x-y+1)^2$；

（3）$z=3axy-x^3-y^3$　$(a>0)$；

（4）$z=\sin x+\cos y+\cos(x-y)$　$\left(0\leqslant x\leqslant\frac{\pi}{2},0\leqslant y\leqslant\frac{\pi}{2}\right)$；

（5）$z=xy\sqrt{1-\frac{x^2}{a^2}-\frac{y^2}{b^2}}$　$(a,b>0)$；

2. 证明函数 $z=(1+e^y)\cos x-ye^y$ 有无穷多个极大值，但无极小值．

3. 在已知周长为 $2p$ 的一切三角形中求出面积最大的三角形．

4. 曲面 $z=\frac{1}{2}x^2-4xy+9y^2+3x-14y+\frac{1}{2}$ 在何处有最高点或最低点？

§6　最小二乘法

在实践中，常常需要根据实际测量得到的一系列数据找出函数关系，通常叫做配曲线或找经验公式．这里介绍一种找直线型经验公式的方法，它是广泛采用的一种处理数据的方法．这方法不难推广到求其他类型经验公式（如二次函数或指数函数）中去．

先从一个例子谈起．

炼钢是一个氧化降碳的过程，钢水含碳量的多少直接影响冶炼时间的长短，必须掌握钢水含碳量和冶炼时间的关系．如果已测得炉料熔化完毕时钢水的含碳量 x 与冶炼时间 t（从炉料熔化完毕到出钢的时间）的一列数据，如下表所示：

x(0.01%)	104	180	190	177	147	134	150	191	204	121
t(min)	100	200	210	185	155	135	170	205	235	125

由此要推测出 t 和 x 的函数关系：$t=f(x)$．

把这列数据描在坐标纸上（如图 15-9）．

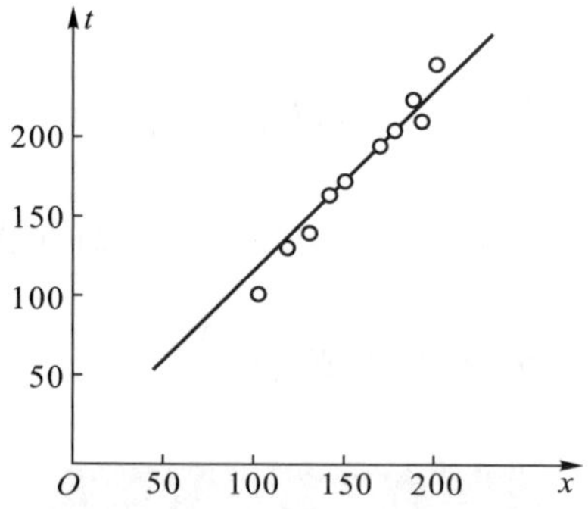

图 15-9

可以看到这些点大体上在一条直线上，因而可以用一个一次函数 $t=ax+b$ 来反映变量 t 与 x 之间的关系．于是问题就成为如何合理选择系数 a 和 b．从图上看到，可以作出不同的直线，使描出来的点都在这些直线的附近，这就是说，a 和 b 可以有不同的取法．那么怎样选择最合理呢？

从图 15-10 来分析．如果点 (x_1,t_1) 恰恰在直线 $t=ax+b$ 上，那么应该有 $t_1=ax_1+b$，即 $t_1-ax_1-b=0$，这时候函数 $t=ax+b$ 准确地反映了 x_1 与 t_1 的关系．

如果(x_1,t_1)不在直线 $t=ax+b$ 上，那么 $t_1-ax_1-b=\varepsilon_1$，$\varepsilon_1\neq 0$，ε_1 表示用函数 $t=ax+b$ 来反映 x_1 与 t_1 的关系时所产生的偏差．当然希望选择适当的 a 和 b，使这偏差值越小越好．

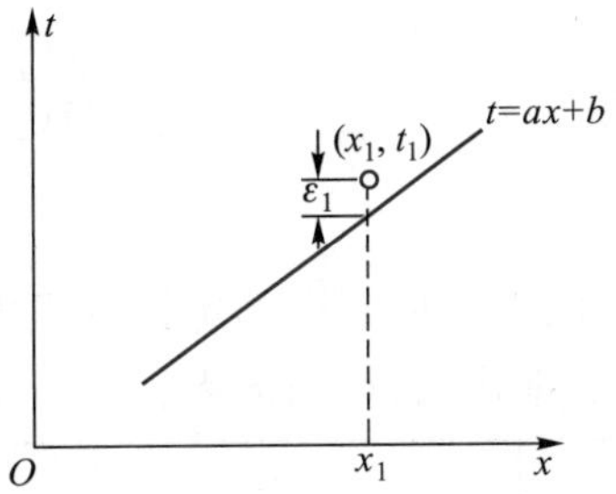

图 15-10

把测得的一组数据记为(x_1,t_1)，(x_2,t_2)，…，(x_n,t_n)，用 $\varepsilon_1=t_1-ax_1-b$，$\varepsilon_2=t_2-ax_2-b$，…，$\varepsilon_n=t_n-ax_n-b$ 表示相应的偏差，这些偏差的平方和叫做总偏差，记为 ε，即

$$\varepsilon=\sum_{i=1}^{n}\varepsilon_i^2=\sum_{i=1}^{n}(t_i-ax_i-b)^2,$$

它是 a 和 b 的函数 $\varepsilon(a,b)$．根据问题的要求，应该这样确定 a 和 b，使得总偏差 $\varepsilon(a,b)$ 达到最小值．这种确定系数的方法叫做**最小二乘法**．

这里为什么不取各个偏差的代数和 $\sum\limits_{i=1}^{n}\varepsilon_i$ 作为总偏差，是因为这些偏差本身有正有负，如果简单地取它们的代数和，就可能互相抵消．这时，虽然偏差的代数和很小，却不能保证各个偏差都很小．而按上面那样，使这些偏差的平方和最小，就可以保证每一个偏差都很小．

为了选择 a 和 b，使总偏差 $\varepsilon(a,b)$ 达到最小，由极值的必要条件，有

$$\begin{aligned}\frac{\partial\varepsilon}{\partial a}&=-2(t_1-ax_1-b)x_1-2(t_2-ax_2-b)x_2-\cdots-\\&\quad 2(t_n-ax_n-b)x_n\\&=-2(x_1t_1+x_2t_2+\cdots+x_nt_n)+\\&\quad 2a(x_1^2+x_2^2+\cdots+x_n^2)+2b(x_1+x_2+\cdots+x_n)\\&=0,\end{aligned}$$

$$\begin{aligned}\frac{\partial\varepsilon}{\partial b}&=-2(t_1-ax_1-b)-2(t_2-ax_2-b)-\cdots-\\&\quad 2(t_n-ax_n-b)\\&=-2(t_1+t_2+\cdots+t_n)+2a(x_1+x_2+\cdots+x_n)+2nb\\&=0,\end{aligned}$$

即 a 和 b 满足下列代数方程组

$$\left(\sum_{i=1}^{n}x_i^2\right)a+\left(\sum_{i=1}^{n}x_i\right)b=\sum_{i=1}^{n}x_it_i,$$

$$\left(\sum_{i=1}^{n}x_i\right)a+nb=\sum_{i=1}^{n}t_i,$$

可以解得

$$a=\frac{n\sum\limits_{i=1}^{n}x_it_i-\left(\sum\limits_{i=1}^{n}x_i\right)\left(\sum\limits_{i=1}^{n}t_i\right)}{n\left(\sum\limits_{i=1}^{n}x_i^2\right)-\left(\sum\limits_{i=1}^{n}x_i\right)^2},$$

$$b=\frac{\left(\sum_{i=1}^{n}t_i\right)\left(\sum_{i=1}^{n}x_i^2\right)-\left(\sum_{i=1}^{n}x_i\right)\left(\sum_{i=1}^{n}x_it_i\right)}{n\left(\sum_{i=1}^{n}x_i^2\right)-\left(\sum_{i=1}^{n}x_i\right)^2}.$$

例如，在上面所说的炼钢过程中，共测得了 10 组数据 x_i,t_i $(i=1,2,\cdots,10)$. 将这些数据代入，得到下表：

i	1	2	3	4	5	6	7	8	9	10	$\sum_{i=1}^{10}$
x_i	104	180	190	177	147	134	150	191	204	121	1598
t_i	100	200	210	185	155	135	170	205	235	125	1720
x_i^2	10816	32400	36100	31329	21609	17956	22500	36481	41616	14641	265448
x_it_i	10400	36000	39900	32745	22785	18090	25500	39155	47940	15125	287640

关于 a,b 的二元一次方程组是

$$265448a+1598b=287640,$$
$$1598a+10b=1720,$$

解这个方程组得到一组解

$$a=1.267,\ b=-30.51,$$

因此，经验公式就取为

$$t=1.267x-30.51.$$

习　题

1. 现测得一组数据 (x_i,y_i)，$i=1,2,\cdots,n$，利用最小二乘法，求系数 a,b,c，使二元二次方程 $y=ax^2+bx+c$ 是这组数据的经验公式.

2. 曲线 $y=x^2$ 在 $[0,1]$ 上要用什么样的直线 $\eta=ax+b$ 来代替，才能使它在平方误差的积分 $J(a,b)=\int_0^1(y-\eta)^2\mathrm{d}x$ 为极小的意义下为最佳近似?

§7　条件极值

在讨论极值问题时，往往会遇到这样一种情形，那就是函数的自变量要受到某些条件的限制. 例如，决定一给定点 (x_0,y_0,z_0) 到一曲面 $G(x,y,z)=0$ 的最短距离的问题就是这种情形. 我们知道点 (x,y,z) 到点 (x_0,y_0,z_0) 的距离平方为 $F(x,y,z)=(x-x_0)^2+(y-y_0)^2+(z-z_0)^2$. 现在的问题就是要求出曲面 $G(x,y,z)=0$ 上的点 (x,y,z) 使 F 为最小. 因此，问题可以归结为求函数 $F(x,y,z)$ 在条件 $G(x,y,z)=0$ 的限制下的最小值问题.

又如，在总和为 c 的 n 个正数 $x_1,x_2,\cdots,x_n$ 的数组中，求一组数，使函数值 $f=x_1^2+x_2^2+\cdots+x_n^2$ 为最小，这也是在条件

$$x_1+x_2+\cdots+x_n=c \quad (x_i>0)$$

的限制下，求函数 f 的极小值问题．

这类问题叫做**条件极值问题**（或限制极值问题）．现在先来讨论以下情况．

设函数 $f(x,y,u,v)$ 具有对各个变元的连续偏导数，而这些变元 x,y,u,v 之间又受到以下条件的限制：

$$\begin{cases} g(x,y,u,v)=0, \\ h(x,y,u,v)=0, \end{cases}$$

其中函数 g 和 h 都具有对各个变元的连续偏导数，并且它们的雅可比行列式

$$\frac{D(g,h)}{D(u,v)}\neq 0,$$

要求函数 $f(x,y,u,v)$ 在限制条件 $g(x,y,u,v)=0,h(x,y,u,v)=0$ 下的极值.

先来考虑极值的必要条件．

若函数 $f(x,y,u,v)$ 在某一点 $M(x,y,u,v)$ 达到极值，这里 x,y,u,v 满足限制条件．设想从方程组 $g=0,h=0$ 中将 u,v 解出来，亦即

$$\begin{cases} u=u(x,y), \\ v=v(x,y), \end{cases}$$

那么问题就化为考察函数 $f(x,y,u(x,y),v(x,y))$ 的直接极值问题，而它的必要条件为在极值点处函数 f 的全微分为零．再由一阶微分形式的不变性，得必要条件为

$$\mathrm{d}f=\frac{\partial f}{\partial x}\mathrm{d}x+\frac{\partial f}{\partial y}\mathrm{d}y+\frac{\partial f}{\partial u}\mathrm{d}u+\frac{\partial f}{\partial v}\mathrm{d}v=0, \tag{1}$$

但要注意，在这里变元 x,y,u,v 之间并非相互独立变化的，而是有条件限制．因此，它们的微分之间也将满足一定的关系，这个关系只要将限制条件 $g=0$ 及 $h=0$ 求微分，得

$$\mathrm{d}g=\frac{\partial g}{\partial x}\mathrm{d}x+\frac{\partial g}{\partial y}\mathrm{d}y+\frac{\partial g}{\partial u}\mathrm{d}u+\frac{\partial g}{\partial v}\mathrm{d}v=0, \tag{2}$$

$$\mathrm{d}h=\frac{\partial h}{\partial x}\mathrm{d}x+\frac{\partial h}{\partial y}\mathrm{d}y+\frac{\partial h}{\partial u}\mathrm{d}u+\frac{\partial h}{\partial v}\mathrm{d}v=0, \tag{3}$$

这样就得到，若函数在某点 $M(x,y,u,v)$ 达到条件极值，那么在这一点 M 上应同时满足三个微分关系式(1)，(2)，(3).

很自然会想到这样一个办法，那就是从两个限制条件中解出两个变量，例如解出 $u=u(x,y),v=v(x,y)$ 代入 $f(x,y,u,v)$ 中，成为两个变量 x 和 y 的函数，然后就利用上节方法求出极值．这样做虽然在理论上说得通，但实际做起来却往往较为复杂甚至是做不到的．因此，一般采用以下的方法，叫做**拉格朗日乘数法**．

以 $1,\alpha,\beta$ 分别乘(1)，(2)，(3)式再相加，得

$$\left(\frac{\partial f}{\partial x}+\alpha\frac{\partial g}{\partial x}+\beta\frac{\partial h}{\partial x}\right)\mathrm{d}x+\left(\frac{\partial f}{\partial y}+\alpha\frac{\partial g}{\partial y}+\beta\frac{\partial h}{\partial y}\right)\mathrm{d}y+$$

$$\left(\frac{\partial f}{\partial u}+\alpha\frac{\partial g}{\partial u}+\beta\frac{\partial h}{\partial u}\right)\mathrm{d}u+\left(\frac{\partial f}{\partial v}+\alpha\frac{\partial g}{\partial v}+\beta\frac{\partial h}{\partial v}\right)\mathrm{d}v=0,\tag{4}$$

α,β 称为拉格朗日乘数,也称为待定乘数. 由于

$$\frac{D(g,h)}{D(u,v)}\neq 0,$$

总能求得不全为零的 α 和 β 使

$$\frac{\partial f}{\partial u}+\alpha\frac{\partial g}{\partial u}+\beta\frac{\partial h}{\partial u}=0,\tag{5}$$

$$\frac{\partial f}{\partial v}+\alpha\frac{\partial g}{\partial v}+\beta\frac{\partial h}{\partial v}=0,\tag{6}$$

这时,(4)式化为

$$\left(\frac{\partial f}{\partial x}+\alpha\frac{\partial g}{\partial x}+\beta\frac{\partial h}{\partial x}\right)\mathrm{d}x+\left(\frac{\partial f}{\partial y}+\alpha\frac{\partial g}{\partial y}+\beta\frac{\partial h}{\partial y}\right)\mathrm{d}y=0.$$

由于 $\mathrm{d}x$ 和 $\mathrm{d}y$ 是相互独立的,要使上式成立,必须

$$\frac{\partial f}{\partial x}+\alpha\frac{\partial g}{\partial x}+\beta\frac{\partial h}{\partial x}=0,\tag{7}$$

$$\frac{\partial f}{\partial y}+\alpha\frac{\partial g}{\partial y}+\beta\frac{\partial h}{\partial y}=0.\tag{8}$$

可见,如果函数 $f(x,y,u,v)$ 在某点 $M(x,y,u,v)$ 达到条件极值,则在该点处应满足六个关系式(5),(6),(7),(8)及 $g=0,h=0$.

现在引入函数 L,称它为拉格朗日函数:

$$\begin{aligned}&L(x,y,u,v)\\&=f(x,y,u,v)+\alpha g(x,y,u,v)+\beta h(x,y,u,v).\end{aligned}$$

函数 L 存在极值的必要条件为

$$L_x=0,\ L_y=0,\ L_u=0,\ L_v=0,$$

这正好就是方程(5),(6),(7),(8). 从这四个方程再加上 $g=0$ 和 $h=0$,可解出函数 f 的可能有条件极值点 $M(x,y,u,v)$ 及待定乘数 α,β. 这里可以看到,利用拉格朗日乘数法,就将求函数 f 的条件极值问题化为求函数 L 的极值问题. 这就是说,为了找出 f 的所有可能的条件极值点 $M(x,y,u,v)$,首先作出拉格朗日函数 L,再由 $L_x=0,L_y=0,L_u=0,L_v=0$ 连同限制条件 $g=0,h=0$ 解出 x,y,u,v 及 α,β,这里(x,y,u,v)就是使 f 可能达到极值的点.

下面进一步讨论充分条件. 设从方程组

$$\begin{cases}g(x,y,u,v)=0,\\h(x,y,u,v)=0\end{cases}$$

中确定了唯一一组函数 $u=u(x,y),v=v(x,y)$,把它们代入拉格朗日函数 L 中得

$$L(x,y,u,v)=L(x,y,u(x,y),v(x,y)),$$

注意到 $g(x,y,u(x,y),v(x,y))=0,h(x,y,u(x,y),v(x,y))=0$,于是

$$L(x,y,u,v)=f(x,y,u(x,y),v(x,y))=F(x,y),$$

由一阶微分形式不变性,有

$$\mathrm{d}F=\mathrm{d}L=L_x\mathrm{d}x+L_y\mathrm{d}y+L_u\mathrm{d}u+L_v\mathrm{d}v,$$

从而 F 的二阶微分有

$$\begin{aligned}d^2F&=d(dL)\\&=(dL_x)dx+(dL_y)dy+(dL_u)du+\\&\quad L_u d^2u+(dL_v)dv+L_v d^2v,\end{aligned}$$

但因为在极值点满足必要条件 $L_u=0$ 和 $L_v=0$,所以

$$\begin{aligned}d^2F&=(dL_x)dx+(dL_y)dy+(dL_u)du+(dL_v)dv\\&=d^2L(x,y,u,v),\end{aligned}$$

等式右端的 d^2L,是将变量 x,y,u,v 视为互相独立时函数 L 的二阶全微分.

充分性要讨论 d^2F 的符号,也就是要讨论 d^2L 的符号. 这正像将所有变量 x,y,u,v 视为相互独立时讨论函数 $L(x,y,u,v)$ 的极值的充分条件那样,这也正是刚才多次提起的拉格朗日乘数法的精神所在. 但要注意的是,这时在 d^2L 中所出现的 dx,dy,du,dv 应该受条件(2),(3)的限制.

从这里可以看出,由于引进了拉格朗日函数 L,从而把条件极值的问题化为讨论函数 L 的极值问题.

例 1　求函数 $f=x+y+z+t$ 在限制条件

$$xyzt=c^4\ (c>0)$$

下的极值.

解　作拉格朗日函数

$$L=x+y+z+t+\lambda(xyzt-c^4),$$

令 L 关于 x,y,z 和 t 的偏导数为零,得

$$\begin{aligned}L_x&=1+\lambda yzt=0,\\L_y&=1+\lambda xzt=0,\\L_z&=1+\lambda xyt=0,\\L_t&=1+\lambda xyz=0,\end{aligned}$$

所以
$$yzt=xzt=xyt=xyz,$$
再从
$$xyzt=c^4,$$
得
$$x=y=z=t=c,\quad \lambda=-\frac{1}{c^3},$$

于是点(c,c,c,c)是可能的极值点,以下再进一步判断它是否是极值点以及是极大值点还是极小值点.

由于
$$L=x+y+z+t-\frac{1}{c^3}(xyzt-c^4),$$

所以

$$dL=dx+dy+dz+dt-\frac{1}{c^3}(yzt\ dx+xzt\ dy+xyt\ dz+xyz\ dt)$$

在点(c,c,c,c)处,L 的二阶微分

$$d^2L=-\frac{2}{c}[dxdy+dydz+dxdz+dt(dx+dy+dz)],$$

其中 dx,dy,dz,dt 还受有限制,这个限制就是将方程 $xyzt=c^4$ 两边微分,在点$(c,c,$

$c,c)$处有

$$dx+dy+dz+dt=0,$$

亦即 $$dt=-(dx+dy+dz),$$

所以

$$\begin{aligned}d^2L&=-\frac{2}{c}[dxdy+dydz+dxdz-(dx+dy+dz)^2]\\&=\frac{1}{c}[(dx+dy+dz)^2+dx^2+dy^2+dz^2]>0,\end{aligned}$$

因此函数f在点(c,c,c,c)达到极小值,极小值为$4c$.

至于实际问题,可由实际意义来判断是否是极值.

例 2　要制造一体积为 4 m^3 的无盖长方体水箱,问这水箱的长宽高为多少时,所用材料最省?

解　设水箱底面两边之长为x和y,高为z,那么需用材料的面积为$S=xy+2xz+2yz$,而$V=xyz=4$,因而问题是求函数$S=xy+2xz+2yz$在条件$xyz=4$的限制下的极值.

按照拉格朗日乘数法,作函数

$$L(x,y,z)=xy+2xz+2yz+\lambda(xyz-4),$$

写出求函数L有极值的条件

$$L_x=y+2z+\lambda yz=0,$$
$$L_y=x+2z+\lambda xz=0,$$
$$L_z=2x+2y+\lambda xy=0,$$

而限制条件为

$$xyz=4,$$

现在解这联立方程组.对前三式分别乘以x,y,z化为

$$xy+2xz+\lambda xyz=0,$$
$$xy+2yz+\lambda xyz=0,$$
$$2xz+2yz+\lambda xyz=0,$$

比较前两式,得$x=y$(长宽相等),再比较后两式得$y=2z$(高为长的半),代入$xyz=4$得到

$$x=y=2,\ z=1.$$

根据问题的实际意义,最小值必存在,因此水箱的底是边长2 m的正方形,高为1 m时,用料12 m^2为最省.

例 3　求函数$f=a_1x_1^2+a_2x_2^2+\cdots+a_nx_n^2(a_i>0)$在条件

$$x_1+x_2+\cdots+x_n=c\quad(x_i>0,i=1,\cdots,n)$$

限制下的最小值.

解　应用拉格朗日乘数法,作函数

$$L=a_1x_1^2+a_2x_2^2+\cdots+a_nx_n^2+\lambda(x_1+x_2+\cdots+x_n-c),$$

于是从 $$L_{x_1}=2a_1x_1+\lambda=0,\ L_{x_2}=2a_2x_2+\lambda=0,\cdots,$$

$$L_{x_n}=2a_nx_n+\lambda=0$$

可解出　$x_1=-\dfrac{\lambda}{2a_1},\quad x_2=-\dfrac{\lambda}{2a_2},\quad\cdots,\quad x_n=-\dfrac{\lambda}{2a_n},$

代入 $x_1+x_2+\cdots+x_n=c$，有

$$-\frac{\lambda}{2}\sum_{j=1}^{n}\frac{1}{a_j}=c,$$

即

$$\lambda=-\frac{2c}{\displaystyle\sum_{j=1}^{n}\frac{1}{a_j}},$$

从而求得

$$x_i=\frac{\dfrac{c}{a_i}}{\displaystyle\sum_{j=1}^{n}\frac{1}{a_j}}\quad(i=1,2,\cdots,n).$$

由于函数 f 没有最大值，所以 $x_1,\cdots,x_n$ 就是使函数达到最小值的点，而最小值为

$$\sum_{i=1}^{n}a_i\left(\frac{\dfrac{c}{a_i}}{\displaystyle\sum_{j=1}^{n}\frac{1}{a_j}}\right)^2=c^2\frac{\displaystyle\sum_{i=1}^{n}\frac{1}{a_i}}{\left(\displaystyle\sum_{j=1}^{n}\frac{1}{a_j}\right)^2}=\frac{c^2}{\displaystyle\sum_{j=1}^{n}\frac{1}{a_j}}.$$

特别，当 $a_1=a_2=\cdots=a_n=1$ 时，函数 $f=x_1^2+x_2^2+\cdots+x_n^2$ 在条件 $x_1+x_2+\cdots+x_n=c$ 限制下，达到最小值的点的坐标为

$$x_i=\frac{c}{n}\quad(i=1,2,\cdots,n),$$

函数的最小值为$\dfrac{c^2}{n}$.

从而又得到

$$x_1^2+x_2^2+\cdots+x_n^2\geqslant\frac{(x_1+x_2+\cdots+x_n)^2}{n}.$$

习　题

1. 求下列函数在所给条件下极值:

(1) $f=x+y$，若 $x^2+y^2=1$;

(2) $f=x-2y+2z$，若 $x^2+y^2+z^2=1$;

(3) $f=xyz$，若$\dfrac{1}{x}+\dfrac{1}{y}+\dfrac{1}{z}=\dfrac{1}{a}$　$(x>0,y>0,z>0,a>0)$;

(4) $f=\dfrac{1}{x}+\dfrac{1}{y}$，若 $x+y=2$;

(5) $f=xyz$，若 $x^2+y^2+z^2=1,x+y+z=0$.

2. 求 $f=x^my^nz^p$ 在条件 $x+y+z=a,a>0,m>0,n>0,p>0,x>0,y>0,z>0$之下的最大值.

3. 求椭圆 $x^2+3y^2=12$ 的内接等腰三角形，使其底边平行于椭圆的长轴，而面积最大.

4. 试求抛物线 $y^2=4x$ 上的点，使它与直线 $x-y+4=0$ 相距最近．

5. 抛物面 $z=x^2+y^2$ 被平面 $x+y+z=1$ 截成一椭圆，求原点到这椭圆的最长与最短距离．

6. 求空间一点 (a,b,c) 到平面 $Ax+By+Cz+D=0$ 的最短距离．

本章小结

第十六章 隐函数存在定理

§1 隐函数存在定理

一、$F(x,y)=0$ 情形

在第四章和第十四章中先后介绍过隐函数概念及隐函数求导法．这里将给予严格的论证．

设有方程

$$F(x,y)=0,$$

需要解决这样的问题：在什么条件下，此方程确定一个隐函数$y=f(x)$？进一步，要问这样的函数是否可导？

先从一个简单的例子说起，设有方程

$$F(x,y)=x^2+y^2-1=0,$$

在几何上，它表示一个单位圆（如图 16-1），容易知道，它在(0,1)这一点及其某个邻域内唯一地确定了一个函数

$$y=\sqrt{1-x^2},$$

这个函数在 $x=0$ 的近旁连续，并具有连续导数．同样在(0,-1)这一点及其某个邻域内也唯一地确立了一个函数

$$y=-\sqrt{1-x^2},$$

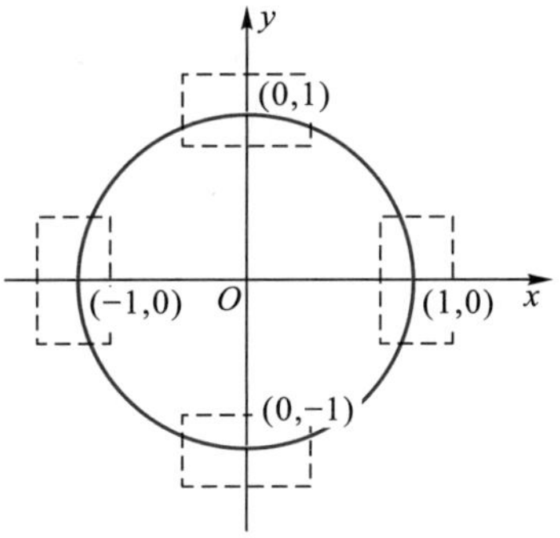

图 16-1

它在 $x=0$ 的近旁连续，具有连续导数．但在(-1,0)和(1,0)这两点的任何邻域内却不具有这种性质了，这时对于 $x=-1$ 的右邻域或 $x=1$ 的左邻域内任何一个值 x，将获得两个 y 值

$$y=\sqrt{1-x^2},\quad y=-\sqrt{1-x^2},$$

因此唯一性遭到破坏．此外还容易知道，单位圆在(-1,0)点和(1,0)点处的切线是垂直于 x 轴的，因此在这两点处不存在有限导数．

由此可见，方程 $F(x,y)=0$ 只是对某些点及其某个邻域来说，存在唯一确定的

可微函数，而对另外一些点却不是这样.

所以需要讨论在什么条件下，在适合方程 $F(x,y)=0$ 的点的某个邻域内由方程可以确定唯一一个函数 $y=f(x)$，并且它具有我们所需要的性质，例如连续性、可微性.

我们有如下的定理，它表明如何从二元函数 $F(x,y)$ 的性质来断定由方程 $F(x,y)=0$ 所确定的函数 $y=f(x)$ 是存在的，并且这个函数还将具有某些特性. 这个定理连同下面的几个定理，统称为**隐函数存在定理**.

定理 1　设 $F(x,y)$ 满足下面条件：

(i) 在区域 D：$|x-x_0|\leqslant a$，$|y-y_0|\leqslant b$ 上 F_x，F_y 连续；

(ii) $F(x_0,y_0)=0$；

(iii) $F_y(x_0,y_0)\neq 0$，

则有以下结果：

(i) 在点 (x_0,y_0) 的某一邻域内，$F(x,y)=0$ 唯一确定一个函数 $y=f(x)$，且 $y_0=f(x_0)$. 换句话说，函数 $y=f(x)$ 被定义在点 x_0 的某个邻域 $O(x_0,\eta)$ 内，它满足方程 $F(x,f(x))=0$，且 $y_0=f(x_0)$；

(ii) $y=f(x)$ 在 $O(x_0,\eta)$ 内连续；

(iii) $y=f(x)$ 在 $O(x_0,\eta)$ 内具有连续导数，且

$$y'=-\frac{F_x(x,y)}{F_y(x,y)}.$$

证明　先注意一个事实，由条件(i)，$F(x,y)$ 在 D 上必为连续. 现对三个结论分别证明如下.

(i) 由条件(iii)，$F_y(x_0,y_0)\neq 0$，不妨设 $F_y(x_0,y_0)>0$. 由 $F_y(x,y)$ 的连续性，可知 F_y 在点 (x_0,y_0) 的某个邻域内也大于 0，为简便计，不妨设就在 D 上 $F_y(x,y)>0$（如图 16-2）. 由于 $F_y(x,y)$ 在整个 D 上大于零，因此将 $x=x_0$ 固定，让 y 在 $[y_0-b,y_0+b]$ 内变化，显然有

$$F_y(x_0,y)>0\quad(y_0-b\leqslant y\leqslant y_0+b),$$

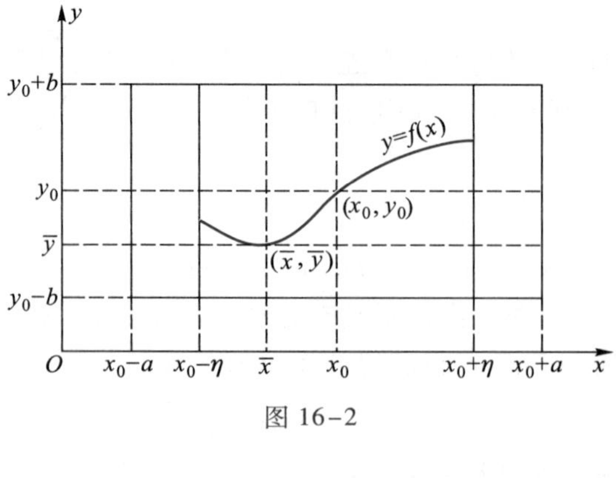

图 16-2

这就表明了，当 $x=x_0$ 固定的时候，一元函数 $F(x_0,y)$ 在区间 $[y_0-b,y_0+b]$ 上是 y 的严格增加函数. 又因为条件(ii)假设

$$F(x_0,y_0)=0,$$

即(x_0,y_0)是$F(x_0,y)$的一个零点，于是由函数$F(x_0,y)$的严格增加知道有

$$F(x_0,y_0-b)<0,\ F(x_0,y_0+b)>0.$$

再让x变动，考虑一元连续函数$F(x,y_0-b)$，由于$F(x_0,y_0-b)<0$，所以必存在$\eta_1>0$，在邻域$O(x_0,\eta_1)$内

$$F(x,y_0-b)<0,$$

同理，必存在$\eta_2>0$，在邻域$O(x_0,\eta_2)$内，

$$F(x,y_0+b)>0,$$

取$\eta=\min(\eta_1,\eta_2)$，于是在邻域$O(x_0,\eta)$内同时有

$$F(x,y_0-b)<0\quad 及\quad F(x,y_0+b)>0.$$

设$\bar{x}$为$O(x_0,\eta)$中任一点，由以上讨论知道必有

$$F(\bar{x},y_0-b)<0,\ F(\bar{x},y_0+b)>0,$$

固定$\bar{x}$，考察一元连续函数$F(\bar{x},y)$. 上式说明此函数在y_0-b及y_0+b异号，所以由根的存在性知道，必有一点$\bar{y}$，$y_0-b<\bar{y}<y_0+b$，使

$$F(\bar{x},\bar{y})=0.$$

又因$F_y(x,y)>0$，从而$F_y(\bar{x},y)>0$，就是说$F(\bar{x},y)$关于y是严格增加的，因而使$F(\bar{x},\bar{y})=0$的$\bar{y}$必定是唯一的. 由于$\bar{x}$的任意性，就证明了对于$O(x_0,\eta)$中任一x，总能从$F(x,y)=0$得到唯一确定的y与x相对应. 这就是函数关系，记为$y=f(x)$. 对于x_0，自然就有$y_0=f(x_0)$，这就证明了结论(1).

(ii) 现证此函数$y=f(x)$在$O(x_0,\eta)$内连续.

设x_1是$O(x_0,\eta)$内任意一点，记$y_1=f(x_1)$. 对任意给定正数ε，作两根平行线

$$y=y_1+\varepsilon\quad 和\quad y=y_1-\varepsilon,$$

由刚才的证明可知

$$F(x_1,y_1+\varepsilon)>0,\quad F(x_1,y_1-\varepsilon)<0.$$

又由$F(x,y)$的连续性可知，一定存在x_1的某一邻域$O(x_1,\delta)$，使得在$O(x_1,\delta)$内成立着

$$F(x,y_1+\varepsilon)>0\quad 和\quad F(x,y_1-\varepsilon)<0,$$

对$O(x_1,\delta)$内任何一点x，将它固定而考虑y的函数$F(x,y)$，它是y的严格增加的连续函数，并且

$$F(x,y_1-\varepsilon)<0,\ F(x,y_1+\varepsilon)>0,$$

于是在$(y_1-\varepsilon,y_1+\varepsilon)$内存在唯一的一个零点$y$，即

$$F(x,y)=0,$$

这就表示，对于邻域$O(x_1,\delta)$内的任何x，它所对应的函数值y，成立着

$$|y-y_1|<\varepsilon,$$

这正是所要证明的连续性.

(iii) 最后证明$y=f(x)$的可微性.

设$\bar{x},\bar{x}+\Delta x$是$O(x_0,\eta)$内的任意两点，记

$$\bar{y}=f(\bar{x}),\ \bar{y}+\Delta y=f(\bar{x}+\Delta x),$$

由函数 $y=f(x)$ 的定义可知

$$F(\bar{x},\bar{y})=0,\quad F(\bar{x}+\Delta x,\bar{y}+\Delta y)=0,$$

所以

$$\begin{aligned}0&=F(\bar{x}+\Delta x,\bar{y}+\Delta y)-F(\bar{x},\bar{y})\\&=F(\bar{x}+\Delta x,\bar{y}+\Delta y)-F(\bar{x}+\Delta x,\bar{y})+F(\bar{x}+\Delta x,\bar{y})-F(\bar{x},\bar{y})\\&=F_y(\bar{x}+\Delta x,\bar{y}+\theta_1\Delta y)\Delta y+F_x(\bar{x}+\theta_2\Delta x,\bar{y})\Delta x,\end{aligned}$$

这里 $0<\theta_1<1,0<\theta_2<1$，所以

$$\frac{\Delta y}{\Delta x}=-\frac{F_x(\bar{x}+\theta_2\Delta x,\bar{y})}{F_y(\bar{x}+\Delta x,\bar{y}+\theta_1\Delta y)},$$

由于 $y=f(x)$ 和 $F_x(x,y)$，$F_y(x,y)$ 的连续性及 $F_y(x,y)\neq 0$，在上式的两端取极限 $\Delta x\to 0$ 得

$$f'(\bar{x})=\lim_{\Delta x\to 0}\frac{\Delta y}{\Delta x}=-\frac{F_x(\bar{x},\bar{y})}{F_y(\bar{x},\bar{y})},$$

由于 $\bar{x}$ 的任意性，这就说明 $f(x)$ 在 $O(x_0,\eta)$ 可导，且 $f'(x)$ 连续．至此定理证毕．

定理 1 有着明显的几何直观解释：方程 $F(x,y)=0$ 可以看作下述联立方程

$$\begin{cases}z=F(x,y),\\z=0.\end{cases}$$

从几何上看，$z=F(x,y)$ 是空间的一块曲面，$z=0$ 是坐标平面，现在的问题是，在什么条件下这一联立方程有解，亦即在什么条件下，曲面 $z=F(x,y)$ 与平面 $z=0$ 相交，其交线是唯一的并且又是光滑的曲线．

定理的条件(i)表明曲面 $z=F(x,y)$ 是光滑曲面，定理的条件(ii)又表明曲面在 $z=0$ 平面上有一个交点 $(x_0,y_0,0)$，定理的条件(iii)告诉我们，曲面在交点 $(x_0,y_0,0)$ 处沿 y 轴方向看，曲面是单调的(若 $F_y(x_0,y_0)>0$ 则它是单调增加的，若 $F_y(x_0,y_0)<0$ 则它是单调减少的)，再由曲面是连续的，从而在交点 $(x_0,y_0,0)$ 的附近曲面也是单调的．

在这样的条件下，显然在点 $(x_0,y_0,0)$ 的附近，曲面 $z=F(x,y)$ 必与平面 $z=0$ 相交，其交线是唯一的，并且又是一条光滑的曲线 $y=f(x)$(在 $z=0$ 平面上).

例　考察方程

$$F(x,y)=x^2+y^2-1=0.$$

二元函数 $F(x,y)=x^2+y^2-1$ 在整个二维空间连续，它的偏导数 $F_x=2x$，$F_y=2y$ 亦连续，当 $y\neq 0$ 时 $F_y\neq 0$，所以在任何满足上述方程的点 (x,y)，且 $y\neq 0$ 的某一邻域内，由方程唯一确定一个具有连续导数的函数 $y=f(x)$．例如在点 $(0,1)$，$(0,-1)$ 以及 $\left(\frac{1}{\sqrt{2}},\frac{1}{\sqrt{2}}\right)$ 的某邻域内，隐函数是存在的，事实上，这时由方程确实能解得

$$y=\sqrt{1-x^2}\quad\left(\text{在点}(0,1),\left(\frac{1}{\sqrt{2}},\frac{1}{\sqrt{2}}\right)\text{的某邻域内}\right),$$

$$y=-\sqrt{1-x^2}\quad(\text{在点}(0,-1)\text{的某邻域内}),$$

并且具有连续导数．但在点 $(1,0)$ 和 $(-1,0)$，由于 $F_y=0$，不满足定理 1 的条件

(iii),所以不能肯定在这两点的某邻域内亦存在隐函数．事实上我们也已知道,方程在这两点的任何邻域内不存在唯一的具有连续导数的解 $y=f(x)$.

二、多变量情形

上段所讨论的问题可以推广到多变量情形．其证明方法与上述相仿,这里只把结论叙述如下:

定理 2　若函数 $F(x_1,x_2,\cdots,x_n;y)$ 满足以下条件:

(i) 在区域 $D:|x_i-x_i^{(0)}|\leqslant a_i,|y-y^{(0)}|\leqslant b\ (i=1,2,\cdots,n)$ 上具有对一切变量的连续偏导数;

(ii) $F(x_1^{(0)},x_2^{(0)},\cdots,x_n^{(0)};y^{(0)})=0$;

(iii) $F_y(x_1^{(0)},x_2^{(0)},\cdots,x_n^{(0)};y^{(0)})\neq 0$,

则有以下结果:

(i) 在点 $(x_1^{(0)},x_2^{(0)},\cdots,x_n^{(0)};y^{(0)})$ 的某一邻域 Δ 内,方程

$$F(x_1,x_2,\cdots,x_n;y)=0$$

唯一地确定一个函数

$$y=f(x_1,x_2,\cdots,x_n),$$

且 $y^{(0)}=f(x_1^{(0)},x_2^{(0)},\cdots,x_n^{(0)})$;

(ii) $y=f(x_1,x_2,\cdots,x_n)$ 在 Δ 内连续;

(iii) $f(x_1,x_2,\cdots,x_n)$ 在 Δ 内对各个变量有连续偏导数,且

$$f_{x_i}=-\frac{F_{x_i}(x_1,x_2,\cdots,x_n;y)}{F_y(x_1,x_2,\cdots,x_n;y)}\quad (i=1,2,\cdots,n).$$

三、方程组情形

下面再讨论方程组的隐函数存在问题．例如方程组

$$\begin{cases}F(x,y,z,u,v)=0,\\ G(x,y,z,u,v)=0,\end{cases}$$

是否可以确定其中某两个变元为其他变元的函数呢? 如果可以的话,这两个函数又将具有什么性质?

设方程组

$$F_i(x_1,x_2,\cdots,x_m;y_1,y_2,\cdots,y_n)=0\quad (i=1,2,\cdots,n),$$

F_i 关于变元 $y_1,y_2,\cdots,y_n$ 有连续偏导数,其雅可比行列式为

$$\frac{D(F_1,F_2,\cdots,F_n)}{D(y_1,y_2,\cdots,y_n)}=\begin{vmatrix}\dfrac{\partial F_1}{\partial y_1} & \dfrac{\partial F_1}{\partial y_2} & \cdots & \dfrac{\partial F_1}{\partial y_n}\\ \dfrac{\partial F_2}{\partial y_1} & \dfrac{\partial F_2}{\partial y_2} & \cdots & \dfrac{\partial F_2}{\partial y_n}\\ \vdots & \vdots & & \vdots\\ \dfrac{\partial F_n}{\partial y_1} & \dfrac{\partial F_n}{\partial y_2} & \cdots & \dfrac{\partial F_n}{\partial y_n}\end{vmatrix},$$

雅可比行列式有一些重要性质将在下节给出．

为简单起见，先给出方程组

$$\begin{cases}F(x,y,u,v)=0,\\G(x,y,u,v)=0\end{cases}$$

的隐函数存在定理.

定理3　若 $F(x,y,u,v)$ 和 $G(x,y,u,v)$ 都满足：

(i) 在点 $P_0(x_0,y_0,u_0,v_0)$ 的某一邻域 D 内，函数 F 和 G 分别具有对各个变量的连续偏导数；

(ii) $F(P_0)=0, G(P_0)=0$；

(iii) 在 P_0 点，$J=\dfrac{D(F,G)}{D(u,v)}\neq 0$，

则

(i) 在点 P_0 的某一邻域 Δ 内，方程组 $F=0, G=0$ 确定唯一的一组函数 $u=u(x,y), v=v(x,y)$，它们被定义在 (x_0,y_0) 的某个邻域 U 内，且 $u_0=u(x_0,y_0), v_0=v(x_0,y_0)$；

(ii) $u(x,y)$ 及 $v(x,y)$ 在 U 内连续；

(iii) $u(x,y)$ 及 $v(x,y)$ 在 U 内有关于 x 和 y 的连续偏导数，且

$$\frac{\partial u}{\partial x}=-\frac{1}{J}\frac{D(F,G)}{D(x,v)},\quad \frac{\partial v}{\partial x}=-\frac{1}{J}\frac{D(F,G)}{D(u,x)},$$

$$\frac{\partial u}{\partial y}=-\frac{1}{J}\frac{D(F,G)}{D(y,v)},\quad \frac{\partial v}{\partial y}=-\frac{1}{J}\frac{D(F,G)}{D(u,y)}.$$

我们把此定理的证明过程概述如下.

由条件(iii)可知 F_u, F_v 中至少有一个在 P_0 点不等于零，不妨设 $F_v(P_0)\neq 0$. 于是由定理2，可以在 P_0 点的某个邻域内由方程 $F(x,y,u,v)=0$ 唯一确定 v 是 x, y, u 的函数

$$v=\varphi(x,y,u),$$

且 $v_0=\varphi(x_0,y_0,u_0)$，并具有对 x, y 和 u 的连续偏导数. 而 φ_u 可以从下面的方法中求得：将下面的方程关于 u 求导

$$F(x,y,u,v)=0,$$

得到

$$F_u+F_v\varphi_u=0,$$

所以

$$\varphi_u=-\frac{F_u}{F_v}.$$

将 $v=\varphi(x,y,u)$ 代入函数 $G(x,y,u,v)$ 中，得到

$$G(x,y,u,\varphi(x,y,u))=\psi(x,y,u),$$

由于

$$\psi_u=G_u+G_v\varphi_u=\frac{G_uF_v-G_vF_u}{F_v}=-\frac{J}{F_v},$$

故由假设知道 $\psi_u(x_0,y_0,u_0)\neq 0$. 按照定理2，在点 (x_0,y_0,u_0) 的某邻域内，能由方程 $G(x,y,u,\varphi)=\psi(x,y,u)=0$ 唯一确定函数

$$u=u(x,y),$$

它在 (x_0,y_0) 的某一邻域内对 x 及 y 有连续偏导数，且

$$u_0 = u(x_0, y_0).$$

再把 $u=u(x,y)$ 代入 φ，得 $v=\varphi(x,y,u(x,y))=v(x,y)$，且 $v(x_0,y_0)=\varphi(x_0,y_0,u_0)=v_0$，于是这一对函数

$$u = u(x,y),\ v = v(x,y)$$

即为所求.

对于更一般的方程组，也有同样的定理，它可以用数学归纳法来证明，这里只叙述其结果：

定理 4　若有 m 个函数

$$F_i(x_1,x_2,\cdots,x_n;y_1,y_2,\cdots,y_m)\quad (i=1,2,\cdots,m)$$

满足

(i) 在点 $P_0(x_1^{(0)},x_2^{(0)},\cdots,x_n^{(0)};y_1^{(0)},\cdots,y_m^{(0)})$ 的某邻域 D 内具有对一切变元的连续偏导数；

(ii) $F_i(x_1^{(0)},x_2^{(0)},\cdots,x_n^{(0)};y_1^{(0)},\cdots,y_m^{(0)})=0\ (i=1,2,\cdots,m)$；

(iii) 在 P_0 点

$$J=\frac{D(F_1,F_2,\cdots,F_m)}{D(y_1,y_2,\cdots,y_m)}\neq 0,$$

则

(i) 在 P_0 点的某邻域内，由方程组

$$F_i(x_1,x_2,\cdots,x_n;y_1,\cdots,y_m)=0\ (i=1,2,\cdots,m)$$

能唯一确定一组函数 $y_i=f_i(x_1,x_2,\cdots,x_n)$ $(i=1,2,\cdots,m)$，它们定义在 $(x_1^{(0)},x_2^{(0)},\cdots,x_n^{(0)})$ 点某邻域 Δ 内，满足

$$F_i(x_1,x_2,\cdots,x_n;f_1,f_2,\cdots,f_m)=0,$$

并且有 $y_i^{(0)}=f_i(x_1^{(0)},x_2^{(0)},\cdots,x_n^{(0)})$ $(i=1,2,\cdots,m)$；

(ii) 这一组函数 f_i 在 Δ 内连续；

(iii) 这一组函数 f_i 在 Δ 内具有对各个变元的连续偏导数，且其对 x_j $(j=1,2,\cdots,n)$ 的偏导数可以从方程组

$$\frac{\partial F_i}{\partial x_j}+\frac{\partial F_i}{\partial y_1}\frac{\partial f_1}{\partial x_j}+\frac{\partial F_i}{\partial y_2}\frac{\partial f_2}{\partial x_j}+\cdots+\frac{\partial F_i}{\partial y_m}\frac{\partial f_m}{\partial x_j}=0$$
$$(i=1,2,\cdots,m)$$

解得.

习　题

1. 若在隐函数存在定理中条件改为

(1) 在区域 D：$x_0-a\leqslant x\leqslant x_0+a$，$y_0-b\leqslant y\leqslant y_0+b$ 上连续；

(2) $F(x_0,y_0)=0$；

(3) 当 x 固定时，函数 $F(x,y)$ 是 y 的单调函数，则可得到什么样的结论？试证明之.

2. 函数 $F(x,y)=y^2-x^2(1-x^2)=0$ 在哪些点近旁可唯一地决定单值连续，且有连续导数的函数 $y=y(x)$？

3. 证明有唯一可导的函数 $y=y(x)$ 满足方程 $\sin y+\operatorname{sh} y=x$，并求出导数 $y'(x)$.

4. 设 $F(x,y,z)$ 有二阶连续偏导数，并由 $F(x,y,z)=0$ 可确定 $z=f(x,y)$. 讨论 $z=f(x,y)$ 存在极值的必要和充分条件. 再求由

$$x^2+y^2+z^2-2x+2y-4z-10=0$$

所确定的 $z=f(x,y)$ 的极值.

§2　函数行列式的性质

函数行列式不仅在隐函数存在定理中起着重要作用，而且在其他不少分析问题和应用中，也是经常出现的，它有以下主要性质：

性质 1　设函数

$$y_i=f_i(x_1,x_2,\cdots,x_n)\ (i=1,2,\cdots,n)$$

定义于某一 n 维区域 D 中，且有关于一切变元的连续偏导数. 又设

$$x_i=\varphi_i(t_1,t_2,\cdots,t_n)\ (i=1,2,\cdots,n)$$

定义于某一 n 维区域 $\widetilde{D}$ 中，且有关于一切变元的连续偏导数. 当点 $(t_1,t_2,\cdots,t_n)$ 在 $\widetilde{D}$ 中变动时，对应的点 $(x_1,x_2,\cdots,x_n)$ 不越出区域 D. 于是就可以通过中间变量 $x_1,x_2,\cdots,x_n$ 把 $y_1,y_2,\cdots,y_n$ 看为 $t_1,t_2,\cdots,t_n$ 的复合函数.

这时，y_i 关于 t_j 的雅可比行列式与 y_i 关于 x_j 以及 x_i 关于 t_j 的雅可比行列式之间有着下面的关系

$$\frac{D(y_1,y_2,\cdots,y_n)}{D(t_1,t_2,\cdots,t_n)}=\frac{D(y_1,y_2,\cdots,y_n)}{D(x_1,x_2,\cdots,x_n)}\cdot\frac{D(x_1,x_2,\cdots,x_n)}{D(t_1,t_2,\cdots,t_n)}.$$

这个性质，可以看为是复合函数 $y=f(x)$，$x=\varphi(t)$ 求导公式

$$\frac{\mathrm{d}y}{\mathrm{d}t}=\frac{\mathrm{d}y}{\mathrm{d}x}\cdot\frac{\mathrm{d}x}{\mathrm{d}t}$$

的拓广.

证明　为简便起见，以 $n=2$ 证明这个性质. 按复合函数的偏导数公式有

$$\frac{D(y_1,y_2)}{D(t_1,t_2)}=\begin{vmatrix}\dfrac{\partial y_1}{\partial t_1} & \dfrac{\partial y_1}{\partial t_2}\\[2ex] \dfrac{\partial y_2}{\partial t_1} & \dfrac{\partial y_2}{\partial t_2}\end{vmatrix}$$

$$=\begin{vmatrix}\dfrac{\partial y_1}{\partial x_1}\cdot\dfrac{\partial x_1}{\partial t_1}+\dfrac{\partial y_1}{\partial x_2}\cdot\dfrac{\partial x_2}{\partial t_1} & \dfrac{\partial y_1}{\partial x_1}\cdot\dfrac{\partial x_1}{\partial t_2}+\dfrac{\partial y_1}{\partial x_2}\cdot\dfrac{\partial x_2}{\partial t_2}\\[2ex] \dfrac{\partial y_2}{\partial x_1}\cdot\dfrac{\partial x_1}{\partial t_1}+\dfrac{\partial y_2}{\partial x_2}\cdot\dfrac{\partial x_2}{\partial t_1} & \dfrac{\partial y_2}{\partial x_1}\cdot\dfrac{\partial x_1}{\partial t_2}+\dfrac{\partial y_2}{\partial x_2}\cdot\dfrac{\partial x_2}{\partial t_2}\end{vmatrix}$$

$$=\begin{vmatrix}\dfrac{\partial y_1}{\partial x_1} & \dfrac{\partial y_1}{\partial x_2}\\ \dfrac{\partial y_2}{\partial x_1} & \dfrac{\partial y_2}{\partial x_2}\end{vmatrix}\cdot\begin{vmatrix}\dfrac{\partial x_1}{\partial t_1} & \dfrac{\partial x_1}{\partial t_2}\\ \dfrac{\partial x_2}{\partial t_1} & \dfrac{\partial x_2}{\partial t_2}\end{vmatrix}$$

$$=\frac{D(y_1,y_2)}{D(x_1,x_2)}\cdot\frac{D(x_1,x_2)}{D(t_1,t_2)},$$

这就是所要证明的结论.

性质 2　设函数

$$y_i=f(x_1,x_2,\cdots,x_n)\ (i=1,2,\cdots,n)$$

在某 n 维区域 D 中具有对各变元的连续偏导数,并且它们的反函数

$$x_j=\varphi_j(y_1,y_2,\cdots,y_n)\ (j=1,2,\cdots,n)$$

存在,具有对各变元的连续偏导数.那么

$$\frac{D(y_1,y_2,\cdots,y_n)}{D(x_1,x_2,\cdots,x_n)}\cdot\frac{D(x_1,x_2,\cdots,x_n)}{D(y_1,y_2,\cdots,y_n)}=1.$$

这个性质可以看作反函数导数公式$\dfrac{\mathrm{d}y}{\mathrm{d}x}\cdot\dfrac{\mathrm{d}x}{\mathrm{d}y}=1$ 的拓广.

证明　既然 $x_j=\varphi_j(y_1,y_2,\cdots,y_n)(j=1,2,\cdots,n)$是

$$y_i=f_i(x_1,x_2,\cdots,x_n)\ (i=1,2,\cdots,n)$$

的反函数,于是可以将 y_i 看作借助于中间变量 x_j 而为 y_i 的复合函数,即

$$f_i(\varphi_1,\varphi_2,\cdots,\varphi_n)=y_i,$$

再按照性质 1,得

$$1=\frac{D(y_1,y_2,\cdots,y_n)}{D(y_1,y_2,\cdots,y_n)}$$

$$=\frac{D(y_1,y_2,\cdots,y_n)}{D(x_1,x_2,\cdots,x_n)}\cdot\frac{D(x_1,x_2,\cdots,x_n)}{D(y_1,y_2,\cdots,y_n)},$$

当$\dfrac{D(y_1,y_2,\cdots,y_n)}{D(x_1,x_2,\cdots,x_n)}\neq 0$ 时,由隐函数存在定理,

$$y_i=f_i(x_1,x_2,\cdots,x_n)\ (i=1,2,\cdots,n)$$

的反函数一定存在.这时性质 2 亦可写为

$$\frac{D(x_1,x_2,\cdots,x_n)}{D(y_1,y_2,\cdots,y_n)}=\frac{1}{\dfrac{D(y_1,y_2,\cdots,y_n)}{D(x_1,x_2,\cdots,x_n)}}.$$

在后面重积分的计算(换元法则)中,将叙述函数行列式的几何意义.

例　直角坐标(x,y)与极坐标(r,θ)的变换为

$$\begin{cases}x=r\cos\theta,\\ y=r\sin\theta,\end{cases}$$

$x'_r=\cos\theta,x'_\theta=-r\sin\theta,y'_r=\sin\theta,y'_\theta=r\cos\theta$. 它们在任何点$(r,\theta)$处连续,并且雅可比行列式

$$\frac{D(x,y)}{D(r,\theta)}=\begin{vmatrix}\cos\theta & -r\sin\theta\\ \sin\theta & r\cos\theta\end{vmatrix}=r,$$

由性质 2 知道，除极点 $r=0$ 外，变换的逆变换存在，并且它的雅可比行列式为

$$\frac{D(r,\theta)}{D(x,y)}=\frac{1}{\frac{D(x,y)}{D(r,\theta)}}=\frac{1}{r}.$$

习　题

1. 设 $x=\frac{u^2}{v}, y=uv$，求 $\frac{D(x,y)}{D(u,v)}$.

2. 设 $x=\rho\sin\varphi\cos\theta, y=\rho\sin\varphi\sin\theta, z=\rho\cos\varphi$，求 $\frac{D(x,y,z)}{D(\rho,\varphi,\theta)}$.

本章小结

第三部分
含参变量的积分和反常积分

第十七章 含参变量的积分

设函数 $f(x,y)$ 在矩形 $[a,b;c,d]$（即 $a\leqslant x\leqslant b, c\leqslant y\leqslant d$）上连续．如果把 y 固定为 $[c,d]$ 上的一点 y_0，函数 $f(x,y_0)$ 就成为一个变量 x 的函数了．若这个函数在 $[a,b]$ 上可积，则 $\int_a^b f(x,y_0)\mathrm{d}x$ 就是一个唯一确定的数，这个数当然与 y_0 有关．当 y 在 $[c,d]$ 上变动时，所得到的积分值一般说来是不同的，记为

$$I(y)=\int_a^b f(x,y)\mathrm{d}x,$$

它是 y 的函数，定义域为 $[c,d]$．称积分 $\int_a^b f(x,y)\mathrm{d}x$ 为含参变量的积分，参变量是 y.

$I(y)$ 是一个由含一个参变量的积分所确定的函数，这种形式的函数在理论和应用上都有重要作用，有许多很有用的特殊函数就是这种形式的函数．

下面讨论这种由积分所确定的函数的连续性、可微性与可积性．

定理 1 设 $f(x,y)$ 在矩形 $[a,b;c,d]$ 上连续，则

$$I(y)=\int_a^b f(x,y)\mathrm{d}x$$

是 $[c,d]$ 上的连续函数．

证明 只要 y 及 $y+\Delta y$ 都属于 $[c,d]$，就有

$$I(y+\Delta y)-I(y)=\int_a^b [f(x,y+\Delta y)-f(x,y)]\mathrm{d}x,$$

因为 $f(x,y)$ 在闭矩形 $[a,b;c,d]$ 上连续，从而在其上一致连续，因此对任意 $\varepsilon>0$，存在 $\delta>0$，使得对于这个矩形内任何两点 (x_1,y_1) 及 (x_2,y_2)，只要 $|x_1-x_2|<\delta$，$|y_1-y_2|<\delta$ 就有

$$|f(x_1,y_1)-f(x_2,y_2)|<\varepsilon,$$

而在证明中，x 没有改变，仅 y 有一个改变量 Δy，只要 $|\Delta y|<\delta$，那么，对一切 x 恒成立

$$|f(x,y+\Delta y)-f(x,y)|<\varepsilon,$$

于是

$$|I(y+\Delta y)-I(y)|<\varepsilon\int_a^b \mathrm{d}x=\varepsilon(b-a),$$

所以 $I(y)$ 在 $[c,d]$ 上连续．

由这个定理的结论也就有

$$\lim_{y\to y_0}\int_a^b f(x,y)\mathrm{d}x=\int_a^b \lim_{y\to y_0} f(x,y)\mathrm{d}x,$$

即在定理的条件下极限运算可以通过积分号. 或者说,极限和积分可交换.

定理 2　设 $f(x,y)$ 及 $f_y(x,y)$ 都在闭矩形 $[a,b;c,d]$ 上连续,则

$$\frac{\mathrm{d}}{\mathrm{d}y}\int_a^b f(x,y)\,\mathrm{d}x=\int_a^b f_y(x,y)\,\mathrm{d}x=\int_a^b \frac{\partial}{\partial y}f(x,y)\,\mathrm{d}x.$$

也就是求导运算可以通过积分号. 或者说,求导和积分可交换.

证明　对于 $[c,d]$ 上任何一点 y,设 $y+\Delta y$ 也属于 $[c,d]$,那么

$$\frac{I(y+\Delta y)-I(y)}{\Delta y}=\int_a^b \frac{f(x,y+\Delta y)-f(x,y)}{\Delta y}\,\mathrm{d}x,$$

利用拉格朗日中值定理,

$$\frac{I(y+\Delta y)-I(y)}{\Delta y}=\int_a^b f_y(x,y+\theta\Delta y)\,\mathrm{d}x\quad(0<\theta<1),$$

令 $\Delta y\to 0$,再利用定理 1 的结果,得

$$\begin{aligned}\frac{\mathrm{d}I(y)}{\mathrm{d}y}&=\lim_{\Delta y\to 0}\int_a^b f_y(x,y+\theta\Delta y)\,\mathrm{d}x\\&=\int_a^b \lim_{\Delta y\to 0}f_y(x,y+\theta\Delta y)\,\mathrm{d}x\\&=\int_a^b f_y(x,y)\,\mathrm{d}x,\end{aligned}$$

这就是所要证明的.

以上所给的积分,其积分限 a 与 b 都是常数,但在实际应用上还会遇到积分限也含有参变量 y,即形如

$$F(y)=\int_{a(y)}^{b(y)} f(x,y)\,\mathrm{d}x$$

的积分. 下面考虑这种函数 $F(y)$ 的性质.

定理 3　若 $f(x,y)$ 在闭矩形 $[a,b;c,d]$ 上连续,函数 $a(y)$ 及 $b(y)$ 都在 $[c,d]$ 上连续,并且

$$a\leqslant a(y)\leqslant b,\ a\leqslant b(y)\leqslant b\quad(c\leqslant y\leqslant d),$$

则

$$F(y)=\int_{a(y)}^{b(y)} f(x,y)\,\mathrm{d}x$$

在 $[c,d]$ 上连续.

与定理 1 的证明相仿,考虑

$$\begin{aligned}&F(y+\Delta y)-F(y)\\&=\int_{a(y+\Delta y)}^{b(y+\Delta y)} f(x,y+\Delta y)\,\mathrm{d}x-\int_{a(y)}^{b(y)} f(x,y)\,\mathrm{d}x\\&=\int_{a(y+\Delta y)}^{a(y)} f(x,y+\Delta y)\,\mathrm{d}x+\\&\quad\int_{a(y)}^{b(y)}[f(x,y+\Delta y)-f(x,y)]\,\mathrm{d}x+\\&\quad\int_{b(y)}^{b(y+\Delta y)} f(x,y+\Delta y)\,\mathrm{d}x,\end{aligned}$$

当 $\Delta y\to 0$ 时右端第一个和第三个积分趋于零,而第二个积分正像定理 1 的证明中

那样，也趋于零，于是定理得证．

定理 4　若函数 $f(x,y)$ 及 $f_y(x,y)$ 都在 $[a,b;c,d]$ 上连续，同时在 $[c,d]$ 上 $a'(y)$ 及 $b'(y)$ 皆存在，并且

$$a\leqslant a(y)\leqslant b,\ a\leqslant b(y)\leqslant b\quad(c\leqslant y\leqslant d),$$

则

$$\begin{aligned}F'(y)&=\frac{\mathrm{d}}{\mathrm{d}y}\int_{a(y)}^{b(y)}f(x,y)\,\mathrm{d}x\\&=\int_{a(y)}^{b(y)}f_y(x,y)\,\mathrm{d}x+f[b(y),y]b'(y)-f[a(y),y]a'(y).\end{aligned}$$

证明　考虑函数 $F(y)$ 在 $[c,d]$ 上任何一点 y_0 处的导数．由于

$$\begin{aligned}F(y)&=\int_{a(y_0)}^{b(y_0)}f(x,y)\,\mathrm{d}x+\int_{b(y_0)}^{b(y)}f(x,y)\,\mathrm{d}x-\int_{a(y_0)}^{a(y)}f(x,y)\,\mathrm{d}x\\&=F_1(y)+F_2(y)-F_3(y),\end{aligned}$$

现在分别考虑 $F_i(y)$ $(i=1,2,3)$ 在点 y_0 处的导数．由定理 2 得

$$F_1'(y_0)=\int_{a(y_0)}^{b(y_0)}f_y(x,y_0)\,\mathrm{d}x,$$

此外，由于 $F_2(y_0)=0$，所以

$$\begin{aligned}F_2'(y_0)&=\lim_{y\to y_0}\frac{F_2(y)-F_2(y_0)}{y-y_0}=\lim_{y\to y_0}\frac{F_2(y)}{y-y_0}\\&=\lim_{y\to y_0}\int_{b(y_0)}^{b(y)}\frac{f(x,y)}{y-y_0}\mathrm{d}x,\end{aligned}$$

应用积分中值定理

$$F_2'(y_0)=\lim_{y\to y_0}\frac{b(y)-b(y_0)}{y-y_0}\cdot f(\bar{x},y),$$

这里 $\bar{x}$ 在 $b(y)$ 和 $b(y_0)$ 之间．

再注意到 $f(x,y)$ 的连续性及 $b(y)$ 可微，于是得

$$F_2'(y_0)=b'(y_0)f[b(y_0),y_0].$$

同样可以证明

$$F_3'(y_0)=a'(y_0)f[b(y_0),y_0],$$

这就证明了定理 4.

例 1　设 $F(y)=\int_y^{y^2}\frac{\sin yx}{x}\,\mathrm{d}x$，求 $F'(y)$．

解　容易知道定理 4 的条件是满足的，应用定理 4，有

$$\begin{aligned}F'(y)&=\int_y^{y^2}\cos yx\,\mathrm{d}x+2y\cdot\frac{\sin y^3}{y^2}-1\cdot\frac{\sin y^2}{y}\\&=\frac{\sin yx}{y}\bigg|_y^{y^2}+\frac{2\sin y^3}{y}-\frac{\sin y^2}{y}=\frac{3\sin y^3-2\sin y^2}{y}.\end{aligned}$$

例 2　求 $I(\theta)=\int_0^{\pi}\ln(1+\theta\cos x)\,\mathrm{d}x$，其中 $|\theta|<1$.

解　利用积分号下求导数来求这个积分．对 $|\theta|<1$ 中任一定值 θ，一定存在

b，使 $|\theta|\leqslant b<1$. 这时 $f(x,\theta)$ 和 $f_\theta(x,\theta)$ 是 $0\leqslant x\leqslant\pi,-b\leqslant\theta\leqslant b$ 上的连续函数，利用定理 2，有

$$I'(\theta)=\int_0^\pi\frac{\cos x}{1+\theta\cos x}\mathrm{d}x=\frac{1}{\theta}\int_0^\pi\left(1-\frac{1}{1+\theta\cos x}\right)\mathrm{d}x$$

$$=\frac{\pi}{\theta}-\frac{1}{\theta}\int_0^\pi\frac{\mathrm{d}x}{1+\theta\cos x},$$

对最后一个积分，作代换 $t=\tan\frac{x}{2}$，求得一个原函数

$$\int\frac{\mathrm{d}x}{1+\theta\cos x}=\int\frac{\frac{2}{1+t^2}}{1+\theta\frac{1-t^2}{1+t^2}}\mathrm{d}t=\int\frac{2\mathrm{d}t}{(1+\theta)+(1-\theta)t^2}$$

$$=\frac{2}{\sqrt{1-\theta^2}}\arctan\left(\sqrt{\frac{1-\theta}{1+\theta}}\tan\frac{x}{2}\right),$$

所以
$$I'(\theta)=\frac{\pi}{\theta}-\frac{2}{\theta\sqrt{1-\theta^2}}\cdot\frac{\pi}{2}=\pi\left(\frac{1}{\theta}-\frac{1}{\theta\sqrt{1-\theta^2}}\right),$$

这个结论对于 $-1<\theta<1$ 中一切 θ 是成立的.

再对 θ 积分，得

$$I(\theta)=\pi\left(\ln\theta+\ln\frac{1+\sqrt{1-\theta^2}}{\theta}\right)+C=\pi\ln(1+\sqrt{1-\theta^2})+C,$$

现在再来确定常数 C. 由原来的定义知 $I(0)=0$，于是由上面的式子得

$$C=-\pi\ln 2=\pi\ln\frac{1}{2},$$

最后得
$$I(\theta)=\pi\ln\frac{1+\sqrt{1-\theta^2}}{2}.$$

下面考虑 $I(y)$ 的可积性. 若 $f(x,y)$ 在矩形 $[a,b;c,d]$ 上连续，那么由定理 1，函数

$$J(x)=\int_c^d f(x,y)\mathrm{d}y,\ I(y)=\int_a^b f(x,y)\mathrm{d}x$$

分别在 $[a,b]$ 及 $[c,d]$ 上连续，因此 $J(x)$ 在 $[a,b]$ 上可积，$I(y)$ 在 $[c,d]$ 上可积，记为

$$\int_a^b J(x)\mathrm{d}x=\int_a^b\mathrm{d}x\int_c^d f(x,y)\mathrm{d}y,$$

$$\int_c^d I(y)\mathrm{d}y=\int_c^d\mathrm{d}y\int_a^b f(x,y)\mathrm{d}x,$$

我们要问这两个积分数值是否相同.

定理 5　若 $f(x,y)$ 在矩形 $[a,b;c,d]$ 上连续，则

$$\int_c^d\mathrm{d}y\int_a^b f(x,y)\mathrm{d}x=\int_a^b\mathrm{d}x\int_c^d f(x,y)\mathrm{d}y.$$

也就是积分顺序可以交换.

证明　记

$$I_1(u)=\int_c^u \mathrm{d}y\int_a^b f(x,y)\,\mathrm{d}x,$$

$$I_2(u)=\int_a^b \mathrm{d}x\int_c^u f(x,y)\,\mathrm{d}y\ (c\leqslant u\leqslant d).$$

首先证明 $I_1'(u)=I_2'(u)$.

对于变动上限的积分 $\int_c^u \mathrm{d}y\int_a^b f(x,y)\,\mathrm{d}x=\int_c^u I(y)\,\mathrm{d}y$，因为被积函数 $I(y)$ 连续，所以关于上限 u 的导数为

$$I_1'(u)=I(u)=\int_a^b f(x,u)\,\mathrm{d}x.$$

对于另一个积分

$$\int_a^b \mathrm{d}x\int_c^u f(x,y)\,\mathrm{d}y=\int_a^b F(x,u)\,\mathrm{d}x,$$

这里

$$F(x,u)=\int_c^u f(x,y)\,\mathrm{d}y,$$

应用定理 2 得

$$I_2'(u)=\int_a^b F'_u(x,u)\,\mathrm{d}x=\int_a^b f(x,u)\,\mathrm{d}x\ ,$$

于是证明了 $I'_1(u)=I'_2(u)$，所以有

$$I_1(u)=I_2(u)+\alpha\quad(\alpha\text{ 为一常数}).$$

现在来确定常数 α. 令 $u=c$，得

$$I_1(c)=0,\ I_2(c)=0,$$

于是 $\alpha=0$，所以

$$I_1(u)=I_2(u)\ (c\leqslant u\leqslant d),$$

再令 $u=d$，定理 5 得证 .

例 3　求 $I=\int_0^1 \frac{x^b-x^a}{\ln x}\,\mathrm{d}x\ (a>0,b>0)$.

解　已经知道

$$\int_a^b x^y\,\mathrm{d}y=\frac{x^b-x^a}{\ln x},$$

所以

$$I=\int_0^1 \mathrm{d}x\int_a^b x^y\,\mathrm{d}y\ ,$$

变换积分顺序得（定理 5 的条件是满足的）

$$I=\int_a^b \mathrm{d}y\int_0^1 x^y\,\mathrm{d}x=\int_a^b \frac{1}{1+y}\,\mathrm{d}y=\ln\frac{1+b}{1+a}.$$

习　题

1. 设 $F(y)=\int_y^{y^2} \mathrm{e}^{-x^2y}\,\mathrm{d}x$，计算 $F'(y)$.

2. 设 $F(y)=\int_0^y (x+y)f(x)\,\mathrm{d}x$，其中 $f(x)$ 为可微函数，求 $F''(y)$.

3. 若 $F(y)=\int_0^1 \ln\sqrt{x^2+y^2}\,\mathrm{d}x$，直接计算积分，求出 $F(y)$，再求出$F''(0)$，并检验应用定理4计算 $F'(0)$ 的正确性.

4. 求函数

$$E(k)=\int_0^{\frac{\pi}{2}}\sqrt{1-k^2\sin^2\varphi}\,\mathrm{d}\varphi \text{ 和 } F(k)=\int_0^{\frac{\pi}{2}}\frac{\mathrm{d}\varphi}{\sqrt{1-k^2\sin^2\varphi}}(0<k<1)$$

的导数且证明 $E(k)$ 满足方程

$$E''(k)+\frac{1}{k}E'(k)+\frac{E(k)}{1-k^2}=0.$$

5. 应用对参数求导法计算积分：

(1) $\int_0^{\frac{\pi}{2}}\ln(a^2-\sin^2 x)\,\mathrm{d}x\ (a>1)$（不必定常数，若计算时出现无界情况，取极限计算）；

(2) $\int_0^{\pi}\ln(1-2a\cos x+a^2)\,\mathrm{d}x\ (|a|<1)$.

6. 应用积分号下求积分方法计算积分：

$$\int_0^1\sin\left(\ln\frac{1}{x}\right)\frac{x^b-x^a}{\ln x}\,\mathrm{d}x\ (a>0,\ b>0)$$

（若出现无界情况与前面同样处理）.

7. 证明 $\int_0^1\mathrm{d}x\int_0^1\frac{x^2-y^2}{(x^2+y^2)^2}\,\mathrm{d}y\neq\int_0^1\mathrm{d}y\int_0^1\frac{x^2-y^2}{(x^2+y^2)^2}\,\mathrm{d}x.$

8. 设函数 $f(x,y)$ 在 $D=[a,A;b,B]$ 有界，除去 D 内有限条连续曲线 $y=\varphi_i(x)$，f 在 D 连续，证明

$$F(x)=\int_b^B f(x,y)\,\mathrm{d}y$$

在 $[a,A]$ 连续.

本章小结

第十八章 含参变量的反常积分

一、一致收敛的定义

形如 $\int_a^{+\infty} f(x,y)\,\mathrm{d}x$ 的积分，称为**含参变量 y 的反常积分**，在数理方程和概率论中经常出现这种形式的积分．

和含参变量常义积分的情形一样，往往需要讨论这类积分的性质，如连续性、可微性等．但是这些性质的建立比含参变量的常义积分情形要复杂些．我们首先来定义积分的一致收敛性，它和函数项级数的一致收敛性的意义是相当的．设 $f(x,y)$ 在 $a\leqslant x<+\infty$，$c\leqslant y\leqslant d$ 上有定义，并且对每一个 $y\in[c,d]$，无穷限积分 $\int_a^{+\infty} f(x,y)\,\mathrm{d}x$ 存在，也就是对任意给定的 $\varepsilon>0$，总存在$A_0(\varepsilon,y)>a$，使得当 $A',A\geqslant A_0$ 时，成立

$$\left|\int_A^{A'} f(x,y)\,\mathrm{d}x\right|<\varepsilon \quad 或 \quad \left|\int_A^{+\infty} f(x,y)\,\mathrm{d}x\right|<\varepsilon,$$

注意，这里的 $A_0(\varepsilon,y)$ 不仅与 ε 有关而且与 y 有关．如果存在与$y\in[c,d]$无关的 A，就获得一致收敛的定义如下：

定义 1 若对任意给定的 $\varepsilon>0$，存在 $A_0(\varepsilon)>a$（此 $A(\varepsilon)$ 仅与 ε 有关），当 A'，$A\geqslant A_0$时，对一切 $y\in[c,d]$，成立

$$\left|\int_A^{A'} f(x,y)\,\mathrm{d}x\right|<\varepsilon \quad 或 \quad \left|\int_A^{+\infty} f(x,y)\,\mathrm{d}x\right|<\varepsilon,$$

就称 $\int_a^{+\infty} f(x,y)\,\mathrm{d}x$ **关于 $y\in[c,d]$ 为一致收敛**．

这里的区间$[c,d]$可以换为其他区间，如$[c,d)$，(c,d)，$[c,+\infty)$等．对于无界函数的积分，也有类似的定义．

定义 2 设 $\int_a^b f(x,y)\,\mathrm{d}x$ 对于$[c,d]$上的每一个 y 值，有一个奇点$x=b$，又设对每一个 y，这个有奇点的反常积分存在，如果对于任何$\varepsilon>0$，存在与$[c,d]$上的 y 无关的 $\delta_0(\varepsilon)$，使当 $0<\eta,\eta'<\delta_0(\varepsilon)$ 时

$$\left|\int_{b-\eta}^{b-\eta'} f(x,y)\,\mathrm{d}x\right|<\varepsilon \quad 或 \quad \left|\int_{b-\eta}^{b} f(x,y)\,\mathrm{d}x\right|<\varepsilon$$

成立，就称 $\int_a^b f(x,y)\,\mathrm{d}x$ **关于 y 在$[c,d]$上一致收敛**．

二、一致收敛积分的判别法

现在只对无穷限的积分 $\int_a^{+\infty} f(x,y)\,\mathrm{d}x$ 来讲述一个最常用的判别法，对于其他类型的含参变量反常积分 $\int_{-\infty}^{b} f(x,y)\,\mathrm{d}x$ 和无界函数的积分可以类似地叙述，这里就不一一说明．

以下常假定积分 $\int_a^{+\infty} f(x,y)\,\mathrm{d}x$ 已经收敛．

魏尔斯特拉斯判别法 设有函数 $F(x)$，使

$$|f(x,y)| \leqslant F(x),\ a \leqslant x < +\infty,\ c \leqslant y \leqslant d,$$

如果积分

$$\int_a^{+\infty} F(x)\,\mathrm{d}x$$

收敛，那么 $\int_a^{+\infty} f(x,y)\,\mathrm{d}x$ 关于 y 在 $[c,d]$ 上一致收敛．

证明 由一致收敛性定义和不等式

$$\left|\int_A^{A'} f(x,y)\,\mathrm{d}x\right| \leqslant \left|\int_A^{A'} |f(x,y)|\,\mathrm{d}x\right| \leqslant \left|\int_A^{A'} F(x)\,\mathrm{d}x\right|$$

就可推出结论．因为这时对 $\varepsilon>0$，有 A_0，使当 $A',A \geqslant A_0$ 时

$$\left|\int_A^{A'} F(x)\,\mathrm{d}x\right| < \varepsilon$$

成立．

例 1 $\int_0^{+\infty} \mathrm{e}^{-\alpha x}\sin x\,\mathrm{d}x$ 在 $\alpha \in [\alpha_0,+\infty)\ (\alpha_0>0)$ 内是一致收敛的．这是因为当 $\alpha \in [\alpha_0,+\infty)$ 时

$$|\mathrm{e}^{-\alpha x}\sin x| \leqslant \mathrm{e}^{-\alpha_0 x},$$

而 $\int_0^{+\infty} \mathrm{e}^{-\alpha_0 x}\,\mathrm{d}x$ 是收敛的，由魏尔斯特拉斯判别法得 $\int_0^{+\infty} \mathrm{e}^{-\alpha x}\sin x\,\mathrm{d}x$ 在 $\alpha \in [\alpha_0,+\infty)$ 内一致收敛．

三、一致收敛积分的性质

这一节只对无穷限积分来讨论，对于无界函数的积分有类似的结论，就不一一列述．还应该注意到，这些定理的条件和结论是和函数项级数中所讨论的完全一样．

1. 连续性定理

设 $f(x,y)$ 在 $[a,+\infty;c,d]$ 上连续，$\int_a^{+\infty} f(x,y)\,\mathrm{d}x$ 关于 y 在 $[c,d]$ 上一致收敛，那么 $I(y)=\int_a^{+\infty} f(x,y)\,\mathrm{d}x$ 是 y 在 $[c,d]$ 上的连续函数．

证明 因为 $\int_a^{+\infty} f(x,y)\,\mathrm{d}x$ 在 $[c,d]$ 上一致收敛，所以对于任意给定的 $\varepsilon>0$，常存在 $A_0(\varepsilon)$，使当 $A \geqslant A_0$ 时

$$\left|\int_A^{+\infty} f(x,y)\,\mathrm{d}x\right| < \varepsilon$$

对$[c,d]$上一切 y 成立,因此当 $y+\Delta y$ 在$[c,d]$上时,也对一切 Δy 成立

$$\left|\int_A^{+\infty} f(x,y+\Delta y)\,\mathrm{d}x\right| < \varepsilon,$$

又$f(x,y)$在$[a,A;c,d]$上连续,所以$\int_a^A f(x,y)\,\mathrm{d}x$ 是 y 在$[c,d]$上的连续函数,对 $\varepsilon>0$,存在 $\delta>0$,使当$|\Delta y|<\delta$ 时

$$\left|\int_a^A f(x,y+\Delta y)\,\mathrm{d}x-\int_a^A f(x,y)\,\mathrm{d}x\right| < \varepsilon,$$

因此,当$|\Delta y|<\delta$ 时,有

$$\begin{aligned}&|I(y+\Delta y)-I(y)|\\ \leqslant&\left|\int_a^A f(x,y+\Delta y)\,\mathrm{d}x-\int_a^A f(x,y)\,\mathrm{d}x\right|+\\ &\left|\int_A^{+\infty} f(x,y+\Delta y)\,\mathrm{d}x\right|+\left|\int_A^{+\infty} f(x,y)\,\mathrm{d}x\right|\\ <&\ 3\varepsilon,\end{aligned}$$

即 $I(y)$是$[c,d]$上的连续函数.

2. 积分顺序交换定理

设函数$f(x,y)$在$[a,+\infty;c,d]$上连续,$\int_a^{+\infty} f(x,y)\,\mathrm{d}x$ 关于$y\in[c,d]$一致收敛,那么$I(y)=\int_a^{+\infty} f(x,y)\,\mathrm{d}x$ 在$[c,d]$上的积分可以在积分号下进行

$$\int_c^d \mathrm{d}y\int_a^{+\infty} f(x,y)\,\mathrm{d}x=\int_a^{+\infty}\mathrm{d}x\int_c^d f(x,y)\,\mathrm{d}y,$$

或者说,积分顺序可交换.

利用含参变量积分与函数项级数的联系来证明定理. 为此先说明一下它们之间的联系.

设积分$\int_a^{+\infty} f(x,y)\,\mathrm{d}x$ 在$[c,d]$上一致收敛,并设$\{A_n\}$为一单调增加数列,$A_0=a$,$A_n\to+\infty\ (n\to+\infty)$. 记

$$u_n(y)=\int_{A_{n-1}}^{A_n} f(x,y)\,\mathrm{d}x,$$

那么级数 $\sum\limits_{n=1}^{\infty}u_n(y)$ 在$[c,d]$上是否也一致收敛?对于任意给定的 $\varepsilon>0$,由反常积分的一致收敛,总存在$\overline{A}$,当 $A',A\geqslant\overline{A}$ 时,对一切 $y\in[c,d]$成立

$$\left|\int_A^{A'} f(x,y)\,\mathrm{d}x\right| < \varepsilon,$$

现在 $A_n\to+\infty$,故存在 N,当 $k>N$ 时成立

$$A_k>\overline{A},$$

因此,当 $m>n-1>N$ 时,对一切 $y\in[c,d]$有

$$|u_n(y)+u_{n+1}(y)+\cdots+u_m(y)|<\left|\int_{A_{n-1}}^{A_m}f(x,y)\mathrm{d}x\right|<\varepsilon,$$

这说明 $\sum\limits_{n=1}^{\infty}u_n(y)$ 在$[c,d]$上一致收敛.

反过来,设对任何一列单调增加的数列 $A_n,A_0=a,A_n\to+\infty\ (n\to\infty)$,记 $u_n(y)=\int_{A_{n-1}}^{A_n}f(x,y)\mathrm{d}y$,如果级数 $\sum\limits_{n=1}^{\infty}u_n(y)$ 在$[c,d]$上一致收敛,则积分 $\int_a^{+\infty}f(x,y)\mathrm{d}x$ 关于 y 在$[c,d]$上也一致收敛. 这是不难证明的,请读者考虑.

利用以上事实来证明积分顺序交换定理.

由假定,按以上所述可推知级数 $\sum\limits_{n=1}^{\infty}u_n(y)$ 在$[c,d]$上一致收敛,并且 $\int_{A_{n-1}}^{A_n}f(x,y)\mathrm{d}x=u_n(y)$ 在$[c,d]$上都连续. 所以

$$\begin{aligned}\int_c^d I(y)\mathrm{d}y&=\int_c^d\sum_{n=1}^{\infty}u_n(y)\mathrm{d}y=\sum_{n=1}^{\infty}\int_c^d u_n(y)\mathrm{d}y\\&=\sum_{n=1}^{\infty}\int_c^d\mathrm{d}y\int_{A_{n-1}}^{A_n}f(x,y)\mathrm{d}x=\sum_{n=1}^{\infty}\int_{A_{n-1}}^{A_n}\mathrm{d}x\int_c^d f(x,y)\mathrm{d}y\\&=\int_a^{+\infty}\mathrm{d}x\int_c^d f(x,y)\mathrm{d}y.\end{aligned}$$

如果 y 的变化范围也是无限区间$[c,+\infty)$,就有下面的积分顺序交换定理:设 $f(x,y)$ 在$[a,+\infty;c,+\infty)$连续,并且两个积分 $\int_a^{+\infty}f(x,y)\mathrm{d}x$ 和 $\int_c^{+\infty}f(x,y)\mathrm{d}y$ 分别关于 y 在任何$[c,C]$上和关于 x 在任何$[a,A]$上一致收敛,并且

$$\int_a^{+\infty}\mathrm{d}x\int_c^{+\infty}|f(x,y)|\mathrm{d}y,\quad\int_c^{+\infty}\mathrm{d}y\int_a^{+\infty}|f(x,y)|\mathrm{d}x$$

中有一个存在,那么

$$\int_a^{+\infty}\mathrm{d}x\int_c^{+\infty}f(x,y)\mathrm{d}y=\int_c^{+\infty}\mathrm{d}y\int_a^{+\infty}f(x,y)\mathrm{d}x.$$

这一定理的证明比较复杂. 但在数学系的后继课程实函数论中,一旦把积分的概念加以必要的拓广以后,积分次序的交换问题将变得很容易解决. 因此,这里不证明这个定理了.

3. 积分号下求导的定理

设 $f(x,y),f_y(x,y)$ 在$[a,+\infty;c,d]$上连续,$\int_a^{+\infty}f(x,y)\mathrm{d}x$ 存在,$\int_a^{+\infty}f_y(x,y)\mathrm{d}x$ 关于 y 在$[c,d]$上一致收敛,那么

$$I(y)=\int_a^{+\infty}f(x,y)\mathrm{d}x$$

的导数存在,且

$$\frac{\mathrm{d}}{\mathrm{d}y}\int_a^{+\infty}f(x,y)\mathrm{d}x=\int_a^{+\infty}\frac{\partial}{\partial y}f(x,y)\mathrm{d}x.$$

或者说,求导和积分可交换.

证明　记 $\varphi(y)=\int_a^{+\infty}f_y(x,y)\mathrm{d}x$,由连续性定理知 $\varphi(y)$ 是$[c,d]$上的连续函

数，沿区间$[c,y]$ $(c<y\leqslant d)$积分$\varphi(y)$，得到

$$\begin{aligned}\int_c^y\varphi(y)\,\mathrm{d}y&=\int_c^y\mathrm{d}y\int_a^{+\infty}f_y(x,y)\,\mathrm{d}x=\int_a^{+\infty}\mathrm{d}x\int_c^y f_y(x,y)\,\mathrm{d}y\\&=\int_a^{+\infty}f(x,y)\,\mathrm{d}x-\int_a^{+\infty}f(x,c)\,\mathrm{d}x=I(y)-I(c),\end{aligned}$$

对上式两边求导，由于$\varphi(y)$连续，得到

$$I'(y)=\varphi(y),$$

这就是所要证明的．

例 2　计算$I(y)=\int_0^{+\infty}\mathrm{e}^{-a^2x^2}\cos 2yx\mathrm{d}x$ $(a>0)$之值．

解　记$f(x,y)=\mathrm{e}^{-a^2x^2}\cos 2yx$，考虑积分

$$\int_0^{+\infty}f_y(x,y)\,\mathrm{d}x=-2\int_0^{+\infty}x\mathrm{e}^{-a^2x^2}\sin 2yx\mathrm{d}x,$$

由于$|x\mathrm{e}^{-a^2x^2}\sin 2yx|\leqslant x\mathrm{e}^{-a^2x^2}$，又$\int_0^{+\infty}x\mathrm{e}^{-a^2x^2}\mathrm{d}x$收敛，所以

$$\int_0^{+\infty}f_y(x,y)\,\mathrm{d}x$$

一致收敛．从而

$$I'(y)=-2\int_0^{+\infty}x\mathrm{e}^{-a^2x^2}\sin 2yx\mathrm{d}x,$$

对右边分部积分，得到

$$\begin{aligned}I'(y)&=\frac{1}{a^2}\mathrm{e}^{-a^2x^2}\sin 2yx\Big|_{x=0}^{x=+\infty}-\frac{2y}{a^2}\int_0^{+\infty}\mathrm{e}^{-a^2x^2}\cos 2yx\mathrm{d}x\\&=-\frac{2y}{a^2}I(y),\end{aligned}$$

积分这个方程，得到$I(y)=C\mathrm{e}^{-\frac{y^2}{a^2}}$．常数$C$的确定如下：令$y=0$得

$$C=I(0)=\int_0^{+\infty}\mathrm{e}^{-a^2x^2}\mathrm{d}x=\frac{1}{a}\int_0^{+\infty}\mathrm{e}^{-u^2}\mathrm{d}u,$$

右端的$\int_0^{+\infty}\mathrm{e}^{-u^2}\mathrm{d}u$是一个著名的积分，它在概率论中有重要应用．其值$\int_0^{+\infty}\mathrm{e}^{-u^2}\mathrm{d}u=\frac{\sqrt{\pi}}{2}$，参见下面的例 6 或第二十章 §4 的例 2．

所以

$$\int_0^{+\infty}\mathrm{e}^{-a^2x^2}\cos 2yx\mathrm{d}x=\frac{\sqrt{\pi}}{2a}\mathrm{e}^{-\frac{y^2}{a^2}}.$$

* 四、阿贝尔判别法、狄利克雷判别法

和级数相仿，含参变量反常积分也有阿贝尔判别法和狄利克雷判别法．

1．阿贝尔判别法

设$\int_a^{+\infty}f(x,y)\,\mathrm{d}x$关于$y\in[c,d]$为一致收敛，$g(x,y)$对$x$单调（即对每个固定的$y\in[c,d]$，$g(x,y)$作为$x$的函数是单调的），并且关于$y$为一致有界，即存在正数$L$，对所讨论范围内的一切$x,y$成立$|g(x,y)|<L$，那么积分

$$\int_a^{+\infty} f(x,y)g(x,y)\,\mathrm{d}x$$

关于 y 在 $[c,d]$ 上一致收敛.

证明　根据 $\int_a^{+\infty} f(x,y)\,\mathrm{d}x$ 的一致收敛性,对任意正数 $\varepsilon>0$,都存在 $A_0\geqslant a$,使当 $A',A\geqslant A_0$ 时,成立

$$\left|\int_A^{A'} f(x,y)\,\mathrm{d}x\right| < \varepsilon,$$

因此,当 $A',A\geqslant A_0$ 时,按积分第二中值定理中的公式

$$\begin{aligned}&\int_A^{A'} f(x,y)g(x,y)\,\mathrm{d}x\\&=g(A,y)\int_A^{\xi(y)} f(x,y)\,\mathrm{d}x+g(A',y)\int_{\xi(y)}^{A'} f(x,y)\,\mathrm{d}x,\end{aligned}$$

有

$$\left|\int_A^{A'} f(x,y)g(x,y)\,\mathrm{d}x\right|\leqslant 2L\varepsilon,$$

所以 $\int_a^{+\infty} f(x,y)g(x,y)\,\mathrm{d}x$ 关于 y 在 $[c,d]$ 上一致收敛.

2. 狄利克雷判别法

设积分 $\int_a^A f(x,y)\,\mathrm{d}x$ 对于 $A\geqslant a$ 和 $y\in[c,d]$ 一致有界,即存在正数 K,使对上述的 A,y 成立

$$\left|\int_a^A f(x,y)\,\mathrm{d}x\right|\leqslant K.$$

又 $g(x,y)$ 关于 x 为单调,并且当 $x\to+\infty$ 时,$g(x,y)$ 关于 $[c,d]$ 上的 y 一致趋于零,即对任意给定的正数 ε,有 A_0,当 $x\geqslant A_0$ 时,对一切 $y\in[c,d]$ 成立

$$|g(x,y)|<\varepsilon,$$

那么积分 $\int_a^{+\infty} f(x,y)g(x,y)\,\mathrm{d}x$ 关于 y 在 $[c,d]$ 上一致收敛.

证明　由所设的条件可推出对任何 $A',A\geqslant a$,有

$$\left|\int_A^{A'} f(x,y)\,\mathrm{d}x\right|\leqslant\left|\int_a^{A} f(x,y)\,\mathrm{d}x\right|+\left|\int_a^{A'} f(x,y)\,\mathrm{d}x\right|\leqslant 2K,$$

由此及 $|g(x,y)|<\varepsilon$ 推知当 $A,A'\geqslant A_0$ 时

$$\begin{aligned}&\left|\int_A^{A'} f(x,y)g(x,y)\,\mathrm{d}x\right|\\&\leqslant|g(A,y)|\left|\int_A^{\xi(y)} f(x,y)\,\mathrm{d}x\right|+|g(A',y)|\left|\int_{\xi(y)}^{A'} f(x,y)\,\mathrm{d}x\right|\\&<\varepsilon\cdot 2K+\varepsilon\cdot 2K=4K\varepsilon,\end{aligned}$$

所以 $\int_a^{+\infty} f(x,y)g(x,y)\,\mathrm{d}x$ 关于 y 在 $[c,d]$ 上一致收敛.

注意:在以上两个判别法中,如果 $f(x,y)$ 或 $g(x,y)$ 中不含 y,有关的条件中的一致性自然就满足了.

例 3　$\int_0^{+\infty} \mathrm{e}^{-\alpha x}\frac{\sin x}{x}\,\mathrm{d}x$ 关于 α 在 $[0,+\infty)$ 内一致收敛.

解　因为 $\int_0^{+\infty}\frac{\sin x}{x}\mathrm{d}x$ 收敛，不含参数 α，所以关于 α 一致收敛．$\mathrm{e}^{-\alpha x}$ 关于 x 是单调函数，关于 α 是 x 的一致有界函数

$$0\leqslant \mathrm{e}^{-\alpha x}\leqslant 1\ (\alpha\geqslant 0,x\geqslant 0).$$

由阿贝尔判别法知道 $\int_0^{+\infty}\mathrm{e}^{-\alpha x}\frac{\sin x}{x}\mathrm{d}x$ 关于 α 在 $[0,+\infty)$ 内一致收敛．

例 4　求狄利克雷积分

$$I=\int_0^{+\infty}\frac{\sin x}{x}\mathrm{d}x.$$

解　引入一个因子 $\mathrm{e}^{-\alpha x}$ 到被积函数，而考虑积分

$$I(\alpha)=\int_0^{+\infty}\mathrm{e}^{-\alpha x}\frac{\sin x}{x}\mathrm{d}x\ (\alpha\geqslant 0),$$

这是含参变量 α 的积分．有了因子 $\mathrm{e}^{-\alpha x}$，能保持积分有一致收敛性，这时 $I=I(0)$.

记
$$f(x,\alpha)=\begin{cases}1, & x=0,\\ \mathrm{e}^{-\alpha x}\dfrac{\sin x}{x}, & x\neq 0,\end{cases}$$

那么 $f_\alpha(x,\alpha)=-\mathrm{e}^{-\alpha x}\sin x$，并且 $f(x,\alpha)$，$f_\alpha(x,\alpha)$ 是 $0\leqslant x<+\infty$，$0\leqslant\alpha<+\infty$ 上的连续函数，又

$$\int_0^{+\infty}\mathrm{e}^{-\alpha x}\frac{\sin x}{x}\mathrm{d}x$$

由例 3 知道关于 $\alpha\geqslant 0$ 为一致收敛．所以 $I(\alpha)$ 是 $[0,+\infty)$ 上的连续函数，从而

$$I=I(0)=\lim_{\alpha\to 0}I(\alpha).$$

下面来求 $I(\alpha)$．为此考虑 $I'(\alpha)$ $(\alpha>0)$．因为

$$\int_0^{+\infty}f_\alpha(x,\alpha)\mathrm{d}x=-\int_0^{+\infty}\mathrm{e}^{-\alpha x}\sin x\mathrm{d}x,$$

这个积分关于 α 在任何区间 $[\varepsilon,+\infty)$ $(\varepsilon>0)$ 上一致收敛，这是因为 $|\mathrm{e}^{-\alpha x}\sin x|\leqslant \mathrm{e}^{-\varepsilon x}$，而 $\int_0^{+\infty}\mathrm{e}^{-\varepsilon x}\mathrm{d}x$ 收敛．由积分号下求导的定理，得到在 $(\varepsilon,+\infty)$ 内成立

$$I'(\alpha)=\int_0^{+\infty}-\mathrm{e}^{-\alpha x}\sin x\mathrm{d}x=\left.\frac{\mathrm{e}^{-\alpha x}(\alpha\sin x+\cos x)}{1+\alpha^2}\right|_{x=0}^{x=+\infty}$$

$$=-\frac{1}{1+\alpha^2}.$$

但对任何 $\alpha>0$，可取 $\varepsilon>0$，使 $\varepsilon<\alpha$ 即 $[\varepsilon,+\infty)$ 中含有 α．因此 $I'(\alpha)$ 存在，也就是

$$I'(\alpha)=-\frac{1}{1+\alpha^2}$$

对 $\alpha>0$ 成立．所以当 $\alpha>0$ 时

$$I(\alpha)=-\arctan\alpha+C.$$

另一方面

$$|I(\alpha)|=\left|\int_0^{+\infty}\mathrm{e}^{-\alpha x}\frac{\sin x}{x}\mathrm{d}x\right|\leqslant\int_0^{+\infty}\mathrm{e}^{-\alpha x}\mathrm{d}x=\frac{1}{\alpha},$$

当 $\alpha\to+\infty$ 时，$I(\alpha)\to 0$．因此得到

$$0=-\frac{\pi}{2}+C,$$

即
$$C=\frac{\pi}{2},$$

所以
$$I=I(0)=\lim_{\alpha\to 0}I(\alpha)=\lim_{\alpha\to 0}\left(-\arctan\alpha+\frac{\pi}{2}\right)=\frac{\pi}{2}.$$

推论　作变换 $\beta x=z$ 或 $\beta x=-z$，可以得到

$$\int_0^{+\infty}\frac{\sin\beta x}{x}\mathrm{d}x=\begin{cases}\frac{\pi}{2}, & \beta>0,\\ 0, & \beta=0,\\ -\frac{\pi}{2}, & \beta<0,\end{cases}$$

并由此可见符号函数

$$\operatorname{sgn}(x)=\frac{2}{\pi}\int_0^{+\infty}\frac{\sin xt}{t}\mathrm{d}t.$$

五、欧拉积分，B 函数和 Γ 函数

在数理方程、概率论中会经常遇到以下的含参变量的积分

$$\mathrm{B}(p,q)=\int_0^1 x^{p-1}(1-x)^{q-1}\mathrm{d}x,\quad \Gamma(s)=\int_0^{+\infty}x^{s-1}\mathrm{e}^{-x}\mathrm{d}x,$$

它们依次称为第一类和第二类欧拉积分，或依次称为 Beta 函数和 Gamma 函数，简记为 B 函数和 Γ 函数．不难知道，当 $p>0,q>0$ 时 $\mathrm{B}(p,q)$ 收敛；当 $s>0$ 时 $\Gamma(s)$ 收敛，其他情形发散．这表明 $\mathrm{B}(p,q)$ 的定义域是 $p>0,q>0$．$\Gamma(s)$ 的定义域是 $s>0$．下面讨论 B 函数和 Γ 函数的一些重要性质．

1. B 函数和 Γ 函数的连续性

1° B 函数的连续性．对任何 $p>0$，$q>0$，存在 p_0，q_0，使 $p\geqslant p_0>0,q\geqslant q_0>0$，因为 $x^{p-1}(1-x)^{q-1}\leqslant x^{p_0-1}(1-x)^{q_0-1}$，而 $\int_0^1 x^{p_0-1}(1-x)^{q_0-1}\mathrm{d}x$ 收敛，所以 $\mathrm{B}(p,q)$ 在 $[p_0,+\infty;q_0,+\infty)$ 上一致收敛，从而 $\mathrm{B}(p,q)$ 在 $p>0,q>0$ 时连续．

2° Γ 函数的连续性．$\Gamma(s)=\int_0^{+\infty}x^{s-1}\mathrm{e}^{-x}\mathrm{d}x$ 在任何 $[s_0,S_0]$ $(0<s_0<S_0)$ 上一致收敛．事实上，

$$\Gamma(s)=\int_0^1 x^{s-1}\mathrm{e}^{-x}\mathrm{d}x+\int_1^{+\infty}x^{s-1}\mathrm{e}^{-x}\mathrm{d}x=I_1(s)+I_2(s).$$

对 I_1，$x^{s-1}\mathrm{e}^{-x}\leqslant x^{s_0-1}\mathrm{e}^{-x}$，而 $\int_0^1 x^{s_0-1}\mathrm{e}^{-x}\mathrm{d}x$ 收敛，所以 I_1 关于 s 在 $[s_0,S_0]$ 上一致收敛．

对 I_2，$x^{s-1}\mathrm{e}^{-x}\leqslant x^{S_0-1}\mathrm{e}^{-x}$，而 $\int_1^{+\infty}x^{S_0-1}\mathrm{e}^{-x}\mathrm{d}x$ 收敛，所以 I_2 关于 s 在 $[s_0,S_0]$ 上一致收敛．因此 $\Gamma(s)$ 在 $s>0$ 的范围内连续．

可见 $\mathrm{B}(p,q)$，$\Gamma(s)$ 在它们的定义域内是连续函数．

2. Γ 函数的递推公式

$$\Gamma(s+1)=s\Gamma(s)\ (s>0).$$

这个公式由

$$\Gamma(s+1)=\int_0^{+\infty}x^s e^{-x}dx$$
$$=-x^s e^{-x}\Big|_0^{+\infty}+s\int_0^{+\infty}x^{s-1}e^{-x}dx=s\Gamma(s)$$

立即得到.

设 $n<s\leqslant n+1$,即 $0<s-n\leqslant 1$,应用这个公式 n 次,得到

$$\Gamma(s+1)=s\Gamma(s)=s(s-1)\Gamma(s-1)$$
$$=\cdots=s(s-1)\cdots(s-n)\Gamma(s-n),$$

从这个公式知道,如果 $\Gamma(s)$ 在 $0<s\leqslant 1$ 中之值已知,那么在其他范围的数值由乘法可以计算.

设 $s=n+1$ 为正整数,那么

$$\Gamma(n+1)=n(n-1)\cdots 2\cdot 1\cdot\Gamma(1)$$
$$=n!\int_0^{+\infty}e^{-x}dx=n!,$$

即 $n!=\Gamma(n+1)=\int_0^{+\infty}x^n e^{-x}dx$. 因此 $\Gamma(s+1)$ 可以看成 $n!$ 的推广.

3. B 函数的另一表达式

$$B(p,q)=2\int_0^{\pi/2}\cos^{2p-1}\theta\sin^{2q-1}\theta d\theta.$$

这只要在 $B(p,q)=\int_0^1 x^{p-1}(1-x)^{q-1}dx$ 中令 $x=\cos^2\theta$,那么 $x^{p-1}=\cos^{2p-2}\theta$,$(1-x)^{q-1}=\sin^{2q-2}\theta$,$dx=-2\sin\theta\cos\theta d\theta$,于是得到 $B(p,q)=2\int_0^{\pi/2}\cos^{2p-1}\theta\sin^{2q-1}\theta d\theta$.

4. 写出(但略去证明)B 函数和 Γ 函数的关系

$$B(p,q)=\frac{\Gamma(p)\Gamma(q)}{\Gamma(p+q)}\ (p>0,q>0).$$

这一关系式表明,B 函数可以用 Γ 函数表示,有了 Γ 函数值,就可以求得 B 函数的值.

例 5　求二项式积分 $\int_0^1 x^{p-1}(1-x^m)^{q-1}dx\ (p,q,m>0)$ 之值.

解　作代换 $x^m=t$,便有

$$\int_0^1 x^{p-1}(1-x^m)^{q-1}dx=\frac{1}{m}\int_0^1 t^{\frac{p}{m}-1}(1-t)^{q-1}dt$$
$$=\frac{1}{m}B\left(\frac{p}{m},q\right)=\frac{1}{m}\frac{\Gamma\left(\frac{p}{m}\right)\Gamma(q)}{\Gamma\left(\frac{p}{m}+q\right)}.$$

例 6　求积分 $\int_0^{+\infty}e^{-x^2}dx$ 的值.

解　令 $x^2=t$，则

$$\int_0^{+\infty} e^{-x^2}dx=\frac{1}{2}\int_0^{+\infty} t^{-\frac{1}{2}}e^{-t}dt=\frac{1}{2}\Gamma\left(\frac{1}{2}\right).$$

利用 B 函数与 Γ 函数的关系式得

$$B\left(\frac{1}{2},\frac{1}{2}\right)=\frac{\Gamma\left(\frac{1}{2}\right)\Gamma\left(\frac{1}{2}\right)}{\Gamma(1)}=\left(\Gamma\left(\frac{1}{2}\right)\right)^2,$$

再利用 B 函数的另一表达式，得

$$B\left(\frac{1}{2},\frac{1}{2}\right)=2\int_0^{\pi/2}d\theta=\pi,$$

所以

$$\Gamma\left(\frac{1}{2}\right)=\sqrt{\pi},\ \int_0^{+\infty} e^{-x^2}dx=\frac{\sqrt{\pi}}{2}.$$

习　题

1. 证明：若在 $[a,+\infty;c,d]$ 内成立 $|f(x,y)|\leqslant F(x,y)$，并且关于 $y\in[c,d]$ 的积分 $\int_a^{+\infty}F(x,y)dx$ 一致收敛，则 $\int_a^{+\infty}f(x,y)dx$ 关于 $y\in[c,d]$ 亦一致收敛，且绝对收敛．

2. 证明下列积分在所给定区间内一致收敛：

(1) $\int_0^{+\infty}\frac{\cos xy}{x^2+y^2}dx\ (y\geqslant a>0)$；

(2) $\int_0^{+\infty}\frac{\cos xy}{x^2+1}dx\ (-\infty<y<+\infty)$；

(3) $\int_0^{1}\ln xy dx\ \left(\frac{1}{b}\leqslant y\leqslant b,\ b>1\right)$．

3. 设 $f(x,y)$ 在 $[a,+\infty;c,d]$ 上连续，对 $[c,d)$ 上每一个 y，$\int_a^{+\infty}f(x,y)dx$ 收敛，但积分在 $y=d$ 发散，证明这积分在 $[c,d]$ 非一致收敛．

4. 讨论下列积分在指定区间的一致收敛性：

(1) $\int_1^{+\infty}x^{\alpha}e^{-x}dx\ (a\leqslant\alpha\leqslant b;\ a,b$ 为任意实数)；

(2) $\int_0^{+\infty}\sqrt{\alpha}e^{-\alpha x^2}dx\ (0<\alpha<+\infty)$；

(3) $\int_{-\infty}^{+\infty}e^{-(x-\alpha)^2}dx$，(i) $a<\alpha<b$，(ii) $-\infty<\alpha<+\infty$；

(4) $\int_0^{1}x^{p-1}\ln^2 x dx$，(i) $p\geqslant p_0>0$，(ii) $p>0$；

(5) $\int_0^{+\infty}e^{-\alpha x}\sin x dx\ (\alpha>0)$．

5. 证明：

(1) $\int_0^{+\infty}\frac{\alpha}{x^2+\alpha^2}dx$ 在不含 $\alpha=0$ 的任何区间上是连续函数；

(2) $F(p)=\int_0^{\pi}\frac{\sin x}{x^p(\pi-x)^{2-p}}dx$ 在 $(0,2)$ 内连续．

6. 设 $f(t)$ 当 $t>0$ 时连续．如果 $\int_0^{+\infty} t^{\lambda} f(t)\,\mathrm{d}t$ 当 $\lambda=a$，$\lambda=b$ 时都收敛，那么 $\int_0^{+\infty} t^{\lambda} f(t)\,\mathrm{d}t$ 关于 λ 在 $[a,b]$ 上一致收敛．

7. 从等式 $\dfrac{\mathrm{e}^{-ax}-\mathrm{e}^{-bx}}{x}=\int_a^b \mathrm{e}^{-xy}\mathrm{d}y$ 出发，计算积分

$$\int_0^{+\infty} \frac{\mathrm{e}^{-ax}-\mathrm{e}^{-bx}}{x}\mathrm{d}x\ (b>a>0).$$

8. 试证明 $\Gamma(s)$ 的导数存在，求出 $\Gamma'(s)$ 的积分表达式，说明推导过程是合理的．

9. (1) 从 $\int_0^{+\infty} \mathrm{e}^{-y^2}\mathrm{d}y=\dfrac{\sqrt{\pi}}{2}$ 推出 $L(c)=\int_0^{+\infty} \mathrm{e}^{-y^2-c^2/y^2}\mathrm{d}y=\dfrac{\sqrt{\pi}}{2}\mathrm{e}^{-2c}$；

(2) 利用积分号下求导的法则引出 $\dfrac{\mathrm{d}L}{\mathrm{d}c}=-2L$ 来求得同一结果，并推出 $\int_0^{+\infty} \mathrm{e}^{-ay^2-b/y^2}\mathrm{d}y$ $(a>0,\ b>0)$ 之值．

本章小结

第四部分
多变量积分学

第十九章

积分（二重、三重积分，第一类曲线、曲面积分）的定义和性质

§1　二重积分、三重积分、第一类曲线积分、第一类曲面积分的概念

先来考虑一个富有启发性的问题：求一个不均匀物体的质量. 设该物体的密度函数$f(M)$是点M的连续函数. 由于所考虑的物体的几何形状不同,所以需分别讨论下面五种情形.

（1）物体为一根直线段（细线）,也就是质量分布在一根直线段AB上. 在定积分的概念和计算中,读者已经知道,要计算直线段AB的质量,只要计算一个定积分就可以了,而这个定积分的被积函数为密度函数$f(M)$,积分区间为直线段AB.

（2）质量分布在一个平面图形σ上,设这个图形是有确定的面积的,或者说σ是可求面积的,质量分布的密度函数为$f(M)=f(x,y)$. 把图形σ划分成可求面积的n个小块$\Delta\sigma_1,\Delta\sigma_2,\cdots,\Delta\sigma_n$,并把这些小块的面积仍记为$\Delta\sigma_1,\Delta\sigma_2,\cdots,\Delta\sigma_n$. 在$\Delta\sigma_i$上任取一点$M_i(\xi_i,\eta_i)$,那么每一块$\Delta\sigma_i$的质量近似地等于$f(\xi_i,\eta_i)\Delta\sigma_i(i=1,2,\cdots,n)$,因而图形$\sigma$的总质量就近似地等于下面的和数

$$\sum_{i=1}^{n} f(\xi_i,\eta_i)\Delta\sigma_i.$$

再令d为这n个小块$\Delta\sigma_i$的最大直径,$d=\max\limits_{i=1,2,\cdots,n}\{\Delta\sigma_i\text{ 的直径}\}$（所谓几何体$\Omega^*$的直径是指：在$\Omega^*$内任意两点间总有一个距离,当这两点在$\Omega^*$内变动时,所得到的距离当然随着有所变化,这些距离中的上确界就称为几何体Ω^*的直径. 例如平面上矩形的直径就是对角线的长度,圆的直径就是它本身的直径等）. 很自然地会想到当$d\to0$时,上面所给出的和数将会越来越精确地表示出图形σ的总质量,也就是说这个总质量m应为

$$m=\lim_{d\to0}\sum_{i=1}^{n} f(M_i)\Delta\sigma_i=\lim_{d\to0}\sum_{i=1}^{n} f(\xi_i,\eta_i)\Delta\sigma_i.$$

注意,这个和式的极限和定积分中黎曼和的极限十分相像!

（3）质量分布在三维空间的一块立体V上,并设V是可求体积的,密度函数为$f(M)=f(x,y,z)$,把这块V划分成n个可求体积的小块$\Delta V_1,\Delta V_2,\cdots,\Delta V_n$,并将它们的体积仍旧记为$\Delta V_1,\Delta V_2,\cdots,\Delta V_n$,在每一块小体积上任取一点$M_i(\xi_i,\eta_i,\zeta_i)$,

那么每一个小体积 ΔV_i 的质量近似地等于 $f(\xi_i,\eta_i,\zeta_i)\Delta V_i\quad(i=1,2,\cdots,n)$. 因此体积 V 的总质量近似地等于

$$\sum_{i=1}^{n} f(\xi_i,\eta_i,\zeta_i)\Delta V_i.$$

再令 d 表示 n 块体积 $\Delta V_i\quad(i=1,2,\cdots,n)$ 的直径中最大的一个(直径的意义同上),于是就自然地会想到,体积 V 的总质量应当是下面和式的极限

$$m=\lim_{d\to 0}\sum_{i=1}^{n} f(M_i)\Delta V_i=\lim_{d\to 0}\sum_{i=1}^{n} f(\xi_i,\eta_i,\zeta_i)\Delta V_i.$$

这又和定积分中黎曼和的极限十分相像!

(4) 质量分布在一条可求长的空间曲线 l 上,它的密度函数为 $f(M)=f(x,y,z)$. 这里点 $M(x,y,z)$ 为 l 上的点. 将曲线 l 分为 n 段可求长的小弧段 Δs_1, $\Delta s_2,\cdots,\Delta s_n$,并且也记它们的弧长为 $\Delta s_1,\Delta s_2,\cdots,\Delta s_n$. 在每一小弧段 Δs_i 上任取一点 $M_i(\xi_i,\eta_i,\zeta_i)$,于是这个小弧段的质量近似等于 $f(\xi_i,\eta_i,\zeta_i)\Delta s_i$,曲线 l 的总质量也将近似地等于

$$\sum_{i=1}^{n} f(\xi_i,\eta_i,\zeta_i)\Delta s_i,$$

令 $d=\max\limits_{i}(\Delta s_i)$,那么,曲线的总质量 m 应该是

$$m=\lim_{d\to 0}\sum_{i=1}^{n} f(M_i)\Delta s_i=\lim_{d\to 0}\sum_{i=1}^{n} f(\xi_i,\eta_i,\zeta_i)\Delta s_i.$$

这里出现的和式极限也与定积分中的黎曼和的极限相仿.

(5) 质量分布在一块曲面 S 上,设此曲面是可求面积的,质量分布的密度函数为 $f(M)=f(x,y,z)$,这里点 M 在曲面上. 把曲面 S 分为 n 个可求面积的小曲面块 $\Delta S_1,\Delta S_2,\cdots,\Delta S_n$,同时将它们的面积也记为 $\Delta S_1,\Delta S_2,\cdots,\Delta S_n$, 令 d 是 $\Delta S_i\quad(i=1,2,\cdots,n)$ 的最大直径,在每块 ΔS_i 上任取一点 $M_i(\xi_i,\eta_i,\zeta_i)$,于是曲面 S 的总质量为

$$m=\lim_{d\to 0}\sum_{i=1}^{n} f(\xi_i,\eta_i,\zeta_i)\Delta S_i.$$

它同样类似于定积分中黎曼和的极限.

在以上问题中,虽然各自具体的对象不同,但归根到底总是要处理同一类型的和的极限. 在物理学特别是力学以及工程技术上不仅提出了求质量的问题,还提出了大量类似的问题. 解决这些问题就需要处理相仿于定积分中黎曼和的极限问题. 这里概括地给出下面的定义.

几何形体 Ω 上黎曼积分的定义　设 Ω 为一几何形体(它或者是直线段,或者是曲线段,或者是一块平面图形、一块曲面、一块空间区域等),这个几何形体是可以度量的(也就是说它是可以求长的,或者是可以求面积的,可以求体积的等),在这个几何形体 Ω 上定义了一个函数 $f(M)$, $M\in\Omega$. 将此几何形体 Ω 分为若干可以度量的小块 $\Delta\Omega_1,\Delta\Omega_2,\cdots,\Delta\Omega_n$,既然每一小块都可度量,故它们皆有度量大小可言,把它们的度量大小仍记为 $\Delta\Omega_i(i=1,2,\cdots,n)$. 并令

$$d=\max_{1\leqslant i\leqslant n}\{\Delta\Omega_i\text{ 的直径}\},$$

在每一块 $\Delta\Omega_i$ 中任意取一点 M_i,作下列和式(也称为黎曼和数,或积分和数)

$$\sum_{i=1}^{n} f(M_i)\Delta\Omega_i,$$

如果这个和式不论对于 Ω 怎样划分以及 M_i 在 $\Delta\Omega_i$ 上如何选取,只要当 $d\to0$ 时恒有同一极限 I,则称此极限为 $f(M)$ 在几何形体 Ω 上的黎曼积分,记为

$$I=\int_{\Omega} f(M)\,\mathrm{d}\Omega,$$

也就是
$$\int_{\Omega} f(M)\,\mathrm{d}\Omega=\lim_{d\to0}\sum_{i=1}^{n} f(M_i)\Delta\Omega_i,$$

这个极限是与 Ω 的分法及 M_i 取法无关的.

以上定义也可用"$\varepsilon-\delta$"说法表达为

如果对任意 $\varepsilon>0$ 及一定数 I,总存在一个数 $\delta>0$,对于任意 Ω 的分法,只要 $d<\delta$ 时,不管点 M_i 在 $\Delta\Omega_i$ 上如何选取,恒有

$$\left|\sum_{i=1}^{n} f(M_i)\Delta\Omega_i-I\right|<\varepsilon,$$

则称 I 为 **$f(M)$ 在 Ω 上的黎曼积分**,记为

$$I=\int_{\Omega} f(M)\,\mathrm{d}\Omega,$$

这时也称 $f(M)$ 在 Ω 上可积.

现在根据几何形体 Ω 的不同形态,进一步给出 Ω 上积分的具体表示式及名称.

(1) 如果几何形体 Ω 是一块可求面积的平面图形 σ,那么 σ 上的积分就称为**二重积分**,在直角坐标系下记为

$$\iint_{\sigma} f(x,y)\,\mathrm{d}x\mathrm{d}y,$$

这里"可求面积"这一术语的正确理解是这样的:设 σ 是平面上的一块图形,用平行于坐标轴的一组直线网划分这个图形(如图 19-1),这一组正交直线网将平面划分成许多小矩形,这些小矩形可分为三类:(i) 小矩形上的点全是区域 σ 的内点,也就是说,这类小矩形全部被含在区域 σ 内,如图中带有阴影的小矩形.(ii) 小矩形的点全是区域 σ 的外点,也就是说,这类小矩形全部在区域 σ 的外面.(iii) 小矩形上含有区域 σ 的边界点,也就是说,这类小矩形恰恰位于区域 σ 的边界上.

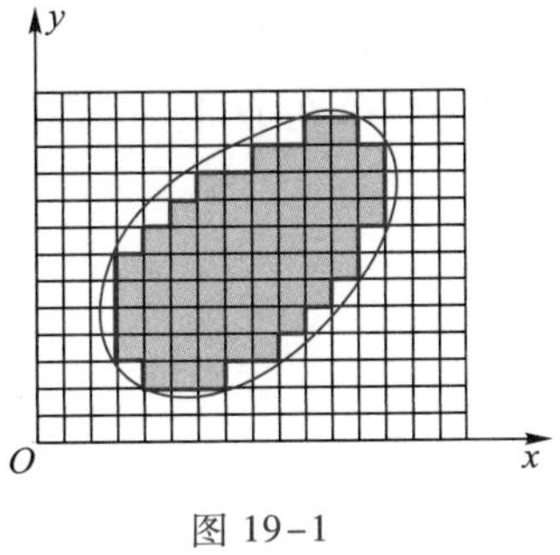

图 19-1

我们将所有属于第(i)类的小矩形的面积相加起来,记这个和数为 s(即图中阴影部分的面积),将所有属于第(i)类和第(iii)类的小矩形的面积相加起来,记这个和数为 S. 这两个和数 s 和 S 皆与正交直线网的划分有关. 对于不同的划分,一般所获得的 s(或 S)也将不同. 对每一个小矩形,容易知道它的直径就是它的对角线长度,并记 d 为这若干个小矩形的直径中最大的一个. 如果当 $d\to0$ 时,相应地有 $(S-s)\to0$,就称这块平面图形 σ 是可以求面积的.

(2) 如果几何形体 Ω 是一块可以求体积的空间几何体 V,那么 V 上的积分就

称为**三重积分**,在直角坐标下记为

$$\iiint_V f(x,y,z)\,\mathrm{d}x\mathrm{d}y\mathrm{d}z,$$

“可求体积”这一术语的理解,与上面所说“可求面积”相仿,只不过将“可求面积”中平面上的小矩形,改为空间内的小长方体,就可以获得“可求体积”的含义.

(3) 如果几何形体 Ω 是一可求长的空间曲线段 l,那么 l 上的积分就称为**第一类曲线积分**,记为

$$\int_l f(x,y,z)\,\mathrm{d}s.$$

“可求长曲线”,见上册第八章 §2 曲线的弧长,在那里讲的是平面曲线,但其概念很容易推广到空间曲线.

(4) 如果几何形体 Ω 是一可求面积的曲面片 S,那么 S 上的积分就称为**第一类曲面积分**,记为

$$\iint_S f(x,y,z)\,\mathrm{d}S.$$

“可求面积的曲面”这一术语的含义,见第二十一章 §2 曲面的面积.

下一章,将讲述如何计算这些积分.

特别地,如果被积函数 $f(M)=1$,由定义可以知道 $\int_\Omega \mathrm{d}\Omega$ 就是几何形体 Ω 的度量,亦即

$$\int_\Omega \mathrm{d}\Omega=\sum_{i=1}^{n}\Delta\Omega=\Omega\text{ 的度量},$$

正如同定积分中 $\int_a^b \mathrm{d}x=b-a$ 是区间 $[a,b]$ 的长度一样.

此外,若 $f(M)$ 在 Ω 上可积,不难证明它在 Ω 上必有界.

关于这几种积分,函数 $f(M)$ 的可积的充要条件,可类似于定积分那样讨论,也有相应的大(小)和的概念及有关结果,这里就不讲了. 什么样的函数 $f(M)$ 在几何体 Ω 上可积呢? 也与定积分相仿,当 $f(M)$ 在所讨论的可度量的几何体 Ω 上连续,那么 $f(M)$ 在 Ω 上一定可积.

§2　积分的性质

1. 若函数 $f(M)$ 在 Ω 上可积,k 是常数,则 $kf(M)$ 在 Ω 上也可积,且有

$$\int_\Omega kf(M)\,\mathrm{d}\Omega=k\int_\Omega f(M)\,\mathrm{d}\Omega\ (k\text{ 为常数}).$$

证明　由极限性质以及积分定义

$$\lim_{d\to 0}\sum_{i=1}^{n}kf(M_i)\Delta\Omega_i=k\cdot\lim_{d\to 0}\sum_{i=1}^{n}f(M_i)\Delta\Omega_i,$$

即得证明.

2. 若函数 $f(M)$ 和 $g(M)$ 都在 Ω 上可积,则其和 $f(M)\pm g(M)$,积 $f(M)g(M)$ 也在 Ω 上可积.

3. 若函数 $f(M)$ 在 Ω 上可积,将 Ω 分为任何两个部分 Ω_1 和 Ω_2,Ω_1 和 Ω_2 都可度量,并且 Ω_1 的每一个内点都不在 Ω_2 中,那么 $f(M)$ 在 Ω_1 和 Ω_2 上都可积,且

$$\int_\Omega f(M)\,\mathrm{d}\Omega = \int_{\Omega_1} f(M)\,\mathrm{d}\Omega + \int_{\Omega_2} f(M)\,\mathrm{d}\Omega.$$

反之,若 $f(M)$ 在 Ω_1 和 Ω_2 上可积,则 $f(M)$ 也在 Ω 上可积,并且上述等式成立.

4. 若函数 $f(M)$ 和 $g(M)$ 都在 Ω 上可积,且在 Ω 上成立着 $f(M)\leqslant g(M)$,则

$$\int_\Omega f(M)\,\mathrm{d}\Omega \leqslant \int_\Omega g(M)\,\mathrm{d}\Omega.$$

证明　由假设,$f(M)$ 和 $g(M)$ 的黎曼和有以下关系:

$$\sum_{i=1}^{n} f(M_i)\,\Delta\Omega_i \leqslant \sum_{i=1}^{n} g(M_i)\,\Delta\Omega_i.$$

令 $d\to 0$,这里 $d=\max\limits_{1\leqslant i\leqslant n}\{\Delta\Omega_i \text{ 的直径}\}$,按照积分定义即得证明.

5. 若 $f(M)$ 在 Ω 上可积,则 $|f(M)|$ 亦在 Ω 上可积,且

$$\left|\int_\Omega f(M)\,\mathrm{d}\Omega\right| \leqslant \int_\Omega |f(M)|\,\mathrm{d}\Omega,$$

但若 $|f(M)|$ 在 Ω 上可积,不能断定 $f(M)$ 也在 Ω 上可积.

6. 第一中值定理　若 $f(M)$ 在 Ω 上可积,则存在常数 c,使得

$$\int_\Omega f(M)\,\mathrm{d}\Omega = c\cdot(\Omega \text{ 的度量}),$$

这里 c 介于 $f(M)$ 在 Ω 上的上确界和下确界之间.

证明　设

$$\sup_{M\in\Omega}\{f(M)\} = M,\quad \inf_{M\in\Omega}\{f(M)\} = m,$$

由性质 4,得

$$m\int_\Omega \mathrm{d}\Omega \leqslant \int_\Omega f(M)\,\mathrm{d}\Omega \leqslant M\int_\Omega \mathrm{d}\Omega,$$

而 $\int_\Omega \mathrm{d}\Omega$ 即为几何形体 Ω 的度量,于是得知 $\int_\Omega f(M)\,\mathrm{d}\Omega$ 是介于 $m\cdot(\Omega$ 的度量$)$ 与 $M\cdot(\Omega$ 的度量$)$ 之间的. 这就证明了性质 6.

推论　若 $f(M)$ 在 Ω 上连续,则在 Ω 上至少存在一点 M^*,使

$$\int_\Omega f(M)\,\mathrm{d}\Omega = f(M^*)\cdot(\Omega \text{ 的度量}).$$

习　题

1. 证明中值定理:若 $f(M)$, $g(M)$ 在 Ω 上连续,$g(M)$ 在 Ω 上不变号,则

$$\int_\Omega f(M)g(M)\,\mathrm{d}\Omega = f(P)\int_\Omega g(M)\,\mathrm{d}\Omega,$$

其中 $P\in\Omega$.

2. 证明：若 $f(M)$ 在 Ω 上连续，$f(M)\geqslant 0$，但 $f(M)\not\equiv 0$，则

$$\int_{\Omega} f(M)\,\mathrm{d}\Omega > 0.$$

3. 证明：若 $f(M)$ 在 Ω 上连续，在 Ω 的任何部分区域 $\Omega'\subseteq\Omega$ 上

$$\int_{\Omega'} f(M)\,\mathrm{d}\Omega = 0,$$

则

$$f(M) = 0.$$

由此证明：若 $f(M)$，$g(M)$ 在 Ω 上连续，在 Ω 的任何部分区域 $\Omega'\subseteq\Omega$ 上成立

$$\int_{\Omega'} f(M)\,\mathrm{d}\Omega = \int_{\Omega'} g(M)\,\mathrm{d}\Omega,$$

则在 Ω 上成立

$$f(M) = g(M).$$

4. 若 $|f(M)|$ 在 Ω 上可积，那么 $f(M)$ 在 Ω 上是否可积？考察函数

$$f(x,y)=\begin{cases}-1, & x \text{ 和 } y \text{ 中至少有一个是无理数}, \\ 1, & x \text{ 和 } y \text{ 都是有理数},\end{cases}$$

讨论函数 $|f|$ 和 f 在 $[0,1;0,1]$ 上的积分.

本章小结

第二十章
重积分的计算和应用

§1 二重积分的计算

一、化二重积分为二次积分

先考察一个例题:设 $z=f(x,y)$ 是一块连续的曲面,$f(x,y)>0$（图 20-1）. 考虑以这个曲面为顶,底面为矩形$[a,b;c,d]$的曲顶柱体的体积. 这个体积可以用下面的步骤得到:将矩形区域$[a,b;c,d]$划分为若干可求面积的小块 $\Delta\sigma_1,\Delta\sigma_2,\cdots,\Delta\sigma_n$. 它们的面积仍记为 $\Delta\sigma_1,\Delta\sigma_2,\cdots,\Delta\sigma_n$,记 $d=\max\limits_{1\leqslant i\leqslant n}\{\Delta\sigma_i$ 的直径$\}$,在每一个小块 $\Delta\sigma_i$ 上任意取一点 $M_i(\xi_i,\ \eta_i)$,作和式(黎曼和)

$$\sum_{i=1}^{n} f(M_i)\Delta\sigma_i = \sum_{i=1}^{n} f(\xi_i,\eta_i)\Delta\sigma_i,$$

如果当区域$[a,b;c,d]$的划分越分越细使得 $d\to 0$ 时,上述黎曼和不论对怎样的划分以及点 M_i 如何选取,恒有同一极限,那么此极限值就定义为以曲面 $z=f(x,y)$ 为顶,以矩形$[a,b;c,d]$为底的长方柱体的体积. 而这个和式的极限正好就是上一章引进的二重积分,换句话说,所要求的曲顶柱体的体积 V,有着以下的计算公式

$$V=\lim_{d\to 0}\sum_{i=1}^{n} f(\xi_i,\eta_i)\Delta\sigma_i = \iint\limits_{[a,b;c,d]} f(x,y)\,\mathrm{d}x\mathrm{d}y.$$

下面再用另一种方法来求 V. 在 x 轴上的区间$[a,b]$内任取一点 x,过 x 点作和 x 轴垂直的平面,此平面和体积 V 所截得的面积记为 $S(x)$（如图20-1）,由定积分应用知道,这时

$$V=\int_a^b S(x)\,\mathrm{d}x,$$

而 $S(x)$就是平面 $X=x$（这里 x 当成固定数）上,由曲线 $z=f(x,y)$,直线 $y=c,y=d$ 及 $z=0$ 所围的面积,所以

$$S(x)=\int_c^d f(x,y)\,\mathrm{d}y,$$

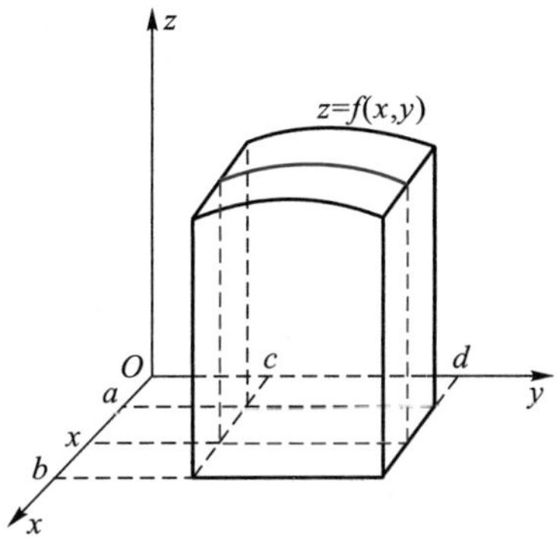

图 20-1

因此体积 V 也可以用积分

$$\int_a^b\left(\int_c^d f(x,y)\mathrm{d}y\right)\mathrm{d}x$$

来计算，于是

$$\iint\limits_{[a,b;c,d]} f(x,y)\mathrm{d}x\mathrm{d}y=\int_a^b\left(\int_c^d f(x,y)\mathrm{d}y\right)\mathrm{d}x.$$

相仿地，也可以用与 y 轴垂直的平面来截取 V，从而又可得

$$\iint\limits_{[a,b;c,d]} f(x,y)\mathrm{d}x\mathrm{d}y=\int_c^d\left(\int_a^b f(x,y)\mathrm{d}x\right)\mathrm{d}y,$$

以上两个等式右边的积分称为二次积分或逐次积分，也可分别记为

$$\int_a^b\mathrm{d}x\int_c^d f(x,y)\mathrm{d}y\ (\text{先 } y \text{ 后 } x),$$

$$\int_c^d\mathrm{d}y\int_a^b f(x,y)\mathrm{d}x\ (\text{先 } x \text{ 后 } y).$$

上面是从几何意义上说明了二重积分可以化为二次积分，也就是进行二次定积分计算．下面给出将二重积分化为二次积分的定理．

定理 1　若 $f(x,y)$ 在矩形区域 $[a,b;c,d]$（即 $a\leqslant x\leqslant b,c\leqslant y\leqslant d$）上可积，并且对 $[a,b]$ 上的任何 x，含参变量积分

$$F(x)=\int_c^d f(x,y)\mathrm{d}y$$

存在，则

$$\iint\limits_{[a,b;c,d]} f(x,y)\mathrm{d}x\mathrm{d}y=\int_a^b\mathrm{d}x\int_c^d f(x,y)\mathrm{d}y.$$

证明　在区间 $[a,b]$ 插入分点（如图 20-2）

$$a=x_0<x_1<x_2<\cdots<x_r=b,$$

在区间 $[c,d]$ 也插入分点

$$c=y_0<y_1<y_2<\cdots<y_{s-1}<y_s=d,$$

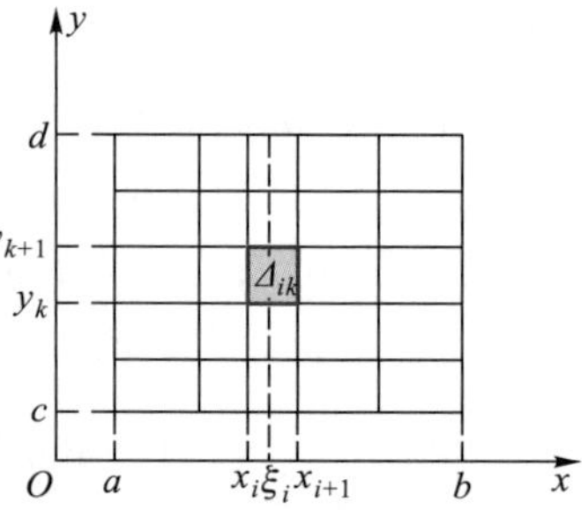

图 20-2

作两组直线 $x=x_i(i=0,1,2,\cdots,r)$ 及 $y=y_k(k=0,1,2,\cdots,s)$ 将矩形 $[a,b;c,d]$ 分为若干小矩形．记 Δ_{ik} 为小矩形 $[x_i,x_{i+1};y_k,y_{k+1}]$ $(i=1,2,\cdots,r;k=1,2,\cdots,s)$，在区间 $[x_i,x_{i+1}]$ 中任意取一点 ξ_i，又记 $f(x,y)$ 在 Δ_{ik} 的上、下确界为 M_{ik} 和 m_{ik}，于是

$$m_{ik}\Delta y_k\leqslant\int_{y_{k-1}}^{y_k} f(\xi_i,y)\mathrm{d}y\leqslant M_{ik}\Delta y_k,$$

对所有的 k 相加，得

$$\sum_k m_{ik}\Delta y_k\leqslant\int_c^d f(\xi_i,y)\mathrm{d}y\leqslant\sum_k M_{ik}\Delta y_k,$$

再乘 Δx_i 后，对所有 i 相加

$$\sum_{i,k} m_{ik}\Delta x_i\Delta y_k\leqslant\sum_i F(\xi_i)\Delta x_i\leqslant\sum_{i,k} M_{ik}\Delta x_i\Delta y_k,$$

记 $d=\max\{\Delta_{ik}$的直径$\}$，当 $d\to 0$ 时，注意到$f(x,y)$的可积性，利用上述不等式，立即得出 $F(x)$在$[a,b]$可积，且

$$\int_a^b F(x)\,\mathrm{d}x=\iint\limits_{[a,b;c,d]} f(x,y)\,\mathrm{d}x\mathrm{d}y.$$

这就是要证明的结论．

相仿地，还可以给出将二重积分化为先 x 后 y 的积分的定理．

如果积分区域 D 是由两条连续曲线

$$y=y_1(x)\quad \text{和}\quad y=y_2(x),\ a\leqslant x\leqslant b$$

以及两条直线 $x=a,x=b$ 所限制（如图 20-3），则仍可将二重积分化为二次积分来计算，这时可作包含这区域的长方形$[a,b;c,d]$和辅助函数

$$F(x,y)=\begin{cases}f(x,y), & \text{若}(x,y)\text{ 在区域 }D\text{ 中},\\ 0, & \text{若}(x,y)\text{ 不在区域 }D\text{ 中},\end{cases}$$

于是

$$\begin{aligned}\iint\limits_D f(x,y)\,\mathrm{d}x\mathrm{d}y&=\iint\limits_{[a,b;c,d]}F(x,y)\,\mathrm{d}x\mathrm{d}y\\&=\int_a^b\mathrm{d}x\int_c^d F(x,y)\,\mathrm{d}y\\&=\int_a^b\mathrm{d}x\int_{y_1(x)}^{y_2(x)}f(x,y)\,\mathrm{d}y.\end{aligned}$$

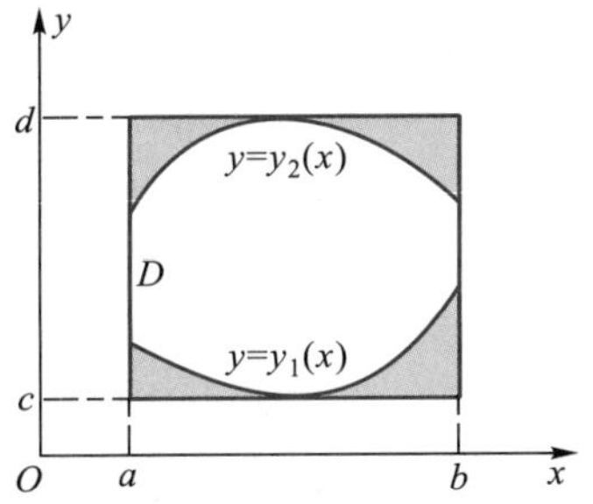

图 20-3

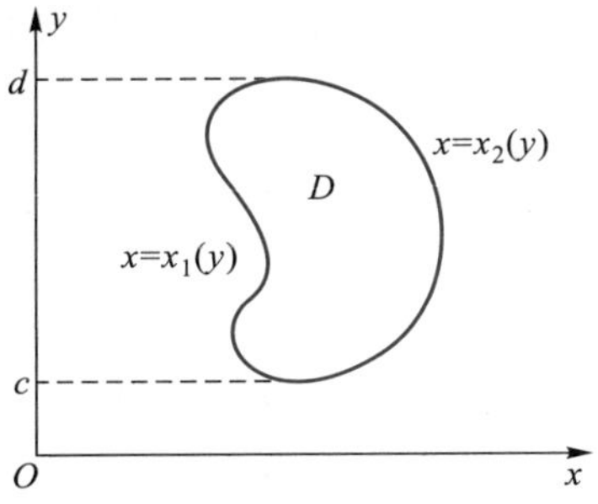

图 20-4

如果区域 D 如图 20-4 所示，类似地，可将二重积分化为先 x 后 y 的逐次积分来计算

$$\begin{aligned}\iint\limits_D f(x,y)\,\mathrm{d}\sigma&=\int_c^d\left[\int_{x_1(y)}^{x_2(y)}f(x,y)\,\mathrm{d}x\right]\mathrm{d}y\\&=\int_c^d\mathrm{d}y\int_{x_1(y)}^{x_2(y)}f(x,y)\,\mathrm{d}x.\end{aligned}$$

如图 20-3，图 20-4 所示的区域 D 都称为简单区域，即区域 D 的边界曲线与平行于 y 轴（或 x 轴）的直线最多交于两点，或者有部分边界是平行于 y 轴（或 x 轴）的直线段．

可见，当$f(x,y)$在简单区域 D 上连续时，并且区域 D 可以表示为 $y_1(x)\leqslant y\leqslant y_2(x)$，$a\leqslant x\leqslant b$，或者又可以表示为 $x_1(y)\leqslant x\leqslant x_2(y)$，$c\leqslant y\leqslant d$，就有

$$\iint_D f(x,y)\,\mathrm{d}\sigma$$
$$=\int_a^b \mathrm{d}x\int_{y_1(x)}^{y_2(x)} f(x,y)\,\mathrm{d}y=\int_c^d \mathrm{d}y\int_{x_1(y)}^{x_2(y)} f(x,y)\,\mathrm{d}x,$$

这就是化二重积分为二次积分的计算公式.

例 1 积分区域 D 为直线 $y=x$ 和抛物线 $y=x^2$ 所围部分(如图 20-5),求函数

$$f(x,y)=\frac{1}{2}(2-x-y)$$

在 D 上的二重积分.

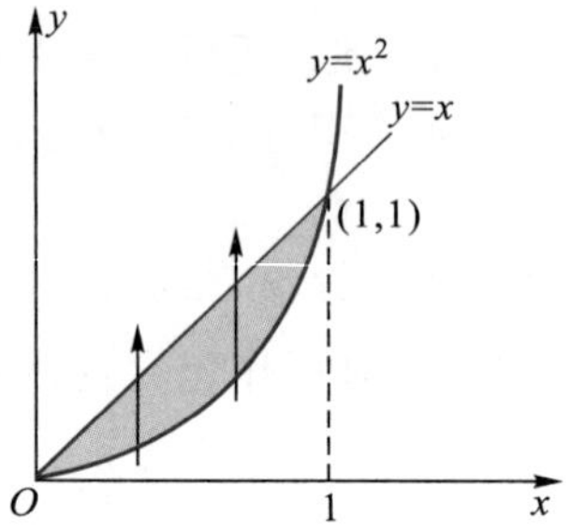

图 20-5

解 由于被积函数是连续的,D 是由两段光滑曲线所围的简单区域,故按定理

$$\iint_D f(x,y)\,\mathrm{d}x\mathrm{d}y=\int_a^b \mathrm{d}x\int_{y_1(x)}^{y_2(x)} f(x,y)\,\mathrm{d}y.$$

在本例中,$[a,b]$ 是 $[0,1]$, $y_2(x)=x$, $y_1(x)=x^2$,亦即积分区域 D 是由不等式 $x^2\leqslant y\leqslant x$, $0\leqslant x\leqslant 1$ 所表示,所以

$$\iint_D \frac{2-x-y}{2}\mathrm{d}x\mathrm{d}y=\int_0^1 \mathrm{d}x\int_{x^2}^{x}\frac{2-x-y}{2}\mathrm{d}y$$
$$=\int_0^1\left(\frac{2-x}{2}y-\frac{y^2}{4}\right)\bigg|_{x^2}^{x}\mathrm{d}x$$
$$=\int_0^1\frac{1}{4}(4x-7x^2+2x^3+x^4)\,\mathrm{d}x=\frac{11}{120},$$

此积分值就是图 20-6 所示体积. 也就是在区域 D 之上,在平面

$$z=\frac{1}{2}(2-x-y)$$

之下的一块体积. 由于被积函数在 D 上是连续的,也可以将二重积分化为先 x 后 y 的二次积分来计算(如图 20-7). 这时积分区域 D 是由不等式 $y\leqslant x\leqslant\sqrt{y}$, $0\leqslant y\leqslant 1$ 所表示,

$$\iint_D \frac{2-x-y}{2}\mathrm{d}x\mathrm{d}y=\int_0^1 \mathrm{d}y\int_y^{\sqrt{y}}\frac{2-x-y}{2}\mathrm{d}x=\frac{11}{120}.$$

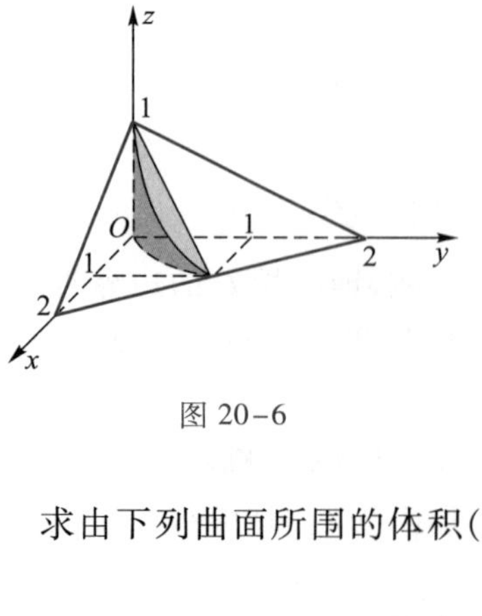

图 20-6

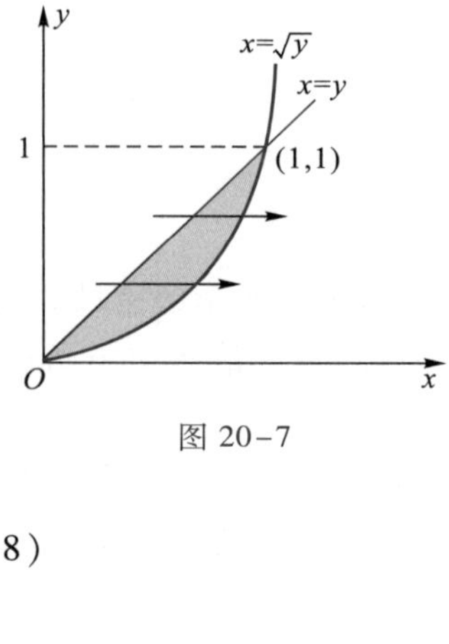

图 20-7

例 2 求由下列曲面所围的体积(如图 20-8)

$$z=x+y,\ z=xy,\ x+y=1,$$
$$x=0,\ y=0.$$

解　体积
$$V=\iint_D (x+y-xy)\,\mathrm{d}x\mathrm{d}y,$$
积分区域 D 是 x 轴，y 轴及 $x+y=1$ 三直线围成的三角形（如图20-9），于是

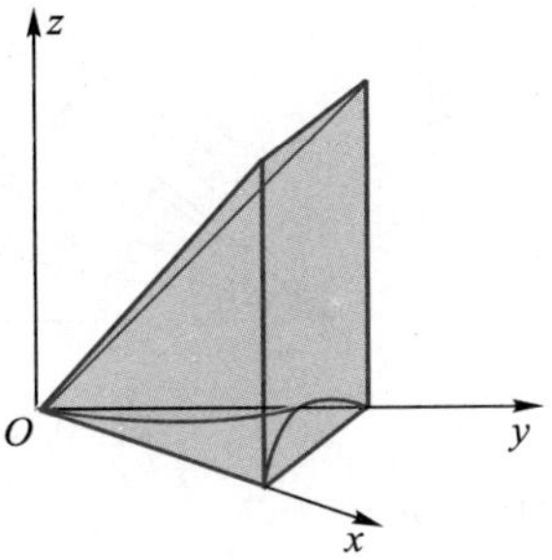

图 20-8

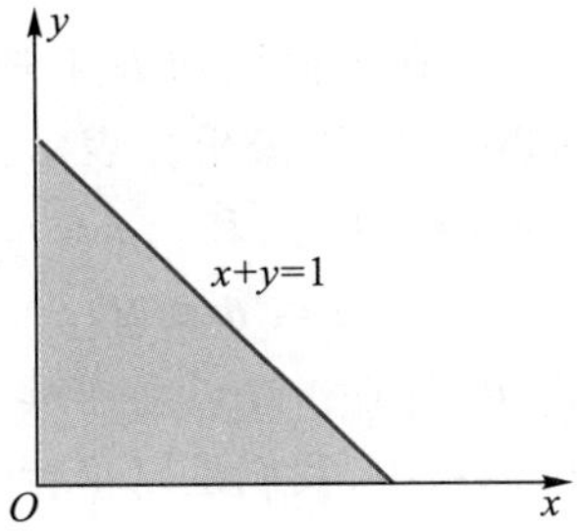

图 20-9

$$\begin{aligned}V&=\int_0^1\left[\int_0^{1-x}(x+y-xy)\,\mathrm{d}y\right]\mathrm{d}x\\&=\int_0^1\left[xy+(1-x)\cdot\frac{1}{2}y^2\right]\Big|_0^{1-x}\mathrm{d}x\\&=\int_0^1\left[x(1-x)+(1-x)\cdot\frac{1}{2}(1-x)^2\right]\mathrm{d}x\\&=\frac{1}{2}-\frac{1}{3}+\frac{1}{2}\int_0^1(1-x)^3\mathrm{d}x=\frac{7}{24}.\end{aligned}$$

例 3　计算　$I=\iint_D \frac{\sin y}{y}\mathrm{d}\sigma$，

其中 D 是由直线 $y=x$ 及抛物线 $x=y^2$ 所围成的区域．

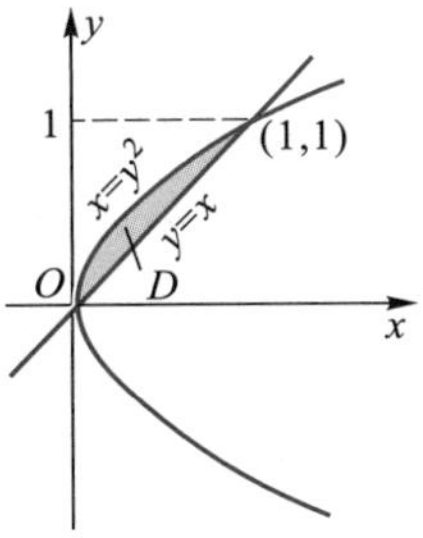

图 20-10

解　先对 x 后对 y 积分时，区域 D（如图 20-10）应表示为
$$y^2\leqslant x\leqslant y,\ 0\leqslant y\leqslant 1,$$
于是有 $I=\int_0^1\mathrm{d}y\int_{y^2}^{y}\frac{\sin y}{y}\mathrm{d}x=\int_0^1\frac{\sin y}{y}\left[\int_{y^2}^{y}\mathrm{d}x\right]\mathrm{d}y$
$$\begin{aligned}&=\int_0^1\frac{\sin y}{y}(y-y^2)\,\mathrm{d}y=\int_0^1\sin y\mathrm{d}y-\int_0^1 y\sin y\mathrm{d}y\\&=-\cos y\Big|_0^1-(-y\cos y+\sin y)\Big|_0^1=1-\sin 1.\end{aligned}$$

如果化为先对 y 后对 x 的积分，区域 D 应表示为 $x\leqslant y\leqslant\sqrt{x}$，$0\leqslant x\leqslant 1$，则有
$$I=\int_0^1\mathrm{d}x\int_x^{\sqrt{x}}\frac{\sin y}{y}\mathrm{d}y.$$

由于$\frac{\sin x}{x}$的原函数不能用初等函数来表示，所以，它的积分难以进一步求出．这表明对这个例子不宜采用先对 y 后对 x 的积分公式来进行计算．因此，在化二重积分为二次积分时，为了计算简便，就需要根据被积函数 $f(x,y)$ 及积分区域 D 的不

同情况而决定对哪一个变量先积分.

二、用极坐标计算二重积分

积分区域是圆域或者被积函数形为 $f(x^2+y^2)$ 的积分,采用极坐标计算往往要简便得多. 下面介绍二重积分在极坐标系中的计算公式.

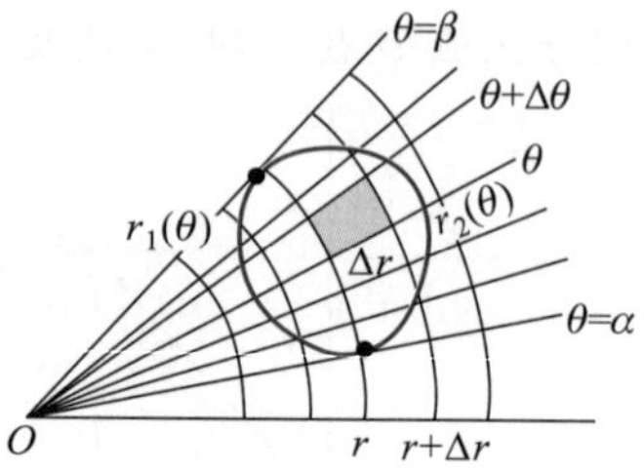

图 20-11

设函数 $f(M)$ 在平面区域 D 上连续. 区域 D 的边界曲线(如图 20-11)用极坐标表示为

$$r=r_1(\theta)\quad 和\quad r=r_2(\theta)$$
$$(\alpha\leqslant\theta\leqslant\beta),$$

又设 $r_1(\theta)$, $r_2(\theta)$ 都在 $[\alpha,\beta]$ 上连续.

在直角坐标系中,我们是以平行于 x 轴和 y 轴的两族直线来划分区域 D 为一系列小矩形的. 与此类似,在极坐标系中,用 $r=$常数的一族同心圆,$\theta=$常数的一族过极点的射线来作划分,将区域 D 划分为若干小区域.

在这种划分下,小区域面积

$$\Delta\sigma=\frac{1}{2}\left[(r+\Delta r)^2\Delta\theta-r^2\Delta\theta\right]=\left(r+\frac{1}{2}\Delta r\right)\Delta r\Delta\theta,$$

所以当 Δr 及 $\Delta\theta$ 充分小时,它的面积 $\Delta\sigma$ 应近似地等于边长为 Δr 及 $r\Delta\theta$ 的矩形面积,亦即

$$\Delta\sigma\approx r\Delta r\Delta\theta,$$

那么黎曼和为

$$\sum_{i=1}^{n}f(x_i,y_i)\Delta\sigma_i\approx\sum_{i=1}^{n}f(r_i\cos\theta_i,\ r_i\sin\theta_i)r_i\Delta\theta_i\Delta r_i.$$

假设函数 f 连续,所以二重积分存在,于是在上式两边取 $d\to 0$ 时(其中 d 为小区域的最大直径)的极限,就得

$$\iint_D f(x,y)\,\mathrm{d}\sigma=\iint_{D'}f(r\cos\theta,r\sin\theta)r\mathrm{d}r\mathrm{d}\theta.$$

右端积分区域 D' 是区域 D 在极坐标下的表示.

在极坐标下,二重积分一样可以化为二次积分来计算,如果这时区域 D(如图 20-12)可表示为

$$r_1(\theta)\leqslant r\leqslant r_2(\theta),$$
$$\alpha\leqslant\theta\leqslant\beta,$$

就有

$$\iint_D f(r\cos\theta,\ r\sin\theta)r\mathrm{d}r\mathrm{d}\theta$$
$$=\int_\alpha^\beta\left[\int_{r_1(\theta)}^{r_2(\theta)}f(r\cos\theta,r\sin\theta)r\mathrm{d}r\right]\mathrm{d}\theta.$$

当区域 D 表示为(如图 20-13)

$$\varphi_1(r)\leqslant\theta\leqslant\varphi_2(r),\ a\leqslant r\leqslant b,$$

就可化成先 θ 后 r 的二次积分

$$\iint\limits_D f(r\cos\theta, r\sin\theta)\, r\mathrm{d}r\mathrm{d}\theta$$
$$= \int_a^b r\mathrm{d}r \int_{\varphi_1(r)}^{\varphi_2(r)} f(r\cos\theta, r\sin\theta)\,\mathrm{d}\theta.$$

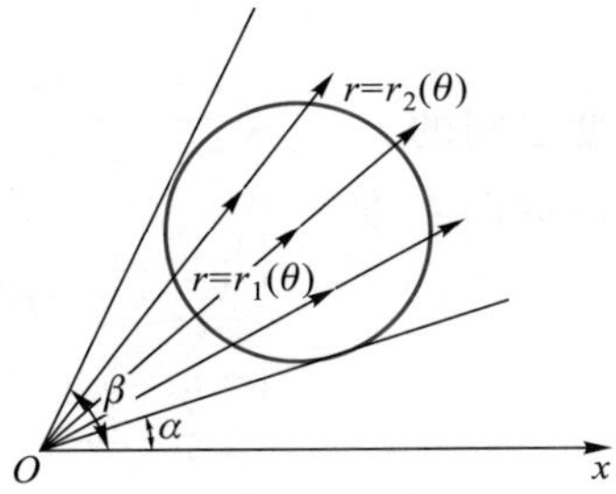

图 20-12

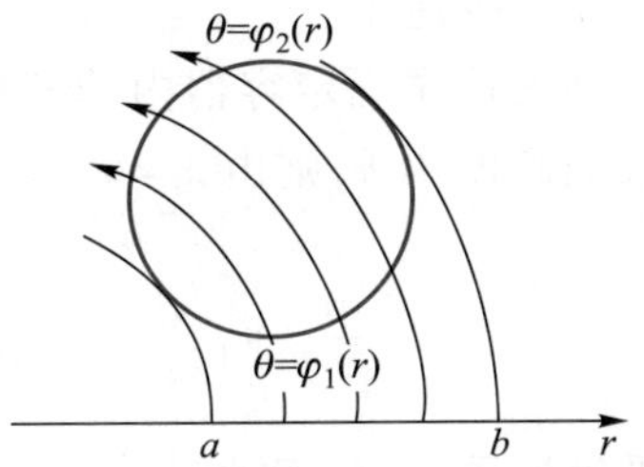

图 20-13

在利用极坐标的坐标曲线划分区域时得到 $\Delta\sigma = r\Delta r\Delta\varphi$. 称 $r\mathrm{d}r\mathrm{d}\varphi$ 为极坐标下的面积元素,而在直角坐标下的面积元素就是 $\mathrm{d}x\mathrm{d}y$.

注意,当积分区域 D 包含极点 O 在内时(如图 20-14),则积分限取为

$$\int_0^{2\pi}\mathrm{d}\theta\int_0^{r(\theta)} f(M)\, r\mathrm{d}r.$$

当积分区域的边界曲线 $r=r(\theta)$ 通过极点 O 时(如图 20-15),我们求出相继使 $r(\theta)=0$ 的两个角度 α 及 β,则积分限应取为

$$\int_\alpha^\beta\mathrm{d}\theta\int_0^{r(\theta)} f(M)\, r\mathrm{d}r.$$

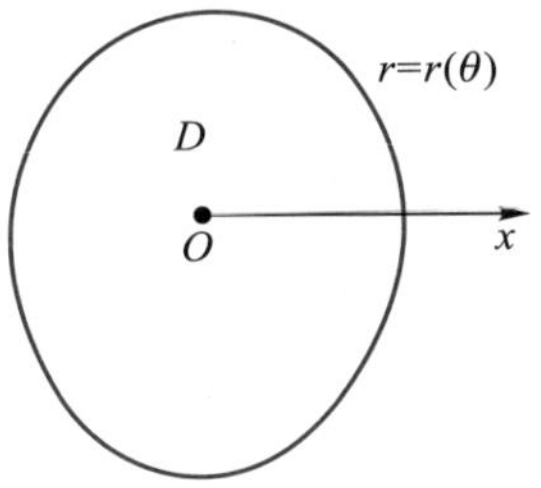

图 20-14

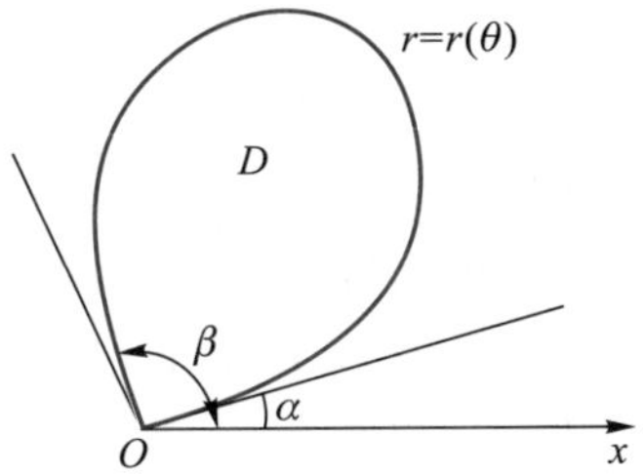

图 20-15

例 4　计算

$$I = \iint\limits_D \mathrm{e}^{-x^2-y^2}\mathrm{d}x\mathrm{d}y,$$

其中 D 为圆域 $x^2+y^2\leqslant 1$.

解　如果用直角坐标来计算,这个积分就无法求出,现选用极坐标,此时 D 表示为

$$0\leqslant r\leqslant 1,\ 0\leqslant\theta\leqslant 2\pi,$$

故有

$$I = \iint\limits_D \mathrm{e}^{-r^2}\cdot r\mathrm{d}r\mathrm{d}\theta = \int_0^{2\pi}\left[\int_0^1 \mathrm{e}^{-r^2} r\mathrm{d}r\right]\mathrm{d}\theta$$
$$= -\frac{1}{2}\int_0^{2\pi}\left[\int_0^1 \mathrm{e}^{-r^2}\mathrm{d}(-r^2)\right]\mathrm{d}\theta = -\frac{1}{2}\int_0^{2\pi}\left[\mathrm{e}^{-r^2}\Big|_0^1\right]\mathrm{d}\theta$$

$$= -\frac{1}{2}\int_0^{2\pi}(e^{-1}-1)d\theta = \pi(1-e^{-1}).$$

例 5　在一个形状为旋转抛物面 $z=x^2+y^2$ 的容器(如图 20-16)内,已经盛有 $8\pi\ cm^3$ 的溶液,现又倒进 $120\pi\ cm^3$ 的溶液,问液面比原来的液面升高多少厘米?

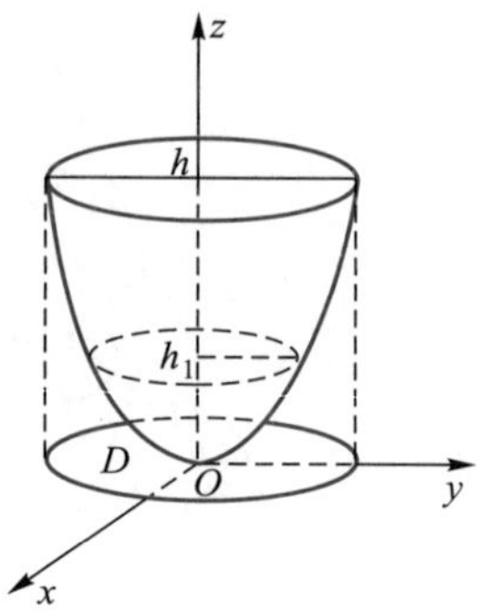

图 20-16

解　必须首先确定容器内的容量与液面高度之间的关系. 设液面高度为 h,则由 $z_1=x^2+y^2$ 与 $z_2=h$ 所围成的立体体积为

$$V=\iint_D (z_2-z_1)d\sigma.$$

在极坐标系内,D 表示为

$$0\leqslant r\leqslant \sqrt{h},$$
$$0\leqslant \theta\leqslant 2\pi,$$

于是,容量 V 与高度 h 之间的关系是

$$V=\iint_D (z_2-z_1)d\sigma=\int_0^{2\pi}d\theta\int_0^{\sqrt{h}}(h-r^2)rdr$$
$$=2\pi\left(\frac{1}{2}hr^2-\frac{1}{4}r^4\right)\Bigg|_0^{\sqrt{h}}=\frac{1}{2}\pi h^2.$$

把 $V_1=8\pi$ 与 $V_2=128\pi$ 分别代入上式,就得 $h_1=4,h_2=16$. 因此,所求液面比原来的液面升高 $h_2-h_1=12$ cm.

三、二重积分的一般变量替换

读者在阅读本段二重积分变量替换和下一节三重积分变量替换时,可以采取两种阅读方案,一种是按照书中的顺序阅读,另一种是先阅读本章 §5 外积和重积分变量替换,在 §5 中,从直观上很容易获得重积分变量替换的一般公式,虽不严密但具有启发性.

为了计算二重积分,除了引用上面讲过的极坐标这一特殊变换外,有时还需要作一般的变量替换. 作变量替换的目的是使积分值能较易算出.

设函数　　　　$u=u(x,y),\ v=v(x,y)$

在 XY 平面的某区域 $\mathscr{D}$ 内具有对 x 和对 y 的连续偏导数,当(x,y)在 $\mathscr{D}$ 上变动时,对应于 UV 平面上的点(u,v)在区域 $\mathscr{D}'$ 上变动. 又设函数 $u=u(x,y)$, $v=v(x,y)$ 建立了 $\mathscr{D}$ 和 $\mathscr{D}'$之间的一一对应. 并且在 $\mathscr{D}$ 上雅可比行列式

$$J=\frac{D(x,y)}{D(u,v)}\neq 0.$$

先给出一个有用的引理,它表明雅可比行列式的几何意义.

引理　设 $u=u(x,y)$, $v=v(x,y)$如同上面所说.

又设在 XY 平面上有一块包含点(x,y)的区域 σ,点(x,y)和区域 σ 都在 $\mathscr{D}$ 内. 通过变换 $u=u(x,y)$, $v=v(x,y)$将点(x,y)变换为 UV 平面上的一点(u,v),并且将区域 σ 变换为 UV 平面包含点(u,v)的一块区域 σ^*. 那么当区域 σ 无限地向点

(x,y)收缩时,它们的面积之比$\frac{\sigma^*}{\sigma}$的极限正是$|J|$,即

$$\lim_{A\to(x,y)}\frac{A^*}{A}=\left|\frac{D(u,v)}{D(x,y)}\right|.$$

现在将证明的主要步骤叙述如下:在$\mathscr{D}$上取出一点$A(x,y)$作一个矩形$ABCD$.它的四个顶点的坐标分别为$A(x,y)$,$B(x+\mathrm{d}x,y)$,$C(x+\mathrm{d}x,y+\mathrm{d}y)$,$D(x,y+\mathrm{d}y)$,通过变换

$$u=u(x,y),\ v=v(x,y)$$

相应地在UV平面上得到一个曲边四边形$A'B'C'D'$.它的四个顶点的坐标为$A'(u_1,v_1)$,$B'(u_2,v_2)$,$C'(u_3,v_3)$,$D'(u_4,v_4)$(如图20-17),利用泰勒公式可得

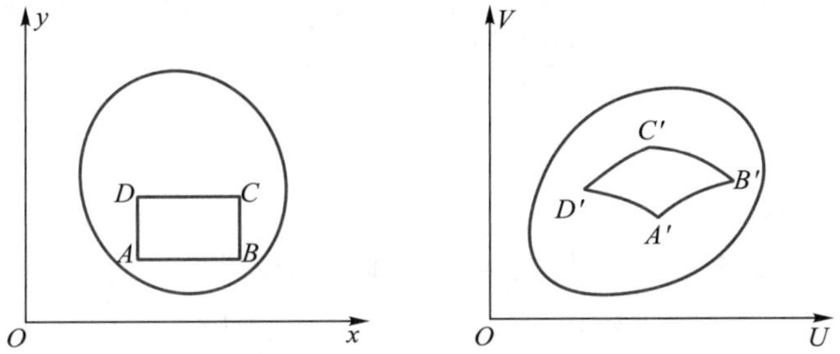

图 20-17

$$A':\ u_1=u(x,y),$$
$$v_1=v(x,y);$$
$$B':\ u_2=u(x+\mathrm{d}x,y)=u(x,y)+\frac{\partial u(x,y)}{\partial x}\mathrm{d}x+o(\mathrm{d}x),$$
$$v_2=v(x+\mathrm{d}x,y)=v(x,y)+\frac{\partial v(x,y)}{\partial x}\mathrm{d}x+o(\mathrm{d}x);$$
$$C':\ u_3=u(x+\mathrm{d}x,y+\mathrm{d}y)$$
$$=u(x,y)+\frac{\partial u(x,y)}{\partial x}\mathrm{d}x+\frac{\partial u(x,y)}{\partial y}\mathrm{d}y+o(\mathrm{d}x)+o(\mathrm{d}y),$$
$$v_3=v(x+\mathrm{d}x,y+\mathrm{d}y)$$
$$=v(x,y)+\frac{\partial v(x,y)}{\partial x}\mathrm{d}x+\frac{\partial v(x,y)}{\partial y}\mathrm{d}y+o(\mathrm{d}x)+o(\mathrm{d}y);$$
$$D':\ u_4=u(x,y+\mathrm{d}y)=u(x,y)+\frac{\partial u(x,y)}{\partial y}\mathrm{d}y+o(\mathrm{d}y),$$
$$v_4=v(x,y+\mathrm{d}y)=v(x,y)+\frac{\partial v(x,y)}{\partial y}\mathrm{d}y+o(\mathrm{d}y).$$

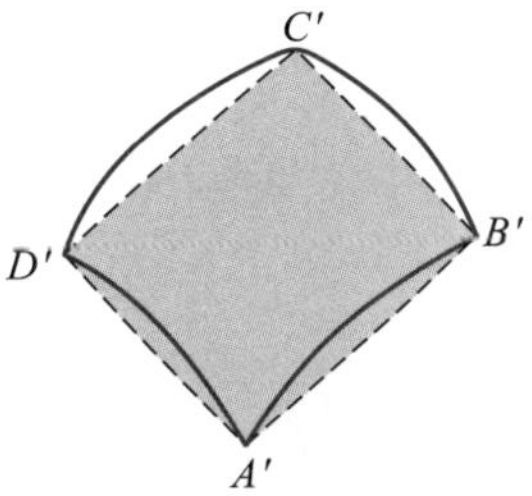

图 20-18

现在讨论曲边四边形$A'B'C'D'$的面积,将四个顶点用直线相连,作出一个四边形$A'B'C'D'$(图20-18中阴影部分).可以证明当$\mathrm{d}x$及$\mathrm{d}y$甚小时,若除去一更高阶的无穷小量不计外,曲边四边形$A'B'C'D'$的面积等于四边形$A'B'C'D'$的面积.

再由 u_i 及 $v_i(i=1,2,3,4)$ 的表示，若略去高阶无穷小的项$o(\mathrm{d}x)$及 $o(\mathrm{d}y)$不计外，得

$$u_2-u_1=u_3-u_4,$$
$$v_2-v_1=v_3-v_4,$$
$$u_4-u_1=u_3-u_2,$$
$$v_4-v_1=v_3-v_2,$$

由这四个等式知道，在四边形$A'B'C'D'$中，两两对边的长度是相等的．因此若不计高阶无穷小，原来的曲边四边形是一个平行四边形，它的面积 $\mathrm{d}\Sigma$ 应为三角形$A'B'C'$面积的两倍，依照解析几何学中三角形面积的公式

$$\mathrm{d}\Sigma=\pm\begin{vmatrix}u_1 & v_1 & 1\\ u_2 & v_2 & 1\\ u_3 & v_3 & 1\end{vmatrix},$$

行列式前符号的选择，须保持 $\mathrm{d}\Sigma>0$.

将 u_i, $v_i(i=1,2,3)$的表示代入，略去高阶无穷小得

$$\mathrm{d}\Sigma=\pm\begin{vmatrix}u(x,y) & v(x,y) & 1\\ u(x,y)+\dfrac{\partial u}{\partial x}\mathrm{d}x & v(x,y)+\dfrac{\partial v}{\partial x}\mathrm{d}x & 1\\ u(x,y)+\dfrac{\partial u}{\partial x}\mathrm{d}x+\dfrac{\partial u}{\partial y}\mathrm{d}y & v(x,y)+\dfrac{\partial v}{\partial x}\mathrm{d}x+\dfrac{\partial v}{\partial y}\mathrm{d}y & 1\end{vmatrix}$$

$$=\pm\begin{vmatrix}u & v & 1\\ \dfrac{\partial u}{\partial x}\mathrm{d}x & \dfrac{\partial v}{\partial x}\mathrm{d}x & 0\\ \dfrac{\partial u}{\partial y}\mathrm{d}y & \dfrac{\partial v}{\partial y}\mathrm{d}y & 0\end{vmatrix}=\left|\frac{D(u,v)}{D(x,y)}\right|\mathrm{d}x\mathrm{d}y,$$

亦即面积之比

$$\frac{\mathrm{d}\Sigma}{\mathrm{d}x\mathrm{d}y}=\left|\frac{D(u,v)}{D(x,y)}\right|,$$

右端取绝对值是因为面积之比总是正的．

下面，应用引理来给出二重积分的变量替换．

定理 2　若$f(x,y)$是 XY 平面的闭区域 $\mathscr{D}$ 上的连续函数，又设

$$u=u(x,y),\ v=v(x,y) \tag{$*$}$$

在 $\mathscr{D}$ 上有关于 x 和 y 的连续偏导数，通过式($*$)把 $\mathscr{D}$ 变换为 UV 平面上的区域 $\mathscr{D}'$，并且变换($*$)是一一的，又设

$$J=\frac{D(u,v)}{D(x,y)}\neq 0,$$

则

$$\iint\limits_{\mathscr{D}}f(x,y)\mathrm{d}x\mathrm{d}y=\iint\limits_{\mathscr{D}'}f(x(u,v),y(u,v))\left|\frac{D(x,y)}{D(u,v)}\right|\mathrm{d}u\mathrm{d}v.$$

证明　因

$$\frac{D(u,v)}{D(x,y)}\cdot\frac{D(x,y)}{D(u,v)}=1,$$

所以

$$\frac{D(x,y)}{D(u,v)}\neq 0,$$

又因为$\dfrac{D(x,y)}{D(u,v)}$是闭区域上连续函数,所以有界．由于

$$\iint_{\mathscr{D}} f(x,y)\,\mathrm{d}x\mathrm{d}y$$

存在,把 $\mathscr{D}$ 分成小矩形 Δ_k,其面积仍记为 Δ_k,积分等于极限(令 d 为这些小矩形的最大直径)

$$\lim_{d\to 0}\sum_k f(x_k,y_k)\Delta_k,$$

对应于 $\mathscr{D}$ 上的一个划分,$\mathscr{D}'$ 上有对应的划分．相应的将 $\mathscr{D}'$ 分成小区域 Δ'_k,其面积仍记为 Δ'_k,Δ'_k 不一定是小矩形．由引理

$$\Delta'_k=\left|\frac{D(u,v)}{D(x,y)}\right|\Delta_k+o(\Delta_k),$$

即

$$\Delta_k=\left|\frac{D(x,y)}{D(u,v)}\right|\Delta'_k+o(\Delta_k),$$

$$\begin{aligned}&\sum_k f(x_k,y_k)\Delta_k\\ =&\sum_k f(x_k,y_k)\left|\frac{D(x,y)}{D(u,v)}\right|\Delta'_k+o\Big(\sum_k f(x_k,y_k)\Delta_k\Big).\end{aligned}$$

另一方面,由于函数 $u=u(x,y)$, $v=v(x,y)$ 在 $\mathscr{D}$ 上一致连续,所以当 $d\to 0$ 时,对应小区域的最大直径 $\rho(\Delta'_k)$ 也趋于零．上式左边和式趋于二重积分

$$\iint_{\mathscr{D}} f(x,y)\,\mathrm{d}x\mathrm{d}y,$$

而右边的第二项可以证明趋于零．这样,右边的第一项将趋于上述二重积分．另外,因 $f(x(u,v),\ y(u,v))\left|\dfrac{D(x,y)}{D(u,v)}\right|$ 在 $\mathscr{D}'$ 上可积,故右端第一项又以

$$\iint_{\mathscr{D}'} f(x(u,v),y(u,v))\left|\frac{D(x,y)}{D(u,v)}\right|\mathrm{d}u\mathrm{d}v$$

为极限．定理证毕．

称$\left|\dfrac{D(x,y)}{D(u,v)}\right|\mathrm{d}u\mathrm{d}v$ 为 UV 平面上的面积元素．

注:在定理中,假设变换的行列式$\left|\dfrac{D(x,y)}{D(u,v)}\right|$在积分区域 $\mathscr{D}'$ 上非零．但有时却会遇到这样的情形,变换的行列式在区域 $\mathscr{D}'$ 内的个别点上等于零,或只在一条线上等于零而在其他点上非零,此时以上结论仍然成立．

作为一个特例,考虑极坐标变换

$$x=r\cos\theta,\ y=r\sin\theta,$$

变换的雅可比行列式为

$$J=\begin{vmatrix}\cos\theta & -r\sin\theta\\ \sin\theta & r\cos\theta\end{vmatrix}=r,$$

仅仅在极点($r=0$)处雅可比行列式为零,在其他点上雅可比行列式非零．按照换元法则中的注解,因而对任何不论是否包含极点的区域 $\mathscr{D}$ 成立

$$\iint\limits_{\mathscr{D}}f(x,y)\,\mathrm{d}x\mathrm{d}y=\iint\limits_{\mathscr{D}'}f(r\cos\theta,r\sin\theta)r\mathrm{d}r\mathrm{d}\theta,$$

这里 $r\mathrm{d}r\mathrm{d}\theta$ 为面积元素．这就是已经叙述过的在极坐标变换下二重积分的计算法．

在各个具体问题中,选择变换公式的依据有两条:

(i) 如同定积分那样使得经过变换后的函数容易积分．

(ii) 使得积分限容易安排．

例 6　求出由抛物线 $y^2=px$, $y^2=qx(0<p<q)$ 以及双曲线 $xy=a$, $xy=b(0<a<b)$ 所围区域(如图 20-19)的面积．

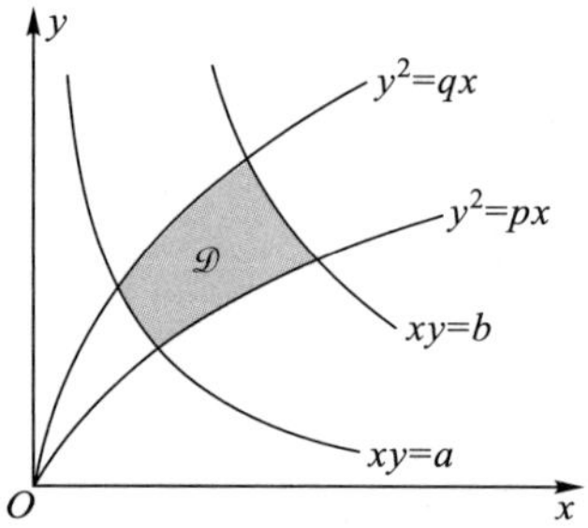

图 20-19

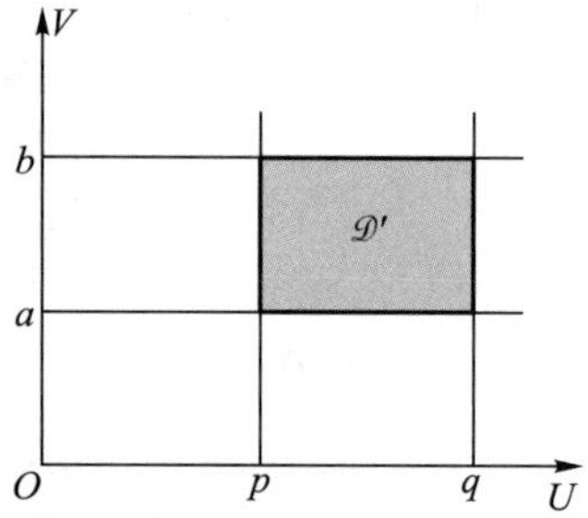

图 20-20

解　作变换

$$\frac{y^2}{x}=u,\ xy=v,$$

在这个变换下,XY 平面上的区域 $\mathscr{D}$ 变为 UV 平面上的区域 $\mathscr{D}'$(如图 20-20)

$$p\leqslant u\leqslant q,$$

$$a\leqslant v\leqslant b,$$

变换的雅可比行列式

$$|J|=\left|\frac{D(x,y)}{D(u,v)}\right|=\frac{1}{\left|\dfrac{D(u,v)}{D(x,y)}\right|}=\frac{1}{\dfrac{3y^2}{x}}=\frac{1}{3u},$$

于是所求面积为

$$D=\iint\limits_{\mathscr{D}}\mathrm{d}x\mathrm{d}y=\iint\limits_{\mathscr{D}'}\frac{1}{3u}\mathrm{d}u\mathrm{d}v$$

$$=\int_a^b\mathrm{d}v\int_p^q\frac{1}{3u}\,\mathrm{d}u=\frac{1}{3}(b-a)\ln\frac{q}{p}.$$

这个例子表明,若在 XY 坐标系内求积分,积分限的安排会相当复杂,但经变量替换后,积分限的安排变得很容易．

例 7　求椭球体的体积．

解　设椭球面方程为

$$\frac{x^2}{a^2}+\frac{y^2}{b^2}+\frac{z^2}{c^2}=1,$$

由于对称性,只需求出椭球在第一卦限的体积,然后再乘以 8 就得所求体积.

作广义极坐标变换

$$x=ar\cos\theta,\ y=br\sin\theta$$

(这里 $a>0,b>0,0<r<+\infty,0\leqslant\theta<2\pi$),这时椭球面化为

$$z=c\sqrt{1-\left[\frac{(ar\cos\theta)^2}{a^2}+\frac{(br\sin\theta)^2}{b^2}\right]}=c\sqrt{1-r^2},$$

又

$$\frac{D(x,y)}{D(r,\theta)}=\begin{vmatrix}x_r & x_\theta\\ y_r & y_\theta\end{vmatrix}=\begin{vmatrix}a\cos\theta & -ar\sin\theta\\ b\sin\theta & br\cos\theta\end{vmatrix}=abr,$$

于是

$$\begin{aligned}\frac{1}{8}V&=\iint_{\sigma_{xy}}z(x,y)\,\mathrm{d}\sigma_{xy}=\iint_{\sigma_{r\theta}}z(r,\theta)\left|\frac{D(x,y)}{D(r,\theta)}\right|\mathrm{d}r\mathrm{d}\theta\\&=\int_0^{\frac{\pi}{2}}\mathrm{d}\theta\int_0^1 c\sqrt{1-r^2}\cdot abr\mathrm{d}r=\frac{\pi}{2}abc\int_0^1 r\sqrt{1-r^2}\,\mathrm{d}r\\&=\frac{\pi}{2}abc\int_0^1\left(-\frac{1}{2}\sqrt{1-r^2}\right)\mathrm{d}(1-r^2)\\&=-\frac{1}{2}\cdot\frac{\pi}{2}abc\left[\frac{2}{3}(1-r^2)^{\frac{3}{2}}\bigg|_0^1\right]=\frac{\pi}{6}abc,\end{aligned}$$

所以椭球体积

$$V=\frac{4}{3}\pi abc.$$

特别当 $a=b=c=R$ 时,得到以 R 为半径的球体积为 $\frac{4}{3}\pi R^3$.

习　题

1. 化二重积分

$$I=\iint_D f(x,y)\,\mathrm{d}\sigma$$

为二次积分(分别列出对两个变量先后次序不同的两个二次积分),其中积分区域 D 分别为

(1) D 是由 x 轴与 $x^2+y^2=r^2(y>0)$ 所围成的区域;

(2) D 是由 $y=0$, $y=x^3(x>0)$ 及 $x+y=2$ 所围成的区域;

(3) D 是由 $y=x$, $x=2$ 及 $y=\frac{1}{x}(x>0)$ 所围成的区域;

(4) D 是圆环 $1\leqslant x^2+y^2\leqslant 4$.

2. 设 $f(x,y)$ 在区域 D 上连续,其中 D 是由 $y=x,x=a$ 及 $x=b(b>a)$ 所围成的,证明

$$\int_a^b dx\int_a^x f(x,y)\,dy = \int_a^b dy\int_y^b f(x,y)\,dx.$$

3. 在下列积分中指出积分区域的形状，并改变逐次积分的次序：

(1) $\int_0^{2a} dx\int_{\sqrt{2ax-x^2}}^{\sqrt{2ax}} f(x,y)\,dy$； (2) $\int_0^{2\pi} dx\int_0^{\sin x} f(x,y)\,dy$；

(3) $\int_0^1 dy\int_0^{2y} f(x,y)\,dx+\int_1^3 dy\int_0^{3-y} f(x,y)\,dx$；

(4) $\int_0^1 dx\int_0^{x^2} f(x,y)\,dy+\int_1^2 dx\int_0^{\sqrt{1-(x-1)^2}} f(x,y)\,dy$.

4. 计算下列二重积分：

(1) $\iint\limits_{[a,b;c,d]} xye^{x^2+y^2}\,dxdy$；

(2) $\iint\limits_{\Omega} xy^2\,dxdy$，$\Omega$ 是由抛物线 $y^2=2px$ 和直线 $x=\dfrac{\rho}{2}(\rho>0)$ 所围的区域；

(3) $\iint\limits_{\Omega} \dfrac{dxdy}{\sqrt{2a-x}}(a>0)$，$\Omega$ 是由圆心在点 (a,a) 半径为 a 且与坐标轴相切的圆周的较短一段弧和坐标轴所围成的区域；

(4) $\iint\limits_{\Omega}(x^2+y^2)\,dxdy$，$\Omega$ 是以 $y=x, y=x+a$，$y=a$ 和 $y=3a(a>0)$ 为边的区域.

5. 证明

$$J=\int_a^b dx\int_a^x f(y)\,dy=\int_a^b f(y)(b-y)\,dy=\int_a^b f(x)(b-x)\,dx.$$

6. 设平面上区域 D 在 x 轴和 y 轴上投影长度为 l_x, l_y，D 的面积为 $|D|$，(α,β) 为 D 内任一点，证明：

(1) $\left|\iint\limits_D (x-\alpha)(y-\beta)\,dxdy\right| \leqslant l_x l_y |D|$；

(2) $\left|\iint\limits_D (x-\alpha)(y-\beta)\,dxdy\right| \leqslant \dfrac{l_x^2 l_y^2}{4}$.

7. 用极坐标计算 $\iint\limits_{\Omega} f(x,y)\,dxdy$ 时，积分限如何配置（写出下列区域上的两种逐次积分）：

(1) Ω：半圆 $x^2+y^2\leqslant a^2, y\geqslant 0$； (2) Ω：半环 $a^2\leqslant x^2+y^2\leqslant b^2, x\geqslant 0$；

(3) Ω：圆 $x^2+y^2\leqslant ay(a>0)$； (4) Ω：正方形：$0\leqslant x\leqslant a, 0\leqslant y\leqslant a$.

8. 在下列积分中引进新变量 u,v，变换下列积分：

(1) $\int_a^b dx\int_{\alpha x}^{\beta x} f(x,y)\,dy(0<a<b, 0<\alpha<\beta)$，若 $\begin{cases}u=x,\\ v=y/x;\end{cases}$

(2) $\int_0^2 dx\int_{1-x}^{2-x} f(x,y)\,dy$，若 $u=x+y, v=x-y$；

(3) $\iint\limits_{\Omega} f(x,y)\,dxdy$，其中 Ω 是由曲线 $\sqrt{x}+\sqrt{y}=\sqrt{a}$ 与坐标轴所围成的区域. 若 $\begin{cases}x=u\cos^4 v,\\ y=u\sin^4 v.\end{cases}$

9. 应用极坐标计算下列二重积分：

(1) $\iint\limits_{x^2+y^2\leqslant R^2} e^{-(x^2+y^2)}\,dxdy$；

(2) $\iint\limits_{\pi^2\leqslant x^2+y^2\leqslant 4\pi^2} \sin\sqrt{x^2+y^2}\,dxdy$；

(3) $\iint\limits_{\Omega}(x+y)\,dxdy$（$\Omega$ 是圆 $x^2+y^2\leqslant x+y$ 的内部）.

10. 求由锥面 $z=\frac{h}{R}\sqrt{x^2+y^2}$、平面 $z=0$ 及圆柱面 $x^2+y^2=R^2$ 所围的立体体积.

11. 求球面 $x^2+y^2+z^2=a^2$ 与圆柱面 $x^2+y^2=ax$ （其中 $a>0$）公共部分的体积.

12. 求由抛物线 $y^2=mx$，$y^2=nx\,(0<m<n)$ 和直线 $y=\alpha x, y=\beta x$ （$0<\alpha<\beta$）所围成区域的面积.

13. 求曲线 $\left(\frac{x^2}{a^2}+\frac{y^2}{b^2}\right)^2=\frac{xy}{c^2}$ 所围的面积.

14. 求一物体的体积，此物体的界面为：平面 $z=0$，抛物面 $2z=\frac{x^2}{a}+\frac{y^2}{b}$ 以及以球面 $x^2+y^2+(z-c)^2=c^2$ 与这个抛物面的交线为准线的正柱面（$a,b,c>0$）.

15. 求边长为 a 的正方形薄板的质量，设薄板上每一点的密度与该点距正方形某一顶点的距离成正比，且在正方形的中心处密度为 ρ_0.

§2　三重积分的计算

一、化三重积分为三次积分

先考虑积分区域是长方体的情况.

定理　设 $f(x,y,z)$ 在长方体 $[a,b;c,d;e,f]$（即 $a\leqslant x\leqslant b, c\leqslant y\leqslant d, e\leqslant z\leqslant f$）上可积，并且对 $[a,b;c,d]$ 上的任何 x,y 含参变量积分 $\int_e^f f(x,y,z)\,\mathrm{d}z$ 存在，则

$$\iiint\limits_{[a,b;c,d;e,f]} f(x,y,z)\,\mathrm{d}x\mathrm{d}y\mathrm{d}z=\iint\limits_{[a,b;c,d]}\left[\int_e^f f(x,y,z)\,\mathrm{d}z\right]\mathrm{d}x\mathrm{d}y.$$

证明方法与二重积分的证明相仿，这里不重复了.

等式右边的逐次积分常简记为

$$\iint\limits_{[a,b;c,d]}\mathrm{d}x\mathrm{d}y\int_e^f f(x,y,z)\,\mathrm{d}z,$$

由上节二重积分化为逐次积分的计算公式，就可进一步把三重积分化为三次积分来计算：

$$\iiint\limits_{[a,b;c,d;e,f]} f(x,y,z)\,\mathrm{d}x\mathrm{d}y\mathrm{d}z=\int_a^b\mathrm{d}x\int_c^d\mathrm{d}y\int_e^f f(x,y,z)\,\mathrm{d}z.$$

用类似的方法，也可以把三重积分化为先计算一个二重积分，再计算一个定积分，就是以下的公式

$$\iiint\limits_{[a,b;c,d;e,f]} f(x,y,z)\,\mathrm{d}x\mathrm{d}y\mathrm{d}z=\int_e^f\mathrm{d}z\iint\limits_{[a,b;c,d]} f(x,y,z)\,\mathrm{d}x\mathrm{d}y.$$

上面所讨论的积分区域都是长方体 $[a,b;c,d;e,f]$，对于一般的区域，有下面的结论：

设 V 为一块可求体积的空间区域，它的边界曲面和任何平行于坐标轴的直线至多相交于两点．函数 $f(x,y,z)$ 定义在区域 V 上，并且在 V 上连续．我们考虑三重积分

$$\iiint\limits_V f(x,y,z)\,dxdydz$$

化为逐次积分的问题.

设积分区域 V 的边界曲面方程为

$$z=z_1(x,y) \quad 及 \quad z=z_2(x,y),$$

区域 V 在 XY 平面上的投影为 σ_{xy}(如图 20-21),亦即区域 V 的表示为 $z_1(x,y)\leqslant z\leqslant z_2(x,y)$, $(x,y)\in\sigma_{xy}$,那么

$$\iiint\limits_V f(x,y,z)\,dxdydz$$

$$=\iint\limits_{\sigma_{xy}} dxdy\int_{z_1(x,y)}^{z_2(x,y)} f(x,y,z)\,dz.$$

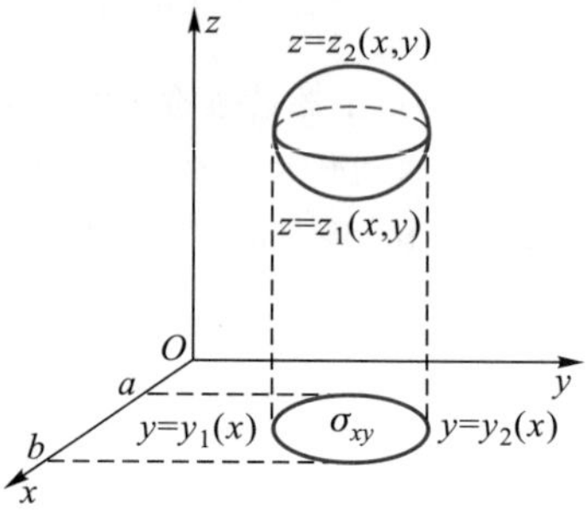

图 20-21

又若 XY 平面上的区域 σ_{xy} 为由曲线

$$y=y_1(x),y=y_2(x)\ (a\leqslant x\leqslant b)$$

所围成的区域,再按照二重积分化为定积分的计算法得

$$\iiint\limits_V f(x,y,z)\,dxdydz=\int_a^b dx\int_{y_1(x)}^{y_2(x)} dy\int_{z_1(x,y)}^{z_2(x,y)} f(x,y,z)\,dz.$$

也可以这样理解,积分限的安排是根据把积分区域 V 作为由以下不等式所描述确定的

$$z_1(x,y)\leqslant z\leqslant z_2(x,y),\ y_1(x)\leqslant y\leqslant y_2(x),a\leqslant x\leqslant b.$$

也可以把积分区域投影到 XZ 平面或 YZ 平面,得到类似的公式,这里就不一一列举了.

这些结论的证明与 §1 中的证明相仿,只要取一个包含区域 V 在内的长方体 D,并定义一个函数

$$F(x,y,z)=\begin{cases} f(x,y,z), & 当(x,y,z)属于 V,\\ 0, & 当(x,y,z)不属于 V,\end{cases}$$

再应用已经证明的长方体上三重积分化为二重积分及定积分的定理,即得证明.

例 1 计算积分

$$I=\iiint\limits_V x\,dxdydz,$$

区域 V 由三个坐标平面及平面 $x+2y+z=1$ 围成(如图 20-22). 这个区域 V 可以这样来表示,它的下底为平面 $z=0$,它的上底为平面 $z=1-x-2y$,它在 XY 平面上的投影 σ_{xy} 是由 $x=0,y=0$ 以及 $x+2y=1$ 所围成,于是

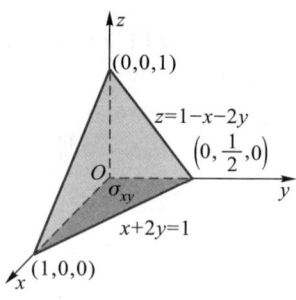

图 20-22

$$I=\iint\limits_{\sigma_{xy}} dxdy\int_0^{1-x-2y} x\,dz=\int_0^1 x\,dx\int_0^{\frac{1-x}{2}} dy\int_0^{1-x-2y} dz$$

$$=\int_0^1 x\,dx\int_0^{\frac{1-x}{2}}(1-x-2y)\,dy=\int_0^1 x\left[y-xy-y^2\right]_{y=0}^{y=\frac{1-x}{2}} dx$$

$$=\frac{1}{4}\int_0^1(x-2x^2+x^3)\mathrm{d}x=\frac{1}{48}.$$

若将区域 V 投影在 YZ 平面上再进行计算，则有

$$I=\int_0^{\frac{1}{2}}\mathrm{d}y\int_0^{1-2y}\mathrm{d}z\int_0^{1-2y-z}x\mathrm{d}x=\frac{1}{48}.$$

例 2　求 $I=\iiint\limits_V(x+y+z)\mathrm{d}x\mathrm{d}y\mathrm{d}z$，$V$ 是平面 $x+y+z=1$ 和三个坐标面所围成的区域（如图 20-23）.

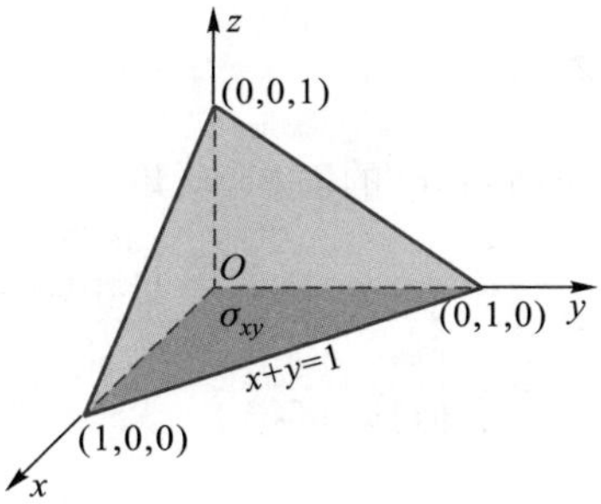

图 20-23

解　因为这区域对三个变量是对称的，并且被积函数也是对称的，因此有等式

$$\iiint\limits_V x\mathrm{d}x\mathrm{d}y\mathrm{d}z=\iiint\limits_V y\mathrm{d}x\mathrm{d}y\mathrm{d}z=\iiint\limits_V z\mathrm{d}x\mathrm{d}y\mathrm{d}z,$$

计算其中一个积分

$$\begin{aligned}\iiint\limits_V x\mathrm{d}x\mathrm{d}y\mathrm{d}z&=\iint\limits_{\sigma_{xy}}\mathrm{d}x\mathrm{d}y\int_0^{1-x-y}x\mathrm{d}z\\&=\iint\limits_{\sigma_{xy}}x(1-x-y)\mathrm{d}x\mathrm{d}y\\&=\int_0^1\left[\int_0^{1-x}x(1-x-y)\mathrm{d}y\right]\mathrm{d}x\\&=\int_0^1\left[x(1-x)^2-\frac{x}{2}(1-x)^2\right]\mathrm{d}x\\&=\int_0^1\frac{x}{2}(1-x)^2\mathrm{d}x\\&=\frac{1}{2}\int_0^1(x-2x^2+x^3)\mathrm{d}x\\&=\frac{1}{24},\end{aligned}$$

所以

$$\iiint\limits_V(x+y+z)\mathrm{d}x\mathrm{d}y\mathrm{d}z=\frac{1}{24}\times3=\frac{1}{8}.$$

例 3　计算三重积分

$$I=\iiint\limits_V(x^2+y^2+z^2)\mathrm{d}x\mathrm{d}y\mathrm{d}z,$$

V 是椭球面 $\frac{x^2}{a^2}+\frac{y^2}{b^2}+\frac{z^2}{c^2}=1$ 的内部区域（如图 20-24）.

解　$$\begin{aligned}I&=\iiint\limits_V x^2\mathrm{d}V+\iiint\limits_V y^2\mathrm{d}V+\iiint\limits_V z^2\mathrm{d}V\\&=I_1+I_2+I_3,\end{aligned}$$

过点 $(0,0,z_0)$ 作和平面 XY 平行的平面，与椭球截得区域记为 σ_{z_0}，则 σ_{z_0} 就是 $z=z_0$ 平面上的椭圆

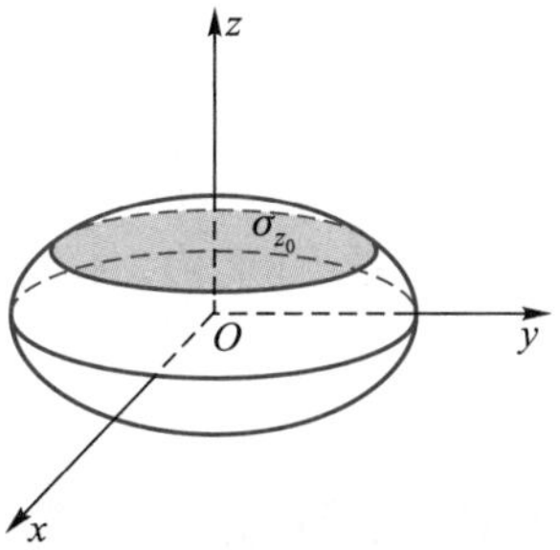

图 20-24

$$\frac{x^2}{a^2\left(1-\frac{z_0^2}{c^2}\right)}+\frac{y^2}{b^2\left(1-\frac{z_0^2}{c^2}\right)}=1,$$

于是
$$I_3=\iiint\limits_V z^2\mathrm{d}x\mathrm{d}y\mathrm{d}z=\int_{-c}^{c}\left(\iint\limits_{\sigma_z}z^2\mathrm{d}x\mathrm{d}y\right)\mathrm{d}z,$$

因为
$$\iint\limits_{\sigma_z}\mathrm{d}x\mathrm{d}y=\pi ab\left(1-\frac{z^2}{c^2}\right)$$

为椭圆 σ_z 的面积,所以

$$I_3=\iiint\limits_V z^2\mathrm{d}x\mathrm{d}y\mathrm{d}z=\int_{-c}^{c}\pi z^2 ab\left(1-\frac{z^2}{c^2}\right)\mathrm{d}z=\frac{4}{15}\pi abc^3.$$

类似地,可得
$$\iiint\limits_V x^2\mathrm{d}x\mathrm{d}y\mathrm{d}z=\frac{4}{15}\pi a^3bc,$$

$$\iiint\limits_V y^2\mathrm{d}x\mathrm{d}y\mathrm{d}z=\frac{4}{15}\pi ab^3c,$$

所以
$$\iiint\limits_V(x^2+y^2+z^2)\mathrm{d}x\mathrm{d}y\mathrm{d}z=\frac{4}{15}\pi abc(a^2+b^2+c^2).$$

二、三重积分的变量替换

关于三重积分的变量替换,与二重积分相仿,设作变换

$$\begin{cases}x=x(u,v,w),\\ y=y(u,v,w),\\ z=z(u,v,w),\end{cases}$$

且
$$J=\frac{D(x,y,z)}{D(u,v,w)}\neq 0.$$

假设这些函数建立了区域 V 的点 (x,y,z) 与区域 V' 的点 (u,v,w) 之间的一一对应关系,并且这些函数都在所论区域上有连续偏导数. 这时存在逆变换

$$\begin{cases}u=u(x,y,z),\\ v=v(x,y,z),\\ w=w(x,y,z),\end{cases}$$

于是三重积分的换元法则为

$$\begin{aligned}&\iiint\limits_V f(x,y,z)\mathrm{d}x\mathrm{d}y\mathrm{d}z\\ =&\iiint\limits_{V'}f[x(u,v,w),y(u,v,w),z(u,v,w)]\,|J|\,\mathrm{d}u\mathrm{d}v\mathrm{d}w,\end{aligned}$$

在坐标系 UVW 内,体积元素为

$$\mathrm{d}V=\left|\frac{D(x,y,z)}{D(u,v,w)}\right|\mathrm{d}u\mathrm{d}v\mathrm{d}w,$$

当雅可比行列式 $\frac{D(x,y,z)}{D(u,v,w)}$ 在区域 V 的个别点上或某条曲线、某块曲面上等于零,而在其他点处非零时,换元法则仍成立.

下面给出两种最常用的坐标变换：

(1) 柱面坐标

设空间一点 $M(x,y,z)$ 在 XY 平面上的投影为 $P(x,y,0)$，设点 P 的极坐标为 $(r,\theta,0)$，则 (r,θ,z) 叫做点 M 的**柱面坐标**，其中 r 是点 M 到 z 轴的距离 $(0\leqslant r<+\infty)$，θ 是平面 XZ 与平面 POM 的交角 $(0\leqslant\theta\leqslant 2\pi)$（如图 20-25）.

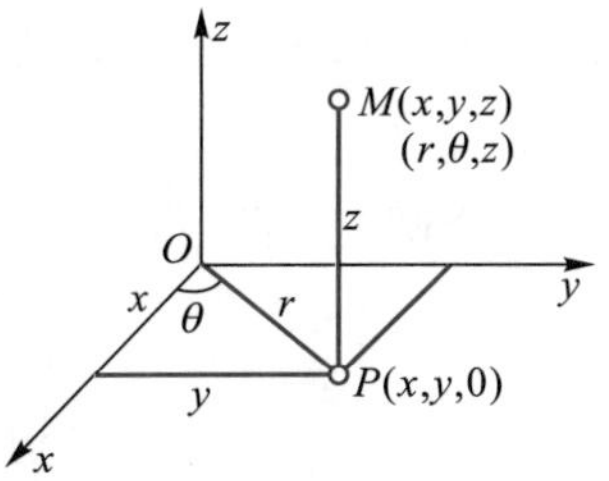

图 20-25

在柱面坐标系中，三族坐标面为：$r=$ 常数，即以 z 轴为轴的圆柱面，半径是 r；$\theta=$ 常数，即过 z 轴的半平面，它和 ZX 平面的夹角为 θ；$z=$ 常数，即平行于 XY 平面的平面. 这三族曲（平）面，两两正交，所以柱面坐标系是正交坐标系.

点 M 的直角坐标 (x,y,z) 与它的柱面坐标 (r,θ,z) 之间的关系为

$$\begin{cases} x = r\cos\theta, \\ y = r\sin\theta, \\ z = z \end{cases}$$

（这里 $0<r<+\infty$，$0\leqslant\theta<2\pi$，$-\infty<z<+\infty$），此时变换的雅可比行列式为

$$J = r,$$

于是在柱面坐标下，体积元素为 $r\mathrm{d}r\mathrm{d}\theta\mathrm{d}z$. 它有着明显的几何意义：考虑由两个半径为 r 及 $r+\mathrm{d}r$ 的圆柱面，两个高为 z 及 $z+\mathrm{d}z$ 的平面，及两个通过 z 轴且与 XZ 平面的夹角为 θ 及 $\theta+\mathrm{d}\theta$ 的半平面所围成的小块（如图 20-26）. 当 $\mathrm{d}r$，$\mathrm{d}\theta$，$\mathrm{d}z$ 充分小时，这个小块可以近似地视为一块长方体，其三边各为 $\mathrm{d}r, r\mathrm{d}\theta, \mathrm{d}z$，故体积为 $r\mathrm{d}r\mathrm{d}\theta\mathrm{d}z$. 因此，作柱面坐标变换时，有

$$\iiint\limits_V f(x,y,z)\,\mathrm{d}V = \iiint\limits_{V'} f(r\cos\theta, r\sin\theta, z)\,r\mathrm{d}r\mathrm{d}\theta\mathrm{d}z,$$

这就是直角坐标中三重积分变换为柱面坐标中三重积分的计算公式.

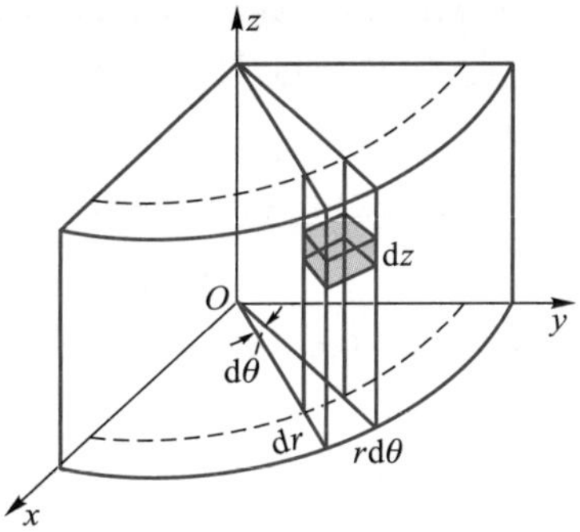

图 20-26

这个三重积分可以化为逐次积分来计算. 一般总是将区域 V' 投影在 (r,θ) 平面上，记 V' 在 (r,θ) 平面上的投影为 $\sigma_{r\theta}$，将三重积分化为

$$\iiint\limits_{V'} f r\mathrm{d}r\mathrm{d}\theta\mathrm{d}z = \iint\limits_{\sigma_{r\theta}} r\mathrm{d}r\mathrm{d}\theta\int_{z_1(r,\theta)}^{z_2(r,\theta)} f\mathrm{d}z,$$

先对 z 积分，然后再计算平面区域 $\sigma_{r\theta}$ 上的二重积分，而这个二重积分就是极坐标下的二重积分.

例 4　求 $I=\iiint\limits_V z\mathrm{d}x\mathrm{d}y\mathrm{d}z$，$V$ 是球面 $x^2+y^2+z^2=4$ 与抛物面 $x^2+y^2=3z$ 所围部分，用柱面坐标作变换，上面两个曲面方程分别变换为

$$r^2+z^2=4 \quad 及 \quad r^2=3z.$$

它们的交线是

$$\begin{cases} z = 1, \\ r = \sqrt{3}, \end{cases}$$

因此 V 在 (r,θ) 平面上的投影 $\sigma_{r\theta}$ 为

$$r = \sqrt{3}\ (\text{在 } z = 0 \text{ 平面上})$$

是一个圆，于是

$$I = \iint\limits_{\sigma_{r\theta}} r\mathrm{d}r\mathrm{d}\theta \int_{\frac{1}{3}r^2}^{\sqrt{4-r^2}} z\mathrm{d}z$$

$$= \int_0^{2\pi} \mathrm{d}\theta \int_0^{\sqrt{3}} r\mathrm{d}r \int_{\frac{1}{3}r^2}^{\sqrt{4-r^2}} z\mathrm{d}z = \frac{13}{4}\pi.$$

（2）球面坐标

设空间一点 $M(x,y,z)$ 在 XY 平面上的投影为点 $P(x,y,0)$，$OM=\rho\ (0\leqslant\rho<+\infty)$，$\varphi$ 是有向线段 OM 与 z 轴的正向之间的交角 $(0\leqslant\varphi\leqslant\pi)$，$\theta$ 是两平面 XZ 与 POM 的交角 $(0\leqslant\theta\leqslant 2\pi)$，则 (ρ,φ,θ) 叫做点 M 的**球面坐标**（如图 20-27）.

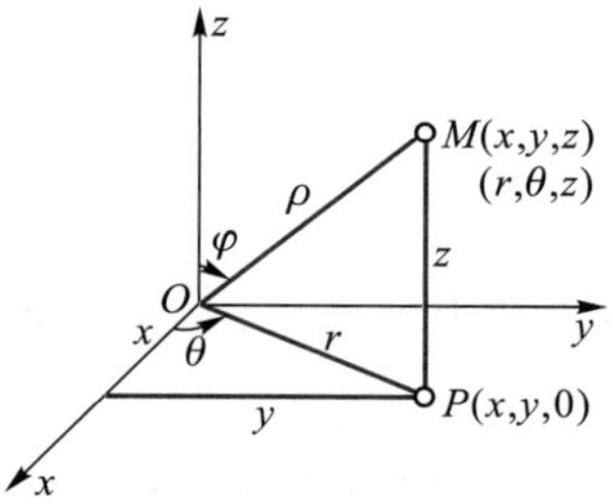

图 20-27

在球面坐标中同样有三族坐标面：$\rho=$常数，即以原点为中心的球面；$\varphi=$常数，即以原点为顶点，z 轴为轴的圆锥面；$\theta=$常数，即过 z 轴的半平面．这三族曲（平）面两两正交，所以球面坐标系也是正交坐标系．

设点 P 是点 M 在 XY 平面的垂直投影，并设 $OP=r$，则 P 点的极坐标为 $x=r\cos\theta$，$y=r\sin\theta$. 又从直角三角形 OMP 中，有 $r=\rho\sin\varphi$，$z=\rho\cos\varphi$. 所以，点 M 的直角坐标与它的球面坐标的关系为

$$x=\rho\sin\varphi\cos\theta,\ y=\rho\sin\varphi\sin\theta,\ z=\rho\cos\varphi,$$

其中 $\rho\geqslant 0$，$0\leqslant\theta<2\pi$，$0\leqslant\varphi\leqslant\pi$，变换的雅可比行列式为

$$J=\rho^2\sin\varphi,$$

所以在球面坐标中，体积元素为

$$\mathrm{d}V=\rho^2\sin\varphi\mathrm{d}\rho\mathrm{d}\varphi\mathrm{d}\theta,$$

于是得到

$$\iiint\limits_V f(x,y,z)\mathrm{d}V$$

$$=\iiint\limits_{V'} f(\rho\sin\varphi\cos\theta,\rho\sin\varphi\sin\theta,\rho\cos\varphi)\rho^2\sin\varphi\mathrm{d}\rho\mathrm{d}\varphi\mathrm{d}\theta,$$

这就是直角坐标中三重积分变换为球面坐标中三重积分的计算公式．

有时，取 $\angle MOP$ 作为 φ，这时点 M 的直角坐标与它的球面坐标的关系成为

$$x=\rho\cos\varphi\cos\theta,\ y=\rho\cos\varphi\sin\theta, z=\rho\sin\varphi,$$

而 $\rho\geqslant 0, 0\leqslant\theta<2\pi$，$-\dfrac{\pi}{2}\leqslant\varphi\leqslant\dfrac{\pi}{2}$，变换的雅可比行列式变为

$$J=\rho^2\cos\varphi.$$

相应地，体积元素为

$$dV=\rho^2\cos\varphi d\rho d\varphi d\theta.$$

例 5　设 V 为球面 $x^2+y^2+z^2=2rz(r>0)$ 和锥面（以 z 轴为轴，顶角为 2α）所围的部分（如图 20－28）．求 V 的体积．

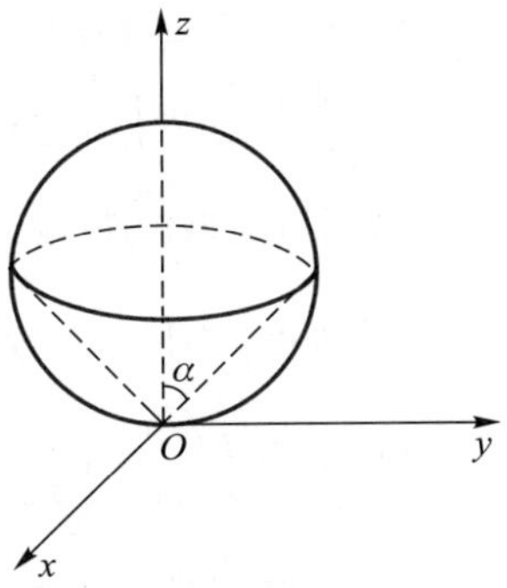

图 20－28

利用球面坐标，此时上面两个曲面的方程变换为

$$\rho=2r\cos\varphi,$$

$$\varphi=\alpha,$$

于是体积为

$$V=\int_0^{2\pi}d\theta\int_0^{\alpha}\sin\varphi d\varphi\int_0^{2r\cos\varphi}\rho^2 d\rho$$

$$=2\pi\cdot\frac{8r^3}{3}\int_0^{\alpha}\cos^3\varphi\sin\varphi d\varphi=\frac{4\pi r^3}{3}(1-\cos^4\alpha).$$

例 6　求曲面

$$\left(\frac{x^2}{a^2}+\frac{y^2}{b^2}+\frac{z^2}{c^2}\right)^2=ax\ (a,b,c>0)$$

所围成区域的体积．

解　从方程本身知 $x\geqslant0$，作变数变换

$$\begin{cases}x=a\rho\sin\varphi\cos\theta,\\ y=b\rho\sin\varphi\sin\theta,\\ z=c\rho\cos\varphi\end{cases}$$

（其中 $\rho\geqslant0$，$0\leqslant\theta<2\pi$，$0\leqslant\varphi\leqslant\pi$）．这个变换称为**广义的球面坐标变换**．

这时有

$$\left|\frac{D(x,y,z)}{D(\rho,\varphi,\theta)}\right|=abc\rho^2|\sin\varphi|,$$

曲面方程变为

$$\rho^3=a^2\sin\varphi\cos\theta,$$

所以体积为

$$V=\iiint\limits_V abc\rho^2|\sin\varphi|d\rho d\varphi d\theta$$

$$=abc\int_{-\frac{\pi}{2}}^{\frac{\pi}{2}}d\theta\int_0^{\pi}\sin\varphi d\varphi\int_0^{(a^2\sin\varphi\cos\theta)^{1/3}}\rho^2 d\rho$$

$$=\frac{a^3bc}{3}\int_{-\frac{\pi}{2}}^{\frac{\pi}{2}}\cos\theta d\theta\int_0^{\pi}\sin^2\varphi d\varphi=\frac{\pi a^3bc}{3}.$$

习　题

1．计算下列三重积分：

（1）$\iiint\limits_V xy^2z^3dxdydz$，其中 V 由曲面 $z=xy,y=x,z=0,x=1$ 所围成；

（2）$\iiint\limits_V xyzdxdydz$，其中 V 由曲面 $x^2+y^2+z^2=1$，$x\geqslant0$，$y\geqslant0$，$z\geqslant0$ 围成．

2. 指出下列三重积分的区域 V 的形状并改变积分次序：

(1) $\int_0^1 dx\int_0^{1-x} dy\int_0^{x+y} f(x,y,z)\,dz$；

(2) $\int_0^1 dx\int_0^{x} dy\int_0^{xy} f(x,y,z)\,dz$；

(3) $\int_1^2 dx\int_0^{1} dy\int_{1-x-y}^{0} f(x,y,z)\,dz$；

(4) $\int_{-1}^1 dx\int_{-\sqrt{1-x^2}}^{\sqrt{1-x^2}} dy\int_{\sqrt{x^2+y^2}}^{1} f(x,y,z)\,dz$；

(5) $\int_0^1 dx\int_0^{1} dy\int_0^{x^2+y^2} f(x,y,z)\,dz$.

3. 计算下列三重积分：

(1) $\iiint\limits_V z\,dx\,dy\,dz$，其中积分区域 V 是由球面 $x^2+y^2+z^2=4$ 与抛物面 $z=\frac{1}{3}(x^2+y^2)$ 所围成的立体；

(2) $\iiint\limits_V (x^2+y^2+z^2)\,dV$，其中 V 是 $x^2+y^2+z^2\leqslant 1$；

(3) $\iiint\limits_V z^2\,dx\,dy\,dz$，其中 V 由两个球 $x^2+y^2+z^2\leqslant R^2$，$x^2+y^2+z^2\leqslant 2Rz$ 的公共部分所组成；

(4) $\iiint\limits_V \sqrt{1-\frac{x^2}{a^2}-\frac{y^2}{b^2}-\frac{z^2}{c^2}}\,dx\,dy\,dz$，其中 V 为椭球 $\frac{x^2}{a^2}+\frac{y^2}{b^2}+\frac{z^2}{c^2}\leqslant 1$.

4. 利用球面坐标或柱面坐标计算下列曲面所围体积：

(1) $x^2+y^2+z^2=4R^2$ 的内部被 $x^2+y^2=2Rx$ 所划出的部分；

(2) $(x^2+y^2+z^2)^3=3xyz$.

5. 利用适当的坐标变换计算下列曲面所围体积：

(1) $\left(\frac{x^2}{a^2}+\frac{y^2}{b^2}+\frac{z^2}{c^2}\right)^2=\frac{x^2}{a^2}+\frac{y^2}{b^2}$

（提示：可令 $x=a\rho\cos\theta\cos\varphi, y=b\rho\cos\theta\sin\varphi, z=c\rho\sin\theta$）；

(2) $\left(\frac{x}{a}+\frac{y}{b}\right)^2+\left(\frac{z}{c}\right)^2=1\ (x>0,y>0,z>0,a,b,c>0)$；

(3) $z=x^2+y^2$，$z=2(x^2+y^2)$，$xy=a^2$，$xy=2a^2$，$x=2y$，$2x=y$（其中 $x,y>0$）.

§3　积分在物理上的应用

一、质心

在第八章定积分的应用中，已经叙述了弧的质心和平面图形的质心，现在用类似的讨论方法叙述一般物体的质心.

设 Ω 为一块可以度量的几何体，它的密度函数为 $\rho(M)$. 又假设 $\rho(M)$ 为 Ω 上的连续函数，将几何体 Ω 划分为若干可度量的小块 $\Delta\Omega_1,\Delta\Omega_2,\cdots,\Delta\Omega_n$，记它们的度量大小亦为 $\Delta\Omega_1,\Delta\Omega_2,\cdots,\Delta\Omega_n$. 令 $d=\max\limits_{1\leqslant i\leqslant n}\{\Delta\Omega_i$ 的直径$\}$，当 d 充分小时，每一个小块 $\Delta\Omega_i$ 的质量近似地等于 $\rho(M_i)\Delta\Omega_i$，这里 $M_i(x_i,y_i,z_i)$ 为 $\Delta\Omega_i$ 上的任意一点（如

果 Ω 为平面上的一块几何体，例如为 XY 平面上可求面积的图形，那么每一点只有 x 坐标和 y 坐标）．于是几何体 Ω 的质心坐标 x_G,y_G,z_G 将分别近似地等于以下三个量：

$$\frac{\sum_{i=1}^{n}x_i\rho(M_i)\Delta\Omega_i}{\sum_{i=1}^{n}\rho(M_i)\Delta\Omega_i},\quad\frac{\sum_{i=1}^{n}y_i\rho(M_i)\Delta\Omega_i}{\sum_{i=1}^{n}\rho(M_i)\Delta\Omega_i},\quad\frac{\sum_{i=1}^{n}z_i\rho(M_i)\Delta\Omega_i}{\sum_{i=1}^{n}\rho(M_i)\Delta\Omega_i}.$$

令 $d\to0$，上述三个量的极限可用积分表示，它们正是几何体 Ω 的质心的三个坐标 x_G,y_G,z_G：

$$x_G=\frac{\int_\Omega x\rho(M)\,\mathrm{d}\Omega}{\int_\Omega\rho(M)\,\mathrm{d}\Omega}=\frac{\int_\Omega x\mathrm{d}m}{\int_\Omega\mathrm{d}m},$$

$$y_G=\frac{\int_\Omega y\rho(M)\,\mathrm{d}\Omega}{\int_\Omega\rho(M)\,\mathrm{d}\Omega}=\frac{\int_\Omega y\mathrm{d}m}{\int_\Omega\mathrm{d}m},$$

$$z_G=\frac{\int_\Omega z\rho(M)\,\mathrm{d}\Omega}{\int_\Omega\rho(M)\,\mathrm{d}\Omega}=\frac{\int_\Omega z\mathrm{d}m}{\int_\Omega\mathrm{d}m},$$

这里 $\mathrm{d}m=\rho(M)\,\mathrm{d}\Omega$.

具体地说，如果几何体 Ω 是空间一块体积 V，那么这块体积的质心坐标应为

$$x_G=\frac{\iiint_V x\rho(x,y,z)\,\mathrm{d}x\mathrm{d}y\mathrm{d}z}{\iiint_V\rho(x,y,z)\,\mathrm{d}x\mathrm{d}y\mathrm{d}z},$$

$$y_G=\frac{\iiint_V y\rho(x,y,z)\,\mathrm{d}x\mathrm{d}y\mathrm{d}z}{\iiint_V\rho(x,y,z)\,\mathrm{d}x\mathrm{d}y\mathrm{d}z},$$

$$z_G=\frac{\iiint_V z\rho(x,y,z)\,\mathrm{d}x\mathrm{d}y\mathrm{d}z}{\iiint_V\rho(x,y,z)\,\mathrm{d}x\mathrm{d}y\mathrm{d}z}.$$

例 1　求一均匀的球顶锥体（如图20-29）的质心．设该球的球心在原点，半径为 a. 锥体的顶点在原点，轴为 z 轴，锥面与 z 轴交角为 $\alpha\left(0<\alpha<\frac{\pi}{2}\right)$，由于这块几何体 V 关于 z 轴对称，并且密度 ρ 为常数，所以

$$x_G=y_G=0,$$

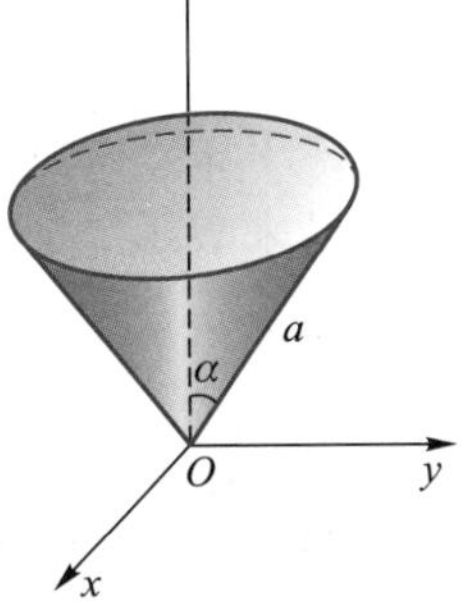

图 20-29

$$z_G=\frac{\iiint\limits_V z\mathrm{d}V}{\iiint\limits_V \mathrm{d}V},$$

而

$$\iiint\limits_V z\mathrm{d}V=\int_0^{2\pi}\mathrm{d}\theta\int_{\frac{\pi}{2}-\alpha}^{\frac{\pi}{2}}\mathrm{d}\varphi\int_0^{\alpha}r^2\cos\varphi\cdot r\sin\varphi\mathrm{d}r$$

$$=\frac{1}{4}\pi a^4(1-\cos^2\alpha),$$

$$\iiint\limits_V \mathrm{d}V=\int_0^{2\pi}\mathrm{d}\theta\int_{\frac{\pi}{2}-\alpha}^{\frac{\pi}{2}}\mathrm{d}\varphi\int_0^{\alpha}r^2\cos\varphi\mathrm{d}r=\frac{2}{3}\pi a^3(1-\cos\alpha),$$

于是

$$z_G=\frac{3}{8}(1+\cos\alpha)a.$$

二、矩

设 V 为一块可度量的几何形体（以下总设它是一块空间体积，对于其他几何形体可同样讨论），它的密度函数为 $\rho(M)$，并设 $\rho(M)$ 在 V 上连续．分别称（$k\geqslant0$）

$$\iiint\limits_V x^k\rho(x,y,z)\mathrm{d}x\mathrm{d}y\mathrm{d}z,\ \iiint\limits_V y^k\rho(x,y,z)\mathrm{d}x\mathrm{d}y\mathrm{d}z,$$

$$\iiint\limits_V z^k\rho(x,y,z)\mathrm{d}x\mathrm{d}y\mathrm{d}z$$

为物体 V 关于坐标平面 YZ，坐标平面 ZX，坐标平面 XY 的 k 阶矩．这些量在物理、力学上起着重要作用．

其中当 $k=0,1,2$ 的情形更为重要．当 $k=0$ 时称为**零阶矩**，表示物体 V 的质量．当 $k=1$ 时称为**静矩**．静矩与物体质量之商为该物体的质心的坐标．当 $k=2$ 时称为**转动惯量**．

又分别称

$$I_{Oz}=\iiint\limits_V (x^2+y^2)\rho(x,y,z)\mathrm{d}x\mathrm{d}y\mathrm{d}z,$$

$$I_{Ox}=\iiint\limits_V (y^2+z^2)\rho(x,y,z)\mathrm{d}x\mathrm{d}y\mathrm{d}z,$$

$$I_{Oy}=\iiint\limits_V (z^2+x^2)\rho(x,y,z)\mathrm{d}x\mathrm{d}y\mathrm{d}z$$

为物体 V 关于 z 轴，x 轴，y 轴的转动惯量，对轴的转动惯量容易用对坐标平面的转动惯量来表示．

如记　$I_{xy}=\iiint\limits_V z^2\rho\mathrm{d}x\mathrm{d}y\mathrm{d}z$，$I_{yz}=\iiint\limits_V x^2\rho\mathrm{d}x\mathrm{d}y\mathrm{d}z$，$I_{zx}=\iiint\limits_V y^2\rho\mathrm{d}x\mathrm{d}y\mathrm{d}z$，

那么　$I_{Oz}=I_{yz}+I_{zx}$，$I_{Ox}=I_{zx}+I_{xy}$，$I_{Oy}=I_{xy}+I_{yz}$.

例 2　计算由平面

$$\frac{x}{a}+\frac{y}{b}+\frac{z}{c}=1(a>0,b>0,c>0),$$

$$x=0,\ y=0,\ z=0$$

所围成的均匀物体(如图 20-30)(设 $\rho=1$)对于坐标平面的转动惯量.

$$I_{xy}=\iiint_V z^2\,\mathrm{d}x\mathrm{d}y\mathrm{d}z,$$

$$=\int_0^c z^2\,\mathrm{d}z\int_0^{b\left(1-\frac{z}{c}\right)}\mathrm{d}y\int_0^{a\left(1-\frac{y}{b}-\frac{z}{c}\right)}\mathrm{d}x=\frac{abc^3}{60},$$

同样可得　$I_{yz}=\dfrac{a^3bc}{60}$，　$I_{zx}=\dfrac{ab^3c}{60}$.

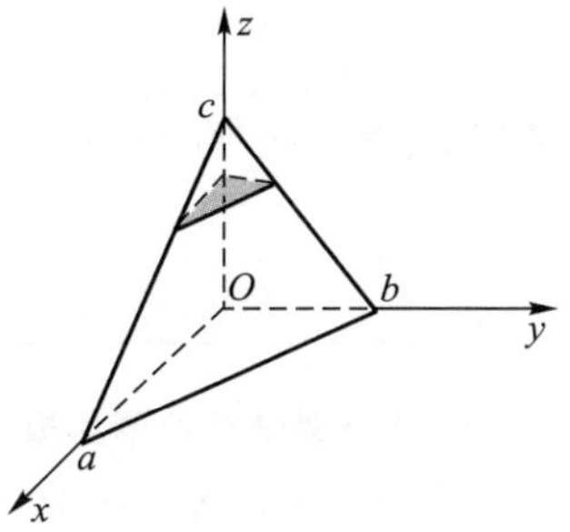

图 20-30

三、引力

设一块可以度量的几何体 Ω,$M(x_0,y_0,z_0)$为 Ω 外一点,几何体 Ω 的密度函数 $\rho(N)(N\in\Omega)$为 Ω 上的连续函数,质点 M 具有单位质量. 现在来考虑几何体 Ω 对质点 M 的引力 $\boldsymbol{F}$,将 Ω 分为若干可度量的小块 $\Delta\Omega_i(i=1,2,\cdots,n)$,并把每一小块 $\Delta\Omega_i$ 度量大小仍记为 $\Delta\Omega_i$. 令 $d=\max\limits_{i\leqslant 1\leqslant n}\{\Delta\Omega_i$ 的直径$\}$,当 d 充分小时,每一小块 $\Delta\Omega_i$ 对质点 M 的引力 $\boldsymbol{F}_i$ 的大小近似地为(也就是 $|\boldsymbol{F}_i|$ 近似地为)

$$K\frac{\rho(N_i)\Delta\Omega_i}{r_i^2}$$

(K 为引力常数,N_i 为 $\Delta\Omega_i$ 上任意一点,它的坐标为(x_i,y_i,z_i),r_i 为 N_i 和 M 之间距离,$r_i=\sqrt{(x_i-x_0)^2+(y_i-y_0)^2+(z_i-z_0)^2}$),所以 $\boldsymbol{F}_i$ 在三个坐标轴上的分量分别为

$$K\frac{\rho(N_i)(x_i-x_0)\Delta\Omega_i}{r_i^3},\quad K\frac{\rho(N_i)(y_i-y_0)\Delta\Omega_i}{r_i^3},$$

$$K\frac{\rho(N_i)(z_i-z_0)\Delta\Omega_i}{r_i^3},$$

由于引力 $\boldsymbol{F}$ 是向量,它应服从向量加法,即和的分量等于各部分 $\boldsymbol{F}_i$ 的分量之和,因此几何体 Ω 对质点 M 的引力 $\boldsymbol{F}$ 在三个坐标轴上的分量应分别近似等于

$$F_x^*=K\sum_{i=1}^n\frac{\rho(N_i)(x_i-x_0)\Delta\Omega_i}{r_i^3},$$

$$F_y^*=K\sum_{i=1}^n\frac{\rho(N_i)(y_i-y_0)\Delta\Omega_i}{r_i^3},$$

$$F_z^*=K\sum_{i=1}^n\frac{\rho(N_i)(z_i-z_0)\Delta\Omega_i}{r_i^3},$$

当 $d\to 0$ 时,以上三个量的极限就是所要求的引力在三个坐标轴上的分量 F_x,F_y,F_z,按积分的定义,即得

$$F_x=K\int_\Omega\frac{\rho(N)(x-x_0)}{r^3}\,\mathrm{d}\Omega,$$

$$F_y=K\int_\Omega\frac{\rho(N)(y-y_0)}{r^3}\,\mathrm{d}\Omega,$$

$$F_z = K\int_{\Omega} \frac{\rho(N)(z-z_0)}{r^3}\,\mathrm{d}\Omega,$$

这里　$r=\sqrt{(x-x_0)^2+(y-y_0)^2+(z-z_0)^2}$.

习　题

1. 求下列曲线所围薄板的质心坐标:

(1) $ay=x^2$, $x+y=2a$ $(a>0)$;

(2) $r=a(1+\cos\varphi)$ $(0\leqslant\varphi\leqslant\pi)$.

2. 求由下列曲面所围的物体的质心:

(1) $\frac{x^2}{a^2}+\frac{y^2}{b^2}+\frac{z^2}{c^2}=1$, $x\geqslant0,y\geqslant0,z\geqslant0$;

(2) $z=x^2+y^2$, $x+y=a$, $x=0,y=0,z=0$.

3. 求均匀分布于两个圆 $r=2\sin\theta$ 及 $r=4\sin\theta$ 之间的区域上的质量的质心.

4. 在某一生产过程中,要在半圆形的直边上添上一个边与直径等长的矩形,使整个平面图形的质心落在圆心上,试求矩形的另一边长,其中半圆形和添加的矩形具有相同的均匀密度.

5. 求均匀分布在由 $y=x^2$ 与 $y=1$ 所围成的平面图形上的质量关于直线 $y=-1$ 的转动惯量.

6. 求由下列曲面所围均匀体对于所给轴的转动惯量:

(1) $z=x^2+y^2$, $x+y=\pm1$, $x-y=\pm1$, $z=0$ 关于 z 轴;

(2) 长方体关于它的一棱.

7. 求均匀薄片 $x^2+y^2\leqslant R^2$, $z=0$ 对于 z 轴上一点 $(0,0,c)$ $(c>0)$ 处单位质量的引力.

8. 求均匀柱体 $x^2+y^2\leqslant a^2$, $0\leqslant z\leqslant h$ 对于 $P(0,0,c)$ $(c>h)$ 点处的单位质量的引力.

§4　反常重积分

对于重积分,也可以作两方面的拓广:无界区域上的积分和无界函数的积分.本节只讲述有关概念和柯西判别法.

定义 1　设 D 是平面上一无界区域(如全平面、半平面、有限区域的外部等). 函数 $f(N)$ 在 D 上各点 N 有定义,用任意光滑曲线 γ 在 D 中划出有限区域 σ(如图20-31). 设二重积分 $\iint\limits_{\sigma} f(N)\,\mathrm{d}\sigma$ 存在,当曲线 γ 连续变动,使所划出的区域 σ 无限扩展而趋于区域 D 时,如果不论 γ 的形状如何,也不论扩展的过程怎样,而

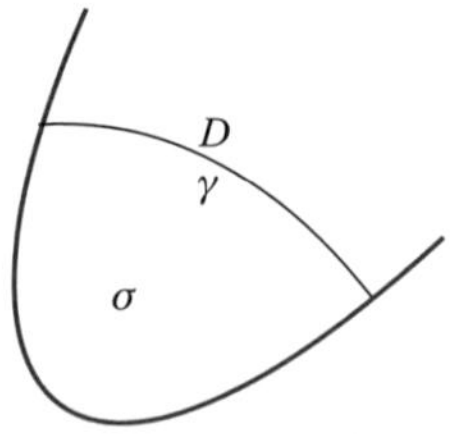

图 20-31

$$\lim_{\sigma\to D}\iint\limits_{\sigma} f(N)\,\mathrm{d}\sigma$$

常有同一极限值 I,就称 I 是**函数 $f(N)$ 在无界区域 D 上的反常二重积分**,记为

$$I=\iint_D f(N)\,\mathrm{d}\sigma,$$

这时也称函数 $f(N)$ 在 D 上的积分收敛. 否则,称积分是发散的.

反常重积分有以下性质和收敛判别法.

1. 非负函数的反常重积分

在上面的定义中,γ 是任意的光滑曲线,它将 D 划出一个有限区域 σ,然后将 σ 扩展而趋于 D,不论这一扩展过程的方式是怎样的,$\lim\limits_{\sigma\to D}\iint\limits_{\sigma} f(N)\,\mathrm{d}\sigma$ 总有同一极限. 但当 $f(N)$ 在 D 内非负,那么只要 σ 以一种特殊方式扩展趋于 D 时,极限

$$\lim_{\sigma\to D}\iint_{\sigma} f(N)\,\mathrm{d}\sigma=I$$

存在,则可断言反常重积分 $\iint\limits_D f(N)\,\mathrm{d}\sigma$ 收敛,其值为 I.

2. 可积和绝对可积的关系

在一元函数的反常积分中已经知道,如果 $|f(x)|$ 在 $[a,+\infty)$ 内可积,则 $f(x)$ 也在 $[a,+\infty)$ 内可积,但反之不然. 在反常重积分中却没有这一性质,我们将不加证明地给出以下结论:在反常重积分中,$\iint\limits_D f(N)\,\mathrm{d}\sigma$ 和 $\iint\limits_D |f(N)|\,\mathrm{d}\sigma$ 同时收敛或同时发散.

3. 柯西判别法

柯西判别法　设 $f(N)$ 在无界区域 D 上的任意有界区域上二重积分存在,如果 $f(N)$ 在 D 内离原点相当远处满足

$$|f(N)|\leqslant\frac{c}{r^{p}},$$

其中 c 为正的常数,r 是 N 点到原点的距离,且 $p>2$,那么积分

$$\iint_D f(N)\,\mathrm{d}\sigma$$

收敛.

证明　作

$$F(x,y)=\begin{cases}f(x,y), & (x,y)\in D,\\ 0, & 其他.\end{cases}$$

$F(x,y)$ 是定义在整个平面 $\mathbf{R}^2$ 上的函数. 利用极坐标代换有

$$\begin{aligned}\iint_D |f(x,y)|\,\mathrm{d}x\mathrm{d}y&=\iint_{\mathbf{R}^2}|F(x,y)|\,\mathrm{d}x\mathrm{d}y\\&=\int_0^{2\pi}\mathrm{d}\theta\int_0^{+\infty}|F(r\cos\theta,r\sin\theta)|\,r\mathrm{d}r,\end{aligned}$$

由已知条件,对充分大的 r(例如 $r\geqslant r_0$)有

$$\left|F(r\cos\theta,r\sin\theta)\right|\cdot r\leqslant\frac{c}{r^{p-1}},$$

所以

$$\iint_D \left|f(x,y)\right| \mathrm{d}x\mathrm{d}y \leqslant \int_0^{2\pi} \mathrm{d}\theta \int_0^{r_0} |F(r\cos\theta, r\sin\theta)| r\mathrm{d}r + \int_0^{2\pi} \mathrm{d}\theta \int_{r_0}^{+\infty} \frac{c}{r^{p-1}} \mathrm{d}r,$$

右端第一个积分为非反常积分，第二个积分是收敛的反常积分（因为 $p>2$），于是左端的积分收敛，即 $|f(x,y)|$ 在 D 内可积，从而 $f(x,y)$ 也在 D 内可积 .

下面给出无界函数的反常重积分 .

定义 2　设 $f(N)$ 在有界区域 Σ 上有奇点或奇线（函数在这些点或线的附近无界）. 以 Σ 中的光滑曲线 γ 来隔开奇点或奇线（如图 20-32），γ 所围的区域记为 Δ. 如果在区域 $\Sigma-\Delta$ 上的积分 $\iint\limits_{\Sigma-\Delta} f(N)\mathrm{d}\sigma$ 存在，且当 Δ 收缩到奇点或奇线时，这些积分的极限值存在且与 γ 的取法和收缩的方式无关，则称这极限值是 Σ 上的**无界函数的反常二重积分**，记为

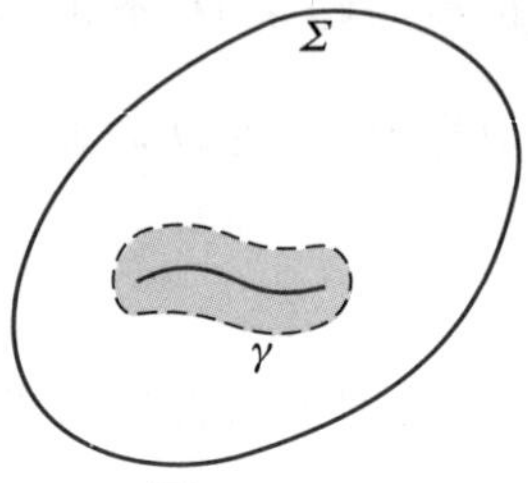

图 20-32

$$\iint_\Sigma f(\sigma)\mathrm{d}\sigma .$$

并称 $f(\sigma)$ 在 Σ 上的反常积分收敛，否则称发散 .

和无界区域上的反常重积分相仿，无界函数的反常重积分也有相应的性质和判别法 . 下面仅给出柯西判别法 .

柯西判别法　设在 Σ 内函数 $f(N)$ 有奇点 B，如果对于和 B 充分邻近的点 N，有

$$|f(N)| \leqslant \frac{c}{r^p},$$

其中 r 是 N 与 B 点的距离，且 $p<2$. 那么积分

$$\iint_\Sigma f(N)\mathrm{d}\sigma$$

收敛 .

例 1　考虑积分

$$\iint_{[0,1;0,1]} \frac{y\mathrm{d}x\mathrm{d}y}{\sqrt{x}},$$

$x=0$ 是奇线 .

以 $x=\varepsilon>0$ 的直线分开奇线，那么

$$\iint_{[\varepsilon,1;0,1]} \frac{y\mathrm{d}x\mathrm{d}y}{\sqrt{x}} = \int_0^1 y\mathrm{d}y \int_\varepsilon^1 \frac{\mathrm{d}x}{\sqrt{x}} = \frac{1}{2}\cdot 2\sqrt{x}\,\Big|_\varepsilon^1 \to 1\ (\varepsilon\to 0),$$

所以二重积分收敛 .

例 2　计算

$$I=\int_{-\infty}^{+\infty}\int_{-\infty}^{+\infty} \mathrm{e}^{-(x^2+y^2)}\mathrm{d}x\mathrm{d}y,$$

并由此证明概率积分

$$\frac{1}{\sqrt{\pi}}\int_{-\infty}^{+\infty} \mathrm{e}^{-x^2}\mathrm{d}x = 1.$$

解　积分 I 的收敛性可由柯西判别法得知. 为了计算 I,在 XY 平面上取一个以原点为圆心,以 R 为半径的圆形区域 D_R,考虑积分

$$I_R=\iint_{D_R} e^{-(x^2+y^2)}\,dxdy,$$

作极坐标代换

$$\iint_{D_R} e^{-(x^2+y^2)}\,dxdy=\int_0^{2\pi}d\theta\int_0^R e^{-r^2}r\,dr=\pi(1-e^{-R}),$$

所以

$$\lim_{R\to+\infty}\iint_{D_R} e^{-(x^2+y^2)}\,dxdy=\pi.$$

再由被积函数为非负,得

$$\int_{-\infty}^{+\infty}\int_{-\infty}^{+\infty} e^{-(x^2+y^2)}\,dxdy=\pi.$$

此外,在 XY 平面上取正方形区域 $E_a=[-a,a;-a,a]$ $(a>0)$,计算积分

$$\iint_{E_a} e^{-(x^2+y^2)}\,dxdy=\int_{-a}^{a} e^{-y^2}dy\int_{-a}^{a} e^{-x^2}dx=\left(\int_{-a}^{a} e^{-x^2}dx\right)^2,$$

令 $a\to+\infty$,左端积分值为 π,故得

$$\pi=\left(\int_{-\infty}^{+\infty} e^{-x^2}dx\right)^2,$$

亦即 $\dfrac{1}{\sqrt{\pi}}\displaystyle\int_{-\infty}^{+\infty} e^{-x^2}dx=1$.

习　题

1. 计算下列反常重积分之值:

(1) $\displaystyle\iint_{\substack{xy\geqslant 1\\ x\geqslant 1}}\frac{dxdy}{x^p y^q}$;　　(2) $\displaystyle\iint_{x^2+y^2\leqslant 1}\frac{dxdy}{\sqrt{1-x^2-y^2}}$.

2. 讨论下面反常重积分的收敛性:

(1) $\displaystyle\int_{-\infty}^{+\infty}\int_{-\infty}^{+\infty}\frac{dxdy}{(1+|x|^p)(1+|y|^q)}$;

(2) $\displaystyle\iint_{0\leqslant y\leqslant 1}\frac{\varphi(x,y)}{(1+x^2+y^2)^p}\,dxdy$, $0<m\leqslant|\varphi(x,y)|\leqslant M$;

(3) $\displaystyle\int_0^a\int_0^a\frac{\varphi(x,y)}{|x-y|^p}\,dxdy$, $0<m\leqslant|\varphi(x,y)|\leqslant M$;

(4) $\displaystyle\iint_{x^2+y^2\leqslant 1}\frac{\varphi(x,y)}{(x^2+xy+y^2)^p}\,dxdy$, $0<m\leqslant|\varphi(x,y)|\leqslant M$.

3. 证明:设 $\mathscr{D}$ 是由在第一象限的抛物线 $y=x^2$,圆 $x^2+y^2=1$ 及 x 轴所围成的区域,则 $\displaystyle\iint_{\mathscr{D}}\frac{dxdy}{x^2+y^2}$ 存在.

4. 求均匀正圆锥体关于在它的顶点处的质量为 m 的质点的引力.

§5　外积和重积分的变量替换

这一节是从直观上引进外积的概念，然后讲述它与重积分变量替换的关系. 读者可以先阅读本节，再阅读 §1 和 §2 中的变量替换，当然也可以先阅读 §1 和 §2，再阅读本节. 本节是描述性的，不是严格论证，但具有启发性.

先从二重积分的变量替换说起. 设二重积分

$$\iint\limits_D f(x,y)\,\mathrm{d}x\mathrm{d}y,$$

作变量替换

$$x=x(u,v),\quad y=y(u,v),\quad (u,v)\in D,$$

在这一替换下有两件事是容易理解的，(1) 被积函数 $f(x,y)$ 变换为 $f(x(u,v), y(u,v))$，成为自变量为 u,v 的函数；(2) 积分区域 D 是在 XY 平面上的区域，经替换后变为 UV 平面上的区域 D'. 第三件事是 XY 平面上的面积元素 $\mathrm{d}x\mathrm{d}y$ 变换为 UV 平面上的何种形式，就不那么容易回答了. 在 XY 平面上，直观上看，面积元素 $\mathrm{d}x\mathrm{d}y$ 是边长为 $\mathrm{d}x$ 和 $\mathrm{d}y$ 的乘积，它是 XY 平面上无穷小矩形的面积. 现在要问这个"乘积"是什么意义下的乘积. 在上面所作的替换中，有：

$$\mathrm{d}x=x_u\mathrm{d}u+x_v\mathrm{d}v,\quad \mathrm{d}y=y_u\mathrm{d}u+y_v\mathrm{d}v,$$

如果按照普通的乘积，将 $\mathrm{d}x$ 和 $\mathrm{d}y$ 相乘，将得不出任何有意义的结果. 为此，引进外积的概念.

一、外积

先考虑平面的情形. 设 $\boldsymbol{a}=(a_1,a_2)$，$\boldsymbol{b}=(b_1,b_2)$ 是 $\mathbf{R}^2$ 中两个线性无关的向量，那么由 $\boldsymbol{a},\boldsymbol{b}$ 所张成的平行四边形的面积（带有正号或负号）是 $\begin{vmatrix} a_1 & a_2 \\ b_1 & b_2 \end{vmatrix}$，它是由 $\boldsymbol{a}$，$\boldsymbol{b}$ 所确定的，记为 $\boldsymbol{a}\wedge\boldsymbol{b}$，即

$$\boldsymbol{a}\wedge\boldsymbol{b}=\begin{vmatrix} a_1 & a_2 \\ b_1 & b_2 \end{vmatrix},$$

称 $\wedge$ 是外积，它的几何意义是由 $\boldsymbol{a}$ 和 $\boldsymbol{b}$ 为邻边的平行四边形的有向面积（即带有符号的面积）.

很明显，外积 $\wedge$ 具有下列性质：

(1) 反交换性

$$\boldsymbol{a}\wedge\boldsymbol{b}=-\boldsymbol{b}\wedge\boldsymbol{a}.$$

由此立即得出 $\boldsymbol{a}\wedge\boldsymbol{a}=0$，亦即两个相同的向量的外积为 0.

(2) 重线性

$$\boldsymbol{a}\wedge(\boldsymbol{b}+\boldsymbol{c})=\boldsymbol{a}\wedge\boldsymbol{b}+\boldsymbol{a}\wedge\boldsymbol{c},\quad (\boldsymbol{a}+\boldsymbol{b})\wedge\boldsymbol{c}=\boldsymbol{a}\wedge\boldsymbol{c}+\boldsymbol{b}\wedge\boldsymbol{c},$$

$$(\lambda \boldsymbol{a})\wedge \boldsymbol{b}=\boldsymbol{a}\wedge(\lambda \boldsymbol{b})=\lambda(\boldsymbol{a}\wedge \boldsymbol{b}),\lambda \text{ 是实数.}$$

再考虑三维空间,设 $\boldsymbol{a}=(a_1,a_2,a_3)$,$\boldsymbol{b}=(b_1,b_2,b_3)$,$\boldsymbol{c}=(c_1,c_2,c_3)$ 是 $\mathbf{R}^3$ 中的向量,引进外积

$$\boldsymbol{a}\wedge \boldsymbol{b}\wedge \boldsymbol{c}=\begin{vmatrix} a_1 & a_2 & a_3 \\ b_1 & b_2 & b_3 \\ c_1 & c_2 & c_3 \end{vmatrix},$$

它的几何意义是由 $\boldsymbol{a},\boldsymbol{b},\boldsymbol{c}$ 为邻边的平行六面体的有向体积. $\wedge$ 也具有以下两个性质:

(1) 反交换性

$$\boldsymbol{a}\wedge \boldsymbol{b}\wedge \boldsymbol{c}=-\boldsymbol{b}\wedge \boldsymbol{a}\wedge \boldsymbol{c},$$
$$\boldsymbol{a}\wedge \boldsymbol{b}\wedge \boldsymbol{c}=-\boldsymbol{c}\wedge \boldsymbol{b}\wedge \boldsymbol{a},\text{等.}$$

由此有 $\boldsymbol{a}\wedge \boldsymbol{a}\wedge \boldsymbol{b}=0$,$\boldsymbol{a}\wedge \boldsymbol{b}\wedge \boldsymbol{a}=0$,等.

(2) 重线性

$$\boldsymbol{a}\wedge \boldsymbol{b}\wedge(\boldsymbol{c}+\boldsymbol{c}')=\boldsymbol{a}\wedge \boldsymbol{b}\wedge \boldsymbol{c}+\boldsymbol{a}\wedge \boldsymbol{b}\wedge \boldsymbol{c}',$$
$$\boldsymbol{a}\wedge(\boldsymbol{b}+\boldsymbol{b}')\wedge \boldsymbol{c}=\boldsymbol{a}\wedge \boldsymbol{b}\wedge \boldsymbol{c}+\boldsymbol{a}\wedge \boldsymbol{b}'\wedge \boldsymbol{c},$$
$$(\boldsymbol{a}+\boldsymbol{a}')\wedge \boldsymbol{b}\wedge \boldsymbol{c}=\boldsymbol{a}\wedge \boldsymbol{b}\wedge \boldsymbol{c}+\boldsymbol{a}'\wedge \boldsymbol{b}\wedge \boldsymbol{c},\text{等,}$$
$$\begin{aligned}(\lambda \boldsymbol{a})\wedge \boldsymbol{b}\wedge \boldsymbol{c}&=\boldsymbol{a}\wedge(\lambda \boldsymbol{b})\wedge \boldsymbol{c}=\boldsymbol{a}\wedge \boldsymbol{b}\wedge(\lambda \boldsymbol{c})\\&=\lambda(\boldsymbol{a}\wedge \boldsymbol{b}\wedge \boldsymbol{c}),\lambda \text{ 是实数.}\end{aligned}$$

例 1　设 $\boldsymbol{e}_1,\boldsymbol{e}_2$ 是 $\mathbf{R}^2$ 中的一组基向量,它们不一定正交,又设 $\boldsymbol{a}_1,\boldsymbol{a}_2$ 是 $\mathbf{R}^2$ 中的两个向量:

$$\boldsymbol{a}_1=a_{11}\boldsymbol{e}_1+a_{12}\boldsymbol{e}_2,\quad \boldsymbol{a}_2=a_{21}\boldsymbol{e}_1+a_{22}\boldsymbol{e}_2,$$

那么,由 $\wedge$ 的反交换性和重线性,注意到 $\boldsymbol{e}_1\wedge \boldsymbol{e}_1=0$,$\boldsymbol{e}_2\wedge \boldsymbol{e}_2=0$,有

$$\begin{aligned}\boldsymbol{a}_1\wedge \boldsymbol{a}_2&=(a_{11}\boldsymbol{e}_1+a_{12}\boldsymbol{e}_2)\wedge(a_{21}\boldsymbol{e}_1+a_{22}\boldsymbol{e}_2)\\&=a_{11}a_{22}\boldsymbol{e}_1\wedge \boldsymbol{e}_2+a_{12}a_{21}\boldsymbol{e}_2\wedge \boldsymbol{e}_1\\&=(a_{11}a_{22}-a_{12}a_{21})\boldsymbol{e}_1\wedge \boldsymbol{e}_2\\&=\begin{vmatrix} a_{11} & a_{12} \\ a_{21} & a_{22} \end{vmatrix}\boldsymbol{e}_1\wedge \boldsymbol{e}_2.\end{aligned}$$

这一运算的几何意义是,上式左端表示由 $\boldsymbol{a}_1$ 和 $\boldsymbol{a}_2$ 为邻边的平行四边形的有向面积,右端 $\boldsymbol{e}_1\wedge \boldsymbol{e}_2$ 表示以基向量为邻边的平行四边形的有向面积,右端的行列式是这两个面积之间带有符号(正负号)的比例系数. 如果这个等式的两端都取绝对值,那么行列式的绝对值就是这两个面积(都取正值)的比例系数.

例 2　设 $\boldsymbol{e}_1,\boldsymbol{e}_2,\boldsymbol{e}_3$ 是 $\mathbf{R}^3$ 中的一组基向量,不一定相互正交,又设 $\boldsymbol{a}_1,\boldsymbol{a}_2,\boldsymbol{a}_3$ 是 $\mathbf{R}^3$ 中的向量:

$$\boldsymbol{a}_1=a_{11}\boldsymbol{e}_1+a_{12}\boldsymbol{e}_2+a_{13}\boldsymbol{e}_3,$$
$$\boldsymbol{a}_2=a_{21}\boldsymbol{e}_1+a_{22}\boldsymbol{e}_2+a_{23}\boldsymbol{e}_3,$$
$$\boldsymbol{a}_3=a_{31}\boldsymbol{e}_1+a_{32}\boldsymbol{e}_2+a_{33}\boldsymbol{e}_3,$$

作它们的外积,由外积的反交换性和重线性,与例 1 相仿地得

$$\boldsymbol{a}_1 \wedge \boldsymbol{a}_2 \wedge \boldsymbol{a}_3 = \begin{vmatrix} a_{11} & a_{12} & a_{13} \\ a_{21} & a_{22} & a_{23} \\ a_{31} & a_{32} & a_{33} \end{vmatrix} \boldsymbol{e}_1 \wedge \boldsymbol{e}_2 \wedge \boldsymbol{e}_3.$$

其几何意义也与例 1 相仿,等式右端的行列式是两个平行六面体的有向体积 $\boldsymbol{a}_1 \wedge \boldsymbol{a}_2 \wedge a_3$ 和 $\boldsymbol{e}_1 \wedge \boldsymbol{e}_2 \wedge \boldsymbol{e}_3$ 之间带有符号的比例系数. 如果等式两端都取绝对值,那么行列式的绝对值就是这两个体积(都取正值)的比例系数.

下面的例子,将微分 $\mathrm{d}x,\mathrm{d}y$ 看作某个线性空间中的向量,利用外积来讨论无穷小面积元素在变量替换下的表示式.

例 3 平面上直角坐标和极坐标之间的变换式是

$$x = r\cos\theta, y = r\sin\theta (r \geqslant 0, 0 \leqslant \theta < 2\pi).$$

在直角坐标系内,$\mathrm{d}x \wedge \mathrm{d}y$ 是以 $\mathrm{d}x,\mathrm{d}y$ 为边长的无穷小矩形面积,现在研究在极坐标的替换下,这个无穷小矩形面积如何表示. 因为

$$\mathrm{d}x = x_r \mathrm{d}r + x_\theta \mathrm{d}\theta = \cos\theta \mathrm{d}r - r\sin\theta \mathrm{d}\theta,$$
$$\mathrm{d}y = y_r \mathrm{d}r + y_\theta \mathrm{d}\theta = \sin\theta \mathrm{d}r + r\cos\theta \mathrm{d}\theta,$$

所以

$$\mathrm{d}x \wedge \mathrm{d}y = (\cos\theta \mathrm{d}r - r\sin\theta \mathrm{d}\theta) \wedge (\sin\theta \mathrm{d}r + r\cos\theta \mathrm{d}\theta),$$

利用外积 $\wedge$ 的反交换性和重线性,如同例 1 那样,得

$$\begin{aligned} \mathrm{d}x \wedge \mathrm{d}y &= \begin{vmatrix} \cos\theta & -r\sin\theta \\ \sin\theta & r\cos\theta \end{vmatrix} \mathrm{d}r \wedge \mathrm{d}\theta \\ &= r\mathrm{d}r \wedge \mathrm{d}\theta. \end{aligned}$$

右端的 $r\mathrm{d}r \wedge \mathrm{d}\theta$ 就是 §1 中已经引进的极坐标下的面积元素.

例 3 中的极坐标替换只是一个特殊的具体的替换,下面讨论 $\mathbf{R}^2$ 中的一般情形. 设 D 是 $\mathbf{R}^2$ 内的一个区域,$(x,y) \in D$,又设

$$x = x(u,v), \quad y = y(u,v), \quad (u,v) \in D'$$

是一个坐标替换,满足

(1) 替换是一一对应的,在 D 与 D' 之间建立了一一对应的关系,

(2) x,y 关于 u,v 有连续偏导数,

(3) 替换的 Jacobi 行列式

$$\frac{D(x,y)}{D(u,v)} = \begin{vmatrix} x_u & x_v \\ y_u & y_v \end{vmatrix} \neq 0, (u,v) \in D'$$

在这一代换下有

$$\mathrm{d}x = x_u \mathrm{d}u + x_v \mathrm{d}v, \quad \mathrm{d}y = y_u \mathrm{d}u + y_v \mathrm{d}v,$$

由外积的反交换性和重线性,注意到 $\mathrm{d}u \wedge \mathrm{d}u = 0, \mathrm{d}v \wedge \mathrm{d}v = 0$,容易求得

$$\begin{aligned} \mathrm{d}x \wedge \mathrm{d}y &= (x_u \mathrm{d}u + x_v \mathrm{d}v) \wedge (y_u \mathrm{d}u + y_v \mathrm{d}v) \\ &= x_u y_v \mathrm{d}u \wedge \mathrm{d}v + x_v y_u \mathrm{d}v \wedge \mathrm{d}u \\ &= (x_u y_v - x_v y_u) \mathrm{d}u \wedge \mathrm{d}v \\ &= \frac{D(x,y)}{D(u,v)} \mathrm{d}u \wedge \mathrm{d}v = \begin{vmatrix} x_u & x_v \\ y_u & y_v \end{vmatrix} \mathrm{d}u \wedge \mathrm{d}v, \end{aligned}$$

称 $\left|\frac{D(x,y)}{D(u,v)}\right|\mathrm{d}u\wedge\mathrm{d}v$ 是 UV 坐标系内的面积元素. 它表明 XY 平面上的面积元素 $\mathrm{d}x\wedge\mathrm{d}y$,在变量替换下,变为 UV 平面上的面积元素 $\left|\frac{D(x,y)}{D(u,v)}\right|\mathrm{d}u\wedge\mathrm{d}v$.

在 $\mathbf{R}^3$ 中完全有类似的结论. 设 D 是 $\mathbf{R}^3$ 内一个区域,$(x,y,z)\in D$,作变量替换

$$x=x(u,v,w),\quad y=y(u,v,w),\quad z=z(u,v,w)\quad (u,v,w)\in D',$$

设替换是一一对应的,在 D 与 D'之间建立了一一对应关系,x,y,z 关于 u,v,w 有连续偏导数,替换的 Jacobi 行列式

$$\frac{D(x,y,z)}{D(u,v,w)}=\begin{vmatrix} x_u & x_v & x_w \\ y_u & y_v & y_w \\ z_u & z_v & z_w \end{vmatrix}\neq 0,\quad (u,v,w)\in D',$$

在这一替换下,有

$$\begin{aligned}\mathrm{d}x\wedge\mathrm{d}y\wedge\mathrm{d}z&=\frac{D(x,y,z)}{D(u,v,w)}\mathrm{d}u\wedge\mathrm{d}v\wedge\mathrm{d}w\\&=\begin{vmatrix} x_u & x_v & x_w \\ y_u & y_v & y_w \\ z_u & z_v & z_w \end{vmatrix}\mathrm{d}u\wedge\mathrm{d}v\wedge\mathrm{d}w,\end{aligned}$$

称 $\left|\frac{D(x,y,z)}{D(u,v,w)}\right|\mathrm{d}u\wedge\mathrm{d}v\wedge\mathrm{d}w$ 是 UVW 系统内的体积元素.

以上所说,不难推广到 $\mathbf{R}^n(n>3)$ 中去.

二、重积分的变量替换

对于二重积分 $\iint\limits_D f(x,y)\mathrm{d}x\mathrm{d}y$, 作变量替换

$$x=x(u,v),\quad y=y(u,v),\quad (u,v)\in D',$$

替换满足上面所述条件. 这时视 $\mathrm{d}x\mathrm{d}y$ 为 $\mathrm{d}x\wedge\mathrm{d}y$,通过变量替换,在 UV 平面上得到面积元素 $\left|\frac{D(x,y)}{D(u,v)}\right|\mathrm{d}u\wedge\mathrm{d}v$,按照通常二重积分的记号,将 $\mathrm{d}u\wedge\mathrm{d}v$ 仍旧记为 $\mathrm{d}u\mathrm{d}v$,这样便得二重积分的变量替换公式

$$\iint\limits_D f(x,y)\mathrm{d}x\mathrm{d}y=\iint\limits_{D'} f(x(u,v),y(u,v))\left|\frac{D(x,y)}{D(u,v)}\right|\mathrm{d}u\mathrm{d}v.$$

对于三重积分, $\iiint\limits_D f(x,y,z)\mathrm{d}x\mathrm{d}y\mathrm{d}z$, 作变量替换

$$x=x(u,v,w),\quad y=y(u,v,w),\quad z=z(u,v,w),\quad (u,v,w)\in D',$$

替换满足上面所给的条件,完全相仿地可以得到三重积分的变量替换公式

$$\iiint\limits_D f(x,y,z)\mathrm{d}x\mathrm{d}y\mathrm{d}z=\iiint\limits_{D'} f(x(u,v,w),y(u,v,w),z(u,v,w))\left|\frac{D(x,y,z)}{D(u,v,w)}\right|\mathrm{d}u\mathrm{d}v\mathrm{d}w.$$

二重积分变量替换的例题,见 §1 中的三,例 6 和例 7. 三重积分变量替换

的例题，见 §2 中的二，两种常用的坐标替换柱面坐标和球面坐标，以及例 4，例 5，例 6.

本章小结

第二十一章 曲线积分和曲面积分的计算

§1 第一类曲线积分的计算

在第十九章中已经给出了第一类曲线积分的定义,本节将给出它的计算.

设函数 $f(x,y,z)$ 在光滑曲线 l 上有定义且连续,l 的方程为

$$\begin{cases} x = x(t), \\ y = y(t), \quad (t_0 \leqslant t \leqslant T), \\ z = z(t) \end{cases}$$

利用求弧长的公式,可以把第一类曲线积分化为定积分来计算.

在 $[t_0, T]$ 中插入分点

$$t_0 < t_1 < t_2 \cdots < t_n = T,$$

并记 $d = \max\limits_{1 \leqslant i \leqslant n} \{t_i - t_{i-1}\}$,这些分点将曲线 l 划分成许多小曲线段,记 Δs_i 为对应于区间 $[t_{i-1}, t_i]$ 的一段弧长. 在区间 $[t_{i-1}, t_i]$ 上任意取一点 ξ_i,那么按定义,第一类曲线积分为

$$\int_l f(x,y,z)\,\mathrm{d}s = \lim_{d \to 0} \sum_{i=1}^{n} f[x(\xi_i), y(\xi_i), z(\xi_i)]\Delta s_i,$$

由弧长的公式及中值定理

$$\begin{aligned} \Delta s_i &= \int_{t_{i-1}}^{t_i} \sqrt{[x'(t)]^2 + [y'(t)]^2 + [z'(t)]^2}\,\mathrm{d}t \\ &= \sqrt{[x'(\xi_i^*)]^2 + [y'(\xi_i^*)]^2 + [z'(\xi_i^*)]^2}\,\Delta t_i, \end{aligned}$$

这里 $\Delta t_i = t_i - t_{i-1}$, ξ_i^* 为 $[t_{i-1}, t_i]$ 上的某一点. 于是有

$$\begin{aligned} \int_l f(x,y,z)\,\mathrm{d}s = &\lim_{d \to 0} \sum_{i=1}^{n} f[x(\xi_i), y(\xi_i), z(\xi_i)] \cdot \\ &\sqrt{[x'(\xi_i^*)]^2 + [y'(\xi_i^*)]^2 + [z'(\xi_i^*)]^2}\,\Delta t_i, \end{aligned}$$

等式右端的和号不是一个积分和(黎曼和),利用本书上册第八章 §2 中关于推导弧长公式的说明,可以将它化为黎曼和来处理,即

$$\int_l f(x,y,z)\,\mathrm{d}s = \lim_{d \to 0} \Big\{ \sum_{i=1}^{n} f[x(\xi_i), y(\xi_i), z(\xi_i)] \cdot$$

$$\sqrt{[x'(\xi_i)]^2+[y'(\xi_i)]^2+[z'(\xi_i)]^2}\Delta t_i+\sum_{i=1}^{n}\eta_i\Delta t_i\Big\},$$

这里

$$\eta_i=f[x(\xi_i),y(\xi_i),z(\xi_i)][\sqrt{[x'(\xi_i^*)]^2+[y'(\xi_i^*)]^2+[z'(\xi_i^*)]^2}-\sqrt{[x'(\xi_i)]^2+[y'(\xi_i)]^2+[z'(\xi_i)]^2}],$$

再利用不等式

$$||a|-|b||\leqslant|a-b|,$$

可得

$$\left|\sqrt{[x'(\xi_i^*)]^2+[y'(\xi_i^*)]^2+[z'(\xi_i^*)]^2}-\sqrt{[x'(\xi_i)]^2+[y'(\xi_i)]^2+[z'(\xi_i)]^2}\right|$$
$$\leqslant\sqrt{[x'(\xi_i^*)-x'(\xi_i)]^2+[y'(\xi_i^*)-y'(\xi_i)]^2+[z'(\xi_i^*)-z'(\xi_i)]^2}.$$

然后再由 f 及 $x'(t),y'(t),z'(t)$ 的连续性，容易证得

$$\lim_{d\to 0}\sum_{i=1}^{n}\eta_i\Delta t_i=0,$$

这样就得到公式

$$\int_l f(x,y,z)\,\mathrm{d}s=\int_{t_0}^{T}f[x(t),y(t),z(t)]\sqrt{x_t'^2+y_t'^2+z_t'^2}\,\mathrm{d}t,$$

特别地，如果曲线 l 为一条光滑的平面曲线，它的方程为 $y=\varphi(x)\ (a\leqslant x\leqslant b)$，那么有

$$\int_l f(x,y)\,\mathrm{d}s=\int_a^b f[x,\varphi(x)]\sqrt{1+[\varphi'(x)]^2}\,\mathrm{d}x.$$

例 1　若 l 为右半单位圆周（如图 21-1），求

$$I=\int_l|y|\,\mathrm{d}s,$$

l 为半圆 $x^2+y^2=1,\ x\geqslant 0$.

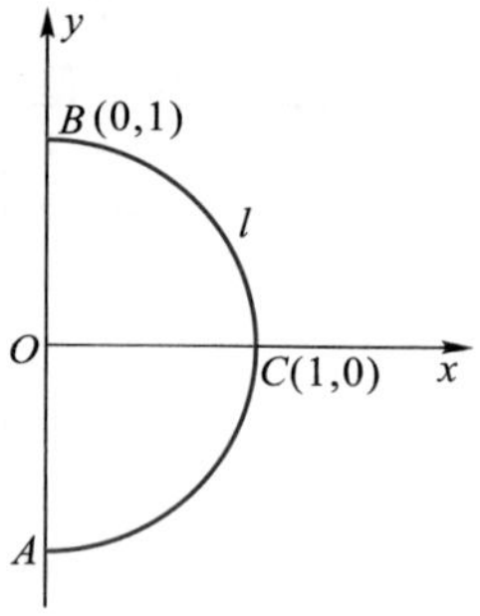

图 21-1

解　由

$$y'=-\frac{x}{y},$$

则

$$\mathrm{d}s=\pm\sqrt{1+y'^2}\,\mathrm{d}x=\pm\sqrt{\frac{x^2+y^2}{y^2}}\,\mathrm{d}x=\pm\frac{\mathrm{d}x}{|y|},$$

符号的选取应保证 $\mathrm{d}s\geqslant 0$，在圆弧段 $\overset{\frown}{AC}$ 上，由于 $\mathrm{d}x>0$，故

$$\mathrm{d}s=\frac{\mathrm{d}x}{|y|},$$

而在圆弧段 $\overset{\frown}{CB}$ 上，由于 $\mathrm{d}x<0$，故

$$\mathrm{d}s=-\frac{\mathrm{d}x}{|y|},$$

所以 $I=\int_l|y|\,\mathrm{d}s=\int_{\overset{\frown}{AC}}|y|\cdot\dfrac{\mathrm{d}x}{|y|}+\int_{\overset{\frown}{CB}}|y|\cdot\left(-\dfrac{1}{|y|}\right)\mathrm{d}x$

$$= \int_0^1 dx - \int_1^0 dx = 2.$$

当然也可以用参数式来计算,右半圆周的方程为

$$x = \cos t, y = \sin t \left(-\frac{\pi}{2} \leqslant t \leqslant \frac{\pi}{2}\right), ds = dt.$$

$$|y| = \begin{cases} \sin t, \ 0 \leqslant t \leqslant \dfrac{\pi}{2}, \\ -\sin t, \ -\dfrac{\pi}{2} \leqslant t < 0, \end{cases}$$

所以

$$I = \int_l |y| ds$$

$$= -\int_{-\frac{\pi}{2}}^0 \sin t dt + \int_0^{\frac{\pi}{2}} \sin t dt = 2.$$

例 2　求 $I = \int_l (x+y) ds$,此处 l 是以 $O(0,0)$,$A(1,0)$,$B(1,1)$ 为顶点的三角形(如图 21-2).

解

$$I = \int_l (x+y) ds = \left\{\int_{\overline{OA}} + \int_{\overline{AB}} + \int_{\overline{BO}}\right\} (x+y) ds,$$

在直线段 $\overline{OA}$ 上 $y=0$, $ds=dx$,得

$$\int_{\overline{OA}} (x+y) ds = \int_0^1 x dx = \frac{1}{2},$$

在直线段 $\overline{AB}$ 上 $x=1$, $ds=dy$,得

$$\int_{\overline{AB}} (x+y) ds = \int_0^1 (1+y) dy = \frac{3}{2},$$

在直线段 $\overline{BO}$ 上 $y=x$, $ds=\sqrt{2} dx$,得

$$\int_{\overline{BO}} (x+y) ds = \int_0^1 2x\sqrt{2} dx = \sqrt{2},$$

所以

$$I = 2 + \sqrt{2}.$$

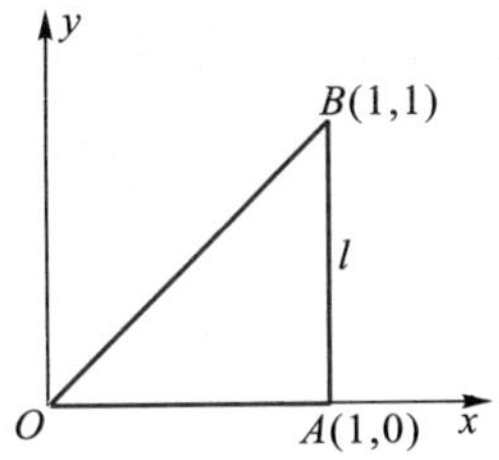

图 21-2

习　题

1. 计算 $\int_l (x+y) ds$, 其中 l 是以 $O(0,0)$, $A(1,0)$, $B(0,1)$ 为顶点的三角形.

2. 计算 $\int_l (x^2+y^2) ds$, l 是以原点为中心,半径为 R 的左半圆周.

3. 计算 $\int_l (x^2+y^2+z^2) ds$, l 是圆柱螺线 $x=a\cos t$, $y=a\sin t$, $z=bt$ $(0\leqslant t\leqslant 2\pi)$.

4. 计算 $\int_l x^2 ds$,其中 l 是球面 $x^2+y^2+z^2=a^2$ 与平面 $x+y+z=0$ 相交的圆周.

5. 计算 $\int_l \frac{z^2}{x^2+y^2} ds$, l 为圆柱螺线 $x=a\cos t$, $y=a\sin t$, $z=at$ $(0\leqslant t\leqslant 2\pi)$.

6. 设一金属丝 l 的方程为

$$x=e^t\cos t,\ y=e^t\sin t,\ z=e^t(0\leqslant t\leqslant t_0),$$

它在每一点的密度与该点的矢径平方成反比，且在点(1,0,1)处为1，求它的质量．

7. 求椭圆 $x=a\cos t,\ y=b\sin t$ 边界的质量($0\leqslant t\leqslant 2\pi$)，若曲线在点$M(x,y)$的线性密度为$\rho=|y|$.

§2　第一类曲面积分的计算

一、曲面的面积

设有一曲面块 S，它的方程为

$$z=f(x,y),\quad (x,y)\in\sigma_{xy},$$

$f(x,y)$具有对 x 及 y 的连续偏导数，即此曲面块是光滑的，且它在 XY 平面上的投影区域σ_{xy}为可求面积的．这样的曲面在每一点都有切平面和法线，以 γ 表示法线与 z 轴的夹角，则

$$|\cos\gamma|=\frac{1}{\sqrt{1+f_x^2+f_y^2}}.$$

将曲面的投影区域 σ_{xy} 划分为若干可求面积的小区域 $\Delta\sigma_1,\Delta\sigma_2,\cdots,\Delta\sigma_n$，令 $d=\max\limits_{1\leqslant i\leqslant n}\{\Delta\sigma_i$ 的直径$\}$．在这一划分之下相应地将曲面 S 分为若干小片 $\Delta S_1,\Delta S_2,\cdots,\Delta S_n$．在 $\Delta S_i(i=1,2,\cdots,n)$上任取一点 $M_i(\xi_i,\eta_i,f(\xi_i,\eta_i))$，过该点 M_i，作曲面 S 的切平面 π_i，在这个切平面 π_i 上，取一个小块 ΔS_i^*．它的取法必须使 ΔS_i^* 在 XY 平面上的投影与 ΔS_i 在 XY 平面上的投影相合，同为 $\Delta\sigma_i$．从直观上来看，在 M_i 点的邻近，切面应当相当逼近于曲面，换句话说，当 d 充分小时，ΔS_i^* 应当相当逼近于 ΔS_i，于是，很自然地我们认为和数(其中 ΔS_i^* 为相应小块的面积)

$$\sum_{i=1}^{n}\Delta S_i^*$$

非常接近于曲面 S 的面积．当 $d\to 0$ 时，若上述和数有一个确定的极限，并且这个极限值不依赖于划分及点 M_i 在 ΔS_i 上的选取，则认为这个极限值就是所考虑的曲面 S 的面积．

从这个概念出发，我们来推导曲面的面积公式．

由于切平面 π_i 的法线就是曲面 S 在点 M_i 的法线，它与 z 轴的夹角 γ_i 为

$$|\cos\gamma_i|=\frac{1}{\sqrt{1+[f_x(\xi_i,\eta_i)]^2+[f_y(\xi_i,\eta_i)]^2}},$$

又因为 ΔS_i^* 在 XY 平面上的投影为 $\Delta\sigma_i$，所以

$$\Delta S_i^*=\frac{\Delta\sigma_i}{|\cos\gamma_i|}$$

$$=\sqrt{1+[f_x(\xi_i,\eta_i)]^2+[f_y(\xi_i,\eta_i)]^2}\,\Delta\sigma_i,$$

而和数

$$\sum_{i=1}^{n} \Delta S_i^* = \sum_{i=1}^{n} \sqrt{1+[f_x(\xi_i,\eta_i)]^2+[f_y(\xi_i,\eta_i)]^2}\,\Delta\sigma_i$$

正是函数$\sqrt{1+f_x^2(x,y)+f_y^2(x,y)}$在可求面积区域 σ_{xy} 上的黎曼和,当 $d\to 0$ 时极限存在,这样便得到曲面 S 的面积公式(记其面积亦为 S)

$$\begin{aligned} S &= \lim_{d\to 0}\sum_{i=1}^{n}\Delta S_i^* \\ &= \lim_{d\to 0}\sum_{i=1}^{n}\sqrt{1+[f_x(\xi_i,\eta_i)]^2+[f_y(\xi_i,\eta_i)]^2}\,\Delta\sigma_i \\ &= \iint_{\sigma_{xy}}\sqrt{1+f_x^2+f_y^2}\,\mathrm{d}x\mathrm{d}y. \end{aligned} \tag{$*$}$$

由推导过程知道,面积 S 的公式也可以写为

$$S=\iint_{\sigma_{xy}}\frac{\mathrm{d}x\mathrm{d}y}{|\cos(\boldsymbol{n},z)|},$$

这里 $\cos(\boldsymbol{n},z)$ 表示曲面的法线与 z 轴的夹角余弦,它是 x 和 y 的函数.

若曲面 S 的方程为参数形式

$$\begin{cases} x=x(u,v), \\ y=y(u,v), \\ z=z(u,v), \end{cases}$$

这里点 $(u,v)\in\Sigma$,Σ 为 UV 平面上的一个区域,假设曲面 S 没有重点,即 S 上的点与 Σ 中的点 (u,v) 之间是一一对应的,同时函数 $x(u,v)$,$y(u,v)$,$z(u,v)$ 在 Σ 上连续,具有对 u 和 v 的连续偏导数,并且矩阵(称它为雅可比矩阵)

$$\begin{pmatrix} x_u & y_u & z_u \\ x_v & y_v & z_v \end{pmatrix}$$

的秩为 2,不妨设$\dfrac{D(x,y)}{D(u,v)}$在 Σ 上非 0,这时在曲面的参数形式中,由 $x=x(u,v)$ 和 $y=y(u,v)$ 决定了 $u=u(x,y)$ 和 $v=v(x,y)$,就可以将 z 看作 x,y 的函数,也就是曲面 S 可以表示为 $z=f(x,y)$. 在上面已给出的面积公式($*$)中,只要作变量代换 $x=x(u,v)$,$y=y(u,v)$,公式($*$)就化为参数形式下的面积公式. 为此,计算($*$)中的各个量在参数形式下的表达式如下:

$$f_x=-\frac{D(y,z)}{D(u,v)}\Big/\frac{D(x,y)}{D(u,v)},$$

$$f_y=-\frac{D(z,x)}{D(u,v)}\Big/\frac{D(x,y)}{D(u,v)},$$

进一步得到

$$\sqrt{1+f_x^2+f_y^2} = \frac{1}{\left|\dfrac{D(x,y)}{D(u,v)}\right|}\sqrt{\left(\frac{D(x,y)}{D(u,v)}\right)^2+\left(\frac{D(y,z)}{D(u,v)}\right)^2+\left(\frac{D(z,x)}{D(u,v)}\right)^2}.$$

记

$$A=\frac{D(y,z)}{D(u,v)},\ B=\frac{D(z,x)}{D(u,v)},\ C=\frac{D(x,y)}{D(u,v)},$$

那么

$$\sqrt{1+f_x^2+f_y^2}=\frac{1}{|C|}\sqrt{A^2+B^2+C^2},$$

面积元素 $\mathrm{d}x\mathrm{d}y$ 变换为 $\left|\frac{D(x,y)}{D(u,v)}\right|\mathrm{d}u\mathrm{d}v=|C|\mathrm{d}u\mathrm{d}v$,最后得到

$$S=\iint_{\Sigma}\sqrt{A^2+B^2+C^2}\,\mathrm{d}u\mathrm{d}v.$$

由于

$$\begin{aligned}A^2+B^2+C^2&=(x_u^2+y_u^2+z_u^2)(x_v^2+y_v^2+z_v^2)-(x_ux_v+y_uy_v+z_uz_v)^2\\&=EG-F^2,\end{aligned}$$

其中　$E=x_u^2+y_u^2+z_u^2,F=x_ux_v+y_uy_v+z_uz_v,\ G=x_v^2+y_v^2+z_v^2$,

于是又可记成

$$S=\iint_{\Sigma}\sqrt{EG-F^2}\,\mathrm{d}u\mathrm{d}v.$$

这就是在参数形式下曲面的面积公式,$\sqrt{EG-F^2}\,\mathrm{d}u\mathrm{d}v$ 称为曲面的面积元素.

例 1　求球面

$$x^2+y^2+z^2=a^2$$

含在柱面

$$x^2+y^2=ax\ (a>0)$$

内部的面积 S(如图 21-3,图 21-4).

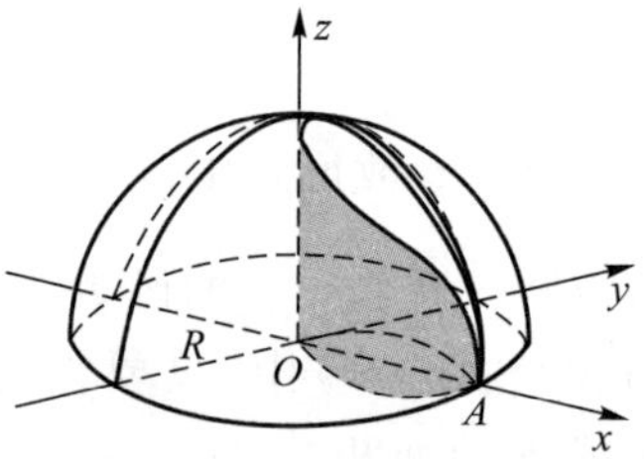

图 21-3

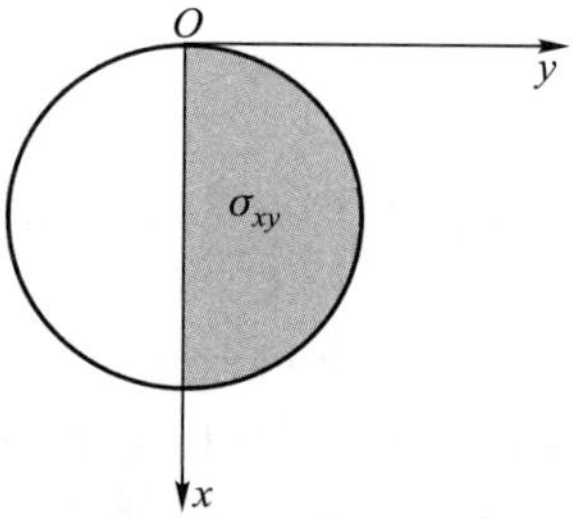

图 21-4

解　由

$$\frac{\partial z}{\partial x}=-\frac{x}{z},\ \frac{\partial z}{\partial y}=-\frac{y}{z},$$

所以

$$\sqrt{1+z_x'^2+z_y'^2}=\sqrt{\frac{x^2+y^2+z^2}{z^2}}=\frac{a}{|z|}=\frac{a}{\sqrt{a^2-x^2-y^2}},$$

由对称性,并利用极坐标替换,

$$\begin{aligned}S&=4\iint_{\sigma_{xy}}\frac{a}{\sqrt{a^2-x^2-y^2}}\mathrm{d}x\mathrm{d}y\\&=4\int_0^{\frac{\pi}{2}}\mathrm{d}\theta\int_0^{a\cos\theta}\frac{a}{\sqrt{a^2-r^2}}\,r\mathrm{d}r=4a^2\left(\frac{\pi}{2}-1\right).\end{aligned}$$

例 2　求以 R 为半径的球面面积 S,此球的方程为

$$\begin{cases} x = R\cos\theta\cos\varphi, \\ y = R\cos\theta\sin\varphi, \\ z = R\sin\theta \end{cases} \quad \left(-\frac{\pi}{2} \leqslant \theta \leqslant \frac{\pi}{2},\ 0 \leqslant \varphi < 2\pi\right).$$

解　这时 $E=x_\theta^2+y_\theta^2+z_\theta^2=R^2$, $F=0$, $G=R^2\cos^2\theta$,

$$\sqrt{EG-F^2}=R^2\cos\theta,$$

由于球面的对称性,只要计算它在第一卦限 $\left(0\leqslant\varphi\leqslant\frac{\pi}{2},0\leqslant\theta\leqslant\frac{\pi}{2},r\geqslant 0\right)$ 内的面积,这个面积的 8 倍就是整个球面积 S. 所以

$$S = 8R^2\int_0^{\frac{\pi}{2}}\mathrm{d}\varphi\int_0^{\frac{\pi}{2}}\cos\theta\mathrm{d}\theta = 4\pi R^2.$$

二、化第一类曲面积分为二重积分

在第十九章中已经给出第一类曲面积分的定义,现在利用曲面面积的表达式,将第一类曲面积分化为二重积分.

设函数 $\Phi(x,y,z)$ 为定义在曲面 S 上的连续函数. 曲面 S 的方程为 $z=f(x,y)$,它在 XY 平面上的投影为一块可求面积区域 σ_{xy},并设 $f(x,y)$ 在 σ_{xy} 上具有对 x 和 y 的连续偏导数,若将区域 σ_{xy} 划分为若干可求面积的小区域 $\Delta\sigma_1,\Delta\sigma_2,\Delta\sigma_3,\cdots,\Delta\sigma_n$,令 $d=\max\limits_{1\leqslant i\leqslant n}\{\Delta\sigma_i \text{ 的直径}\}$,在这一划分之下,相应的曲面 S 亦被划分为若干可求面积的小块 $\Delta S_1,\Delta S_2,\cdots,\Delta S_n$,并把它们的面积仍记为 $\Delta S_1,\Delta S_2,\cdots,\Delta S_n$,那么按定义就有

$$\iint\limits_S \Phi(x,y,z)\,\mathrm{d}S = \lim_{d\to 0}\sum_{i=1}^n \Phi(\xi_i,\eta_i,\zeta_i)\Delta S_i,$$

这里点 (ξ_i,η_i,ζ_i) 为 ΔS_i 上的任意一点,也就是说 (ξ_i,η_i) 为 $\Delta\sigma_i$ 上的任意一点,而 $\zeta_i=f(\xi_i,\eta_i)$. 再按照曲面面积的表达式及中值定理

$$\begin{aligned}\Delta S_i &= \iint\limits_{\Delta\sigma_i}\sqrt{1+f_x^2+f_y^2}\,\mathrm{d}x\mathrm{d}y \\ &= \sqrt{1+[f_x(\xi_i^*,\eta_i^*)]^2+f_y(\xi_i^*,\eta_i^*)]^2}\,\Delta\sigma_i,\end{aligned}$$

这里点 (ξ_i^*,η_i^*) 为 $\Delta\sigma_i$ 上的某一点. 于是

$$\begin{aligned}&\sum_{i=1}^n \Phi(\xi_i,\eta_i,\zeta_i)\Delta S_i \\ =&\sum_{i=1}^n \Phi(\xi_i,\eta_i,\zeta_i)\sqrt{1+[f_x(\xi_i^*,\eta_i^*)]^2+[f_y(\xi_i^*,\eta_i^*)]^2}\,\Delta\sigma_i \\ =&\sum_{i=1}^n \Phi(\xi_i,\eta_i,\zeta_i)\sqrt{1+[f_x(\xi_i,\eta_i)]^2+[f_y(\xi_i,\eta_i)]^2}\,\Delta\sigma_i + \\ &\sum_{i=1}^n \eta_i\Delta\sigma_i,\end{aligned}$$

等式右端第一项正是一个黎曼和,由假设 f, f_x, f_y 连续,故

$$\lim_{d\to 0}\sum_{i=1}^{n}\Phi[\xi_i,\eta_i,f(\xi_i,\eta_i)]\sqrt{1+[f_x(\xi_i,\eta_i)]^2+[f_y(\xi_i,\eta_i)]^2}\,\Delta\sigma_i$$

$$=\iint\limits_{\sigma_{xy}}\Phi[x,y,f(x,y)]\sqrt{1+f_x^2+f_y^2}\,\mathrm{d}x\mathrm{d}y,$$

对于等式右端第二项,可以证明(证明思想与上一节相应部分完全相仿)

$$\lim_{d\to 0}\sum_{i=1}^{n}\eta_i\Delta\sigma_i=0,$$

这样就将第一类曲面积分化为二重积分

$$\iint\limits_{S}\Phi(x,y,z)\,\mathrm{d}S=\iint\limits_{\sigma_{xy}}\Phi[x,y,f(x,y)]\sqrt{1+f_x^2+f_y^2}\,\mathrm{d}x\mathrm{d}y.$$

若曲面的方程表示为参数形式

$$\begin{cases}x=x(u,v),\\ y=y(u,v),\\ z=z(u,v)\end{cases}$$

(这里$(u,v)\in\Sigma$)时,假设曲面没有重点,即 S 上的点与 Σ 中的点(u,v)是一一对应的,又设函数 $x(u,v)$,$y(u,v)$,$z(u,v)$ 皆在 Σ 上具有对 u 和 v 的连续偏导数,并且其雅可比矩阵在 Σ 上的秩为 2. 可得

$$\iint\limits_{S}\Phi(x,y,z)\,\mathrm{d}S$$

$$=\iint\limits_{\Sigma}\Phi[x(u,v),y(u,v),z(u,v)]\sqrt{EG-F^2}\,\mathrm{d}u\mathrm{d}v,$$

这里

$$E=x_u^2+y_u^2+z_u^2,$$

$$F=x_ux_v+y_uy_v+z_uz_v,$$

$$G=x_v^2+y_v^2+z_v^2.$$

例 3 计算 $\iint\limits_{S}(x+y+z)\,\mathrm{d}S$,$S$ 是球面 $x^2+y^2+z^2=a^2$, $z\geqslant 0$.

解 因

$$z=\sqrt{a^2-x^2-y^2},$$

所以

$$\frac{\partial z}{\partial x}=\frac{-x}{\sqrt{a^2-x^2-y^2}},\ \frac{\partial z}{\partial y}=\frac{-y}{\sqrt{a^2-x^2-y^2}},$$

从而

$$\iint\limits_{S}(x+y+z)\,\mathrm{d}S$$

$$=\iint\limits_{\sigma}(x+y+\sqrt{a^2-x^2-y^2})\sqrt{\frac{(a^2-x^2-y^2)+x^2+y^2}{a^2-x^2-y^2}}\,\mathrm{d}\sigma$$

$$=\iint\limits_{\sigma}(x+y+\sqrt{a^2-x^2-y^2})\frac{a}{\sqrt{a^2-x^2-y^2}}\,\mathrm{d}\sigma,$$

其中 σ 是 XY 平面上以原点为中心，半径为 a 的圆．化为极坐标来计算，即得

$$\begin{aligned}&\iint_S (x+y+z)\mathrm{d}S\\&=\int_0^a\left[\int_0^{2\pi}(r\cos\theta+r\sin\theta+\sqrt{a^2-r^2})\frac{a}{\sqrt{a^2-r^2}}\mathrm{d}\theta\right]r\mathrm{d}r\\&=\int_0^a 2\pi a r\mathrm{d}r=\pi a^3.\end{aligned}$$

例 4　计算积分 $\iint\limits_S z\mathrm{d}S$，其中 S 为螺旋面的一部分：

$$\begin{cases}x=u\cos v,\\y=u\sin v,\ (0\leqslant u\leqslant a,\ 0\leqslant v\leqslant 2\pi).\\z=v\end{cases}$$

解　因为

$$\begin{aligned}E&=x_u^2+y_u^2+z_u^2=\cos^2 v+\sin^2 v=1,\\F&=x_u x_v+y_u y_v+z_u z_v=-u\sin v\cos v+u\sin v\cos v=0,\\G&=x_v^2+y_v^2+z_v^2=u^2\sin^2 v+u^2\cos^2 v+1=1+u^2,\end{aligned}$$

所以

$$\begin{aligned}\iint_S z\mathrm{d}S&=\iint_\Sigma v\cdot\sqrt{1+u^2}\,\mathrm{d}u\mathrm{d}v=\int_0^{2\pi}v\mathrm{d}v\int_0^a\sqrt{1+u^2}\,\mathrm{d}u\\&=2\pi^2\left[\frac{u}{2}\sqrt{1+u^2}+\frac{1}{2}\ln(u+\sqrt{1+u^2})\right]\Bigg|_0^a\\&=\pi^2 a\sqrt{1+a^2}+\pi^2\ln(a+\sqrt{1+a^2}).\end{aligned}$$

例 5　求一均匀球壳（密度 ρ 为常数）对不在该球壳上的一质点 M（质量为 1）的引力．

解　设球心在坐标原点，半径为 R，质点 M 位于正的 z 轴上，离球心（即原点）的距离为 $a(a\neq R)$．于是这个引力在 x 轴与 y 轴上的投影 F_x 及 F_y 显然为零，而

$$F_z=K\iint_S\rho\frac{z-a}{r^3}\mathrm{d}S,$$

这里 r 为球面 S 上任意一点与点 M 的距离，K 为引力常数.

利用球面坐标

$$x=R\cos\theta\cos\varphi,\ y=R\cos\theta\sin\varphi,\ z=R\sin\theta,$$

则

$$\mathrm{d}S=R^2\cos\theta\mathrm{d}\theta\mathrm{d}\varphi,$$

$$r=\sqrt{R^2+a^2-2Ra\sin\theta},$$

$$F_z=2\pi R^2\rho K\int_{-\frac{\pi}{2}}^{\frac{\pi}{2}}\frac{(R\sin\theta-a)\cos\theta\mathrm{d}\theta}{(R^2+a^2-2Ra\sin\theta)^{\frac{3}{2}}}.$$

作代换 $R^2+a^2-2Ra\sin\theta=t^2$，这时

$$R\sin\theta - a = \frac{1}{2a}(R^2 - a^2 - t^2),$$

$$\cos\theta \mathrm{d}\theta = -\frac{1}{Ra}t\mathrm{d}t,$$

于是

$$F_z = -\frac{\pi R\rho K}{a^2}\int_{R+a}^{|R-a|}\left(\frac{R^2 - a^2}{t^2} - 1\right)\mathrm{d}t$$

$$= -\frac{\pi R\rho K}{a^2}\left[(R^2 - a^2)\left(\frac{1}{R+a} - \frac{1}{|R-a|}\right) - |R-a| + R + a\right].$$

分两种情形讨论:

(i) 若 $a<R$,则 $|R-a|=R-a$,得

$$F_z = 0,$$

(ii) 若 $a>R$,则 $|R-a|=-(R-a)$,得

$$F_z = -\frac{4\pi R^2\rho K}{a^2},$$

因此在一个均匀球壳内的点,都不感受球壳表面的任何引力. 而在球壳外的点,所受到球壳表面的引力,和把球壳的全部质量 $m=4\pi R^2\rho$ 看作集中球心时该点所受到的引力一样大小.

习 题

1. 计算下列曲面面积:

(1) $z=axy$ 包含在圆柱 $x^2+y^2=a^2$ 内的部分;

(2) 锥面 $x^2+y^2=\frac{1}{3}z^2$ 与平面 $x+y+z=2a$ ($a>0$) 所围部分的表面;

(3) 柱面 $x^2+y^2=a^2$ 被二平面 $x+z=0$, $x-z=0$ ($x>0$, $y>0$) 所截部分.

2. 计算第一类曲面积分:

(1) $\iint\limits_S (x+y+z)\mathrm{d}S$, S 为左半球面 $x^2+y^2+z^2=a^2$, $y\leqslant 0$;

(2) $\iint\limits_S x\mathrm{d}S$, S 为螺旋面 $x=u\cos v$, $y=u\sin v$, $z=cv$ 上的一部分 $0\leqslant u\leqslant a$, $0\leqslant v\leqslant 2\pi$;

(3) $\iint\limits_S \mathrm{d}S$, S 为球面 $x^2+y^2+z^2=2cz$ ($c>0$) 夹在锥面 $x^2+y^2=z^2$ 内的部分;

(4) $\iint\limits_S (x^2+y^2)\mathrm{d}S$, S 为体积 $\sqrt{x^2+y^2}\leqslant z\leqslant 1$ 的边界;

(5) $\iint\limits_S \frac{\mathrm{d}S}{r^2}$, S 为圆柱面 $x^2+y^2=R^2$ 介于 $z=0$ 及 $z=H$ 之间的部分,其中 r 为曲面上的点到原点的距离.

3. 求抛物面壳 $z=\frac{1}{2}(x^2+y^2)$, $0\leqslant z\leqslant 1$ 的质量, 此壳的密度为 $\rho=z$.

§3　第二类曲线积分

前面已讲述第一类曲线积分,但在物理、力学等很多问题中,还常常用到另一种曲线积分,叫做第二类曲线积分.

一、变力作功与第二类曲线积分的定义

设空间有一单位质点 M 受外力 $\boldsymbol{F}$ 作用,从点 A 沿曲线 $\overset{\frown}{AB}$ 移动到点 B. 如果曲线 $\overset{\frown}{AB}$ 及力 $\boldsymbol{F}$ 都是预先给定的,怎样计算单位质点 M 在力 $\boldsymbol{F}$ 的作用下从点 A 移动到点 B 所做的功呢? 若 $\boldsymbol{F}$ 是恒力,也就是它在每一点的大小相同且保持定向,那么质点 M 在力 $\boldsymbol{F}$ 作用下从点 A 移到点 B 所做的功 W 为

$$W=\boldsymbol{F}\cdot\overrightarrow{AB},$$

W 是向量 $\boldsymbol{F}$ 与向量 $\overrightarrow{AB}$ 的内积(点积).

但在不是恒力的情况下,功的计算就复杂得多了. 假设力 $\boldsymbol{F}$ 不仅随点的位置 (x,y,z) 改变其大小,而且也改变它的方向. 在这种情况下,就不能用上述公式来计算. 我们这样来考虑:首先,将曲线 $\overset{\frown}{AB}$ 从点 A 起任意分成 n 个有向小弧段 $\Delta s_1,\Delta s_2,\cdots,\Delta s_n$,其方向与从 A 到 B 的方向相一致(如图 21-5). 设有向弧段 Δs_i 的起点为 A_i,终点为 A_{i+1}. 记有向小弧段为 $\overrightarrow{\Delta s_i}(i=1,2,\cdots,n)$,$\overrightarrow{\Delta s_i}$ 的大小为弧长 Δs_i,方向与 $\overrightarrow{A_iA_{i+1}}$ 一致. 当分得很细时,我们把作用在每一小段上的力看作恒力,取小段上任一点 $P_i(\bar{x}_i,\bar{y}_i,\bar{z}_i)$ 的作用力 $\boldsymbol{F}_i$ 作为作用在 Δs_i 的恒力,于是在力 $\boldsymbol{F}_i$ 作用下质点位移 $\overrightarrow{\Delta s_i}$ 所做的功

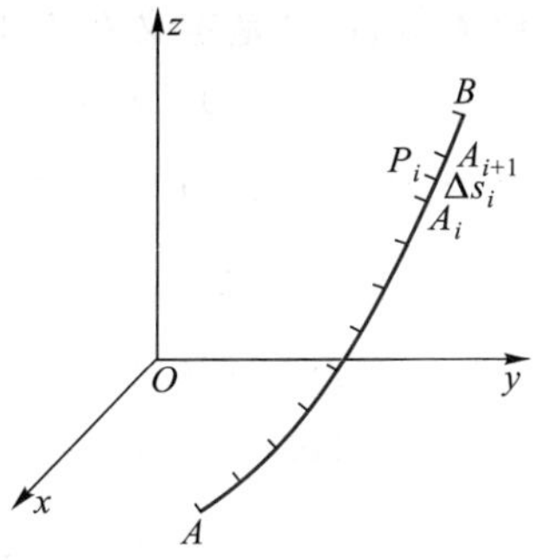

图 21-5

$$W_i\approx\boldsymbol{F}_i(\bar{x}_i,\bar{y}_i,\bar{z}_i)\cdot\overrightarrow{\Delta s_i}.$$

设力 $\boldsymbol{F}$ 的表达式为

$$\boldsymbol{F}(x,y,z)=P(x,y,z)\boldsymbol{i}+Q(x,y,z)\boldsymbol{j}+R(x,y,z)\boldsymbol{k},$$

再记 $\overrightarrow{\Delta s_i}$ 的表达式为

$$\overrightarrow{\Delta s_i}=\Delta x_i\boldsymbol{i}+\Delta y_i\boldsymbol{j}+\Delta z_i\boldsymbol{k},$$

则

$$W_i\approx P(\bar{x}_i,\bar{y}_i,\bar{z}_i)\Delta x_i+Q(\bar{x}_i,\bar{y}_i,\bar{z}_i)\Delta y_i+R(\bar{x}_i,\bar{y}_i,\bar{z}_i)\Delta z_i,$$

沿整个路程 $\overset{\frown}{AB}$ 所做的功 W 近似地等于

$$W\approx\widetilde{W}$$

$$= \sum_{i=1}^{n} [P(\bar{x}_i,\bar{y}_i,\bar{z}_i)\Delta x_i + Q(\bar{x}_i,\bar{y}_i,\bar{z}_i)\Delta y_i + R(\bar{x}_i,\bar{y}_i,\bar{z}_i)\Delta z_i].$$

如果把$\overset{\frown}{AB}$分得越细，$\widetilde{W}$就越接近于 W. Δs_i 的长度为 Δs_i，$\lambda=\max\limits_{i}\{\Delta s_i\}$. 如果当 $\lambda\to 0$ 时极限$\lim\limits_{\lambda\to 0}\widetilde{W}$存在，且极限值与划分无关，也与点 $P_i(\bar{x}_i,\bar{y}_i,\bar{z}_i)$ 的选取无关，则把这个极限值就作为所求的功 W，记为

$$W=\int_{\overset{\frown}{AB}} P(x,y,z)\,\mathrm{d}x+Q(x,y,z)\,\mathrm{d}y+R(x,y,z)\,\mathrm{d}z,$$

积分号下的和式可写作两向量 $\boldsymbol{F}=(P,Q,R)$ 及 $\mathrm{d}\boldsymbol{s}=(\mathrm{d}x,\mathrm{d}y,\mathrm{d}z)$ 的数量积 $\boldsymbol{F}\cdot\mathrm{d}\boldsymbol{s}$，从而也可写为

$$W=\int_{\overset{\frown}{AB}}\boldsymbol{F}\cdot\mathrm{d}\boldsymbol{s}.$$

从上述定义可知，若从点 A 至点 B 沿$\overset{\frown}{AB}$所做的功为 W，则沿相同路径从点 B 到点 A 所做的功即为$-W$，因这时 $\Delta x_i,\Delta y_i,\Delta z_i$ 都改变了符号，故整个和式从而极限也改变了符号.

有很多物理量的确定，都要求计算上述形式的和式的极限. 因此有必要给出下面的一般定义.

定义　设 L 为一条有向光滑或逐段光滑曲线，其方向由 A 到 B（如图 21-5），且设 $\boldsymbol{F}(x,y,z)$ 是定义在 L 上的向量函数，表示式为

$$\boldsymbol{F}(x,y,z)=P(x,y,z)\boldsymbol{i}+Q(x,y,z)\boldsymbol{j}+R(x,y,z)\boldsymbol{k}.$$

又设 P,Q,R 都是有界函数. 将 L 自 A 到 B 分为 n 个有向小弧段$\overrightarrow{\Delta s_i}(i=1,2,\cdots,n)$，每个小弧段 Δs_i 的起点为 A_i，终点为 A_{i+1}，有向弧段$\overrightarrow{\Delta s_i}$的大小为弧长 Δs_i，方向与$\overrightarrow{A_iA_{i+1}}$的方向一致，$\overrightarrow{\Delta s_i}$的表示式为$\overrightarrow{\Delta s_i}=\Delta x_i\boldsymbol{i}+\Delta y_i\boldsymbol{j}+\Delta z_i\boldsymbol{k}$，在每一段内任取一点$(\xi_i,\eta_i,\zeta_i)$，作和式(它也是黎曼和)

$$\begin{aligned}&\sum_{i=1}^{n}\boldsymbol{F}(\xi_i,\eta_i,\zeta_i)\cdot\overrightarrow{\Delta s_i}\\&=\sum_{i=1}^{n}[P(\xi_i,\eta_i,\zeta_i)\Delta x_i+Q(\xi_i,\eta_i,\zeta_i)\Delta y_i+R(\xi_i,\eta_i,\zeta_i)\Delta z_i],\end{aligned}$$

记 $d=\max\limits_{1\leqslant i\leqslant n}\{\Delta s_i\}$，令 $d\to 0$，如果极限

$$I=\lim_{d\to 0}\sum_{i=1}^{n}\boldsymbol{F}(\xi_i,\eta_i,\zeta_i)\cdot\overrightarrow{\Delta s_i}$$

存在，并且 I 与 L 的划分以及与(ξ_i,η_i,ζ_i)的选取无关，则称此极限为 $\boldsymbol{F}(x,y,z)$ 在 L 上的**第二类曲线积分**，记为

$$\begin{aligned}I&=\int_L\boldsymbol{F}(x,y,z)\cdot\mathrm{d}\boldsymbol{s}\\&=\int_L P(x,y,z)\,\mathrm{d}x+Q(x,y,z)\,\mathrm{d}y+R(x,y,z)\,\mathrm{d}z,\end{aligned}$$

其中 L 的方向是从 A 到 B. $\mathrm{d}\boldsymbol{s}=\mathrm{d}x\boldsymbol{i}+\mathrm{d}y\boldsymbol{j}+\mathrm{d}z\boldsymbol{k}$，$\mathrm{d}x,\mathrm{d}y,\mathrm{d}z$ 理解为 $\mathrm{d}\boldsymbol{s}$ 在 x 轴，y 轴，z 轴上的投影，是带有符号的.

与变力做功的情况一样，从定义立知：第二类曲线积分是与沿曲线的方向有关的．即从点 A 到点 B 沿曲线 L 的曲线积分的值与沿原曲线的相反方向（即从点 B 到点 A）的曲线积分的值有不同符号，但它们的绝对值相等．这是第二类曲线积分的一个很重要性质，也是它区别于第一类曲线积分的一个特征．

上面所讨论的都是空间情形．但在许多实际问题中往往也需要考虑平面问题，因此会遇见平面上的第二类曲线积分．例如，在 XY 平面上就有下面的曲线积分

$$\int_L P(x,y)\,\mathrm{d}x + Q(x,y)\,\mathrm{d}y,$$

其中 L 为平面有向曲线．它是空间曲线积分的特殊情况．

不论空间或平面的第二类曲线积分都与沿曲线的方向有关．但如果是闭路，自然不能用起点和终点来说明方向．这时在每一情况，都要说明积分是沿什么方向的．而在平面情况，我们规定：一人站在平面上沿闭路循一方向作环行时，若闭路所围成的区域总在他的左方，则这个方向就作为正向，否则作负向．

在平面闭路的情况，还有一个可注意的事实：只要方向不变，曲线积分的值是与起点的位置无关的．因此在计算沿平面闭路的曲线积分时，可取闭路上任一点作为起点都不会改变积分值．

二、第二类曲线积分的计算

设有向曲线 L 自身不相交，其参数方程为

$$x = x(t),y = y(t),z = z(t)\ \ (t_0 \leqslant t \leqslant T),$$

且设 $\overset{\frown}{AB}$ 是光滑的，即 $x(t),y(t),z(t)$ 在 $[t_0,T]$ 上都有连续导数 $x'(t),y'(t),z'(t)$．设当参数 t 从 t_0 增加到 T 时，曲线从点 A 按一定方向连续地变到点 B. 设向量函数 $\boldsymbol{F}(x,y,z)=P(x,y,z)\boldsymbol{i}+Q(x,y,z)\boldsymbol{j}+R(x,y,z)\boldsymbol{k}$ 在 L 上有定义，并且 P,Q,R 都是连续函数，在这些假定下，可以证明第二类曲线积分 $\int_L \boldsymbol{F}(x,y,z)\cdot\mathrm{d}\boldsymbol{s}$ 存在，并且可以把它化为定积分计算：

$$\begin{aligned}
&\int_L \boldsymbol{F}(x,y,z)\cdot\mathrm{d}\boldsymbol{s}\\
=&\int_L P(x,y,z)\,\mathrm{d}x + Q(x,y,z)\,\mathrm{d}y + R(x,y,z)\,\mathrm{d}z\\
=&\int_{t_0}^{T}\{P[x(t),y(t),z(t)]x'(t) + Q[x(t),y(t),z(t)]y'(t) +\\
&R[x(t),y(t),z(t)]z'(t)\}\,\mathrm{d}t,
\end{aligned}$$

在上面的一切计算公式中，都必须注意定积分上、下限的安排应该与曲线积分所沿的曲线方向相一致，即下限是对应于起点的参数值，上限是对应于终点的参数值．

要注意的是：$\int_L P(x,y,z)\,\mathrm{d}x$ 或者 $\int_L P(x,y,z)\,\mathrm{d}x+R(x,y,z)\,\mathrm{d}z$ 等都是第二类曲线积分．

同样，在平面情况，设光滑曲线的参数方程为

$$x = x(t),y = y(t)\ \ (t_0 \leqslant t \leqslant T),$$

且设当 t 从 t_0 增加到 T 时，点 (x,y) 从点 A 沿 L 连续地移动到点 B 且设曲线自身不相交．那么，也有曲线积分化为定积分的公式

$$\int_L P(x,y)\,dx+Q(x,y)\,dy$$
$$=\int_{t_0}^{T}\{P[x(t),y(t)]x'(t)+Q[x(t),y(t)]y'(t)\}\,dt.$$

再如空间曲线 L 是由

$$y=y(x),z=z(x)\quad(a\leqslant x\leqslant b)$$

表示的，且设当 x 从 a 增加到 b 时，点 (x,y,z) 从点 A 连续地移动到点 B，又设 $y(x)$，$z(x)$ 在 $[a,b]$ 上有连续导数，P,Q,R 在 L 上连续，就有

$$\int_L P(x,y,z)\,dx+Q(x,y,z)\,dy+R(x,y,z)\,dz$$
$$=\int_a^b\{P(x,y(x),z(x))+Q(x,y(x),z(x))y'(x)+$$
$$R(x,y(x),z(x))z'(x)\}\,dx.$$

如果曲线 L 是分段光滑的，也就是它由有限条光滑弧联结而成的，则沿 L 的曲线积分（设它存在的话）等于沿每一光滑弧的曲线积分之和，这里自然要求沿每一光滑弧所取的方向与沿整个曲线 L 的方向一致．

例 1　计算曲线积分

$$I=\int_C(x^2+y^2)\,dx+(x^2-y^2)\,dy,$$

其中 C 为折线 $y=1-|1-x|(0\leqslant x\leqslant 2)$．且设从原点经过点 $P(1,1)$ 到点 $B(2,0)$ 是积分所沿的方向（如图 21-6）．

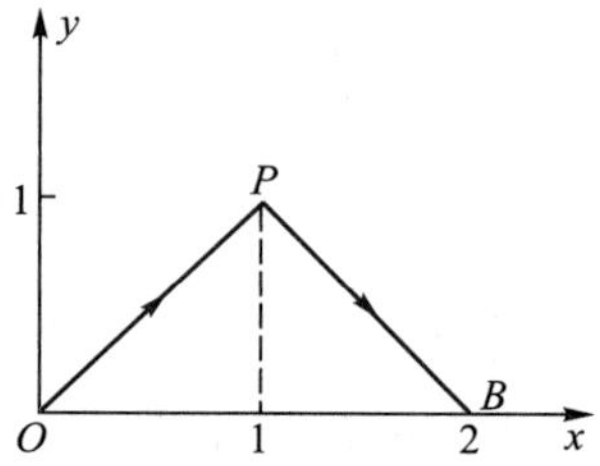

图 21-6

解　当 $0\leqslant x\leqslant 1$ 时，

$$y=1-|1-x|=x,$$

当 $1\leqslant x\leqslant 2$ 时，$y=2-x$，应用计算公式有

$$I=\left(\int_{\overline{OP}}+\int_{\overline{PB}}\right)(x^2+y^2)\,dx+(x^2-y^2)\,dy$$
$$=\int_0^1 2x^2\,dx+0\cdot dx+\int_1^2[x^2+(2-x)^2]\,dx+$$
$$[x^2-(2-x)^2](-dx)$$
$$=\frac{2}{3}+\frac{2}{3}=\frac{4}{3}.$$

例 2　计算沿有向闭路 $\overrightarrow{ABCDA}$（如图 21-7）的曲线积分

$$I=\int_{\overrightarrow{ABCDA}}(x^2-2xy)\,dx+(y^2-2xy)\,dy.$$

解　将积分写为

$$I=\left(\int_{\overline{AB}}+\int_{\overline{BC}}+\int_{\overline{CD}}+\int_{\overline{DA}}\right)(x^2-2xy)\,dx+(y^2-2xy)\,dy,$$

沿 $\overline{AB}$，$x=1$，故 $dx=0$，所以

$$\int_{\overline{AB}}(x^2-2xy)\,\mathrm{d}x=0,$$

同样，沿$\overline{BC}$，$y=1$，故 $\mathrm{d}y=0$，所以

$$\int_{\overline{BC}}(y^2-2xy)\,\mathrm{d}y=0,$$

同样有

$$\int_{\overline{CD}}(x^2-2xy)\,\mathrm{d}x=0,$$

$$\int_{\overline{DA}}(y^2-2xy)\,\mathrm{d}y=0,$$

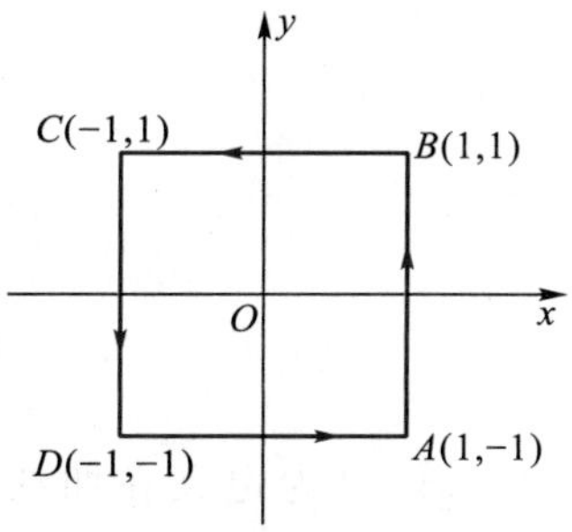

图 21-7

于是

$$\begin{aligned}I&=\int_{-1}^{1}(y^2-2y)\,\mathrm{d}y+\int_{1}^{-1}(x^2-2x)\,\mathrm{d}x+\int_{1}^{-1}(y^2+2y)\,\mathrm{d}y+\int_{-1}^{1}(x^2+2x)\,\mathrm{d}x\\&=-\int_{-1}^{1}4y\,\mathrm{d}y+\int_{-1}^{1}4x\,\mathrm{d}x=0.\end{aligned}$$

例 3　计算积分

$$I=\int_C\frac{(x+y)\,\mathrm{d}x-(x-y)\,\mathrm{d}y}{x^2+y^2},$$

其中 C 为圆周 $x^2+y^2=a^2$，方向为正向．

解　将圆周方程写作参数形式

$$x=a\cos t,y=a\sin t\quad(0\leqslant t\leqslant 2\pi),$$

由于是闭路，不妨取圆周与正向 x 轴的交点 $A(a,0)$ 作为起点．沿圆周正向，也就是点 A 依逆时针方向环行一周回到点 A，从而参数 t 从 0 单调地增加至 2π. 于是

$$\begin{aligned}I&=\frac{1}{a^2}\int_0^{2\pi}\{a(\cos t+\sin t)(-a\sin t)-a(\cos t-\sin t)a\cos t\}\,\mathrm{d}t\\&=\int_0^{2\pi}\{(\cos t+\sin t)(-\sin t)-(\cos t-\sin t)\cos t\}\,\mathrm{d}t\\&=-2\pi.\end{aligned}$$

三、两类曲线积分的联系

第一类与第二类曲线积分的定义是不同的，由于都是沿曲线的积分，两者之间又有密切关系．可以将一个第二类曲线积分化为第一类曲线积分，反之也一样．现在讨论这两类积分的转换关系．设一空间光滑曲线$\widehat{AB}$，取弧长 $s=\widehat{AM}$作为参数（M 为$\widehat{AB}$上任一点，s 就是从 A 点到 M 点的一段弧长），于是$\widehat{AB}$的参数方程可设为

$$x=x(s),\ y=y(s),\ z=z(s)\ (0\leqslant s\leqslant l),$$

这里 l 表示$\widehat{AB}$的全长，且 $x(s)$，$y(s)$，$z(s)$ 在 $[0,l]$ 上都具有连续导数．取 s 从 0 单调地增加至 l 的方向为曲线的正向，且在曲线上每一点的切线的正向取作与曲线的方向一致．以 $(\boldsymbol{t},x)$，$(\boldsymbol{t},y)$，$(\boldsymbol{t},z)$ 分别表示正向切线 $\boldsymbol{t}$ 与三个正向坐标轴的夹角. 则有

$$x'(s)=\lim_{\Delta s\to 0}\frac{\Delta x}{\Delta s}=\cos(\boldsymbol{t},x),$$

$$y'(s)=\lim_{\Delta s\to 0}\frac{\Delta y}{\Delta s}=\cos(\boldsymbol{t},y),$$

$$z'(s)=\lim_{\Delta s\to 0}\frac{\Delta z}{\Delta s}=\cos(\boldsymbol{t},z).$$

设 $P(x,y,z)$ 为定义在曲线 $\overset{\frown}{AB}$ 上的连续函数，则根据第二类曲线积分的计算公式，有

$$\begin{aligned}\int_{\overset{\frown}{AB}}P(x,y,z)\,\mathrm{d}x&=\int_0^l P[x(s),y(s),z(s)]x'(s)\,\mathrm{d}s\\&=\int_0^l P[x(s),y(s),z(s)]\cos(\boldsymbol{t},x)\,\mathrm{d}s.\end{aligned}$$

回忆一下第一类曲线积分化为定积分的关系式，且注意这里 s 就取作参数 $\boldsymbol{t}$，于是上面等式右端的定积分就等于一个第一类曲线积分 $\int_{\overset{\frown}{AB}}P(x,y,z)\cos(\boldsymbol{t},x)\,\mathrm{d}s$，从而得到两类曲线积分的联系公式

$$\int_{\overset{\frown}{AB}}P(x,y,z)\,\mathrm{d}x=\int_{\overset{\frown}{AB}}P(x,y,z)\cos(\boldsymbol{t},x)\,\mathrm{d}s.$$

设 $Q(x,y,z)$ 及 $R(x,y,z)$ 也都是定义在 $\overset{\frown}{AB}$ 上的连续函数．与上面相似，可得

$$\int_{\overset{\frown}{AB}}Q(x,y,z)\,\mathrm{d}y=\int_{\overset{\frown}{AB}}Q(x,y,z)\cos(\boldsymbol{t},y)\,\mathrm{d}s,$$

$$\int_{\overset{\frown}{AB}}R(x,y,z)\,\mathrm{d}z=\int_{\overset{\frown}{AB}}R(x,y,z)\cos(\boldsymbol{t},z)\,\mathrm{d}s,$$

将上面三个公式相加，则有一般的联系公式

$$\begin{aligned}&\int_{\overset{\frown}{AB}}P(x,y,z)\,\mathrm{d}x+Q(x,y,z)\,\mathrm{d}y+R(x,y,z)\,\mathrm{d}z\\=&\int_{\overset{\frown}{AB}}\{P(x,y,z)\cos(\boldsymbol{t},x)+Q(x,y,z)\cos(\boldsymbol{t},y)+\\&R(x,y,z)\cos(\boldsymbol{t},z)\}\,\mathrm{d}s.\end{aligned}$$

注意在上面这些公式中都假定切线 $\boldsymbol{t}$ 的正向与曲线的方向是一致的，也就是弧长参数 s 增加的方向．如将曲线的方向改变，即取弧长减少的方向作为曲线的方向，则不仅左端的第二类积分要改变符号，同时右端的第一类曲线积分的符号也应改变，这是因为切线的正向也变为弧长减少的方向，于是角 $(\boldsymbol{t},x)$，$(\boldsymbol{t},y)$，$(\boldsymbol{t},z)$ 都要改变 $\pm\pi$，从而它们的余弦都要改变符号，因此上面这些公式不论曲线的方向取得怎样总是成立的．

在平面的情况也有相似公式

$$\begin{aligned}&\int_{\overset{\frown}{AB}}P(x,y)\,\mathrm{d}x+Q(x,y)\,\mathrm{d}y\\=&\int_{\overset{\frown}{AB}}[P(x,y)\cos(\boldsymbol{t},x)+Q(x,y)\cos(\boldsymbol{t},y)]\,\mathrm{d}s,\end{aligned}$$

这里取切线 $\boldsymbol{t}$ 的正向为弧长 s 增加的方向，而 $(\boldsymbol{t},x)$ 及 $(\boldsymbol{t},y)$ 分别为正向切线与两正

向坐标轴的夹角．记$(\boldsymbol{t},x)=\alpha$，则$(\boldsymbol{t},y)=\dfrac{\pi}{2}-\alpha$，故$\cos(\boldsymbol{t},y)=\sin\alpha$，于是上式也可写为

$$\begin{aligned}&\int_{\widehat{AB}}P(x,y)\,\mathrm{d}x+Q(x,y)\,\mathrm{d}y\\=&\int_{\widehat{AB}}[P(x,y)\cos\alpha+Q(x,y)\sin\alpha]\,\mathrm{d}s,\end{aligned}$$

其中α是正向切线与正向x轴的夹角．

若用曲线的法线与坐标轴的夹角来表示，并规定$\boldsymbol{t}$与$\boldsymbol{n}$的关系服从右手法则（如同x轴正向与y轴正向的关系一样）（如图21-8），则

$$\cos(\boldsymbol{t},x)=\cos(\boldsymbol{n},y),$$
$$\cos(\boldsymbol{t},y)=-\cos(\boldsymbol{n},x),$$

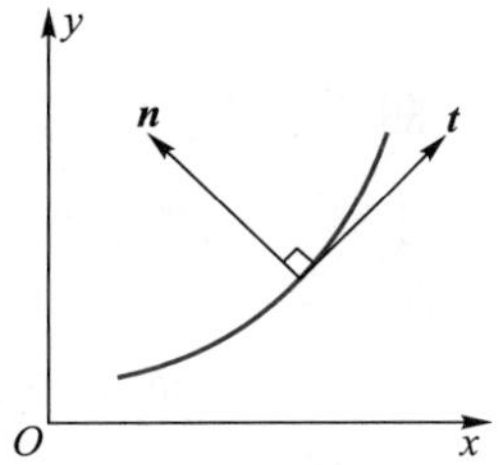

图 21-8

故有 $$\begin{aligned}&\int_{\widehat{AB}}P(x,y)\,\mathrm{d}x+Q(x,y)\,\mathrm{d}y\\=&\int_{\widehat{AB}}\{P(x,y)\cos(\boldsymbol{n},y)-Q(x,y)\cos(\boldsymbol{n},x)\}\,\mathrm{d}x.\end{aligned}$$

习　题

1. 计算下列第二类曲线积分：

(1) $\int_l(x^2-2xy)\,\mathrm{d}x+(y^2-2xy)\,\mathrm{d}y$，$l$为$y=x^2$从$(1,1)$到$(-1,1)$；

(2) $\oint_l(x^2+y^2)\,\mathrm{d}x+(x^2-y^2)\,\mathrm{d}y$，$l$为以$A(1,0)$，$B(2,0)$，$C(2,1)$，$D(1,1)$为顶点的正方形，正向；

(3) $\int_l(2a-y)\,\mathrm{d}x+\mathrm{d}y$，$l$为旋轮线$x=a(t-\sin t)$，$y=a(1-\cos t)$，从$(0,0)$到$(2\pi,0)$；

(4) $\int_l y\mathrm{d}x-x\mathrm{d}y+(x^2+y^2)\,\mathrm{d}z$，$l$为曲线$x=\mathrm{e}^t$，$y=\mathrm{e}^{-t}$，$z=at$从$(1,1,0)$到$(\mathrm{e},\mathrm{e}^{-1},a)$．

2. 求积分

$$J=\int_{(0,0,0)}^{(1,1,1)}\begin{vmatrix}\boldsymbol{i}&\boldsymbol{j}&\boldsymbol{k}\\1&1&1\\x&y&z\end{vmatrix}\cdot\mathrm{d}\boldsymbol{r},$$

其中$\mathrm{d}\boldsymbol{r}$为矢径方向，积分路径分别为

(1) 沿直线；

(2) 沿曲线$\boldsymbol{r}=\sin\varphi\boldsymbol{i}+(1-\cos\varphi)\boldsymbol{j}+\dfrac{2\varphi}{\pi}\boldsymbol{k}\left(0\leqslant\varphi\leqslant\dfrac{\pi}{2}\right)$．

3. 证明：设l为光滑曲线，对于曲线积分的估计式为

$$\left|\int_l P\mathrm{d}x+Q\mathrm{d}y\right|\leqslant LM\ （式中 L 为 l 的弧长），$$

其中
$$M=\max_{(x,y)\in l}\sqrt{P^2+Q^2}.$$

利用这个不等式估计

$$I_R = \oint_{x^2+y^2=R^2} \frac{y\mathrm{d}x - x\mathrm{d}y}{(x^2+xy+y^2)^2},$$

并证明 $\lim\limits_{R\to\infty} I_R = 0$.

§4 第二类曲面积分

一、曲面的侧

考察一个闭的或非闭的光滑曲面,如果 S 是非闭的,它的边缘是由逐段光滑曲线 L 所构成,因 S 是光滑的,故在 S 上没有奇点,也就是在 S 上每一点都有确定的切平面,且切平面的位置随切点的位置而连续地变动. 在 S 上取一定点 M_0,并作点 M_0 处的法线. 这法线有两个方向,认定其一作为曲面在 M_0 点的方向. 设一动点 M 从 M_0 点出发沿完全落在曲面上任何一条连续闭路 Γ 运动再回到点 M_0,如 S 是非闭的,还假设 Γ 不越过边缘 L. 于是在闭路 Γ 上每一点 M 都有一法线,并设这法线的方向是从点 M_0 的出发方向连续移动得来的. 当点 M 回到点 M_0 时所得到的法线方向可能与出发方向相同,也可能与出发方向相反. 如果是前一情况,则称曲面 S 是双侧的. 若曲面 S 上存在这样一条闭曲线,当动点回到原位置时得到与出发时相反的法线方向,则称 S 为单侧的.

在实际生活中经常碰到的都是双侧曲面. 至于单侧曲面也是存在的,例如默比乌斯(Möbius)带就是这类曲面的一个典型例子. 将长方形纸条 $ABCD$ 先扭转一次,然后使 B 与 D 及 A 与 C 粘合起来(如图 21-9),构成一个非闭的环带. 假如用一种颜色涂这个环带,则可以不越过边缘而涂遍它的全部. 对任何双侧曲面是不会有这现象发生的. 今后只讨论双侧曲面,故除特别说明外,曲面都是指双侧的.

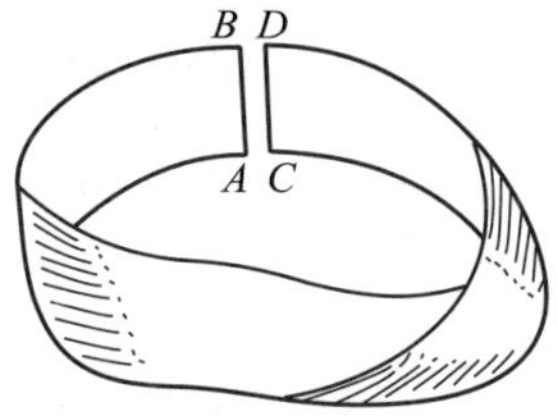

图 21-9

设 S 是一双侧曲面. 如果在 S 上任一点 M_0 的法线选定了一个确定方向,让点 M_0 在曲面 S 上连续变动到 S 上任何一点 M_1,其法方向也随着变动到点 M_1,从而在点 M_1 处的法线也有了确定的方向,而且点 M_1 的法线方向是由点 M_0 选定的法线方向完全决定的. 换句话说,在双侧曲面上只要选定了一点的法线方向,则曲面上全部点的法线方向也随之而定,也就是选定了曲面的一侧. 若原先选定的法线方向改变,则在其他点处的法线方向也随着一律改变,这样就确定了曲面的另一侧. 所以对双侧曲面要确定它的一侧,只要在它上面任一点选定一法线方向就行了.

以上从几何意义说明了曲面的侧的概念. 现在从分析观点来说明. 设一光滑曲面 S 的方程为

$$z = z(x, y),$$

其中 $z(x,y)$ 是 XY 平面上某一区域 D 内的连续函数,且在 D 内有连续偏导数

$$p=\frac{\partial z}{\partial x},\qquad q=\frac{\partial z}{\partial y},$$

这样曲面在每一点都有切平面,从而在每一点都有确定的法线．曲面 S 的法线方向余弦为

$$\cos\alpha=\frac{-p}{\pm\sqrt{1+p^2+q^2}},$$
$$\cos\beta=\frac{-q}{\pm\sqrt{1+p^2+q^2}},\qquad (*)$$
$$\cos\gamma=\frac{1}{\pm\sqrt{1+p^2+q^2}},$$

由假设,方向余弦是点的坐标 (x,y,z) 的连续函数,从而曲面上的法线方向是随点的位置而连续移动的．如在根式前选定一个符号,就等于在曲面上全部点确定了法线方向．因此,根式前符号的选择正好确定了曲面的一侧．对 $\cos\gamma$ 而言,若选取正号,则 $\cos\gamma>0$,即法线与正向 z 轴的夹角 γ 为锐角,今后把这样确定的一侧称为上侧．若选取负号,则所确定的一侧叫做下侧,在下侧,法线与正向 z 轴的夹角 γ 为钝角．若光滑曲面 S 的方程为 $y=y(x,z)$ 或 $x=x(y,z)$,同样可以确定曲面的左侧和右侧,或前侧和后侧．

现在考虑更一般的用参数方程

$$x=x(u,v),y=y(u,v),z=z(u,v)$$

表示的非闭的光滑曲面 S,且设这些函数在 UV 平面上某一有界区域 Ω 内有连续偏导数．此外,设 S 上没有重点,也就是 Ω 与 S 的点是一一对应的．于是曲面的法线方向余弦为

$$\cos\alpha=\frac{A}{\pm\sqrt{A^2+B^2+C^2}},$$
$$\cos\beta=\frac{B}{\pm\sqrt{A^2+B^2+C^2}},$$
$$\cos\gamma=\frac{C}{\pm\sqrt{A^2+B^2+C^2}},$$

其中 $A=\begin{vmatrix}y_u & y_v\\ z_u & z_v\end{vmatrix}$, $B=\begin{vmatrix}z_u & z_v\\ x_u & x_v\end{vmatrix}$, $C=\begin{vmatrix}x_u & x_v\\ y_u & y_v\end{vmatrix}$．还要假设 S 上无奇点,即 A,B,C 在任一点不同时为零．注意 $\cos\alpha,\cos\beta,\cos\gamma$ 都是在 Ω 内的连续函数,从而法线方向随点的位置连续移动,因此和上面情况一样,根式前符号的选择就确定了曲面的一侧．

以上所谈的都是非闭的双侧曲面．如 S 是一个闭的光滑曲面,它有两侧是很明显的,通常分两侧为外侧和内侧,即 S 向着所围立体的一侧为内侧,而另一侧为外侧．例如,若球面方程为 $x^2+y^2+z^2=R^2$,它的外侧对上半球面 $(z>0)$ 是上侧而对下半球面是下侧,它的内侧对上半球面是下侧而对下半球面是上侧．

我们称确定了侧的曲面为有向曲面.

二、第二类曲面积分的定义

先从流体通过有向曲面的流量来引进第二类曲面积分的概念. 设空间区域 D 内布满某种流体,其流速为 $\boldsymbol{v}(x,y,z)$,又设 S 是 D 内的一块有向曲面,求单位时间内流体通过曲面 S 的流量. 现在分几步来讨论这一问题.

第一步,设流速 $\boldsymbol{v}$ 是常向量,它与点(x,y,z)无关,又设 S 是一块平面,它的法方向 $\boldsymbol{n}$ 与流速 $\boldsymbol{v}$ 的方向一致(如图 21-10),那么单位时间内流体通过平面 S 的流量 $\boldsymbol{\Phi}$ 为

$$\boldsymbol{\Phi}=|\boldsymbol{v}|\cdot S\ (S\text{ 是平面的面积}),$$

如果平面的法方向 $\boldsymbol{n}$ 与流速 $\boldsymbol{v}$ 的方向相反,则 $\boldsymbol{\Phi}=-|\boldsymbol{v}|\cdot S$.

第二步,设平面 S 的法向量 $\boldsymbol{n}$ 与常向量 $\boldsymbol{v}$ 的方向不一致,其夹角为 θ,则在单位时间内通过 S 的流量等于通过 S'的流量(如图21-11),流量 $\boldsymbol{\Phi}$ 为

$$\boldsymbol{\Phi}=|\boldsymbol{w}|\cdot S\cos\theta\ (S\text{ 是平面的面积}),$$

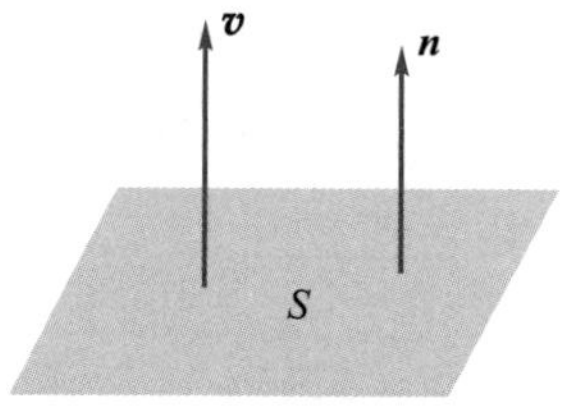

图 21-10

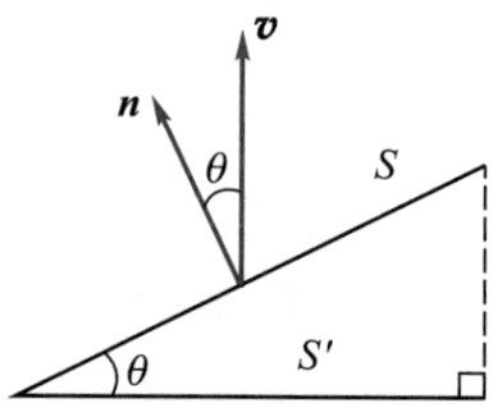

图 21-11

现在作一个向量 $\boldsymbol{S}$,它的大小$|\boldsymbol{S}|=S$(即平面面积),它的方向为 $\boldsymbol{n}_0$(平面 S 的单位法向量),故 $\boldsymbol{S}=S\boldsymbol{n}_0$,则

$$\boldsymbol{\Phi}=|\boldsymbol{v}|\cdot S\cdot\cos\theta=\boldsymbol{v}\cdot\boldsymbol{S}=\boldsymbol{v}\cdot S\boldsymbol{n}_0.$$

第三步 ,设 $\boldsymbol{v}$ 不是常向量,$\boldsymbol{v}=\boldsymbol{v}(x,y,z)$,$S$ 也不是平面,而是一块有向光滑曲面,曲面上每一点的法方向都已选定. 现在将 S 划分为许多小块 $\Delta S_i(i=1,2,\cdots,n)$,每一小块的面积仍记为 ΔS_i,在每一个小块内任取一点(ξ_i,η_i,ζ_i),作向量$\overrightarrow{\Delta S_i}$,它的大小为 ΔS_i,它的方向为曲面在(ξ_i,η_i,ζ_i)的法向量,即$\overrightarrow{\Delta S_i}=\Delta S_i\cdot\boldsymbol{n}_0(\xi_i,\eta_i,\zeta_i)$,再将流过 ΔS_i 的流速看作 $\boldsymbol{v}(\xi_i,\eta_i,\zeta_i)$,它是常向量. 利用第二步的结果,得到单位时间内流体通过 ΔS_i 的流量 $\boldsymbol{\Phi}_i$ 的近似值 $\widetilde{\boldsymbol{\Phi}}_i$ 为

$$\begin{aligned}\boldsymbol{\Phi}_i\approx\widetilde{\boldsymbol{\Phi}}_i&=\boldsymbol{v}(\xi_i,\eta_i,\zeta_i)\cdot\overrightarrow{\Delta S_i}\\&=\boldsymbol{v}(\xi_i,\eta_i,\zeta_i)\cdot\boldsymbol{n}_0(\xi_i,\eta_i,\zeta_i)\Delta S_i,\end{aligned}$$

则通过整个有向曲面 S 的**流量** $\boldsymbol{\Phi}$ 的近似值 $\widetilde{\boldsymbol{\Phi}}$ 为

$$\widetilde{\boldsymbol{\Phi}}=\sum_{i=1}^{n}\widetilde{\boldsymbol{\Phi}}_i=\sum_{i=1}^{n}\boldsymbol{v}(\xi_i,\eta_i,\zeta_i)\cdot\overrightarrow{\Delta S_i}$$

$$=\sum_{i=1}^{n}\boldsymbol{v}(\xi_i,\eta_i,\zeta_i)\cdot\boldsymbol{n}_0(\xi_i,\eta_i,\zeta_i)\Delta S_i,$$

记 $\lambda=\max_i\{\Delta S_i\}$，当 $\lambda\to 0$ 时(亦即曲面 S 的划分越来越细，使每一小块的面积 ΔS_i 都趋于 0)，便得到通过整个有向曲面 S 的流量

$$\begin{aligned}\Phi&=\lim_{\lambda\to 0}\sum_{i=1}^{n}\boldsymbol{v}(\xi_i,\eta_i,\zeta_i)\cdot\overrightarrow{\Delta S_i}\\&=\lim_{\lambda\to 0}\sum_{i=1}^{n}\boldsymbol{v}(\xi_i,\eta_i,\zeta_i)\cdot\boldsymbol{n}_0(\xi_i,\eta_i,\zeta_i)\Delta S_i\\&=\iint_S\boldsymbol{v}(x,y,z)\cdot d\boldsymbol{S}\\&=\iint_S\boldsymbol{v}(x,y,z)\cdot\boldsymbol{n}_0(x,y,z)\,d\boldsymbol{S},\end{aligned}$$

这里，$\iint_S\boldsymbol{v}(x,y,z)\cdot d\boldsymbol{S}$ 就是第二类曲面积分，它又等于 $\iint_S\boldsymbol{v}(x,y,z)\cdot\boldsymbol{n}_0(x,y,z)\,dS$，而后者是一个第一类曲面积分.

第二类曲面积分的定义

设 S 是光滑曲面，预先给定了曲面的侧，亦即预先给定了曲面 S 上的单位法向量 $\boldsymbol{n}_0$，又设 $\boldsymbol{f}(x,y,z)$ 是一个向量

$$\boldsymbol{f}(x,y,z)=P(x,y,z)\boldsymbol{i}+Q(x,y,z)\boldsymbol{j}+R(x,y,z)\boldsymbol{k},$$

其中 P,Q,R 都是连续函数.

按照流体通过曲面流量的步骤，将 S 划分为许多有向小块 $\Delta S_i(i=1,2,\cdots,n)$，在 ΔS_i 内任取一点 (ξ_i,η_i,ζ_i)，作向量 $\overrightarrow{\Delta S_i}=\boldsymbol{n}_0(\xi_i,\eta_i,\zeta_i)\Delta S_i$，再作和式 $\sum_{i=1}^{n}\boldsymbol{f}(\xi_i,\eta_i,\zeta_i)\cdot\overrightarrow{\Delta S_i}$，令 $\lambda=\max_i\{\Delta S_i\}$，如果极限 $\lim_{\lambda\to 0}\sum_{i=1}^{n}\boldsymbol{f}(\xi_i,\eta_i,\zeta_i)\cdot\overrightarrow{\Delta S}$ 存在，并且此极限与点 (ξ_i,η_i,ζ_i) 的选取无关，又与 S 的划分无关，则称它是 $\boldsymbol{f}(x,y,z)$ 在有向曲面 S 上的**第二类曲面积分**，记为 $\iint_S\boldsymbol{f}(x,y,z)\cdot d\boldsymbol{S}$，即

$$\iint_S\boldsymbol{f}(x,y,z)\cdot d\boldsymbol{S}=\lim_{\lambda\to 0}\sum_{i=1}^{n}\boldsymbol{f}(\xi_i,\eta_i,\zeta_i)\cdot\overrightarrow{\Delta S_i}.$$

同时还知道

$$\iint_S\boldsymbol{f}(x,y,z)\cdot d\boldsymbol{S}=\iint_S\boldsymbol{f}(x,y,z)\cdot\boldsymbol{n}_0(x,y,z)\,dS.$$

可以证明，当 S 是光滑曲面，P,Q,R 都是连续函数时，第二类曲面积分 $\iint_S\boldsymbol{f}(x,y,z)\cdot d\boldsymbol{S}$ 必存在.

由定义立即知道下面的性质.

性质

$$\iint_{S_{某侧}}\boldsymbol{f}(x,y,z)\cdot d\boldsymbol{S}=-\iint_{S_{另一侧}}\boldsymbol{f}(x,y,z)\cdot d\boldsymbol{S}.$$

即第二类曲面积分沿不同的侧将改变符号．

由于

$$\boldsymbol{f}(x,y,z)=P(x,y,z)\boldsymbol{i}+Q(x,y,z)\boldsymbol{j}+R(x,y,z)\boldsymbol{k},$$

又可将 $\mathrm{d}\boldsymbol{S}$ 写为

$$\mathrm{d}\boldsymbol{S}=\mathrm{d}y\mathrm{d}z\boldsymbol{i}+\mathrm{d}z\mathrm{d}x\boldsymbol{j}+\mathrm{d}x\mathrm{d}y\boldsymbol{k},$$

其中 $\mathrm{d}y\mathrm{d}z$，$\mathrm{d}z\mathrm{d}x$ 和 $\mathrm{d}x\mathrm{d}y$ 分别是 $\mathrm{d}\boldsymbol{S}$ 在三个坐标面 YOZ，ZOX 和 XOY 上的投影，它们是带有符号的．例如当曲面选取为上侧时有 $\mathrm{d}x\mathrm{d}y>0$，当选取下侧时有 $\mathrm{d}x\mathrm{d}y<0$，再如当曲面选取为右侧时有 $\mathrm{d}z\mathrm{d}x>0$，当选取为左侧时有 $\mathrm{d}z\mathrm{d}x<0$，等等．

这时，第二类曲面积分可写为

$$\begin{aligned}&\iint_S \boldsymbol{f}(x,y,z)\cdot \mathrm{d}\boldsymbol{S}\\ =&\iint_S P(x,y,z)\mathrm{d}y\mathrm{d}z+Q(x,y,z)\mathrm{d}z\mathrm{d}x+R(x,y,z)\mathrm{d}x\mathrm{d}y,\end{aligned}$$

若记曲面的单位法向量 $\boldsymbol{n}_0$ 为

$$\boldsymbol{n}_0=\cos\alpha\boldsymbol{i}+\cos\beta\boldsymbol{j}+\cos\gamma\boldsymbol{k},$$

则有

$$\iint_S \boldsymbol{f}\cdot\boldsymbol{n}_0\mathrm{d}S=\iint_S(P\cos\alpha+Q\cos\beta+R\cos\gamma)\mathrm{d}S.$$

三、两类曲面积分间的联系

由上面的讨论知道，第一类曲面积分与第二类曲面积分有下列关系式

$$\iint_S \boldsymbol{f}\cdot\mathrm{d}\boldsymbol{S}=\iint_S \boldsymbol{f}\cdot\boldsymbol{n}_0\mathrm{d}S,$$

或者写为

$$\begin{aligned}&\iint_S P\mathrm{d}y\mathrm{d}z+Q\mathrm{d}z\mathrm{d}x+R\mathrm{d}x\mathrm{d}y\\ =&\iint_S(P\cos\alpha+Q\cos\beta+R\cos\gamma)\mathrm{d}S.\end{aligned}$$

上面两个关系式的左端是第二类曲面积分，右端是第一类曲面积分．

四、第二类曲面积分的计算

计算第二类曲面积分

$$\iint_S P(x,y,z)\mathrm{d}y\mathrm{d}z+Q(x,y,z)\mathrm{d}z\mathrm{d}x+R(x,y,z)\mathrm{d}x\mathrm{d}y$$

需视曲面 S 如何表示而定．

1. 曲面 S 表示为

$$z=z(x,y),\ (x,y)\in D_{xy},$$

其中 D_{xy} 是曲面 S 在坐标面 XOY 上的投影区域．若曲面 S 的方向选取为上侧，则

$$\iint_S R(x,y,z)\mathrm{d}x\mathrm{d}y=\iint_{D_{xy}}R(x,y,z(x,y))\mathrm{d}x\mathrm{d}y,$$

右端是一个二重积分．若曲面 S 的方向选取为下侧，则

$$\iint_S R(x,y,z)\,\mathrm{d}x\mathrm{d}y=-\iint_{D_{xy}} R(x,y,z(x,y))\,\mathrm{d}x\mathrm{d}y.$$

2. 曲面 S 表示为

$$y=y(z,x),\ (z,x)\in D_{zx},$$

其中 D_{zx}是曲面 S 在坐标面 ZOX 上的投影区域. 则

$$\iint_S Q(x,y,z)\,\mathrm{d}z\mathrm{d}x=\pm\iint_{D_{zx}} Q(x,y(z,x),z)\,\mathrm{d}z\mathrm{d}x,$$

右端是一个二重积分,其符号的选取为:若 S 为右侧则选取“+”,若 S 为左侧则选取“-”.

3. 曲面 S 表示为

$$x=x(y,z),\ (y,z)\in D_{yz},$$

其中 D_{yz}是曲面 S 在坐标面 YOZ 上的投影区域. 则

$$\iint_S P(x,y,z)\,\mathrm{d}y\mathrm{d}z=\pm\iint_{D_{yz}} P(x(y,z),y,z)\,\mathrm{d}y\mathrm{d}z,$$

右端是一个二重积分,其符号的选取为:若 S 为前侧则选取“+”,若 S 为后侧则选取“-”.

4. 若曲面 S 表示为

$$x=x(u,v),\ y=y(u,v),\ z=z(u,v),\ (u,v)\in D_{uv},$$

由二重积分变量代换知道

$$\iint_S P(x,y,z)\,\mathrm{d}y\mathrm{d}z$$
$$=\pm\iint_{D_{uv}} P(x(u,v),y(u,v),z(u,v))\left|\frac{D(y,z)}{D(u,v)}\right|\mathrm{d}u\mathrm{d}v, \tag{1}$$

$$\iint_S Q(x,y,z)\,\mathrm{d}z\mathrm{d}x$$
$$=\pm\iint_{D_{uv}} Q(x(u,v),y(u,v),z(u,v))\left|\frac{D(z,x)}{D(u,v)}\right|\mathrm{d}u\mathrm{d}v, \tag{2}$$

$$\iint_S R(x,y,z)\,\mathrm{d}x\mathrm{d}y$$
$$=\pm\iint_{D_{uv}} R(x(u,v),y(u,v),z(u,v))\left|\frac{D(x,y)}{D(u,v)}\right|\mathrm{d}u\mathrm{d}v, \tag{3}$$

上面三个式子的右端都是二重积分,其符号的选取为:若 S 的侧为上侧,则(3)式右端的符号选取“+”,否则为“-”,若 S 的侧为右侧,则(2)式右端的符号取“+”,否则为“-”,若 S 的侧为前侧,则(1)式右端的符号取“+”,否则为“-”.

以上所得结果都可推广到更一般情况,即曲面 S 为一片一片的有限个光滑曲面所合成,这时沿曲面 S 的积分等于沿这有限个光滑曲面的积分之和.

例 1　计算

$$I=\iint_S (x+1)\,\mathrm{d}y\mathrm{d}z+y\,\mathrm{d}z\mathrm{d}x+\mathrm{d}x\mathrm{d}y,$$

S 是四面体 $OABC$ 所成的曲面(如图21-12),且设积分是沿曲面的外侧.

解　显然

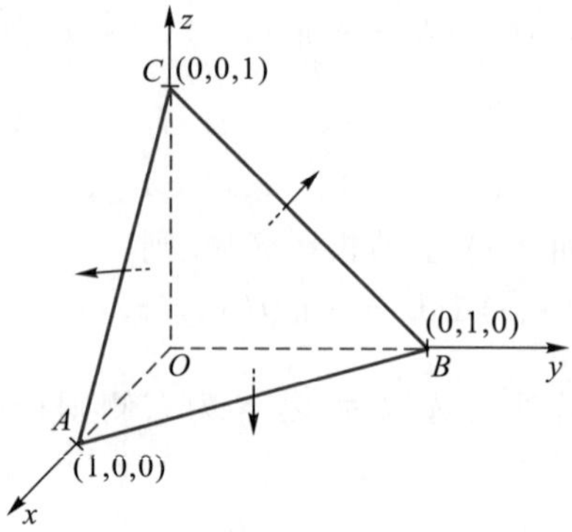

图 21-12

$$I=\left\{\iint\limits_{OBA}+\iint\limits_{OCB}+\iint\limits_{OAC}+\iint\limits_{ABC}\right\}(x+1)\mathrm{d}y\mathrm{d}z+y\mathrm{d}z\mathrm{d}x+\mathrm{d}x\mathrm{d}y.$$

先计算 $$I_1=\iint\limits_{OBA}(x+1)\mathrm{d}y\mathrm{d}z+y\mathrm{d}z\mathrm{d}x+\mathrm{d}x\mathrm{d}y,$$

因为平面 OBA 在坐标面 YOZ 上的投影 $\mathrm{d}y\mathrm{d}z=0$,在坐标面 ZOX 上的投影 $\mathrm{d}z\mathrm{d}x=0$. 此外 OBA 为下侧,故

$$I_1=\iint\limits_{OBA}\mathrm{d}x\mathrm{d}y=-\iint\limits_{\sigma_{xy}}\mathrm{d}x\mathrm{d}y=-\frac{1}{2}.$$

其次计算 $$I_2=\iint\limits_{OCB}(x+1)\mathrm{d}y\mathrm{d}z+y\mathrm{d}z\mathrm{d}x+\mathrm{d}x\mathrm{d}y,$$

因为平面 OCB 在坐标面 ZOX 上的投影 $\mathrm{d}z\mathrm{d}x=0$,在坐标面 XOY 上的投影 $\mathrm{d}x\mathrm{d}y=0$,此外 OCB 为后侧,故

$$I_2=\iint\limits_{OCB}(x+1)\mathrm{d}y\mathrm{d}z=-\iint\limits_{\sigma_{yz}}\mathrm{d}y\mathrm{d}z=-\frac{1}{2}.$$

再计算 $$I_3=\iint\limits_{OAC}(x+1)\mathrm{d}y\mathrm{d}z+y\mathrm{d}z\mathrm{d}x+\mathrm{d}x\mathrm{d}y,$$

因为平面 OAC 在坐标面 YOZ 上的投影 $\mathrm{d}y\mathrm{d}z=0$,在坐标面 XOY 上的投影 $\mathrm{d}x\mathrm{d}y=0$,此外 OAC 为左侧,故

$$I_3=-\iint\limits_{\sigma_{zx}}y\mathrm{d}z\mathrm{d}x=0.$$

最后计算在 ABC 上的积分,要注意的是:对投影 $\mathrm{d}y\mathrm{d}z$ 而言,ABC 是前侧,对投影 $\mathrm{d}z\mathrm{d}x$ 而言,ABC 是右侧,对投影 $\mathrm{d}x\mathrm{d}y$ 而言,ABC 是上侧,故有

$$\iint\limits_{ABC}(x+1)\mathrm{d}y\mathrm{d}z=\iint\limits_{\sigma_{yz}}(2-y-z)\mathrm{d}y\mathrm{d}z=\int_0^1\mathrm{d}y\int_0^{1-y}(2-y-z)\mathrm{d}z=\frac{2}{3},$$

$$\iint\limits_{ABC}y\mathrm{d}z\mathrm{d}x=\iint\limits_{\sigma_{zx}}(1-x-z)\mathrm{d}z\mathrm{d}x=\int_0^1\mathrm{d}x\int_0^{1-x}(1-x-z)\mathrm{d}z=\frac{1}{6},$$

$$\iint_{ABC} \mathrm{d}x\mathrm{d}y = \iint_{\sigma_{xy}} \mathrm{d}x\mathrm{d}y = \frac{1}{2},$$

故得
$$I=\frac{-1}{2}+\left(-\frac{1}{2}\right)+0+\frac{2}{3}+\frac{1}{6}+\frac{1}{2}=\frac{1}{3}.$$

例 2　计算

$$I = \iint_S x^2\mathrm{d}y\mathrm{d}z + y^2\mathrm{d}z\mathrm{d}x + z^2\mathrm{d}x\mathrm{d}y,$$

其中 S 是球面 $(x-a)^2+(y-b)^2+(z-c)^2=R^2$，且设积分是沿球面外侧．

解　先计算
$$I_3 = \iint_S z^2\mathrm{d}x\mathrm{d}y = \iint_{S_2} z^2\mathrm{d}x\mathrm{d}y + \iint_{S_1} z^2\mathrm{d}x\mathrm{d}y,$$

其中 S_2 及 S_1 分别表示上半球面及下半球面，即

$$S_2: z-c=+\sqrt{R^2-(x-a)^2-(y-b)^2},$$
$$S_1: z-c=-\sqrt{R^2-(x-a)^2-(y-b)^2}.$$

因为 $z^2=(z-c)^2+2c(z-c)+c^2$，于是

$$I_3 = \iint_{S_2}[(z-c)^2+2c(z-c)+c^2]\mathrm{d}x\mathrm{d}y + \iint_{S_1}[(z-c)^2+2c(z-c)+c^2]\mathrm{d}x\mathrm{d}y,$$

但

$$\iint_{S_2}(z-c)^2\mathrm{d}x\mathrm{d}y = \iint_{(x-a)^2+(y-b)^2\leqslant R^2}(R^2-(x-a)^2-(y-b)^2)\mathrm{d}x\mathrm{d}y,$$
$$\iint_{S_1}(z-c)^2\mathrm{d}x\mathrm{d}y = -\iint_{(x-a)^2+(y-b)^2\leqslant R^2}(R^2-(x-a)^2-(y-b)^2)\mathrm{d}x\mathrm{d}y,$$

故
$$\iint_{S_2}(z-c)^2\mathrm{d}x\mathrm{d}y + \iint_{S_1}(z-c)^2\mathrm{d}x\mathrm{d}y = 0,$$

同理
$$\iint_{S_2}c^2\mathrm{d}x\mathrm{d}y + \iint_{S_1}c^2\mathrm{d}x\mathrm{d}y = 0.$$

又

$$\iint_{S_2}(z-c)\mathrm{d}x\mathrm{d}y = \iint_{(x-a)^2+(y-b)^2\leqslant R^2}\sqrt{R^2-(x-a)^2-(y-b)^2}\,\mathrm{d}x\mathrm{d}y,$$
$$\iint_{S_1}(z-c)\mathrm{d}x\mathrm{d}y = -\iint_{(x-a)^2+(y-b)^2\leqslant R^2}-\sqrt{R^2-(x-a)^2-(y-b)^2}\,\mathrm{d}x\mathrm{d}y,$$

最后得

$$I_3 = 4c\iint_{(x-a)^2+(y-b)^2<R^2}\sqrt{R^2-(x-a)^2-(y-b)^2}\,\mathrm{d}x\mathrm{d}y$$
$$= 4c\int_0^{2\pi}\mathrm{d}\varphi\int_0^R\sqrt{R^2-r^2}\,r\mathrm{d}r = \frac{8\pi cR^3}{3},$$

同理可得
$$I_1 = \iint_S x^2\mathrm{d}y\mathrm{d}z = \frac{8\pi aR^3}{3},$$

$$I_2=\iint_S y^2\mathrm{d}z\mathrm{d}x=\frac{8\pi bR^3}{3},$$

故
$$I=I_1+I_2+I_3=\frac{8\pi R^3(a+b+c)}{3}.$$

例 3　计算积分

$$I=\iint_S x^3\mathrm{d}y\mathrm{d}z,$$

其中 S 是椭球面

$$\frac{x^2}{a^2}+\frac{y^2}{b^2}+\frac{z^2}{c^2}=1$$

的上半部,且设积分沿椭球面的上侧.

解　将椭球面表示为参数(φ,θ)的形式

$$x=a\sin\varphi\cos\theta,y=b\sin\varphi\sin\theta,z=c\cos\varphi$$

$$\left(0\leqslant\varphi\leqslant\frac{\pi}{2},0\leqslant\theta\leqslant 2\pi\right),$$

有

$$I=\pm\iint_\Omega a^3\sin^3\varphi\cos^3\theta\cdot A\mathrm{d}\varphi\mathrm{d}\theta,$$

$$A=\left|\frac{D(y,z)}{D(u,v)}\right|,$$

其中 Ω 是 $\varphi\theta$ 平面上的区域 $0\leqslant\varphi\leqslant\frac{\pi}{2},0\leqslant\theta\leqslant 2\pi$,容易计算 $A=bc\sin^2\varphi\cos\theta$. 因积分沿上侧,应取正号,即得

$$I=a^3bc\int_0^{\frac{\pi}{2}}\sin^5\varphi\mathrm{d}\varphi\int_0^{2\pi}\cos^4\theta\mathrm{d}\theta=\frac{2}{5}\pi a^3bc.$$

习　题

1. 计算

$$\iint_S(x+y)\mathrm{d}y\mathrm{d}z+(y+z)\mathrm{d}z\mathrm{d}x+(z+x)\mathrm{d}x\mathrm{d}y,$$

S 是以原点为中心的正方体(每边长度为 2)的边界,指向外侧.

2. 计算

$$\iint_S f(x)\mathrm{d}y\mathrm{d}z+g(y)\mathrm{d}x\mathrm{d}z+h(z)\mathrm{d}x\mathrm{d}y,$$

式中 f,g,h 为连续函数,S 为平行六面体$(0\leqslant x\leqslant a,0\leqslant y\leqslant b,0\leqslant z\leqslant c)$的边界,指向外侧.

3. 计算

$$\iint_S yz\mathrm{d}z\mathrm{d}x,$$

S 为 $\frac{x^2}{a^2}+\frac{y^2}{b^2}+\frac{z^2}{c^2}=1$ 的上半表面的上侧.

4. 计算

$$\iint_S z\mathrm{d}x\mathrm{d}y + x\mathrm{d}y\mathrm{d}z + y\mathrm{d}x\mathrm{d}z,$$

S 为柱面 $x^2+y^2=1$ 被平面 $z=0$ 及 $z=3$ 所截部分的外侧.

5. 计算

$$\iint_S x^3\mathrm{d}y\mathrm{d}z + y^3\mathrm{d}z\mathrm{d}x + z^3\mathrm{d}x\mathrm{d}y,$$

S 为球面 $x^2+y^2+z^2=a^2$ 的外侧.

本章小结

第二十二章 各种积分间的联系和场论初步

§1 各种积分间的联系

一、格林(Green)公式

首先,引进一个重要概念,即**单连通区域**的概念. 一个平面区域 D,如果全落在此区域内的任何一条封闭曲线都可以不经过 D 以外的点而连续地收缩为一点,则称此区域 D 为单连通的,否则称为复连通的. 例如平面上的圆 $x^2+y^2<1$,右半平面 $x>0$ 都是单连通区域,而圆环 $0<x^2+y^2<1$ 是复连通区域. 可见,单连通区域也就是不含有“洞”甚至不含有“点洞”的区域. 图 22-1、图 22-2 中给出了单连通和复连通的例子.

单连通区域

图 22-1

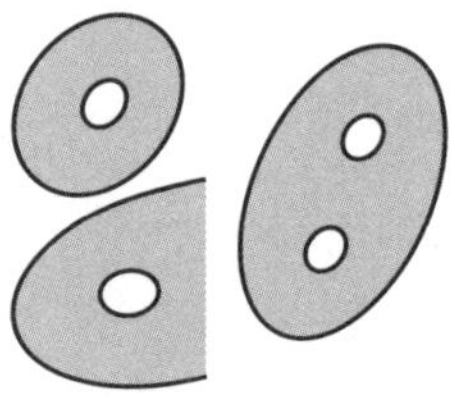

复连通区域

图 22-2

单连通区域 D 上的二重积分和沿其边界的曲线积分之间有如下的关系:

定理 1(格林公式) 设 D 是以光滑曲线 l 为边界的平面单连通区域,函数 $P(x,y)$ 和 $Q(x,y)$ 在 D 及 l 上连续并具有对 x 和 y 的连续偏导数,则有

$$\iint_D \left(\frac{\partial Q}{\partial x}-\frac{\partial P}{\partial y}\right)\mathrm{d}x\mathrm{d}y=\oint_l P\mathrm{d}x+Q\mathrm{d}y.$$

右端为沿有向闭路的积分,积分路径的方向是和区域正向联系的,即当一个人沿着曲线 l 行走时区域 D 恒在他的左边.

这个公式称为格林公式.

证明 设 l 由两曲线 $y=y_1(x)$,$y=y_2(x)$,$a\leqslant x\leqslant b$ 或 $x=x_1(y)$,$x=x_2(y)$,$c\leqslant y\leqslant d$ 所组成(如图 22-3). 由于$\dfrac{\partial P}{\partial y}$连续,所以

$$\iint_D \frac{\partial P}{\partial y}\mathrm{d}x\mathrm{d}y=\int_a^b\mathrm{d}x\int_{y_1(x)}^{y_2(x)}\frac{\partial P}{\partial y}\mathrm{d}y=\int_a^b P(x,y)\Big|_{y_1(x)}^{y_2(x)}\mathrm{d}x$$

$$=\int_a^b[P(x,y_2(x))-P(x,y_1(x))]\mathrm{d}x$$

$$=\int_{\substack{\overrightarrow{AB}\\(2)}}P(x,y)\mathrm{d}x-\int_{\substack{\overrightarrow{AB}\\(1)}}P(x,y)\mathrm{d}x$$

$$=-\int_{\substack{\overrightarrow{BA}\\(2)}}P(x,y)\mathrm{d}x-\int_{\substack{\overrightarrow{AB}\\(1)}}P(x,y)\mathrm{d}x$$

$$=-\oint_l P(x,y)\mathrm{d}x,$$

这里 $\int_{\substack{\overrightarrow{AB}\\(1)}}$，$\int_{\substack{\overrightarrow{AB}\\(2)}}$ 分别表示沿第一条曲线 $y=y_1(x)$ 和第二条曲线 $y=y_2(x)$ 由 A 到 B 的曲线积分.

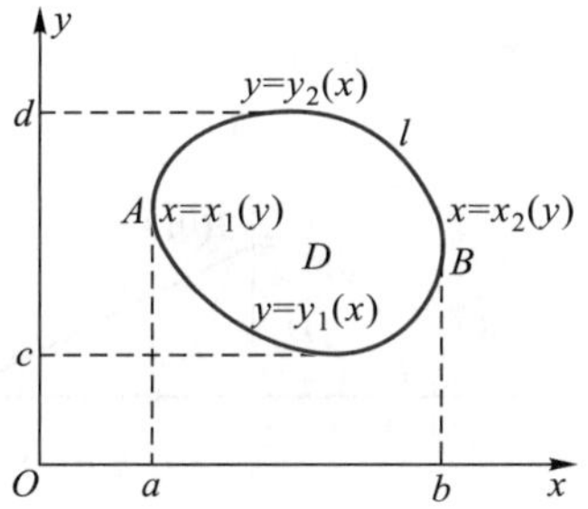

图 22-3

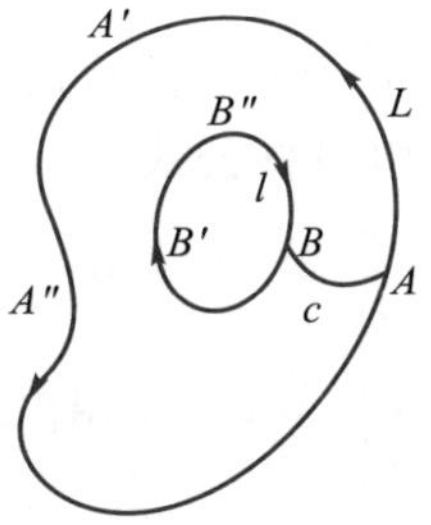

图 22-4

同样有　　$\iint_D \frac{\partial Q}{\partial x}\mathrm{d}x\mathrm{d}y=\int_c^d\mathrm{d}y\int_{x_1(y)}^{x_2(y)}\frac{\partial Q}{\partial x}\mathrm{d}x=\oint_l Q(x,y)\mathrm{d}y$,

所以

$$\iint_D\left(\frac{\partial Q}{\partial x}-\frac{\partial P}{\partial y}\right)\mathrm{d}x\mathrm{d}y=\oint_l P\mathrm{d}x+Q\mathrm{d}y$$

成立.

再讨论复连通区域的格林公式. 若 D 是复连通区域，它的边界由两条曲线 L 和 l 组成（如图 22-4），用一条曲线 c 把区域 D 的边界曲线 L 和 l 联结起来，那么以曲线 L，l 及 c 为边界的区域就成了一个单连通区域，应用刚才证明的格林公式

$$\iint_D\left(\frac{\partial Q}{\partial x}-\frac{\partial P}{\partial y}\right)\mathrm{d}x\mathrm{d}y=\int_{\overrightarrow{AA'A''A}}P\mathrm{d}x+Q\mathrm{d}y+\int_{\overrightarrow{AB}}P\mathrm{d}x+Q\mathrm{d}y+$$

$$\int_{\overrightarrow{BB'B''B}}P\mathrm{d}x+Q\mathrm{d}y+\int_{\overrightarrow{BA}}P\mathrm{d}x+Q\mathrm{d}y$$

$$=\oint_L P\mathrm{d}x+Q\mathrm{d}y+\oint_l P\mathrm{d}x+Q\mathrm{d}y,$$

这里 L 及 l 的方向取法是和区域正向联系的. 可知，格林公式对于复连通的情形亦成立.

特别，在格林公式中令 $P=-y$，$Q=x$，则得到一个计算平面面积 D 的公式

$$D=\iint\limits_{D}\mathrm{d}x\mathrm{d}y=\frac{1}{2}\oint_{L}x\mathrm{d}y-y\mathrm{d}x.$$

例 1 计算积分 $\iint\limits_{\sigma}\mathrm{e}^{-y^2}\mathrm{d}x\mathrm{d}y$，此处 σ 是以 $A(0,0)$，$B(1,1)$，$C(0,1)$ 为顶的三角形(如图 22 - 5).

解 按格林公式，此时 $P=0$，$Q=x\mathrm{e}^{-y^2}$，故

$$\iint\limits_{\sigma}\mathrm{e}^{-y^2}\mathrm{d}x\mathrm{d}y=\oint_{l}x\mathrm{e}^{-y^2}\mathrm{d}y$$

$$=\int_{\overrightarrow{AB}}x\mathrm{e}^{-y^2}\mathrm{d}y+\int_{\overrightarrow{BC}}x\mathrm{e}^{-y^2}\mathrm{d}y+\int_{\overrightarrow{CA}}x\mathrm{e}^{-y^2}\mathrm{d}y$$

$$=\int_{0}^{1}y\mathrm{e}^{-y^2}\mathrm{d}y=\frac{1}{2}-\frac{1}{2\mathrm{e}}.$$

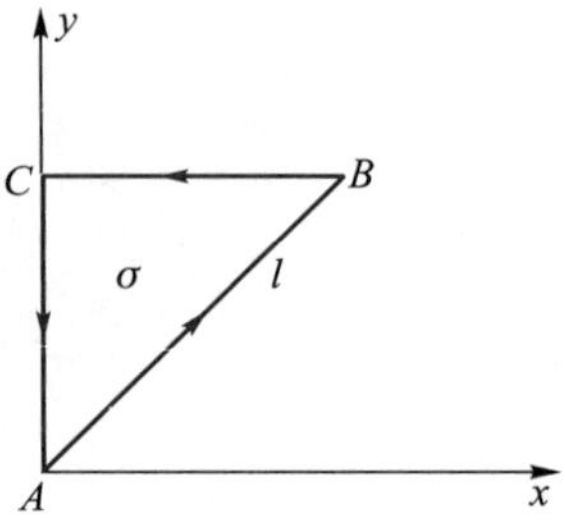

图 22-5

例 2 计算 $\oint_{l}(x^2-2y)\mathrm{d}x+(3x+y\mathrm{e}^{y})\mathrm{d}y$，其中 l 为由直线 $y=0$，$x+2y=2$ 及圆弧 $x^2+y^2=1$ 所围成的区域 D 的边界，方向如图 22 - 6 所示.

解 由格林公式

$$\oint_{l}(x^2-2y)\mathrm{d}x+(3x+y\mathrm{e}^{y})\mathrm{d}y$$

$$=\iint\limits_{D}(3+2)\mathrm{d}x\mathrm{d}y=5\iint\limits_{D}\mathrm{d}x\mathrm{d}y$$

$$=5\left(\frac{\pi}{4}+1\right)=\frac{5\pi}{4}+5.$$

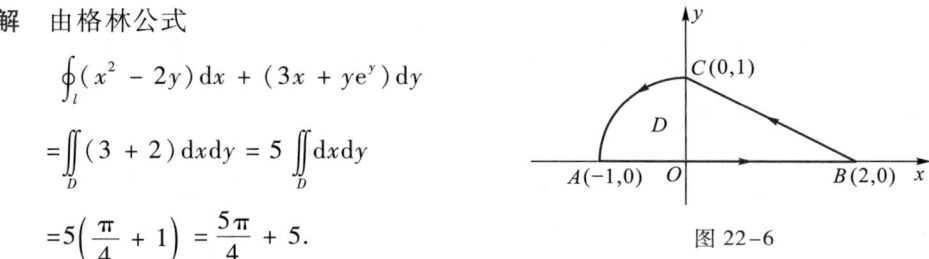

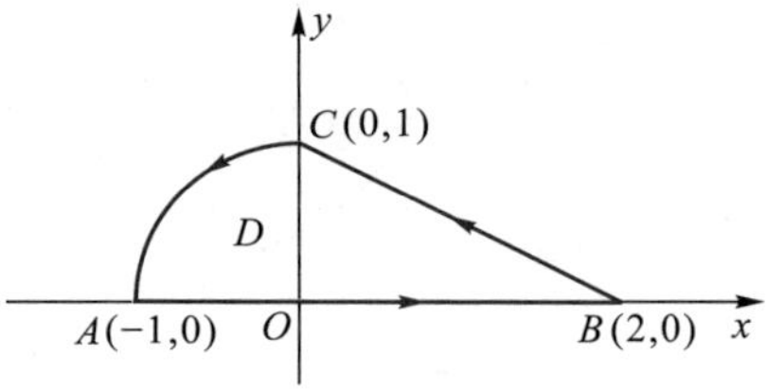

图 22-6

二、高斯(Gauss)公式

首先要对空间区域作一些说明.

如果在一个空间区域中的任何两点都可用全属于此区域的曲线联结起来，则称此区域为连通的. 又如果对于这个区域内的任何闭曲面都可不经过区域外的点而连续收缩为一点，则称此空间区域为二维单连通的. 如果对于这个区域内的任何闭曲线都可不经过区域外的点而连续收缩为一点，则称此空间区域为一维单连通的. 例如球的内部区域是二维单连通的. 两个同心球之间的区域是一维单连通但不是二维单连通的. 圆环面的内部区域既非二维单连通也非一维单连通的.

二维单连通区域 V 上的三重积分与沿边界曲面 S 的积分间的关系如下：

定理 2(高斯公式) 设空间二维单连通区域 V 的边界曲面 S 是光滑的，函数 $P(x,y,z)$，$Q(x,y,z)$，$R(x,y,z)$ 在 V 及 S 上具有关于 x,y,z 的连续偏导数，则有

$$\iiint\limits_{V}\left(\frac{\partial P}{\partial x}+\frac{\partial Q}{\partial y}+\frac{\partial R}{\partial z}\right)\mathrm{d}x\mathrm{d}y\mathrm{d}z$$

$$=\iint\limits_{S}\left[P\cos(\boldsymbol{n},x)+Q\cos(\boldsymbol{n},y)+R\cos(\boldsymbol{n},z)\right]\mathrm{d}S$$

$$=\iint\limits_{S}P\mathrm{d}y\mathrm{d}z+Q\mathrm{d}z\mathrm{d}x+R\mathrm{d}x\mathrm{d}y,$$

这里 $\boldsymbol{n}$ 为曲面 S 的外法线方向．最后一个积分是沿曲面 S 的外侧．

这个公式称为高斯公式．

证明　首先证明如下的情形．任一平行于坐标轴的直线和边界曲面 S 至多只有两个交点．这时 S 可分成上部和下部两部分(如图 22-7)，分别记为 S_2 和 S_1，设 S_2 的方程为 $z=z_2(x,y)$，S_1 的方程为 $z=z_1(x,y)$，又设 V 在 XOY 平面上的投影区域为 σ_{xy}，那么

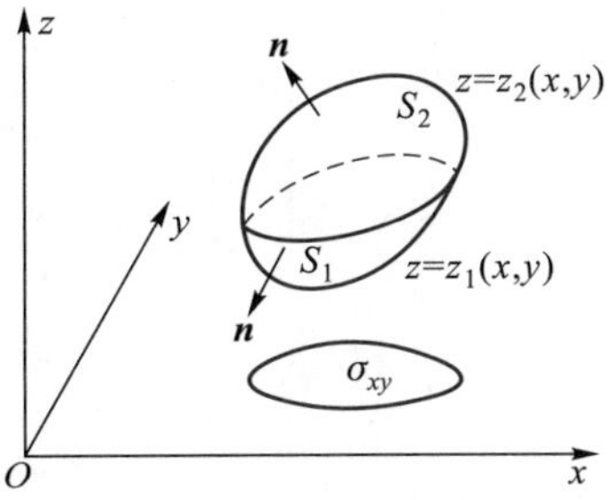

图 22-7

$$\iiint\limits_V \frac{\partial R}{\partial z}\mathrm{d}V=\iiint\limits_V \frac{\partial R}{\partial z}\mathrm{d}x\mathrm{d}y\mathrm{d}z=\iint\limits_{\sigma_{xy}}\left[\int_{z_1(x,y)}^{z_2(x,y)}\frac{\partial R}{\partial z}\mathrm{d}z\right]\mathrm{d}x\mathrm{d}y$$

$$=\iint\limits_{\sigma_{xy}}[R(x,y,z_2(x,y))-R(x,y,z_1(x,y))]\mathrm{d}x\mathrm{d}y.$$

由于 $\boldsymbol{n}$ 为 S 的外法线方向，所以在 S_1 上 $\cos(\boldsymbol{n},z)<0$；在 S_2 上 $\cos(\boldsymbol{n},z)>0$，于是由两类曲面积分之间的联系(见第二十一章 §4 第三部分)得到

$$\iiint\limits_V \frac{\partial R}{\partial z}\mathrm{d}V=\iint\limits_{S_2}R\cos(\boldsymbol{n},z)\mathrm{d}S+\iint\limits_{S_1}R\cos(\boldsymbol{n},z)\mathrm{d}S$$

$$=\iint\limits_S R\cos(\boldsymbol{n},z)\mathrm{d}S,$$

同理可证明

$$\iiint\limits_V \frac{\partial P}{\partial x}\mathrm{d}V=\iint\limits_S P\cos(\boldsymbol{n},x)\mathrm{d}S,$$

$$\iiint\limits_V \frac{\partial Q}{\partial y}\mathrm{d}V=\iint\limits_S Q\cos(\boldsymbol{n},y)\mathrm{d}S,$$

三式相加就得到了高斯公式

$$\iiint\limits_V\left(\frac{\partial P}{\partial x}+\frac{\partial Q}{\partial y}+\frac{\partial R}{\partial z}\right)\mathrm{d}V$$

$$=\iint\limits_S[P\cos(\boldsymbol{n},x)+Q\cos(\boldsymbol{n},y)+R\cos(\boldsymbol{n},z)]\mathrm{d}S,$$

再由两类曲面积分间联系得另一形式

$$\iiint\limits_V\left(\frac{\partial P}{\partial x}+\frac{\partial Q}{\partial y}+\frac{\partial R}{\partial z}\right)\mathrm{d}V=\iint\limits_S P\mathrm{d}y\mathrm{d}z+Q\mathrm{d}z\mathrm{d}x+R\mathrm{d}x\mathrm{d}y.$$

其次证明当边界曲面 S 含有平行于 z 轴的母线的柱面 S' 时(如图 22-8)，高斯公式仍成立．因为在侧面 S' 上有 $\cos(\boldsymbol{n},z)=0$，所以

$$\iint\limits_{S'}R\cos(\boldsymbol{n},z)\mathrm{d}S=0,$$

于是，相仿于上面的讨论，有

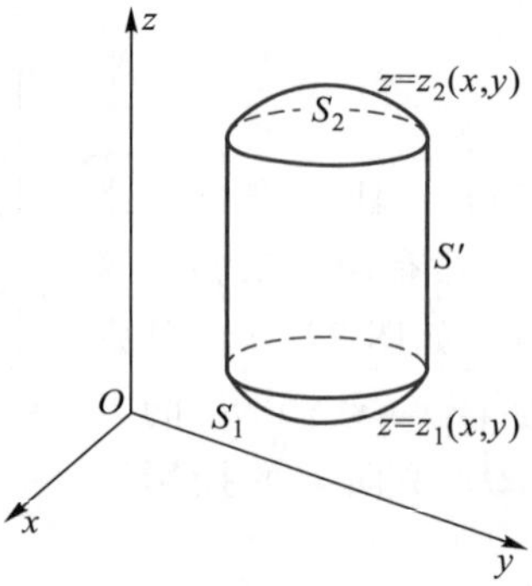

图 22-8

$$\iiint_V \frac{\partial R}{\partial z}\mathrm{d}V=\iint_{\sigma_{xy}}[R(x,y,z_2)-R(x,y,z_1)]\mathrm{d}x\mathrm{d}y$$
$$=\iint_{S_2}R\cos(\boldsymbol{n},z)\mathrm{d}S+\iint_{S_1}R\cos(\boldsymbol{n},z)\mathrm{d}S$$
$$=\left\{\iint_{S_2}+\iint_{S_1}+\iint_{S'}\right\}R\cos(\boldsymbol{n},z)\mathrm{d}S$$
$$=\iint_S R\cos(\boldsymbol{n},z)\mathrm{d}S.$$

高斯公式仍成立. 同样,如果 S 含有平行于 x 轴或 y 轴的母线柱面时,公式亦成立.

最后还要证明平行于坐标轴的直线和 S 相交,其交点多于两点的情形,例如图 22-9 的情形. 这时可将区域 V 分为几个区域,使每个区域的边界曲面和平行于坐标轴的直线的交点至多两个,或者这些边界曲面上含有平行于坐标轴的某些直线,然后按刚才已经证明的情形分别在这些部分区域内应用高斯公式. 例如图 22-9 的情形,将 V 分成为 V_1 和 V_2. 然后分别应用高斯公式得

$$\iiint_{V_1}\frac{\partial R}{\partial z}\mathrm{d}V=\left\{\iint_{S_1}+\iint_{S'}\right\}R\cos(\boldsymbol{n}_1,z)\mathrm{d}S,$$
$$\iiint_{V_2}\frac{\partial R}{\partial z}\mathrm{d}V=\left\{\iint_{S_2}+\iint_{S'}\right\}R\cos(\boldsymbol{n}_2,z)\mathrm{d}S,$$

注意到在 S' 上 $\cos(\boldsymbol{n}_1,z)=-\cos(\boldsymbol{n}_2,z)$,故

$$\iiint_V\frac{\partial R}{\partial z}\mathrm{d}V=\left\{\iiint_{V_1}+\iiint_{V_2}\right\}\frac{\partial R}{\partial z}\mathrm{d}V$$
$$=\left\{\iint_{S_1}+\iint_{S_2}\right\}R\cos(\boldsymbol{n},z)\mathrm{d}S$$
$$=\iint_S R\cos(\boldsymbol{n},z)\mathrm{d}S,$$

高斯公式在 V 上仍旧成立. 到此便全部证明了定理.

当区域 V 不是二维单连通时,例如,设区域 V 的边界曲面由 $S,S_1,S_2,\cdots,S_k$ 组

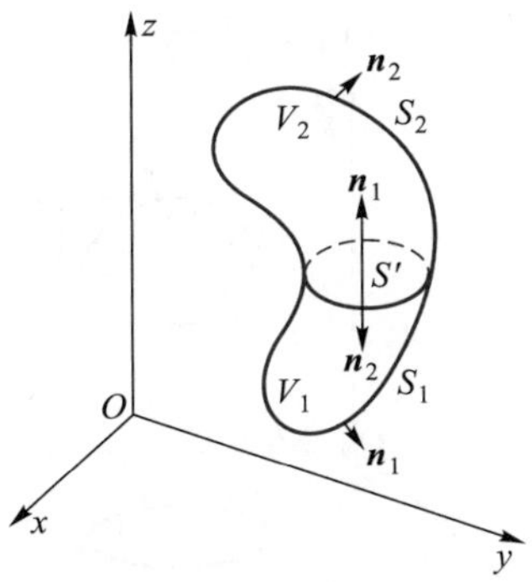

图 22-9

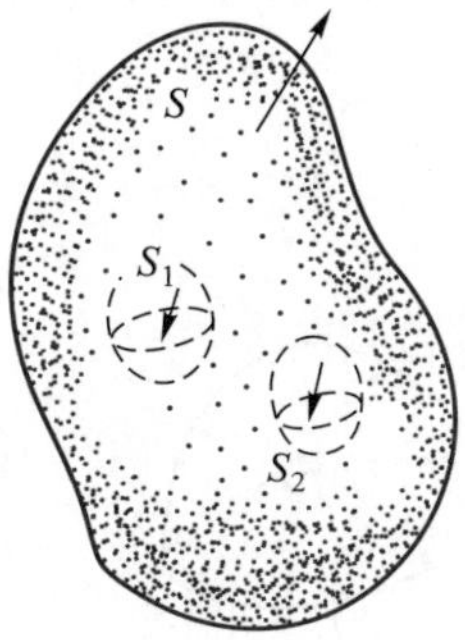

图 22-10

成，而 $S_1,S_2,\cdots,S_k$ 包含在 S 的里面(如图 22-10)，则高斯公式仍旧成立. 此时边界曲面的法线方向仍取外法线方向.

例 3　计算

$$\iint_S x\mathrm{d}y\mathrm{d}z+y\mathrm{d}z\mathrm{d}x+z\mathrm{d}x\mathrm{d}y,$$

S 为球面 $x^2+y^2+z^2=R^2$ 的外侧.

解　按高斯公式

$$\begin{aligned}&\iint_S x\mathrm{d}y\mathrm{d}z+y\mathrm{d}z\mathrm{d}x+z\mathrm{d}x\mathrm{d}y\\=&\iiint_{x^2+y^2+z^2\leqslant R^2}(1+1+1)\mathrm{d}x\mathrm{d}y\mathrm{d}z\\=&4\pi R^3.\end{aligned}$$

三、斯托克斯(Stokes)公式

下面把格林公式由平面推广到曲面，使在具有光滑边界曲线的光滑曲面上的积分和其边界上的积分联系起来，得到下面的关系：

定理 3(斯托克斯公式)　若光滑曲面 S 的边界为光滑曲线 L，函数 $P(x,y,z)$，$Q(x,y,z)$，$R(x,y,z)$ 在曲面 S 及曲线 L 上具有对 x,y,z 的连续偏导数，则成立以下的公式

$$\begin{aligned}&\int_L P\mathrm{d}x+Q\mathrm{d}y+R\mathrm{d}z\\=&\iint_S\left[\left(\frac{\partial R}{\partial y}-\frac{\partial Q}{\partial z}\right)\cos(\boldsymbol{n},x)+\left(\frac{\partial P}{\partial z}-\frac{\partial R}{\partial x}\right)\cos(\boldsymbol{n},y)+\right.\\&\left.\left(\frac{\partial Q}{\partial x}-\frac{\partial P}{\partial y}\right)\cos(\boldsymbol{n},z)\right]\mathrm{d}S\\=&\iint_S\left(\frac{\partial R}{\partial y}-\frac{\partial Q}{\partial z}\right)\mathrm{d}y\mathrm{d}z+\left(\frac{\partial P}{\partial z}-\frac{\partial R}{\partial x}\right)\mathrm{d}z\mathrm{d}x+\left(\frac{\partial Q}{\partial x}-\frac{\partial P}{\partial y}\right)\mathrm{d}x\mathrm{d}y,\end{aligned}$$

曲线积分的方向和曲面的侧按右手法则联系,如图 22-11(a)所示.

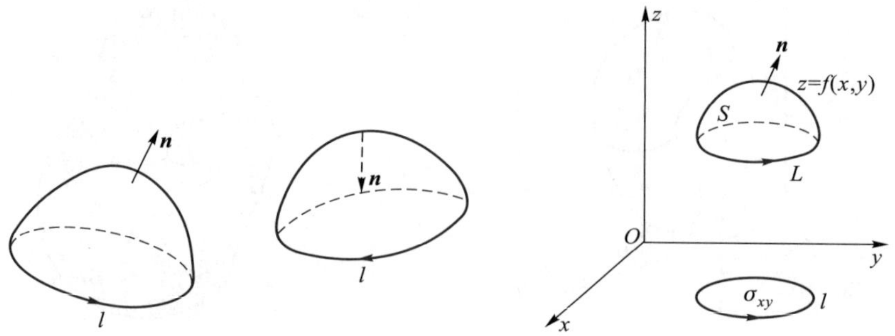

(a) (b)

图 22-11

这个公式称为斯托克斯公式. 为了便于记忆,公式又可以写为

$$\int_L P\mathrm{d}x + Q\mathrm{d}y + R\mathrm{d}z$$

$$= \iint_S \begin{vmatrix} \cos(\boldsymbol{n},x) & \cos(\boldsymbol{n},y) & \cos(\boldsymbol{n},z) \\ \dfrac{\partial}{\partial x} & \dfrac{\partial}{\partial y} & \dfrac{\partial}{\partial z} \\ P & Q & R \end{vmatrix} \mathrm{d}S$$

$$= \iint_S \begin{vmatrix} \mathrm{d}y\mathrm{d}z & \mathrm{d}z\mathrm{d}x & \mathrm{d}x\mathrm{d}y \\ \dfrac{\partial}{\partial x} & \dfrac{\partial}{\partial y} & \dfrac{\partial}{\partial z} \\ P & Q & R \end{vmatrix}.$$

证明 设光滑曲面 S 在 XOY 平面上的投影为 σ_{xy},并假定通过 σ_{xy} 上的一点平行于 z 轴的直线与 S 只有一个交点,l 是 σ_{xy} 的边界,即 S 的边界 L 在 XOY 平面上的投影,S 的法线方向是取与 z 轴正向成锐角的方向,L 的方向和 S 的侧的方向右手联系(如图 22-11(b)).

设曲面方程为 $z=f(x,y)$,则有

$$\frac{\partial z}{\partial x} = -\frac{\cos(\boldsymbol{n},x)}{\cos(\boldsymbol{n},z)}, \frac{\partial z}{\partial y} = -\frac{\cos(\boldsymbol{n},y)}{\cos(\boldsymbol{n},z)},$$

取上侧法线,

$$\mathrm{d}\sigma_{xy} = \frac{\mathrm{d}S}{\sqrt{1+\left(\dfrac{\partial z}{\partial x}\right)^2+\left(\dfrac{\partial z}{\partial y}\right)^2}} = \cos(\boldsymbol{n},z)\,\mathrm{d}S.$$

考虑积分
$$\int_L P(x,y,z)\,\mathrm{d}x,$$

注意到
$$\int_L P\mathrm{d}x = \int_l P(x,y,f(x,y))\,\mathrm{d}x,$$

右端应用格林公式,得

$$\begin{aligned}&\int_l P(x,y,f(x,y))\mathrm{d}x\\&=-\iint_{\sigma_{xy}}\frac{\partial}{\partial y}P(x,y,f(x,y))\mathrm{d}\boldsymbol{\sigma}_{xy}\\&=-\iint_{\sigma_{xy}}\left[\frac{\partial P(x,y,z)}{\partial y}+\frac{\partial P(x,y,z)}{\partial z}\cdot\frac{\partial z}{\partial y}\right]\mathrm{d}\boldsymbol{\sigma}_{xy},\end{aligned}$$

由 $\mathrm{d}S$ 及 $\mathrm{d}\boldsymbol{\sigma}_{xy}$ 的关系,可知

$$\begin{aligned}\int_L P\mathrm{d}x&=-\iint_S\left[\frac{\partial P}{\partial y}+\frac{\partial P}{\partial z}\cdot\frac{\partial z}{\partial y}\right]\cos(\boldsymbol{n},z)\mathrm{d}S\\&=-\iint_S\left[\frac{\partial P}{\partial y}\cos(\boldsymbol{n},z)-\frac{\partial P}{\partial z}\cos(\boldsymbol{n},y)\right]\mathrm{d}S\\&=\iint_S\left[\frac{\partial P}{\partial z}\cos(\boldsymbol{n},y)-\frac{\partial P}{\partial y}\cos(\boldsymbol{n},z)\right]\mathrm{d}S.\end{aligned}$$

同理可证

$$\int_L Q\mathrm{d}y=\iint_S\left[\frac{\partial Q}{\partial x}\cos(\boldsymbol{n},z)-\frac{\partial Q}{\partial z}\cos(\boldsymbol{n},x)\right]\mathrm{d}S,$$

$$\int_L R\mathrm{d}z=\iint_S\left[\frac{\partial R}{\partial y}\cos(\boldsymbol{n},x)-\frac{\partial R}{\partial x}\cos(\boldsymbol{n},y)\right]\mathrm{d}S,$$

三式相加,便得到斯托克斯公式.

像以前一样,可将曲面的条件放宽,当曲面和 z 轴的平行线的交点不止一个时,将曲面分成若干块,使每一块和 z 轴平行线的交点不多于一个. 不难验证,对这种曲面,斯托克斯公式仍成立的.

例 4　计算 $\oint_L(y-z)\mathrm{d}x+(z-x)\mathrm{d}y+(x-y)\mathrm{d}z$,$L$ 为柱面 $x^2+y^2=a^2$ 和平面 $\frac{x}{a}+\frac{z}{h}=1$ $(a>0,h>0)$ 的交线,即 L 是一椭圆边界,从 Ox 轴的正向看去,椭圆按逆时针方向(如图 22-12).

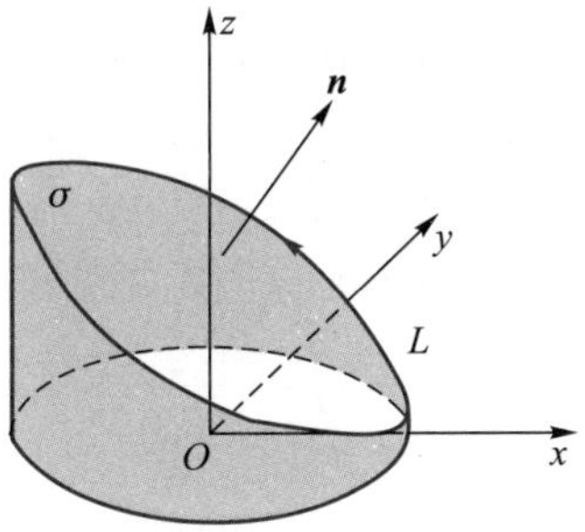

图 22-12

解　把平面 $\frac{x}{a}+\frac{z}{h}=1$ 上 L 所包围的区域记为 σ,则 σ 的法线方向为 $(h,0,a)$ $\left(\text{平面方程}\frac{x}{a}+\frac{z}{h}=1,\text{可写为 } hx+az=ah\right)$,将 L 上的积分按照斯托克斯公式化为 σ 上的积分,则有

$$\begin{aligned}&\oint_L(y-z)\mathrm{d}x+(z-x)\mathrm{d}y+(x-y)\mathrm{d}z\\&=-2\iint_\sigma\mathrm{d}y\mathrm{d}z+\mathrm{d}z\mathrm{d}x+\mathrm{d}x\mathrm{d}y,\end{aligned}$$

曲线方向和积分区域的法线方向服从右手法则,所以积分沿上侧进行,而 $\iint_\sigma\mathrm{d}y\mathrm{d}z+$

$\mathrm{d}z\mathrm{d}x+\mathrm{d}x\mathrm{d}y$ 就是 σ 在三坐标面上投影的面积之和,所以

$$\begin{aligned}&\iint_{\sigma}\mathrm{d}y\mathrm{d}z+\mathrm{d}z\mathrm{d}x+\mathrm{d}x\mathrm{d}y\\&=\sigma[\cos(\boldsymbol{n},x)+\cos(\boldsymbol{n},y)+\cos(\boldsymbol{n},z)]\\&=\sigma\cdot\left[\frac{h}{\sqrt{a^2+h^2}}+\frac{a}{\sqrt{a^2+h^2}}\right]\\&=\pi a^2+\pi ah,\end{aligned}$$

因而

$$\oint_L(y-z)\mathrm{d}x+(z-x)\mathrm{d}y+(x-y)\mathrm{d}z=-2\pi a(a+h).$$

习 题

1. 利用格林公式计算曲线积分:

(1) $\oint_l xy^2\mathrm{d}x-x^2y\mathrm{d}y$, l:圆周 $x^2+y^2=a^2$;

(2) $\oint_l(x+y)\mathrm{d}x-(x-y)\mathrm{d}y$, l:椭圆周 $\frac{x^2}{a^2}+\frac{y^2}{b^2}=1$;

(3) $\oint_l(x+y)^2\mathrm{d}x-(x^2+y^2)\mathrm{d}y$, l:顶点为 $A(1,1)$,$B(3,2)$,$C(2,5)$ 的三角形的边界;

(4) $\int_{\widehat{AMO}}(\mathrm{e}^x\sin y-my)\mathrm{d}x+(\mathrm{e}^x\cos y-m)\mathrm{d}y$,其中 $\widehat{AMO}$ 为由点 $A(a,0)$ 至点 $O(0,0)$ 经过上半圆周 $x^2+y^2=ax$ 的道路;

(提示:添上 x 轴上的线段 OA 使成闭路.)

(5) $\oint_l\mathrm{e}^x[(1-\cos y)\mathrm{d}x-(y-\sin y)\mathrm{d}y]$, l:区域 $0<x<\pi,0<y<\sin x$ 的边界.

2. 利用格林公式计算下列曲线所围面积:

(1) 星形线:$x=a\cos^3t$, $y=b\sin^3t$;

(2) 抛物线:$(x+y)^2=ax$ $(a>0)$ 和 x 轴.

3. 证明若 C 为平面上封闭曲线,$\boldsymbol{l}$ 为任意方向,则

$$\oint_C\cos(\boldsymbol{l},\boldsymbol{n})\mathrm{d}S=0,$$

式中 $\boldsymbol{n}$ 为 C 的外法线方向.

4. 设 $u(x,y)$,$v(x,y)$ 是具有二阶连续偏导数的函数,并设

$$\Delta u=\frac{\partial^2u}{\partial x^2}+\frac{\partial^2u}{\partial y^2},$$

证明:

(1) $\iint_{\sigma}\Delta u\mathrm{d}x\mathrm{d}y=\oint_l\frac{\partial u}{\partial\boldsymbol{n}}\mathrm{d}s$;

(2) $\iint_{\sigma}v\Delta u\mathrm{d}x\mathrm{d}y=-\iint_{\sigma}\left(\frac{\partial u}{\partial x}\frac{\partial v}{\partial x}+\frac{\partial u}{\partial y}\frac{\partial v}{\partial y}\right)\mathrm{d}x\mathrm{d}y+\oint_l v\frac{\partial u}{\partial\boldsymbol{n}}\mathrm{d}s$;

(3) $\iint_{\sigma}(u\Delta v-v\Delta u)\mathrm{d}x\mathrm{d}y=-\oint_l\left(v\frac{\partial u}{\partial\boldsymbol{n}}-u\frac{\partial v}{\partial\boldsymbol{n}}\right)\mathrm{d}s$,

其中 σ 为闭曲线 l 所围的平面区域,$\frac{\partial u}{\partial\boldsymbol{n}}$,$\frac{\partial v}{\partial\boldsymbol{n}}$ 为沿 l 外法线方向导数.

5. 求以下积分之值

$$I=\oint_l[x\cos(\boldsymbol{n},x)+y\cos(\boldsymbol{n},y)]\mathrm{d}s,$$

其中 l 为包围有界区域的简单封闭曲线,$\boldsymbol{n}$ 为它的外法线方向.

6. 证明:

$$\oint_l\frac{\cos(r,\boldsymbol{n})}{r}\mathrm{d}s=0,$$

其中 l 是一单连通区域 σ 的边界,r 是 l 上的一点到 σ 外某一定点的距离. 此外,若 r 表示 l 上一点到 σ 内某一定点的距离,那么这积分之值等于 2π.

7. 利用高斯公式变换以下积分:

(1) $\iint\limits_S xy\mathrm{d}x\mathrm{d}y+xz\mathrm{d}x\mathrm{d}z+yz\mathrm{d}y\mathrm{d}z$;

(2) $\iint\limits_S\left(\frac{\partial u}{\partial x}\cos\alpha+\frac{\partial u}{\partial y}\cos\beta+\frac{\partial u}{\partial z}\cos\gamma\right)\mathrm{d}S$,

其中 $\cos\alpha,\cos\beta,\cos\gamma$ 是曲面的外法线方向余弦.

8. 利用高斯公式计算曲面积分:

(1) $\iint\limits_S x^2\mathrm{d}y\mathrm{d}z+y^2\mathrm{d}x\mathrm{d}z+z^2\mathrm{d}x\mathrm{d}y$, S:立方体 $0\leqslant x,y,z\leqslant a$ 的外表面;

(2) $\iint\limits_S x^3\mathrm{d}y\mathrm{d}z+y^3\mathrm{d}x\mathrm{d}z+z^3\mathrm{d}x\mathrm{d}y$, S:单位球外表面;

(3) $\iint\limits_S(x^2\cos\alpha+y^2\cos\beta+z^2\cos\gamma)\mathrm{d}S$, $S:x^2+y^2=z^2,0\leqslant z\leqslant h,\cos\alpha,\cos\beta,\cos\gamma$ 为此曲面外法线方向余弦.

9. 证明由曲面 S 所包围的体积等于

$$V=\frac{1}{3}\iint\limits_S(x\cos\alpha+y\cos\beta+z\cos\gamma)\mathrm{d}S,$$

式中 $\cos\alpha,\cos\beta,\cos\gamma$ 为曲面 S 的外法线的方向余弦.

10. 利用斯托克斯公式计算曲线积分:

(1) $\oint_l y\mathrm{d}x+z\mathrm{d}y+x\mathrm{d}z$, l:圆周$\begin{cases}x^2+y^2+z^2=a^2,\\x+y+z=0,\end{cases}$ 从 x 轴正向看去圆周是逆时针方向的;

(2) $\oint_l(z-y)\mathrm{d}x+(x-z)\mathrm{d}y+(y-x)\mathrm{d}z$, l 是从 $(a,0,0)$ 经 $(0,a,0)$ 和 $(0,0,a)$ 回到 $(a,0,0)$ 的三角形.

§2 曲线积分和路径的无关性

在力学中,质点在保守力场中移动时,力场所作的功是和所走的路径无关,只与质点运动的起点和终点有关的. 而质点运动时力场所作的功可用第二类曲线积分来表示. 因此要讨论这样一个问题:在什么条件下第二类曲线积分与积分路径无关(只依赖曲线的端点)?

为简单计,讨论平面上的曲线积分

$$\int_l P(x,y)\,\mathrm{d}x + Q(x,y)\,\mathrm{d}y.$$

定理 若函数 $P(x,y)$，$Q(x,y)$ 在区域 D 上有连续的偏导数，D 是单连通区域，那么以下四条件相互等价：

(i) 对任一全部含在 D 内闭路 C，

$$\int_C P(x,y)\,\mathrm{d}x + Q(x,y)\,\mathrm{d}y = 0;$$

(ii) 对任一全部含在 D 内的曲线 l，曲线积分

$$\int_l P(x,y)\,\mathrm{d}x + Q(x,y)\,\mathrm{d}y$$

与路径无关（只依赖曲线的端点）；

(iii) 微分式 $P\mathrm{d}x+Q\mathrm{d}y$ 在 D 内是某一个函数 $U(x,y)$ 的全微分，即 $\mathrm{d}U=P\mathrm{d}x+Q\mathrm{d}y$；

(iv) $\dfrac{\partial P}{\partial y}=\dfrac{\partial Q}{\partial x}$在 D 内处处成立.

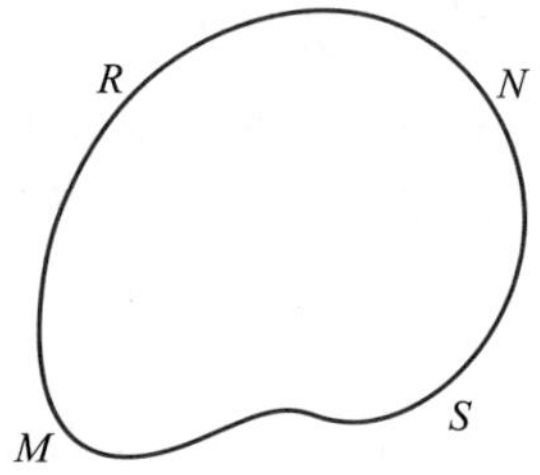

图 22-13

证明 (i)→(ii). 即当(i)成立时可推出(ii)必成立. 设(i)满足，则对任何 D 内两点 M,N 及任意两条 D 内曲线$\overset{\frown}{MRN}$，$\overset{\frown}{MSN}$（如图22-13）有

$$\int_{\overset{\frown}{MRN}} P\mathrm{d}x + Q\mathrm{d}y - \int_{\overset{\frown}{MSN}} P\mathrm{d}x + Q\mathrm{d}y = \int_{\overset{\frown}{MRNSM}} P\mathrm{d}x + Q\mathrm{d}y = 0,$$

于是

$$\int_{\overset{\frown}{MRN}} P\mathrm{d}x + Q\mathrm{d}y = \int_{\overset{\frown}{MSN}} P\mathrm{d}x + Q\mathrm{d}y,$$

即(ii)成立.

(ii)→(iii). 设(ii)满足，作函数 $U(x,y)=\displaystyle\int_{(x_0,y_0)}^{(x,y)} P\mathrm{d}x + Q\mathrm{d}y$，其中$(x_0,y_0)$是 D 内固定一点，而(x,y)在 D 内变动，由于积分和路径无关，所以这是单值函数. 对任意点(x,y)，考察

$$\frac{U(x+\Delta x,y)-U(x,y)}{\Delta x}=\frac{\displaystyle\int_{(x,y)}^{(x+\Delta x,y)} P\mathrm{d}x + Q\mathrm{d}y}{\Delta x},$$

利用积分和路径无关，可以把(x_0,y_0)到$(x+\Delta x,y)$的曲线取得使它通过(x,y)点（如图 22-14）. 当 Δx 很小时，由点(x,y)到$(x+\Delta x,y)$的直线将全部落入 D 内，就取直线段作为积分路线，得

$$\begin{aligned}&\frac{U(x+\Delta x,y)-U(x,y)}{\Delta x}\\&=\frac{\displaystyle\int_{(x,y)}^{(x+\Delta x,y)} P\mathrm{d}x + Q\mathrm{d}y}{\Delta x}\\&=\frac{\displaystyle\int_{(x,y)}^{(x+\Delta x,y)} P\mathrm{d}x}{\Delta x}=\frac{P(\xi,y)\Delta x}{\Delta x},\end{aligned}$$

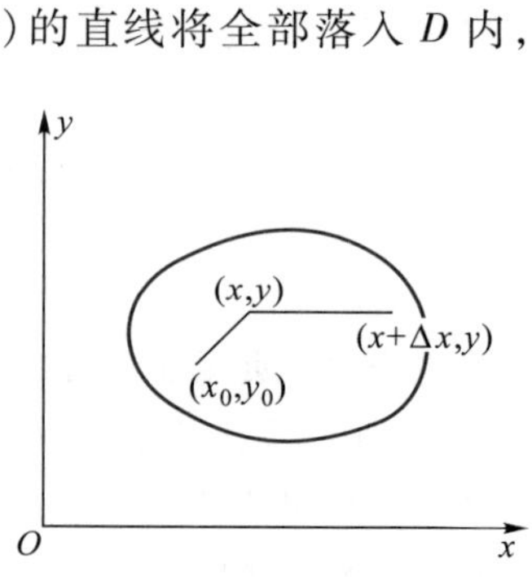

图 22-14

这里 ξ 在 x 和 $x+\Delta x$ 之间，所以

$$\frac{\partial U}{\partial x}=\lim_{\Delta x\to 0}\frac{U(x+\Delta x,y)-U(x,y)}{\Delta x}$$
$$=\lim_{\Delta x\to 0}P(\xi,y)=P(x,y),$$

同样可得
$$\frac{\partial U}{\partial y}=Q(x,y),$$

再由于 P,Q 都有连续偏导数,所以
$$\mathrm{d}U=P\mathrm{d}x+Q\mathrm{d}y.$$

(iii)→(iv). 设(iii)成立,因为
$$P=\frac{\partial U}{\partial x},Q=\frac{\partial U}{\partial y},$$

再由于 P,Q 都有连续偏导数,所以
$$\frac{\partial^2 U}{\partial x\partial y}=\frac{\partial^2 U}{\partial y\partial x},$$

这就是$\frac{\partial P}{\partial y}=\frac{\partial Q}{\partial x}$在 D 内处处成立.

(iv)→(i). 由(iv),$\frac{\partial P}{\partial y}=\frac{\partial Q}{\partial x}$,所以对任一全含在 D 内的闭路 C,记 σ 为 C 所围成区域. 由格林公式
$$\oint_C P\mathrm{d}x+Q\mathrm{d}y=\iint_\sigma\left(\frac{\partial Q}{\partial x}-\frac{\partial P}{\partial y}\right)\mathrm{d}x\mathrm{d}y=0,$$

即推出了(i).

这样我们将四个条件循环地推了一圈,就证明了它们的相互等价性.

当曲线积分和路径无关时,即满足上面的诸条件时,如令点$A(x_0,y_0)$固定而点 $B(x,y)$为区域 D 内任意一点,那么由积分所定义的函数
$$U(x,y)=\int_{(x_0,y_0)}^{(x,y)}P\mathrm{d}x+Q\mathrm{d}y$$

在 D 内连续并且单值. 称这个函数 $U(x,y)$ 为 $P\mathrm{d}x+Q\mathrm{d}y$ 的一个原函数,它和定积分中所述原函数相仿并有以下性质:

1° $\mathrm{d}U(x,y)=P\mathrm{d}x+Q\mathrm{d}y$. 这由刚才的证明即得.

2° 利用原函数 $U(x,y)$来计算曲线积分
$$\int_{\overrightarrow{AB}}P\mathrm{d}x+Q\mathrm{d}y=U(B)-U(A)=U(M)\Big|_A^B,$$

这里 $U(B)=U(x_B,y_B)$,$U(A)=U(x_A,y_A)$,(x_A,y_A)和(x_B,y_B)分别为 A,B 点的坐标. $U(M)\Big|_A^B$ 是一个记号,它等于 $U(B)-U(A)$.

证明　考察联结 A,B 两点的任意一条在 D 内的光滑曲线 l,设它的方程为
$$x=\varphi(t),\ y=\psi(t)\quad(\alpha\leqslant t\leqslant\beta),$$

并且
$$\varphi(\alpha)=x_A,\psi(\alpha)=y_A,\varphi(\beta)=x_B,\psi(\beta)=y_B.$$

计算沿 l 的曲线积分

$$
\begin{aligned}
I &= \int_l P\mathrm{d}x + Q\mathrm{d}y \\
&= \int_\alpha^\beta \{P(\varphi(t),\psi(t))\varphi'(t) + Q(\varphi(t),\psi(t))\psi'(t)\}\,\mathrm{d}t,
\end{aligned}
$$

注意到 U 是 $P\mathrm{d}x+Q\mathrm{d}y$ 的原函数，$P=\dfrac{\partial U}{\partial x}, Q=\dfrac{\partial U}{\partial y}$，有

$$
\begin{aligned}
I &= \int_\alpha^\beta \left\{\frac{\partial U}{\partial x}\varphi'(t) + \frac{\partial U}{\partial y}\psi'(t)\right\}\mathrm{d}t \\
&= \int_\alpha^\beta \frac{\mathrm{d}}{\mathrm{d}t}U(\varphi(t),\psi(t))\,\mathrm{d}t \\
&= U(\varphi(t),\psi(t))\Big|_\alpha^\beta = U(x_B,y_B) - U(x_A,y_A),
\end{aligned}
$$

这就是所要证明的结果.

剩下来还要说明如何求 $P\mathrm{d}x+Q\mathrm{d}y$ 的原函数. 设 P 和 Q 满足定理的条件(iv)：$\dfrac{\partial P}{\partial y}=\dfrac{\partial Q}{\partial x}$. 因此必存在原函数 $U(x,y)$ 使 $\mathrm{d}U=P\mathrm{d}x+Q\mathrm{d}y$，同时 $P\mathrm{d}x+Q\mathrm{d}y$ 的曲线积分与路径无关. 在区域 D 内固定一点 $M_0(x_0,y_0)$，对 D 内任何点 $M(x,y)$，沿两条直线 l_1 和 l_2 从点 M_0 到点 M 的积分（如图 22–15），得

$$
U(x,y) = \int_{x_0}^x P(x,y)\,\mathrm{d}x + \int_{y_0}^y Q(x_0,y)\,\mathrm{d}y + C,
$$

其中 $C=U(x_0,y_0)$，不难验证 $U(x,y)$ 是 $P\mathrm{d}x+Q\mathrm{d}y$ 的一个原函数. 也可以沿直线 l_3 和 l_4 从点 M_0 到点 M 的积分（如图 22–15），得

$$
U(x,y) = \int_{x_0}^x P(x,y_0)\,\mathrm{d}x + \int_{y_0}^y Q(x,y)\,\mathrm{d}y + C,
$$

其中 $C=U(x_0,y_0)$，同样不难验证 $U(x,y)$ 也是 $P\mathrm{d}x+Q\mathrm{d}y$ 的一个原函数.

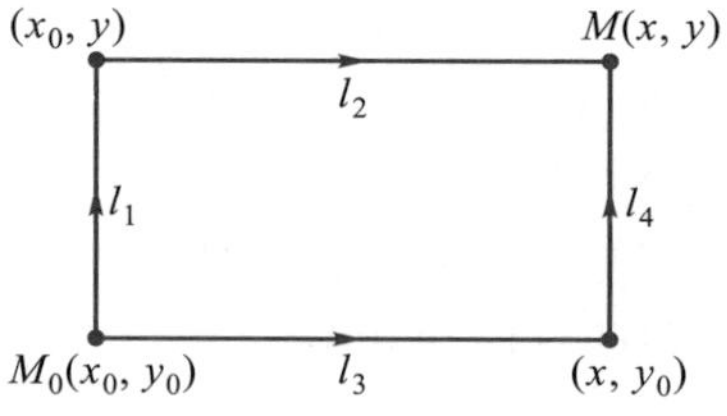

图 22–15

下面考虑非单连通区域（或有奇点）的情形，并引进一个重要概念：循环常数，在曲线积分与路径无关的定理中，它的理论是建立在两个假定之上：(i) 所考虑区域 D 是单连通的，即没有“洞”；(ii) 函数 P,Q 及其偏导数在 D 内连续. 如果这两个条件被破坏了，一般说来，上面的那些断言将不会成立. 若在 D 的某些点处，连续性条件(ii)不成立，这些点就是“奇点”，将这些点从区域中除开，于是区域内就含有“点洞”，因此对破坏条件(ii)的情形的讨论可以化为对破坏条件(i)的情形来讨论. 对这个含有“洞”的非单连通区域 D，函数 P,Q 及其偏导数在 D 上连续，又设

在 D 上成立$\frac{\partial P}{\partial y}=\frac{\partial Q}{\partial x}$. 这时却不能认为,在 D 内沿任何曲线的积分与路径无关而仅与曲线端点有关了.

现在讨论区域内有一个奇点 M 的情况. 这时,如果闭路中包含这一奇点,格林公式就不能应用. 我们考虑两条闭路 l,L 都逆时针绕奇点 M 一圈(如图 22-16),可用线段 AB 将 l 和 L 联结起来,在 L 及 l 上沿逆时针方向积分,即得

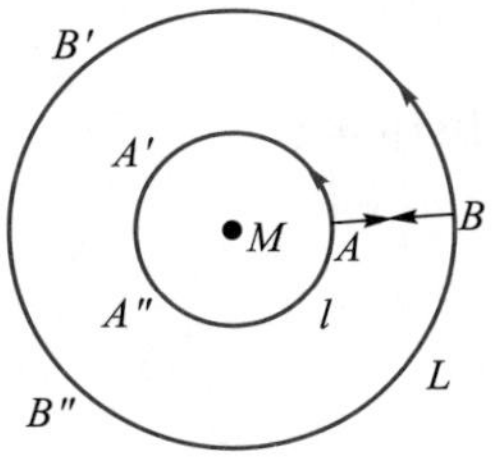

图 22-16

$$\oint_L P\mathrm{d}x+Q\mathrm{d}y-\oint_l P\mathrm{d}x+Q\mathrm{d}y$$
$$=\left\{\int_{\overrightarrow{BB'B''B}}+\int_{\overrightarrow{BA}}+\int_{\overrightarrow{AA''A'A}}+\int_{\overrightarrow{AB}}\right\}P\mathrm{d}x+Q\mathrm{d}y=0,$$

所以
$$\oint_L P\mathrm{d}x+Q\mathrm{d}y=\oint_l P\mathrm{d}x+Q\mathrm{d}y,$$

即环绕某一奇点的任两条闭路沿同一方向的积分相等. 因此,对区域 D 中任何闭路 C,如果它环绕奇点 M 的圈数是 n 圈,这时积分值就是

$$\oint_l P\mathrm{d}x+Q\mathrm{d}y$$

的 n 倍. 只环绕奇点 M 一圈的闭路上的积分值叫做区域 D 内奇点 M 的**循环常数**,记为 ω. 于是,对 D 内任一闭路 C,

$$\oint_C P\mathrm{d}x+Q\mathrm{d}y=n\omega,$$

这里 n 为沿闭路 C 按逆时针方向绕 M 的圈数. 例如当 $n=2$ 时(如图 22-17),

$$\oint_C P\mathrm{d}x+Q\mathrm{d}y$$
$$=\int_{\overrightarrow{EA'A''E}}P\mathrm{d}x+Q\mathrm{d}y+\int_{\overrightarrow{EB'B''E}}P\mathrm{d}x+Q\mathrm{d}y$$
$$=2\omega.$$

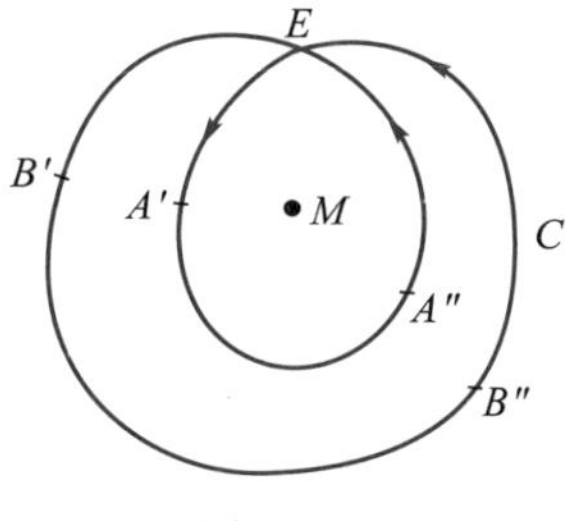

图 22-17

如果它按逆时针方向绕 M 的圈数为 n_1,按顺时针方向绕 M 圈数为 n_2,那么 $n=n_1-n_2$,就说绕 M 的圈数为 n.

如果 D 内有 n 个奇点 $M_1,\cdots,M_n$,M_i 的循环常数为 $\omega_i(i=1,2,\cdots,n)$,设 C 为 D 内任何闭路,C 环绕点 M_i 的圈数为 k_i,那么

$$\oint_C P\mathrm{d}x+Q\mathrm{d}y=\sum_{i=1}^{n}k_i\omega_i.$$

例　计算

$$I=\oint_l\frac{x\mathrm{d}y-y\mathrm{d}x}{x^2+y^2}$$

的循环常数.

解　因为有
$$P=-\frac{y}{x^2+y^2},\ Q=\frac{x}{x^2+y^2},$$

$$\frac{\partial Q}{\partial x}=\frac{y^2-x^2}{(x^2+y^2)^2}=\frac{\partial P}{\partial y},$$

可知(0,0)是奇点. 计算它的循环常数,取一单位圆周

$$x=\cos t, y=\sin t,$$

则循环常数

$$\omega=\int_{x^2+y^2=1}\frac{x\mathrm{d}y-y\mathrm{d}x}{x^2+y^2}$$

$$=\int_0^{2\pi}(\cos^2 t+\sin^2 t)\mathrm{d}t=\int_0^{2\pi}\mathrm{d}t=2\pi,$$

如果闭路 l 按逆时针方向绕(0,0)点 n 圈,则 $I=n\omega=2n\pi$. 如果闭路 l 按逆时针方向绕(0,0)点 n_1 圈,按顺时针方向绕(0,0)点 n_2 圈,则

$$I=(n_1-n_2)\omega=2(n_1-n_2)\pi.$$

习　题

1. 计算下列全微分式的曲线积分:

(1) $\int_{(0,0)}^{(1,1)}(x-y)(\mathrm{d}x-\mathrm{d}y)$;

(2) $\int_{(0,0)}^{(a,b)}f(x+y)(\mathrm{d}x+\mathrm{d}y)$,式中 $f(u)$ 是连续函数;

(3) $\int_{(2,1)}^{(1,2)}\frac{y\mathrm{d}x-x\mathrm{d}y}{x^2}$,沿不和 Oy 轴相交的途径;

(4) $\int_{(1,2,3)}^{(6,1,1)}yz\mathrm{d}x+xz\mathrm{d}y+xy\mathrm{d}z$;

(5) $\int_{(1,0)}^{(6,8)}\frac{x\mathrm{d}x+y\mathrm{d}y}{\sqrt{x^2+y^2}}$,沿不通过原点的途径;

(6) $\int_{(2,1)}^{(1,2)}\varphi(x)\mathrm{d}x+\psi(y)\mathrm{d}y$,其中 φ,ψ 为连续函数.

2. 求原函数 U:

(1) $(x^2+2xy-y^2)\mathrm{d}x+(x^2-2xy-y^2)\mathrm{d}y$;

(2) $(2x\cos y-y^2\sin x)\mathrm{d}x+(2y\cos x-x^2\sin y)\mathrm{d}y$;

(3) $\frac{a}{z}\mathrm{d}x+\frac{b}{z}\mathrm{d}y+\frac{-by-ax}{z^2}\mathrm{d}z$;

(4) $(x^2-2yz)\mathrm{d}x+(y^2-2xz)\mathrm{d}y+(z^2-2xy)\mathrm{d}z$;

(5) $\mathrm{e}^x[\mathrm{e}^y(x-y+2)+y]\mathrm{d}x+\mathrm{e}^x[\mathrm{e}^y(x-y)+1]\mathrm{d}y$.

3. 验证:

$$P\mathrm{d}x+Q\mathrm{d}y=\frac{1}{2}\frac{x\mathrm{d}y-y\mathrm{d}x}{Ax^2+2Bxy+Cy^2}$$

(A,B,C 为常数,且 $AC-B^2>0$)适合条件

$$\frac{\partial P}{\partial y}=\frac{\partial Q}{\partial x},$$

求:关于奇点(0,0)的循环常数.

4. 证明:

$$\int \frac{x\mathrm{d}x + y\mathrm{d}y}{x^2 + y^2}$$

关于奇点(0,0)的循环常数为0,从而$\frac{x\mathrm{d}x+y\mathrm{d}y}{x^2+y^2}$的积分与路径无关.

§3　场论初步

一、场的概念

物理现象往往随着它在空间或一部分空间的分布情况不同,产生的物理量也不一样. 有时它还随时间变化而变化. 因此,要了解某一物理现象,就必须掌握发生这个物理现象的各种物理量在空间中的分布情况以及它们随时间变化的规律. 例如,要预报某一地区在某一段时间内的气候,就必须掌握附近各地区的气压、气温等的分布情况以及它们在这段时间内随时间变化的规律. 同样,如果要知道电场的变化,就必须掌握电位、电场强度等分布情况以及它们随时间变化的规律. 上面所说的气压、气温、电位、电场强度等都是由空间位置及时间所确定的物理量,它们在空间或一部分空间上的分布就称为**场**. 如果形成场的物理量是数量则称为**数量场**,如果是向量则称为**向量场**. 例如大气温度的分布, 流体密度的分布都形成数量场,流体流动的速度在给定时刻内的分布形成了一个速度向量场,电场强度的分布也是一个向量场.

如果形成场的物理量不仅随位置变化,且随时间变化,则由这样物理量所产生的场称为**不定常场**. 一般的场都是不定常场,但在某些实际问题中,在一段很短时间内,在同一位置上物理量的变化是很微小的,就可以认为它不随时间而变化. 不随时间而变化的物理量所形成的场称为**定常场**.

场中的物理量既然是由时间及位置确定,因而它们是以位置(x,y,z)及时间t为自变量的四元函数,或四元向量函数,如流体密度可用函数$\rho=\rho(x,y,z,t)$表示,流体的速度可以用向量$\boldsymbol{v}=\boldsymbol{v}(x,y,z,t)$表示. 在定常情况下,一个数量场对应于一个三元函数$u(x,y,z)$,一个向量场对应于一个三元向量函数$\boldsymbol{a}(x,y,z)$. 例如第十章中讲到的函数的梯度就是场论的一个基本对象,函数$u(x,y,z)$表示一个数量场,而它的梯度

$$\mathbf{grad}\ u=\frac{\partial u}{\partial x}\boldsymbol{i}+\frac{\partial u}{\partial y}\boldsymbol{j}+\frac{\partial u}{\partial z}\boldsymbol{k}$$

就是一个向量场,也就是梯度场 $\mathbf{grad}\ u$ 是由数量场 $u(x,y,z)$产生的一个向量场.

物理量一般与时间t及位置M有关,而与坐标系的选择无关,所以通常将数量场记为$u(M,t)$,向量场记为$\boldsymbol{a}(M,t)$,在定常情况下,它们只与位置有关,分别记为$u(M)$及$\boldsymbol{a}(M)$. 然而,用数学讨论时,又必须在某一个坐标系里进行计算、分析,例如在通常的直角坐标系$Oxyz$中讨论时,那么位置M就对应于一个点的坐标(x,y,z),这时场就对应于一个函数. 例如,定常情况下,数量场$u(M)$对应于一

个三元函数 $u(x,y,z)$. 如果取空间柱面坐标来讨论,那么 $u(M)$ 在柱坐标中的对应函数就是 $u(r,\theta,z)$,如此等等,在以下讨论中,不再区分场以及它在某一坐标系中的对应函数,但读者应注意,场以及场论中的有关概念的固有含义,与坐标系的选择是无关的.

二、向量场的散度与旋度

1. 向量线

如果在空间或某一部分空间的每一点处都确定一个向量 $\boldsymbol{a}$,就有了向量场,向量 $\boldsymbol{a}$ 是点的函数

$$\boldsymbol{a} = a_x\boldsymbol{i} + a_y\boldsymbol{j} + a_z\boldsymbol{k},$$

其中 a_x,a_y,a_z 都是 x,y,z 的数量函数. 又假定 a_x,a_y,a_z 是 x,y,z 的单值连续函数,且各个连续偏导数都存在. 在必要时还需假定二阶偏导数皆存在.

在研究向量场时,向量线的概念是很重要的. 在一向量场的确定的区域中,若一曲线上每点处的切线恰与在这点的场向量重合,则这条曲线称为向量场的**向量线**.

设 $M(x,y,z)$ 为向量线上任一点,则向量线在这点的切线的方向余弦和向量线上的 $\mathrm{d}x,\mathrm{d}y,\mathrm{d}z$ 成比例,从而得到向量线应满足下面的的微分方程

$$\frac{\mathrm{d}x}{a_x} = \frac{\mathrm{d}y}{a_y} = \frac{\mathrm{d}z}{a_z}.$$

在向量 $\boldsymbol{a}$ 不为零的条件下,由线性微分方程组的理论可知所考虑的整个场被向量线填满,而通过场中每一点有一条且只有一条这样的曲线,且过不同的点的两条向量线没有公共点.

例 1 设一力场中的力为

$$\boldsymbol{F} = -\mu y\boldsymbol{i} + \mu x\boldsymbol{j} + \mu h\boldsymbol{k},$$

其中 μ,h 皆为常数,求其力线(即向量线).

力线的微分方程为

$$\frac{\mathrm{d}x}{-\mu y} = \frac{\mathrm{d}y}{\mu x} = \frac{\mathrm{d}z}{\mu h},$$

从第一个等式有

$$x\mathrm{d}x + y\mathrm{d}y = 0,$$

积分之,得

$$x^2+y^2=\lambda^2.$$

其中 λ 表示积分常数. 因此力线是在以 Oz 为轴的圆柱面上.

令

$$x=\lambda\cos\theta, y=\lambda\sin\theta,$$

于是 $\mathrm{d}y=\lambda\cos\theta\mathrm{d}\theta$. 将 x 及 $\mathrm{d}y$ 代入第二式 $\dfrac{\mathrm{d}y}{x}=\dfrac{\mathrm{d}z}{h}$ 内,

$$\mathrm{d}z = h\mathrm{d}\theta,$$

积分后,得

$$z=h(\theta-\alpha),$$

其中 α 为积分常数.

综上所得,可见所求力线为在柱面 $x^2+y^2=\lambda^2$ 上的螺旋线,其方程为

$$x = \lambda\cos\theta, y = \lambda\sin\theta, z = h(\theta-\alpha).$$

2．流量

设给定一个向量场，且设在点 $M(x,y,z)$ 处的向量为 $\boldsymbol{a}(x,y,z)$．在这场中，任取一个双侧曲面 S（不论是封闭曲面或是以某一闭曲线为边界的曲面都可以），当选定它的一侧后，在它的每一点处都有一个法向量 $\boldsymbol{n}$，曲面积分

$$\iint_S [a_x\cos(\boldsymbol{n},x)+a_y\cos(\boldsymbol{n},y)+a_z\cos(\boldsymbol{n},z)]\mathrm{d}S$$

称为向量 $\boldsymbol{a}$ 通过曲面 S 在所选择的那一侧的**流量**（也叫通量）．显然这个流量还可表示为更简单形式

$$\iint_S a_n\mathrm{d}S,$$

其中 a_n 为 $\boldsymbol{a}$ 在 $\boldsymbol{n}$ 上的投影．

通常还引用以下记号：

$$\mathrm{d}\boldsymbol{S}=\boldsymbol{n}_0\mathrm{d}S,$$

称为有向曲面元素，其中 $\boldsymbol{n}_0$ 为曲面的单位法向量，指向所选定的一侧．于是上述积分又可表示为向量形式

$$\iint_S \boldsymbol{a}\cdot\mathrm{d}\boldsymbol{S}.$$

例 2 点电荷 q 在真空中产生一个静电场，这里 q 既表示电荷大小，也表示所在位置为 q 点，场中任何一点 M 处的电场强度 $\boldsymbol{E}=\dfrac{q}{r^2}\boldsymbol{r}_0$，其中 r 是点 M 到点 q 的距离，$\boldsymbol{r}_0$ 是从 q 指向 M 的单位向量．设 S 是以 q 为中心，以 R 为半径的球面，求通过 S 的电通量（如图 22-18）．

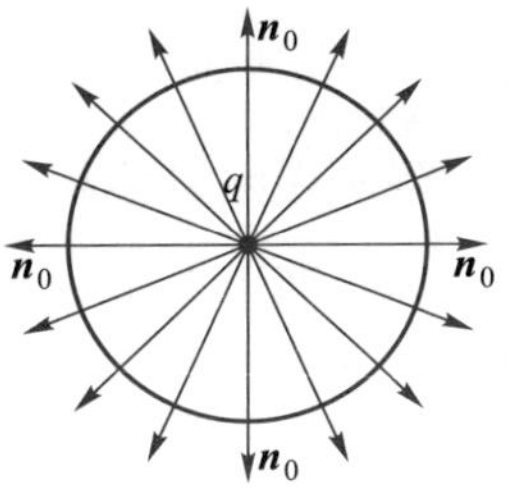

图 22-18

解 取球面 S 的法方向 $\boldsymbol{n}_0$ 指向外侧，这个方向也称为 S 的外法向．通过 S 的电通量为

$$N=\iint_S \boldsymbol{E}\cdot\mathrm{d}\boldsymbol{S}.$$

因为 $\boldsymbol{E}$ 的方向与 $\mathrm{d}\boldsymbol{S}$ 的方向一致，所以 $\boldsymbol{E}\cdot\mathrm{d}\boldsymbol{S}=E\mathrm{d}S$，又因 E 是作用在 $\mathrm{d}S$ 上的电场强度的大小，所以 $E=\dfrac{q}{R^2}$．于是

$$N=\iint_S \boldsymbol{E}\cdot\mathrm{d}\boldsymbol{S}=\iint_S \frac{q}{R^2}\mathrm{d}S=\frac{q}{R^2}\iint_S \mathrm{d}S,$$

右端的积分正好就是半径为 R 的球面面积，所以

$$N=\frac{q}{R^2}\cdot 4\pi R^2=4\pi q.$$

这样便得到电学中的一个重要结论：点电荷 q 在真空中产生静电场，通过以 q 为中心的任何球面的电通量都等于 $4\pi q$，它与球面的半径无关．

3．散度　高斯公式的向量形式

设一向量场 $\boldsymbol{a}$，V 为一闭曲面 S 所包围的空间区域，$\boldsymbol{n}$ 为曲面上向外的法向量，由高斯公式得

$$\iint_S a_n \mathrm{d}S = \iint_S [a_x\cos(\boldsymbol{n},x) + a_y\cos(\boldsymbol{n},y) + a_z\cos(\boldsymbol{n},z)]\mathrm{d}S$$

$$= \iiint_V \left(\frac{\partial a_x}{\partial x} + \frac{\partial a_y}{\partial y} + \frac{\partial a_z}{\partial z}\right)\mathrm{d}V.$$

量$\frac{\partial a_x}{\partial x}+\frac{\partial a_y}{\partial y}+\frac{\partial a_z}{\partial z}$称为向量 $\boldsymbol{a}$ 的**散度**,它是一个数量场,记为

$$\mathrm{div}\ \boldsymbol{a} = \frac{\partial a_x}{\partial x} + \frac{\partial a_y}{\partial y} + \frac{\partial a_z}{\partial z}$$

(div 是 divergence 的缩写,即散度). 利用散度的定义,高斯公式可写为

$$\iint_S \boldsymbol{a}\cdot\mathrm{d}\boldsymbol{S} = \iiint_V \mathrm{div}\ \boldsymbol{a}\ \mathrm{d}V,$$

这是高斯公式向量形式,它说明:向量 $\boldsymbol{a}$ 通过闭曲面 S 的流量等于这个向量的散度在 S 所包围的区域上的三重积分.

根据定义,向量场在一给定点处的散度是一数量,散度的全体构成一数量场.

上面所给出的散度的定义好像与坐标的选择有关,其实不然. 为了说明这个事实,我们可给散度另一形式的定义,设 M 为区域中任一点,在这点周围任取一含有这点的区域 V,令 S 为 V 的表面,则有高斯公式

$$\iint_S a_n\mathrm{d}S = \iiint_V \mathrm{div}\ \boldsymbol{a}\ \mathrm{d}V.$$

现在将两端除以体积 V,然后令体积 V 趋于零,也就是 V 缩成点 M 而求极限. 利用三重积分的中值定理,则右端恰等于 div $\boldsymbol{a}$ 在 M 点的值,即 $\mathrm{div}\ \boldsymbol{a}\big|_M$,这样就有散度的另一个定义

$$\mathrm{div}\ \boldsymbol{a}\Big|_M = \lim_{V\to M}\frac{\iint_S a_n\mathrm{d}S}{V}.$$

由散度的这一定义,可见它与坐标的选取无关.

例 3　设位于原点上的点电荷 q 在真空中产生的静电场为 $\boldsymbol{E}$,求除原点外空间各点 (x,y,z) 处的 div $\boldsymbol{E}$.

解　在空间 (x,y,z) 处,

$$\boldsymbol{E} = \frac{q}{r^2}\boldsymbol{r}_0,$$

其中 $\boldsymbol{r}_0 = \frac{x\boldsymbol{i}+y\boldsymbol{j}+z\boldsymbol{k}}{(x^2+y^2+z^2)^{1/2}}$, $r^2 = x^2+y^2+z^2$, $\boldsymbol{r}_0$ 表示向量 $\boldsymbol{r}$ 的单位向量,所以电场强度 $\boldsymbol{E}$ 又可以写为

$$\boldsymbol{E} = \frac{q}{(x^2+y^2+z^2)^{3/2}}(x\boldsymbol{i}+y\boldsymbol{j}+z\boldsymbol{k}),$$

得　$$\mathrm{div}\ \boldsymbol{E} = q\left[\frac{\partial}{\partial x}\left(\frac{x}{(x^2+y^2+z^2)^{3/2}}\right) + \frac{\partial}{\partial y}\left(\frac{y}{(x^2+y^2+z^2)^{3/2}}\right) + \frac{\partial}{\partial z}\left(\frac{z}{(x^2+y^2+z^2)^{3/2}}\right)\right],$$

将右端的三个偏导数求出之后，再相加，便得到

$$\operatorname{div} \boldsymbol{E} = 0,$$

它表示除原点以外，空间各点都没有电场线散发出来.

例 4　电学中的高斯定理.

在本节例 2 中已经知道，点电荷 q 在真空中产生的静电场 $\boldsymbol{E}$，通过任一以 q 为中心的球面的电通量等于 $4\pi q$. 现在证明，这一结论对任何包含 q 在内的光滑闭曲面 S 都成立，即

$$\iint_S \boldsymbol{E} \cdot \mathrm{d}\boldsymbol{S} = 4\pi q,$$

其中 S 取外法向.

证明　在闭曲面 S 的内部，作以 q 为中心的小球面 C（如图22-19），图中阴影部分是 S 与 C 所围成的空间区域 V，在 V 内，利用高斯公式，此时要注意 V 的边界是由 S 和 C 组成，故

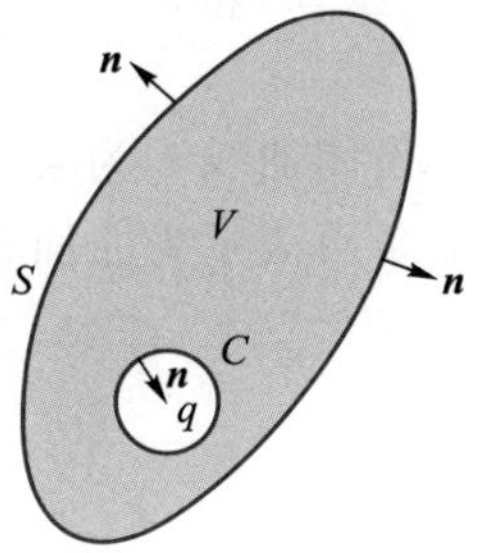

图 22-19

$$\iiint_V \operatorname{div} \boldsymbol{E} \, \mathrm{d}V = \iint_S \boldsymbol{E} \cdot \mathrm{d}\boldsymbol{S} + \iint_C \boldsymbol{E} \cdot \mathrm{d}\boldsymbol{S}.$$

还要注意，对 V 而言，C 的方向是外侧，因此 C 的法方向 $\boldsymbol{n}$ 是指向中心 q 的. 再由本节例 3 知道，静电场中在 q 之外的各点散度

$$\operatorname{div} \boldsymbol{E} = 0,$$

所以

$$\iiint_V \operatorname{div} \boldsymbol{E} \mathrm{d}V = 0,$$

即

$$\iint_S \boldsymbol{E} \cdot \mathrm{d}\boldsymbol{S} = -\iint_C \boldsymbol{E} \cdot \mathrm{d}\boldsymbol{S}.$$

如果将球面 C 的方向调换一下，使它的法方向取离心的方向，那么

$$\iint_S \boldsymbol{E} \cdot \mathrm{d}\boldsymbol{S} = -\iint_{C_{\text{向心}}} \boldsymbol{E} \cdot \mathrm{d}\boldsymbol{S} = \iint_{C_{\text{离心}}} \boldsymbol{E} \cdot \mathrm{d}\boldsymbol{S},$$

而后一积分由上一节例 1 知道，其值是 $4\pi q$，故

$$\iint_S \boldsymbol{E} \cdot \mathrm{d}\boldsymbol{S} = 4\pi q.$$

在这个例子中，利用了一个常用的基本方法. 在高斯公式中，必须假定向量场 $\boldsymbol{a}$ 具有连续的偏导数，但在本例中，电场 $\boldsymbol{E}$ 在 q 点上却没有连续偏导数，为了能够应用高斯公式，往往把这个 q 点挖去，例如，用一个小球面 C 把 q 点挖去，而在球面 C 和曲面 S 之间应用高斯公式.

4. 向量场的环流量与旋度　斯托克斯公式的向量形式

设已知一向量场 $\boldsymbol{a}$，$\boldsymbol{a} = a_x \boldsymbol{i} + a_y \boldsymbol{j} + a_z \boldsymbol{k}$，并设在这场中任取一曲线 L，则沿此曲线 L 的曲线积分

$$\int_L a_x \mathrm{d}x + a_y \mathrm{d}y + a_z \mathrm{d}z = \int_L a_\tau \mathrm{d}l$$

称为向量 $\boldsymbol{a}$ 沿曲线 L 的曲线积分，其中 a_τ 表示向量 $\boldsymbol{a}$ 在曲线 L 的切线 τ 上的投影，$\mathrm{d}l$ 表示曲线 L 的弧长微分.

当 L 为闭曲线时，则积分 $\int_L a_\tau \mathrm{d}l$ 称为向量 $\boldsymbol{a}$ 沿闭曲线 L 的**环流量**.

通常还引用记号

$$\mathrm{d}\boldsymbol{l} = \boldsymbol{\tau}_0 \mathrm{d}l$$

称为有向曲线元，其中 $\boldsymbol{\tau}_0$ 为单位切向量. 于是上述环流量又可以写成以下的向量形式

$$\int_L \boldsymbol{a} \cdot \mathrm{d}\boldsymbol{l}.$$

设闭曲线 L 为某一曲面 S 的边界，那么由斯托克斯公式，向量 $\boldsymbol{a}$ 沿闭曲线 L 的环流量可表示为曲面积分

$$\begin{aligned}\int_L a_\tau \mathrm{d}l = \iint_S \Big[& \left(\frac{\partial a_z}{\partial y} - \frac{\partial a_y}{\partial z}\right) \cos(\boldsymbol{n}, x) + \\ & \left(\frac{\partial a_x}{\partial z} - \frac{\partial a_z}{\partial x}\right) \cos(\boldsymbol{n}, y) + \\ & \left(\frac{\partial a_y}{\partial x} - \frac{\partial a_x}{\partial y}\right) \cos(\boldsymbol{n}, z)\Big] \mathrm{d}S,\end{aligned}$$

称向量
$$\left(\frac{\partial a_z}{\partial y}-\frac{\partial a_y}{\partial z}, \frac{\partial a_x}{\partial z}-\frac{\partial a_z}{\partial x}, \frac{\partial a_y}{\partial x}-\frac{\partial a_x}{\partial y}\right)$$

为向量 $\boldsymbol{a}$ 的**旋度**（也称**涡旋量**），记为 **rot** $\boldsymbol{a}$（或 **curl** $\boldsymbol{a}$）.

$$\mathbf{rot}\,\boldsymbol{a} = \begin{vmatrix} \boldsymbol{i} & \boldsymbol{j} & \boldsymbol{k} \\ \dfrac{\partial}{\partial x} & \dfrac{\partial}{\partial y} & \dfrac{\partial}{\partial z} \\ a_x & a_y & a_z \end{vmatrix}$$

（rot 是 rotation 的缩写，即旋度）. 利用 **rot** $\boldsymbol{a}$ 的定义，斯托克斯公式可写为向量形式

$$\int_L \boldsymbol{a} \cdot \mathrm{d}\boldsymbol{l} = \iint_S \mathbf{rot}\,\boldsymbol{a} \cdot \mathrm{d}\boldsymbol{S}.$$

这个公式指出：向量 $\boldsymbol{a}$ 沿闭曲线 L 的环流量等于它的旋度 **rot** $\boldsymbol{a}$ 通过以 L 为边界所张的任意曲面 S 的流量.

例 5　由点电荷 q 在真空中产生的静电场，电场强度

$$\boldsymbol{E} = \frac{q}{r^3}(x\boldsymbol{i} + y\boldsymbol{j} + z\boldsymbol{k}),\ r = (x^2 + y^2 + z^2)^{1/2},$$

求 **rot** $\boldsymbol{E}$.

解

$$\mathbf{rot}\,\boldsymbol{E} = \begin{vmatrix} \boldsymbol{i} & \boldsymbol{j} & \boldsymbol{k} \\ \dfrac{\partial}{\partial x} & \dfrac{\partial}{\partial y} & \dfrac{\partial}{\partial z} \\ \dfrac{qx}{r^3} & \dfrac{qy}{r^3} & \dfrac{qz}{r^3} \end{vmatrix}$$

$$= q\left\{\left[\frac{\partial}{\partial y}\left(\frac{z}{r^3}\right) - \frac{\partial}{\partial z}\left(\frac{y}{r^3}\right)\right]\boldsymbol{i} + \left[\frac{\partial}{\partial z}\left(\frac{x}{r^3}\right) - \frac{\partial}{\partial x}\left(\frac{z}{r^3}\right)\right]\boldsymbol{j} +\right.$$

$$\left[\frac{\partial}{\partial x}\left(\frac{y}{r^3}\right)-\frac{\partial}{\partial y}\left(\frac{x}{r^3}\right)\right]\boldsymbol{k}\Big\},$$

因为
$$\frac{\partial}{\partial y}\left(\frac{z}{r^3}\right)=-\frac{3yz}{r^5},\ \frac{\partial}{\partial z}\left(\frac{y}{r^3}\right)=-\frac{3yz}{r^5},$$

所以 $\boldsymbol{i}$ 前面的系数是0. 同样,$\boldsymbol{j}$ 和 $\boldsymbol{k}$ 前面的系数也都是0,故

$$\mathbf{rot}\,\boldsymbol{E}=\mathbf{0}.$$

三、保守场

在物理、力学和工程技术等方面,存在一种十分重要的场. 在这种场中,曲线积分只与起点和终点有关,而与所沿路径无关. 物理学中称这种场为**保守场**. 例如,重力场,静电场都是保守场. 如何判断一个场是不是保守场呢?对于平面情形上节实际上已做了回答,对于空间情形,类似地也有相应的结论,叙述如下:

利用斯托克斯公式,可以推出,一个向量场 $\boldsymbol{a}$ 为空间保守场的充要条件是

$$\frac{\partial a_z}{\partial y}-\frac{\partial a_y}{\partial z}=0,\quad \frac{\partial a_x}{\partial z}-\frac{\partial a_z}{\partial x}=0,\quad \frac{\partial a_y}{\partial x}-\frac{\partial a_x}{\partial y}=0,$$

亦即
$$\mathbf{rot}\,\boldsymbol{a}=\mathbf{0}$$

(这里考虑的是单连通区域,且假定所讨论函数都具有连续的偏导数).

旋度为零的场称为**无旋场**,因此保守场也就是无旋场.

综合以上所说,可得出下列命题是等价的,亦即从其中任何一个能够推断出其他每一个.

(1) 向量场 $\boldsymbol{a}$ 是保守场;

(2) 向量场 $\boldsymbol{a}$ 是无旋场:$\mathbf{rot}\,\boldsymbol{a}=\mathbf{0}$;

(3) 沿任何光滑闭曲线 l,有 $\oint_l \boldsymbol{a}\cdot \mathrm{d}\boldsymbol{l}=0$.

习　题

1. 证明:

$$\frac{\mathrm{d}}{\mathrm{d}t}[\boldsymbol{A}\cdot(\boldsymbol{B}\times\boldsymbol{C})]=\frac{\mathrm{d}\boldsymbol{A}}{\mathrm{d}t}\cdot(\boldsymbol{B}\times\boldsymbol{C})+\boldsymbol{A}\cdot\left(\frac{\mathrm{d}\boldsymbol{B}}{\mathrm{d}t}\times\boldsymbol{C}\right)+\boldsymbol{A}\cdot\left(\boldsymbol{B}\times\frac{\mathrm{d}\boldsymbol{C}}{\mathrm{d}t}\right).$$

2. 设 $\boldsymbol{a}=3\boldsymbol{i}+20\boldsymbol{j}-15\boldsymbol{k}$,对下列数量场 ϕ 分别求出 $\mathbf{grad}\,\phi$ 及 $\mathrm{div}(\phi\boldsymbol{a})$:

(1) $\phi=(x^2+y^2+z^2)^{-1/2}$;(2) $\phi=x^2+y^2+z^2$;(3) $\phi=\ln(x^2+y^2+z^2)$.

3. 设 $U(x,y,z)=xyz$,点 $P_1(0,0,0)$,$P_2(1,1,1)$ 及 $P_3(2,1,1)$. 在上述三点处,求 $\mathrm{div}\,\mathbf{grad}\,U$ 及 $\mathbf{rot}\,\mathbf{grad}\,U$ 的值.

4. 求 $\boldsymbol{a}=yz\boldsymbol{i}+xz\boldsymbol{j}+xy\boldsymbol{k}$ 通过 S 的流量,设

(1) S 为圆柱体 $x^2+y^2\leqslant a^2,0\leqslant z\leqslant h$ 的侧面;

(2) S 为(1)中圆柱体的上底面;

(3) S 为(1)中圆柱体的表面.

5. 求向量 $\boldsymbol{a}=-y\boldsymbol{i}+x\boldsymbol{j}+c\boldsymbol{k}$($c$ 为常数)的环流量:

(1) 沿圆周 $x^2+y^2=1,\ z=0$;　(2) 沿圆周 $(x-2)^2+y^2=1,z=0$.

6. 证明：

(1) $\mathbf{rot}(u\boldsymbol{A})=u\,\mathbf{rot}\,\boldsymbol{A}+\mathbf{grad}\,u\times\boldsymbol{A}$；

(2) $\operatorname{div}(\phi\boldsymbol{a})=\phi\operatorname{div}\boldsymbol{a}+\mathbf{grad}\,\phi\cdot\boldsymbol{a}$；

(3) $\mathbf{grad}\operatorname{div}\boldsymbol{a}-\mathbf{rot}\,\mathbf{rot}\,\boldsymbol{a}=\Delta\boldsymbol{a}$.

7. 证明 $\boldsymbol{a}=yz(2x+y+z)\boldsymbol{i}+xz(x+2y+z)\boldsymbol{j}+xy(x+y+2z)\boldsymbol{k}$ 为保守场，并求其势函数.

8. 求向量 $\boldsymbol{a}=\boldsymbol{r}$ 沿螺线 $\boldsymbol{r}=a\cos t\boldsymbol{i}+a\sin t\boldsymbol{j}+bt\boldsymbol{k}\,(0\leqslant t\leqslant 2\pi)$ 的一段所做的功，其中 $\boldsymbol{r}=x\boldsymbol{i}+y\boldsymbol{j}+z\boldsymbol{k}$.

9. 求以下各向量的散度及旋度（$\boldsymbol{a},\boldsymbol{b}$ 为常向量）：

(1) $(\boldsymbol{a}\cdot\boldsymbol{r})\boldsymbol{b}$；　(2) $\boldsymbol{a}\times\boldsymbol{r}$；

(3) $\phi(\boldsymbol{r})(\boldsymbol{a}\times\boldsymbol{r})$；　(4) $\boldsymbol{r}\times(\boldsymbol{a}\times\boldsymbol{r})$.

附录
向量值函数的导数

在第十四章中，曾经把单变量实值函数（通称单变量函数）的导数概念和计算方法，推广到多变量实值函数（通称多变量函数）中去．现在，进一步推广到更一般的情形，即推广到由一个多维空间到另一个多维空间的向量值函数的情形．这样，不仅扩充了导数的概念，而且也引进了一种统一的处理方法，这种方法在其他学科，如微分方程等方面也经常使用，这里对此作一简要的介绍．

一、向量值函数的概念

什么是向量值函数？先考察两个例子．

例 1 平面上的极坐标变换

$$T:\begin{cases} x = r\cos\theta, \\ y = r\sin\theta, \end{cases}$$

它把平面 $\mathbf{R}^2$ 上的点 (r,θ) 变成 $\mathbf{R}^2$ 上的点 (x,y)，例如它把 $r=1,\theta=\dfrac{\pi}{2}$ 的点变为 $x=0,y=1$ 的点，这一变换即

$$T:\mathbf{R}^2 \to \mathbf{R}^2,$$

$$(r,\theta) \mapsto (x,y),$$

其中

$$x=r\cos\theta,\ y=r\sin\theta.$$

例 2 螺旋线的方程

$$l:\begin{cases} x = a\cos t, \\ y = a\sin t, \\ z = ct, \end{cases}$$

它把直线 $\mathbf{R}$ 上的任意一个实数 t 变为空间 $\mathbf{R}^3$ 中的一点 (x,y,z)．即

$$l:\ \mathbf{R} \to \mathbf{R}^3,$$

$$t \mapsto (x,y,z),$$

其中

$$x=a\cos t,y=a\sin t,z=ct.$$

从这两个例子看到，在第一章和第十三章中引进的函数概念还需要加以推广．在第一章中所叙述的函数 f 是：$\mathbf{R}$（或 $\mathbf{R}$ 的子集 D）$\to\mathbf{R}$，其中 $\mathbf{R}$ 是一维欧氏空间．在第十三章中所叙述的函数 f 是：$\mathbf{R}^n$（或 $\mathbf{R}^n$ 的子集 D^n）$\to\mathbf{R}$，其中 $\mathbf{R}^n$ 是 n 维欧氏空间．现在引进函数 f 如下：

$$f:\mathbf{R}^n(\text{或 } \mathbf{R}^n \text{ 的子集 } D^n) \to \mathbf{R}^m,$$

$$x=(x_1,x_2,\cdots,x_n)\longmapsto y=(y_1,y_2,\cdots,y_m),$$

称 f 在 $\boldsymbol{x}$ 的函数值是 $\boldsymbol{y}$. 因为 $\boldsymbol{y}$ 是向量,所以称 f 是**向量值函数**,它的定义域是 $\mathbf{R}^n$(或 D^n). 如同一元函数和多元函数的情形一样,为省略起见,有时记上述向量值函数为

$$\boldsymbol{y}=f(\boldsymbol{x}),\boldsymbol{x}\in\mathbf{R}^n(\text{或 }D^n),\boldsymbol{y}\in\mathbf{R}^m,$$

向量值函数 $f:\mathbf{R}^n$(或 D^n)$\to\mathbf{R}^m$ 也称为从 n 维欧氏空间到 m 维欧氏空间的**映射**.

设函数 f 的定义域是 D^n,它在 $\boldsymbol{x}$ 的函数值是 $\boldsymbol{y}=(y_1,y_2,\cdots,y_m)$,可见 $\boldsymbol{y}$ 的每一个坐标 y_i 都依赖于 $\boldsymbol{x}=(x_1,x_2,\cdots,x_n)$,它们都是 $(x_1,x_2,\cdots,x_n)$ 的函数,即

$$y_i=f_i(x_1,x_2,\cdots,x_n),\ i=1,2,\cdots,m,(x_1,x_2,\cdots,x_n)\in D^n,$$

或者写为

$$\boldsymbol{y}=f(\boldsymbol{x})=(f_1(\boldsymbol{x}),f_2(\boldsymbol{x}),\cdots,f_m(\boldsymbol{x})),\boldsymbol{x}\in D^n,$$

称 $f_i(\boldsymbol{x})$ 是 f 的坐标函数. 由此可见,向量值函数 $f:D^n\to\mathbf{R}^n$ 实际上就是一组(m 个)n 元函数. 例 1 中的变换 T 和例 2 中的曲线方程 l 都是向量值函数.

在向量值函数中. 有一类函数特别重要,这就是**线性向量值函数**(也称为**线性映射**):设 f 是 $\mathbf{R}^n$ 到 $\mathbf{R}^m$ 的向量值函数,如果对任何实数 α_1 和 α_2 以及 $\mathbf{R}^n$ 中任何两个向量 $\boldsymbol{x}_1$ 和 $\boldsymbol{x}_2$ 有

$$f(\alpha_1\boldsymbol{x}_1+\alpha_2\boldsymbol{x}_2)=\alpha_1 f(\boldsymbol{x}_1)+\alpha_2 f(\boldsymbol{x}_2),$$

就称 f 是一个线性向量值函数.

在代数中知道,上面所说的线性向量值函数 f 就是 $\mathbf{R}^n$ 到 $\mathbf{R}^m$ 的线性变换,在给定的一组基下可以表示为一个 $m\times n$ 矩阵. 于是

$$f(\boldsymbol{x})=\boldsymbol{A}\boldsymbol{x}\ (\boldsymbol{A}\text{ 是 }m\times n\text{ 矩阵}),$$

用坐标写出来就是

$$f_i(x_1,x_2,\cdots,x_n)=a_{i1}x_1+a_{i2}x_2+\cdots+a_{in}x_n,$$
$$i=1,2,\cdots,m.$$

例 3　$g(x,y)=(-x+2y,y)$ 就是一个 $\mathbf{R}^2\to\mathbf{R}^2$ 的线性向量值函数,其坐标函数为:$g_1(x,y)=-x+2y$,$g_2(x,y)=y$. 它所对应的矩阵 $\boldsymbol{A}$ 为

$$\boldsymbol{A}=\begin{pmatrix}-1&2\\0&1\end{pmatrix},$$

这时

$$\begin{pmatrix}-1&2\\0&1\end{pmatrix}\begin{pmatrix}x\\y\end{pmatrix}=\begin{pmatrix}-x+2y\\y\end{pmatrix}.$$

二、向量值函数的导数

以前讲过的多元函数的偏导数,用本节引用的符号,可以这样表示:

设 D^n 是 $\mathbf{R}^n$ 中的一个区域,$f:D^n\to\mathbf{R}$ 就是一个 n 元函数. 设 $\boldsymbol{x}=(x_1,x_2,\cdots,x_n)$ 是 f 的定义域 D^n 中的一点,那么 f 关于 x_i 的偏导数由下式所定义(如果极限存在)

$$\frac{\partial f(\boldsymbol{x})}{\partial x_i}=\lim_{h\to 0}\frac{f(x_1,\cdots,x_i+h,\cdots,x_n)-f(x_1,\cdots,x_i,\cdots,x_n)}{h},$$

于是,我们可进一步定义向量值函数的偏导数,若 $f:D^n\to\mathbf{R}^m$ 是一个向量值函数,则其偏导数仍如以前那样定义,不过这时取极限是对向量进行,而向量的极限是对每

一个坐标函数取极限. 所以,若

$$f(\boldsymbol{x})=(f_1(\boldsymbol{x}),\cdots,f_m(\boldsymbol{x})),$$

则
$$\frac{\partial f(\boldsymbol{x})}{\partial x_i}=\left(\frac{\partial f_1(\boldsymbol{x})}{\partial x_i},\cdots,\frac{\partial f_m(\boldsymbol{x})}{\partial x_i}\right),\boldsymbol{x}\in D^n.$$

现在讨论一般的向量值函数的微分.

类似于一元及多元函数,有如下定义.

定义　若向量值函数 $f:D^n\to\mathbf{R}^m$ 满足以下两个条件:

(1) $\boldsymbol{x}_0$ 是 f 的定义域的内点,

(2) 存在一个线性向量值函数 $L:\mathbf{R}^n\to\mathbf{R}^m$,使

$$\lim_{\boldsymbol{x}\to\boldsymbol{x}_0}\frac{f(\boldsymbol{x})-f(\boldsymbol{x}_0)-L(\boldsymbol{x}-\boldsymbol{x}_0)}{|\boldsymbol{x}-\boldsymbol{x}_0|}=\mathbf{0},$$

(其中 $|\boldsymbol{x}-\boldsymbol{x}_0|$ 为向量 $\boldsymbol{x}-\boldsymbol{x}_0$ 的模),则称向量值函数 f 在 $\boldsymbol{x}_0$ 可微,线性向量值函数 L 称为函数 f 在 $\boldsymbol{x}_0$ 的微分,记为 $\mathrm{d}_{\boldsymbol{x}_0}f$.

由于 $\mathrm{d}_{\boldsymbol{x}_0}f$ 是一个 $\mathbf{R}^n\to\mathbf{R}^m$ 的线性向量值函数,于是它可以用一个 $m\times n$ 矩阵表示出来,下面给出它的表达式.

设 $\boldsymbol{x}_0$ 是 f 定义域的一个内点,$\mathbf{R}^n$ 空间的基记为 $(\boldsymbol{e}_1,\cdots,\boldsymbol{e}_n)$,则对充分小的 t,

$$\boldsymbol{x}_j=\boldsymbol{x}_0+t\boldsymbol{e}_j(j=1,2,\cdots,n)$$

都必在 f 的定义域内,由 f 的可微条件,这时对一切的 $j=1,2,\cdots,n$,成立

$$\lim_{t\to 0}\frac{f(\boldsymbol{x}_j)-f(\boldsymbol{x}_0)-\mathrm{d}_{\boldsymbol{x}_0}f(t\boldsymbol{e}_j)}{t}=\mathbf{0}.$$

因为 $\mathrm{d}_{\boldsymbol{x}_0}f$ 是线性的,所以 $\mathrm{d}_{\boldsymbol{x}_0}f(t\boldsymbol{e}_j)=t\mathrm{d}_{\boldsymbol{x}_0}f(\boldsymbol{e}_j)$,于是由上式得

$$\lim_{t\to 0}\frac{f(\boldsymbol{x}_j)-f(\boldsymbol{x}_0)}{t}=\mathrm{d}_{\boldsymbol{x}_0}f(\boldsymbol{e}_j),$$

等式右边的 $\mathrm{d}_{\boldsymbol{x}_0}f(\boldsymbol{e}_j)$ 正是矩阵 $\mathrm{d}_{\boldsymbol{x}_0}f$ 的第 j 列,而等式左边的极限,前面已指出正好是向量偏导数 $\dfrac{\partial f(\boldsymbol{x}_0)}{\partial x_j}$,设 f 的坐标函数为 $f_1,\cdots,f_m$,则

$$\frac{\partial f(\boldsymbol{x}_0)}{\partial x_j}=\begin{pmatrix}\dfrac{\partial f_1(\boldsymbol{x}_0)}{\partial x_j}\\ \vdots\\ \dfrac{\partial f_m(\boldsymbol{x}_0)}{\partial x_j}\end{pmatrix},$$

从而 $\mathrm{d}_{\boldsymbol{x}_0}f$ 的矩阵为

$$\begin{pmatrix}\dfrac{\partial f_1(\boldsymbol{x}_0)}{\partial x_1}&\dfrac{\partial f_1(\boldsymbol{x}_0)}{\partial x_2}&\cdots&\dfrac{\partial f_1(\boldsymbol{x}_0)}{\partial x_n}\\ \dfrac{\partial f_2(\boldsymbol{x}_0)}{\partial x_1}&\dfrac{\partial f_2(\boldsymbol{x}_0)}{\partial x_2}&\cdots&\dfrac{\partial f_2(\boldsymbol{x}_0)}{\partial x_n}\\ \vdots&\vdots&&\vdots\\ \dfrac{\partial f_m(\boldsymbol{x}_0)}{\partial x_1}&\dfrac{\partial f_m(\boldsymbol{x}_0)}{\partial x_2}&\cdots&\dfrac{\partial f_m(\boldsymbol{x}_0)}{\partial x_n}\end{pmatrix},$$

称这个矩阵为 f 在 $\boldsymbol{x}_0$ 的**导数**，记为 $f'(\boldsymbol{x}_0)$，或者称为**雅可比矩阵**. 当 $n=m$ 时，此矩阵的行列式就是雅可比行列式.

我们把以上讨论写成下面的定理：

定理 1 若函数 $f:D^n\to\mathbf{R}^m$ 在 $\boldsymbol{x}_0$ 可微，则其微分 $\mathrm{d}_{x_0}f$ 是唯一确定的，且它的矩阵是 f 的雅可比矩阵，即对于 D^n 中任意向量 $\boldsymbol{x}$，有

$$\mathrm{d}_{x_0}f(\boldsymbol{x})=f'(\boldsymbol{x}_0)\boldsymbol{x}.$$

例如，若函数 $f:\mathbf{R}^3\to\mathbf{R}^2$ 为

$$f(x,y,z)=\begin{pmatrix}3x+\mathrm{e}^yz\\ x^3+y^2\sin z\end{pmatrix},$$

在任一点 (x,y,z) 的雅可比矩阵（即导数）为

$$f'(\boldsymbol{x})=\begin{pmatrix}3 & z\mathrm{e}^y & \mathrm{e}^y\\ 3x^2 & 2y\sin z & y^2\cos z\end{pmatrix},$$

例如在点 $(1,0,\pi)$ 的导数是

$$f'(1,0,\pi)=\begin{pmatrix}3 & \pi & 1\\ 3 & 0 & 0\end{pmatrix}.$$

对于通常的三元函数 $f:\mathbf{R}^3\to\mathbf{R}$，由上述定义可得

$$f'(x,y,z)=\left(\frac{\partial f}{\partial x},\frac{\partial f}{\partial y},\frac{\partial f}{\partial z}\right)=\mathbf{grad}\,f,$$

它是一个向量，其几何意义是曲面 $f(x,y,z)=0$ 的法向量.

$$\begin{aligned}\mathrm{d}f&=\left(\frac{\partial f}{\partial x},\frac{\partial f}{\partial y},\frac{\partial f}{\partial z}\right)\begin{pmatrix}\mathrm{d}x\\ \mathrm{d}y\\ \mathrm{d}z\end{pmatrix}\\ &=\frac{\partial f}{\partial x}\mathrm{d}x+\frac{\partial f}{\partial y}\mathrm{d}y+\frac{\partial f}{\partial z}\mathrm{d}z,\end{aligned}$$

这就回复到通常的情形.

又如通常的曲线方程 $x=x(t),y=y(t),z=z(t)$ 可以看作一个向量值函数 $\boldsymbol{r}=\boldsymbol{r}(t)=(x(t),y(t),z(t))$，它的导数是 $(x'(t),y'(t),z'(t))$，这是一个向量，即上述曲线的切向量.

关于向量值函数的导数也有与普通导数类似的性质，下面列出几个主要的结果：

定理 2 若 $f:D^n\to\mathbf{R}^m$，D^n 是 $\mathbf{R}^n$ 内的一个开集，在 D^n 中 f 的坐标函数有连续偏导数 $\dfrac{\partial f_i}{\partial x_j}$，则 f 在 D^n 中每一点可微.

链式法则 设 D^n 是 $\mathbf{R}^n$ 中的一个子集，D_1^m 和 D_2^m 是 $\mathbf{R}^m$ 中的子集，并且 $D_1^m\subseteq D_2^m$，又设向量值函数

$$\begin{aligned}g:D^n&\to D_1^m(\text{其中 } D_1^m \text{ 是 } g \text{ 的值域})\\ \boldsymbol{x}&\mapsto\boldsymbol{y},\end{aligned}$$

$$f: D_2^m \to \mathbf{R}^k,$$
$$\boldsymbol{y} \mapsto \boldsymbol{z},$$

则函数

$$h: D^n \to \mathbf{R}^k,$$
$$\boldsymbol{x}(\mapsto \boldsymbol{y}) \mapsto \boldsymbol{z}$$

就是复合函数(或复合映射),记为 $h=f\circ g$ 或 $h(\boldsymbol{x})=f(g(\boldsymbol{x}))$,在 g,f 都可微的条件下,则有

$$h'(\boldsymbol{x})=f'(g(\boldsymbol{x}))g'(\boldsymbol{x}),\boldsymbol{x}\in D^n,$$

或记为

$$(f\circ g)'=f'\circ g',$$

其右端的 $f'\circ g'$ 表示两个相应的矩阵的乘积. 这一求导公式正是单变量函数中复合函数求导公式的直接推广.

例 4　设

$$f:\begin{cases} r=r(u,v), \\ s=s(u,v), \\ t=t(u,v), \end{cases} \qquad g:\begin{cases} u=u(x,y,z), \\ v=v(x,y,z), \end{cases}$$

则由复合函数求导法,有

$$(f\circ g)'=f'\circ g',$$

即

$$(f\circ g)'=\begin{pmatrix} \frac{\partial r}{\partial u} & \frac{\partial r}{\partial v} \\ \frac{\partial s}{\partial u} & \frac{\partial s}{\partial v} \\ \frac{\partial t}{\partial u} & \frac{\partial t}{\partial v} \end{pmatrix}\begin{pmatrix} \frac{\partial u}{\partial x} & \frac{\partial u}{\partial y} & \frac{\partial u}{\partial z} \\ \frac{\partial v}{\partial x} & \frac{\partial v}{\partial y} & \frac{\partial v}{\partial z} \end{pmatrix}.$$

$$=\begin{pmatrix} \frac{\partial r}{\partial u}\frac{\partial u}{\partial x}+\frac{\partial r}{\partial v}\frac{\partial v}{\partial x} & \frac{\partial r}{\partial u}\frac{\partial u}{\partial y}+\frac{\partial r}{\partial v}\frac{\partial v}{\partial y} & \frac{\partial r}{\partial u}\frac{\partial u}{\partial z}+\frac{\partial r}{\partial v}\frac{\partial v}{\partial z} \\ \frac{\partial s}{\partial u}\frac{\partial u}{\partial x}+\frac{\partial s}{\partial v}\frac{\partial v}{\partial x} & \frac{\partial s}{\partial u}\frac{\partial u}{\partial y}+\frac{\partial s}{\partial v}\frac{\partial v}{\partial y} & \frac{\partial s}{\partial u}\frac{\partial u}{\partial z}+\frac{\partial s}{\partial v}\frac{\partial v}{\partial z} \\ \frac{\partial t}{\partial u}\frac{\partial u}{\partial x}+\frac{\partial t}{\partial v}\frac{\partial v}{\partial x} & \frac{\partial t}{\partial u}\frac{\partial u}{\partial y}+\frac{\partial t}{\partial v}\frac{\partial v}{\partial y} & \frac{\partial t}{\partial u}\frac{\partial u}{\partial z}+\frac{\partial t}{\partial v}\frac{\partial v}{\partial z} \end{pmatrix}.$$

习　题

1. 若 $f: D^n \to \mathbf{R}^m$, D^n 是 $\mathbf{R}^n$ 的一个开集,在 D^n 中 f 的坐标函数有连续偏导数 $\frac{\partial f_i}{\partial x_j}$,证明此时 f 在 D^n 中每一点都可微.

2. 证明向量值复合函数求导数的链式法则.

3. 求下列函数在所示点的导数:

(1) $f(t)=\begin{pmatrix} \sin t \\ \cos t \end{pmatrix}$,在点 $t=\frac{\pi}{4}$;

(2) $g(x,y)=\begin{pmatrix} x+y \\ x^2+y^2 \end{pmatrix}$,在点 $(x,y)=(1,2)$;

(3) $T\begin{pmatrix} u \\ v \end{pmatrix}=\begin{pmatrix} u\cos v \\ u\sin v \\ v \end{pmatrix}$，在点$\begin{pmatrix} u \\ v \end{pmatrix}=\begin{pmatrix} 1 \\ \pi \end{pmatrix}$；

(4) $\begin{cases} u=x^2-2y, \\ v=x^2-2xy, \\ w=3x^2y-2y, \end{cases}$ 在点$(3,-2)$.

4. 设 $w=f(x,u,v)$，$u=g(y,z)$，$v=h(x,y)$，求$\dfrac{\partial w}{\partial x},\dfrac{\partial w}{\partial y},\dfrac{\partial w}{\partial z}$.

索　引

（词后的数字表示该词所在页数）

一画

一致收敛　53,171
一致收敛级数的性质　55

二画

二元函数的极限　98
二元函数的极值　139
二元函数的连续性　100
二元函数的泰勒公式　139
二次极限　102
二重极限　102
二重积分　187,198
二重积分的计算公式　191
二重积分的变量替换　200

三画

三角函数系的正交性　70
三重积分　188
三重积分的计算公式　205
三重积分的变量替换　208
上极限　3
下极限　3

四画

内闭一致收敛　55
切平面　130
切向量　130
反常重积分　216
反常积分　33
引力　215
方向导数　132
无穷级数　6
无旋场　273
比较判别法　12

五画

发散　6,33,42
可微　109
外点　94
平面点集　93
正交曲面　132
正项级数　11
由方程(组)确定的函数的求导法　119
边界　94
边界点　94

六画

交错级数　19
全微分　109
向量场　267
向量线　268
向量值函数　276
向量值函数的导数　276
向量值函数的微分　277
收敛　6,42
收敛半径　61,62
有界闭区域　95
有界闭区域上连续函数的性质　100
达朗贝尔(d'Alembert)　12
达朗贝尔判别法　14
闭区域　95
闭集　95

七画

利普希茨判别法　82
含参变量的反常积分　171
含参变量的积分　165

局部性定理 80
更序级数 26
条件收敛 18
条件极值 146
狄利克雷判别法 23,40,45
狄利克雷积分 77
连续性定理 172
邻域 93
阿贝尔(Abel) 21
阿贝尔引理
阿贝尔判别法 22,39,45
阿贝尔变换 21
阿贝尔第一定理 62
阿贝尔第二定理 63
阿达马(Hadamard)
麦克劳林级数 66

八画

函数项级数 51
单连通区域 252
和的连续性 57
奇点 42
拉格朗日乘数法 147
欧拉积分 178
欧拉-傅里叶公式 72
法平面 127
环流量 272
质心 212
转动惯量 214
迪尼(Dini) 82
迪尼判别法 82
迪尼定理 82

九画

保守场 273
复连通区域 252
复振幅 77
柯西-阿达马定理 62
柯西主值 45
柯西收敛原理 9,35,43
柯西判别法 13,37,44
柯西定理 29
柯西乘积 29
柯西积分判别法 15
柱面坐标 209
矩 214
矩形套定理 95
绝对收敛 18

十画

格林(Green)公式 252
泰勒级数 66
流量 244
积分号下求导的定理 174
积分顺序交换定理 173
莱布尼茨定理 19
莱布尼茨型级数 19
逐项求导 57
逐项求积 57
部分和 6
高阶偏导数 111
高斯(Gauss)公式 254

十一画

偏导数 107
旋度(涡旋量) 272
梯度 136
球面坐标 210
理想气体的状态方程 98
第一中值定理 189
第一类曲线积分 188
第一类曲线积分的计算公式 225
第一类曲面积分 188
第一类曲面积分的计算公式 228
第二中值定理 38
第二类曲线积分 236
第二类曲线积分的计算公式 237
第二类曲面积分 245
第二类曲面积分的计算公式 246
隐函数存在定理 154

十二画

傅里叶级数 70
傅里叶级数的复数形式 76
傅里叶系数 72
傅里叶变换 86

傅里叶逆变换 87
傅里叶积分公式 87
幂级数 61
循环常数 265
散度 270
斯托克斯(Stokes)公式 257
最小二乘法 144
等量面 135
链式法则 115
雅可比行列式(函数行列式) 121
雅可比矩阵 278

十三画

数量场 267

十四画

聚点 94

十五画

黎曼引理 79
黎曼定理 28

十六画

默比乌斯(Möbius)带 242

十七画

魏尔斯特拉斯判别法 57

其他

B 函数 178
Γ 函数 178
p 级数 16